# எனது நீலப் புவிக்கோளம்

ஹெர்மன் தித்தோவ்

<u>தமிழில்</u>
பூ. சோமசுந்தரம்

நியூ செஞ்சுரி புக் ஹவுஸ் (பி) லிட்.,
41-பி, சிட்கோ இண்டஸ்டிரியல் எஸ்டேட்,
அம்பத்தூர், சென்னை - 600 050.
☎ : 044 - 26251968, 26258410, 48601884

Language: Tamil

**Enadhu Neela Puvikkolam**

Author: **Gherman Titov**

Translator: **P. Somasundaram**

N.C.B.H. First Edition: July, 2022

Copyright: Publisher

No. of pages: 280

Publisher:

**New Century Book House Pvt. Ltd.,**

41-B, SIDCO Industrial Estate,

Ambattur, Chennai - 600 050.

Tamilnadu State, India.

email: info@ncbh.in

Online: www.ncbhpublisher.in

ISBN: 978-81-2344-296-9

Code No. A4649

**₹ 325/-**

**Branches**

**Ambattur (H.O.)** 044 - 26359906 **Spenzer Plaza (Chennai)** 044-28490027 **Trichy** 0431-2700885 **Pudukkottai** 04322- 227773 **Thanjavur** 04362-231371 **Tirunelveli** 0462-4210990, 2323990 **Madurai** 0452 - 2344106, 4374106 **Dindigul** 0451-2432172 **Coimbatore** 0422-2380554 **Erode** 0424-2256667 **Salem** 0427-2450817 **Hosur** 04344-245726 **Krishnagiri** 04343-234387 **Ooty** 0423 - 2441743 **Vellore** 0416-2234495 **Villupuram** 04146-227800 **Pondicherry** 0413-2280101 **Nagercoil** 04652 - 234990

**எனது நீலப் புவிக்கோளம்**

ஆசிரியர்: **ஹெர்மன் தித்தோவ்**

தமிழில்: **பூ. சோமசுந்தரம்**

என்.சி.பி.எச். முதல் பதிப்பு: ஜுலை, 2022

*அச்சிட்டோர்:* **பாவை பிரிண்டர்ஸ் (பி) லிட்.,**

16 (142), ஜானி ஜான் கான் சாலை, இராயப்பேட்டை, சென்னை - 14

☎: 044-28482441

All rights reserved. No part of this book may be reprinted or reproduced or utilised in any form or by any electronic, mechanical, or other means, now known or hereafter invented, including photocopying and recording, or in any information storage or retrieval system, without permission in writing from the publishers.

## பதிப்புரை

ஹெர்மன் ஸ்தெபனோவிச் தித்தோவ் (1935 - 2000) எனும் சோவியத் விண்வெளி வீரர் தன் கல்வி மற்றும் இளமைப் பிராயத்தையும் விண்வெளிப் படிப்பு, விண்வெளிப் பயண அனுபவங்களையும் சுவைபட எழுதிய 'எனது நீலப் புவிக்கோளம்' எனும் இந்நூல் முன்னேற்றப் பதிப்பகத்தால் 1980களில் வெளியிடப்பட்டு ஏராளமான வாசகப் பரப்பைச் சென்றடைந்த சிறப்பு பெற்றது.

விண்வெளிப் பயணம் எனும் துறை தோன்றிய விதத்தை விவரிக்கவும் தற்போது வரலாற்றுத் தன்மை பெற்றுவிட்ட அன்றைய சில நிகழ்ச்சிகளை நினைவுகூரவும் வருங்காலம் பற்றிக் கனவு காணவும் பேரண்டத்தில் மானசீகமாகப் பயணம் செய்யவுமாகவே இந்நூல் எழுதப்பட்டதாக தித்தோவ் குறிப்பிடுகிறார்.

தித்தோவின் யூகமாக இந்நூலில் அவர் குறிப்பிட்டு எழுதியுள்ளமை இது.

"காலக்கெடுக்களைக் குறிப்பது கடினம். ஆயினும் விண்வெளியில் மனிதனுடைய அடுத்து வரும் அடிவைப்புகள் பின்வரும் வரிசையில் நிகழும் என்று எண்ணலாம். பூமிக்கு அருகிலுள்ள கோளப்பாதையில் நிலையங்கள், சந்திரனில் தளம், செவ்வாயின் மேற்பரப்பில் இறக்கம், செவ்வாயில் தளம், சூரிய மண்டலத்தின் சில கோளங்களையும் சந்திரனையும் மனிதர் வாழத்தக்க விண்கோளாக மாற்றுவது, விண்மீன்களுக்கு மனிதனின் பறப்பு.

இது அடுத்துவரும் இருபதாண்டு காலத்துக்குள் அடங்காததுதான். நம் தரையுலக விவகாரங்கள் எப்படி நடக்கின்றன என்பதைப் பொறுத்தே எல்லாம் இருக்கும்."

மேற்கூறிய அனுமானங்களில் பலவும் சாத்தியப்பாடுகளை நெருங்கிவிட்டதை இன்று கண்கூடாக உணரமுடியும்.

இளம் வயதிலிருந்தே கம்யூனிசச் சித்தாந்தத்துடன் ஆழ்ந்த பிடிப்பு கொண்டிருந்த இவர் லெனின் மற்றும் கம்யூனிச இயக்க நண்பர்களையும் ஆட்சி முறைமைகளையும் ஆங்காங்கே குறிப்பிட்டு எழுதியுள்ளமை இன்றைய தலைமுறையினர் அறியவேண்டியவொன்றாகும்.

சோவியத் நாட்டுப் பின்புலத்தில் விண்வெளி மற்றும் விண்வெளிப் பயணம் குறித்து எழுதப்பட்ட இந்நூலை வரலாறு மற்றும் வானியல் குறித்து அனைவரும் அறிந்துகொள்ளும் வகையில் தற்போது நியூ செஞ்சுரி புத்தக நிறுவனம் மறுவெளியீடு செய்கிறது.

- பதிப்பகத்தார்

## பொருளடக்கம்

1. சாதனைகள் பற்றிய சிந்தனை — 7
2. பறக்க வேண்டும்! — 16
3. பப்ரோவ்கா ஆற்றங்கரை குடியிருப்பு — 38
4. ஜெட் விமானங்களில் — 54
5. லெனின் நகரம் — 68
6. விண்வெளிப் பறப்பின் வாயிலில் — 72
7. விண்வெளியின் மூச்சு — 94
8. இத்தகையவர்கள் நாங்கள் — 110
9. ககாரினது கோளப்பாதை — 120
10. ஆயத்தம் — 131
11. விண்வெளியில் — 153
12. வெளிநாடுகளில் சந்திப்புகள் — 177
13. விண்வெளிப் பயணி ஆவது எப்படி? — 201
14. கனவுகள் நனவாகின்றன — 244
15. நண்பனின் அறிவுரை — 265

# சாதனைகள் பற்றிய சிந்தனை

இருபதாம் நூற்றாண்டின் 50-70களது குறிப்பிடத்தக்க சிறப்பு விஞ்ஞான, தொழில்நுட்பத் துறைகளில் ஏற்பட்ட மிக விரைந்த வளர்ச்சி ஆகும். கண்டுபிடிப்புகள், புதுப்புனைவுகள், தொழில்நுட்பத் தீர்வுகள் ஆகியவற்றின் தன்மையைப் புரிந்து கொள்வதும் அவற்றைக் குறித்துச் சிந்தனை செய்வதும் மட்டும் அல்ல, தகவல்களின் பெருக்கைக் கவனத்தில் வைத்துக் கொள்வதுகூட எவ்வளவுதான் விரும்பினாலும் இயலுவதில்லை. விஞ்ஞான, தொழில்நுட்பச் சாதனைகள் பல்கிக்கொண்டு போகின்றன. மரத்தின் கொம்புகள் போன்று புதிய கிளைகள் தோன்றிய வண்ணமாய் இருக்கின்றன. விஞ்ஞானிகளதும் பொறியாளர்களதும் கருத்தை ஈர்க்கும் பிரச்சனைகள் மேலும் மேலும் குறுகிக்கொண்டு போகின்றன. ஆனால் ஒன்றுக்கு ஒன்று தொலைவில் உள்ளவை போலத் தோன்றும் விஞ்ஞானிகளின் எதிர்பாராத சேர்க்கை சில வேளைகளில் நிகழ்கிறது. சாதனைகள் எண்ணற்றவை. ஆயினும், அணு ஆராய்ச்சித் துறையிலும் ராக்கெட்டு இயந்திர இயலிலும் விமான இயலிலும் விண்வெளிப் பறப்பு இயலிலும் அவை யாவற்றிலும் அதிக அளவில் பெறப்பட்டுள்ளன.

இருபதாம் நூற்றாண்டில் மனிதன் அணுவின் மிகப்பெரிய ஆற்றலைப் பயன்படுத்தி, விண்வெளியில் சஞ்சரிக்கத் தொடங்கினான்.

பேரண்டப் பாதையில் மனிதனின் முதல் அடி வைப்புகள், புவி ஈர்ப்பின் அரக்க ஆற்றலுடன் போர், மனித அறிவு இந்தப் பாதையில் பெற்ற முதல் வெற்றிகள் இவை அனைத்தும் துணிவு மிக்க அதிசயக் கற்பனையுடனும் மாய வித்தையுடனும் அற்புதத்துடனும் ஒப்பிடத்தக்கவை. விண்வெளி வேகங்களும் முடிவற்ற தொலைவுகளும் நேரங்களும் பிணைந்த நம்ப முடியாத பின்னலில் செயற்கைத் துணைக் கோள்களதும், வாய்க்கா என்னும் நாய் இருந்த கலத்தினதும், லூன்னிக் என்னும் நிலாத் துணைக் கோளினதும், வெள்ளிக்கும் செவ்வாய்க்கும் அனுப்பப்பட்ட நிலையங்களதும், முடிவாக ‘வஸ்தோக்’ (கிழக்கு) என்ற உருவகப் பெயர் கொண்ட விண்வெளிக் கப்பல்களும் செல்பாதையைத் துல்லியமாகக் கணக்கிட வல்லதாக இருந்தது மனித அறிவு.

தற்போது நிலவுலகினர் தரைக்கு அருகான விண்வெளியில் கோளப்பாதை நிலையங்களில் வசிக்கிறார்கள். சந்திரத் தரையைப் பூமியின் வெவ்வேறு சோதனைக்கூடங்களிலும் விஞ்ஞான நிலையங்களிலும் ஆராய்கிறார்கள். நிலா மண்ணைக் காப்பு உடைக் காலணியால் தொட்டு உணர்ந்து விட்டு இன்னும் அதிக அதிசயமான செயல் திட்டங்களைச் சிந்தித்துத் தயாரிக்கிறார்கள். இந்தத் திட்டங்கள் இருபதாம் நூற்றாண்டில் நிறைவேறித் தரும்.

வெயிலொளி வீசிய அந்த ஏப்ரல் நாள் எனக்கு நன்றாக நினைவு இருக்கிறது.

........எண்ணங்களை முறைப்படுத்தவும் வெகுவிரைவில் நேரவிருந்த சாதனையைப் புரிந்து கொள்ளவும் உணர்ந்து அறியவும் விருப்பம் உண்டாயிற்று. ஆனால் மனத்தை ஒருமுனைப்படுத்த விடாமல் எதுவோ தடுத்தது. என்ன அது? ஆ தத்துக்கிளி அல்லவா இது... மனத்தாங்கல் போன்று கசப்பான காஞ்சிரைச் செடிகளில் எங்கோ மறைந்து கொண்டு கிறீச்சுக் கிறீச்சென்று தனது முடிவற்ற பாட்டைக் கஸாகிய ஸ்தெப்பி முழுவதிலும் கேட்கும்படி ஒலித்த வண்ணமாய் இருந்தது அது. இப்போது, இத்தகைய பெருஞ்செயல் நிகழ இருக்கையில் இங்கே அது எதற்காக வந்தது? இவ்வாறு விடாப்பிடியாக ஏன் கிறீச்சிடுகிறது?

நான் செலுத்து மேடை மீது பார்வை செலுத்தினேன். ராக்கெட்டின் அரக்க உடல் அங்கே உயர்ந்து நின்றது. இணைப்புச் சட்டங்களின் ஆதரவு இல்லாத பிரமாண்டமான ராக்கெட்டு ஸ்தெப்பியின் சுற்றுக் காட்சியில் சகஜமாகப் பொருந்தி இருந்தது. வெண்நிற வானத்துடன் அனேகமாகக் கலந்து அது நடுங்குவது போலத் தோற்றம் அளித்தது காலைப் பனி மூட்டத்தின் கானல் காரணமாகவோ அல்லது பூமியிலிருந்து விரைவாக, மிக விரைவாகக் கிளம்பிப் பேரண்டத்தின் அகாதத்தில் பாய்வதற்கு அது பொறுமை இன்றித் துடித்ததாலோ!

சுருட்டு வடிவான இந்த அதிசயப் படைப்பின் உச்சியில், உணர்வற்ற உலோகத் தகடுகளின் பின்னே, காப்பு உடையின் அழுத்தமான துணியின் உள்ளே இருந்தான்- மனிதன்.

அங்கே இருந்தார் யூரி ககாரின்...

நாங்கள் செலுத்து மேடையிலிருந்து ஒருபுறம் விலகி, சிறு குழுவாக நின்று கொண்டிருந்தோம். இறுக்கம் எல்லையை எட்டி விட்டது. ஏதோ சுமை தோள்களை அழுத்திக் கொண்டிருந்தது. இல்லை. சுமை

உடல் பற்றியது அல்ல. மனித குலத்தின் பல நூற்றாண்டுக் கால வரலாறு இப்போது எங்களுடைய முதுகுகளுக்குப் பின்னே நின்று, தன் கேள்விக்கு விடையை எதிர்பார்த்தவாறு எங்களைக் கடுத்து நோக்குவது போன்று தோன்றியது; கற்கோடரியிலிருந்து முன் ஒருபோதும் இல்லாத துணைக்கோளக் கப்பல் வரை இத்தகைய நீண்ட பாதையைக் கடந்து நாங்கள் என்ன விளக்கம், என்னதான் விளக்கம் தரப் போகிறோம்? எகிப்தியப் பிரமிடைக் கட்டிய பல நூறாயிரக் கணக்கான பெயரற்ற அடைமைகளின் வாழ்க்கைக்கு நாங்கள் தரப் போகிற விளக்கம் என்ன? பழங்காலத்தின் மாபெரும் நாத்திகர்களான ஆர்க்கிமிடிஸ், கோப்பெர்னிக்கஸ். கலிலியோ, புருனே, லமனோஸவ், நியூட்டன், கிபால்ச், த்ஸியல்கோவ்ஸ்கி ஆகியோருடையவும் நம் காலத்து விஞ்ஞானிகள், உருவரையாளர்களுடையவும் அளவு கடந்த சித்த, சிந்தனை இறுக்கத்துக்கு நாங்கள் என்ன காரணம் காட்டப் போகிறோம்? இந்தச் சில விநாடிகளின் வரலாற்றுக்கு நாங்கள் கொடுக்கப்போகிற விளக்கம் என்ன? செலுத்து பணிக்குழு இந்த விநாடிகளைத் தலைகீழ் வரிசையில் எண்ணுகிறது; பத்து. ஏழு - மூன்று இரண்டு... ஒன்று...

“கிளம்புக!”

குப்பென்று எரிந்த நெருப்பு, பழுப்புப் புகைப் படலங்கள், தீப்புயல், இவற்றோடு இடி போன்ற தடதடப்பு ஸ்தெப்பி வெளி நெடுகிலும் அதிர்ந்து ஒலித்தது. வெள்ளி நிற ராக்கெட்டு பனி அடர்களை உதறிப் போக்கி விட்டு, விருப்பம் இல்லாதது போல மெதுவாகச் செலுத்து மேடையை விட்டுக் கிளம்பியது. பூமிச் சிறையின் தளைகளை அறுப்பதற்கு ராக்கெட்டு இயந்திரங்களின் பல பத்து லட்சம் குதிரைத் திறன் கடுமையாக முயன்று பாடுபட்டதை ராக்கெட்டின் இடிமுழக்கத்தால் தரையோடு தரையாக நசுக்கப்பட்டிருந்த நாங்கள் அனேகமாக உடல்களால் உணர்ந்தோம்!

“பய்யெஹலி” (போய் வருகிறேன்) என்ற எங்கள் நண்பனின் குரல் வானொலிப் பெட்டியால் சற்று திரிக்கப்பட்டு ஒலித்தது.

இயந்திரங்களின் நெருப்புச் சூறாவளி ராக்கெட்டின் வேகத்தைக் கொஞ்சம் கொஞ்சமாக அதிமாக்கி, அதை மேலும் மேலும் உயரே கிளப்பி, இடையறாது அதிகக் தொலைவில் இட்டுச் சென்றது. ராக்கொட்டு காலை வானில் ஒளிரும் நட்சத்திரமாக மாறி முடியில் பார்வையிலிருந்து ஒரேயடியாக மறைந்துவிட்டது. இடி போன்ற தடதடப்புகள் மட்டும் இன்னும் வெகுநேரம் ஸ்தெப்பியில் முழங்கிக் கொண்டிருந்தன.

அவையும் படிப்படியாக வலிமையை இழந்து, கஸாகிஸ்தானின் எல்லையற்ற பரப்புகளில் எங்கோ முடிவில் அடங்கிப் போயின.

இயந்திரங்களின் இரைச்சல் அடங்கியதும் தத்துக்கிளியின் அதே அசட்டையான கிறீச்சொலி மீண்டும் எனக்குக் கேட்டது. பனிக்காலம் முடிந்து விழிப்படையத் தொடங்கி இருந்த ஸ்தெப்பியின் செழிப்பற்ற பலவிதப் புற்களின் மணத்தைச் சுமந்து வந்தது இளங்காற்று. இந்தப் பண்டைய உலகில் எல்லாம் பல நூற்றாண்டுகளுக்கு முன்பு இருந்தது போலவே இருந்தது. ஆனால் மனிதனால் படைக்கப்பட்ட 'வஸ்தோக்' என்னும் நட்சத்திரம் வானத்தில் எங்கோ உதித்திருந்தது!

மூச்சு விடுவது அதிக எளிதாயிற்று. ராக்கெட்டு கிளம்பியதற்கு முந்திய வினாடிகளில் உணரப்பட்ட சுமை மறைந்து விட்டது. ராக்கெட்டு இயந்திரங்களின் தடதடப்பு ஸ்தெப்பியில் ஒரேயடியாகக் கரைந்து போனது போல இந்தச் சுவையும் வெயிலொளியில் முழுக்காடிய ஸ்தெப்பியின் தொடுவானத்துக்கு அப்பால் எங்கோ சென்றுவிட்டது.

நூற்றெட்டு நிமிடங்களுக்குப் பின் நாங்கள் யூரி ககாரினை மறுபடி தழுவிக் கொண்டோம். அவர் பறப்புக்கு முன்பு இருந்த மாதிரியே நிலவுலகைச் சேர்ந்தவராக இருந்தார். அதே சமயம் முற்றிலும் அத்தகையவராக இருக்கவும் இல்லை. இப்போது அவர் புவிக்கோள மனிதர் ஆகி இருந்தார். அவரை எதிர்கொண்டவர்களால் கண்ணீரை அடக்க முடியவில்லை. மனித குலத்தின் பெருவெற்றியால் ஏற்பட்ட மகிழ்ச்சிக் கண்ணீர் அது!

நாங்கள் சோதனையில் தேறிவிட்டோம்...

1961 ஏப்ரல் 12-ஆம் நாள் என் நினைவில் இவ்வாறு பதிந்துள்ளது. விண்வெளி யுகத்தின் காலை என்று உலகினர் அழைத்த நாள் அது. இந்தக் காலை நம் புவிக்கோளத்தின் கிழக்கில், உதயத்தின் மென்மையான வண்ணங்கள் இயற்கை விதிகளின்படி எங்கே தோன்ற வேண்டுமோ அங்கே, 1917-ஆம் ஆண்டின் கடுப்பான இலையுதிர் காலத்தில் மாபெரும் அக்டோபர் புரட்சியின் வைகறை ஒளி வீசிய கிழக்குத் திக்கில் தொடங்கியது.

அன்றைய தினம் நடந்தேறிய நிகழ்ச்சிகள் இன்னும் நீண்ட காலத்துக்கு மனிதர்களின் இதயங்களைத் தொடர்ந்து கொந்தளிக்கச் செய்தன. தங்களது வலிமையையும் மாண்பையும் பற்றிய பெருமித உணர்ச்சியால் ஏற்பட்ட மகிழ்ச்சியை அவற்றில் நிறைத்தன. சோவியத்

விண்வெளிப் பயணிகளோ, வழக்கமான, அன்றாட வேலையில் ஈடுபட்டிருந்தார்கள். இப்போது, அவர்கள் முன்னிலும் அதிகமாகச் செயல் ஆற்றுவதும் மேலும் முன்னே செல்வதும் அவசியமாய் இருந்தன.

யூரி அலெக்சேயெவிச் ககாரினது முதல் பறப்புக்குப் பின் கழிந்துள்ள காலத்தில் விண்வெளிப் பறப்பு இயலையும் விண்வெளிப் பயணிகளையும் பற்றிப் பற்பல கட்டுரைகளும் நூல்களும் பத்திரிகை யாளர்களாலும் விண்வெளிப் பயணிகளாலும் எழுதப்பட்டு விட்டன. இந்த ஆண்டுகளில் முதல் குழுவை, அல்லது நாங்கள் வசிக்கும் ஸ்வியோஸ்த்னி நகரில் கூறப்படுவது போல, ககாரின் குழுவைச் சேர்ந்த விண்வெளிப் பயணிகள் வயதில் மூத்து, தொழிலிலும் வாழ்க்கையிலும் அனுபவம் அடைந்து விட்டார்கள். கல்லூரிப் படிப்பு இல்லாதவர்கள் அதைப் பெற்று விட்டார்கள். சிறந்த விமானிகளும் பொறியாளர்களும் இராணுவத்தினரும் இராணுவச் சார்பு அற்றவர்களும் விண்வெளிப் பயணிகளின் அணியை நிறைவுபடுத்தி இருக்கிறார்கள்.

இந்த நூலில் என்னைப் பற்றி அவ்வளவாகக் கூறாமல், விண்வெளிப் பயணி என்ற தொழில் தோன்றிய விதத்தை விவரிக்கவும் இப்போது வரலாற்றுத் தன்மை பெற்றுவிட்ட சில நிகழ்ச்சிகளை நினைவுகூரவும் வருங்காலம் பற்றிக் கனவு காணவும் பேரண்டத்தில் மானசீகமாகப் பயணம் செய்யவும் விரும்பினேன்.

எதிலிருந்து தொடங்குவது என்ற கேள்வி இயல்பாக எழுந்தது. வெட்டியாகப் பேச்சை வளர்க்காமல், என் கருத்துப்படி நிர்ணயகரமான நிகழ்ச்சிகளிலிருந்து தொடங்க முடிவு செய்தேன். இந்த நிகழ்ச்சிகளின் பயனாகவே இறுதியில் விண்வெளிப் பயணியின் தொழில் பற்றிய எண்ணங்கள் உருவாயின. என் வாழ்க்கையினதும் என்னுடைய விமானி - விண்வெளிப் பயணித் தோழர்களின் வாழ்க்கையினதும் செல்திசையைத் தீர்மானித்தவையும் இந்த நிகழ்ச்சிகளே ஆகும்...

பேரண்ட ஆராய்ச்சிக்கு முதல் படி அமைத்தது சோவியத் செயற்கைப் புவித் துணைக் கோளம்தான். இதன் ‘பீப்பீப்பீப்’ என்னும் குறி ஒலி வியப்பில் ஆழ்த்த உலகம் முழுவதிலும் எதிரொலித்தது. ‘ஸ்பூத்னிக்’ என்ற சொல் போன்றே சர்வதேசத் தன்மை பெற்றுவிட்டது. “வளி மண்டலத்துக்கு வெளியே பறந்து பூமியின் துணைக் கோளம் ஆவதே” கன்ஸ்தந்தீன் த்ஸியல்கோவ்ஸ்கியின் சொற்படி “மனித குலத்தின் மாபெரும் அடிவைப்பு” இந்த முதலாவது “மாபெரும் அடி வைப்பு” செய்யப்பட்டு விட்டது.

புவியைச் சுற்றி மனிதனின் பறப்பு, பின்னர் நீண்ட கால, பல நாட்கள் தொடர்ந்த பறப்புகள், பிறகு குழுப் பறப்புகள், முடிவில் சோவியத் மனிதன் திறந்த விண்வெளியில் பிரவேசித்தது ஆகியவை மனித குல வாழ்க்கையில் புதிய செல்திசையைத் தோற்றுவித்தன. ஒவ்வொரு தடவையும் செய்திகள் 'முதலாவது', 'முதன்முறையாக' என்ற சொற்களுடன் தொடங்கின. முன் அறியாப் பாதைகள் வழியாக மனிதர்கள் யுகக் கணக்கான மர்மங்களைத் தேடிச் சென்றார்கள். விண்வெளி அகாதத்தில் இந்தப் பாதைகளில் ஒவ்வொன்றும் தெரியாதவற்றையும் ஆபத்தானவற்றையும் ஏராளமாக உள்ளடக்கி இருந்தது முற்றிலும் தெளிவானதே.

சோவியத் விண்வெளிச் சாதனைகளால் உலகம் மீண்டும் மீண்டும் வியப்பில் ஆழ்ந்தது. இவை அற்புதங்களோ தற்செயல் நிகழ்ச்சிகளோ அல்ல. சோவியத் யூனியனில் நடந்தேறிய மாபெரும் விஞ்ஞான தொழில்நுட்ப முன்னேற்றத்துக்கு இவை சான்று பகர்ந்தன. தொழிலாளர்களும் விவசாயிகளும் விரிந்து பரந்த நாட்டின் விதியைத் தங்கள் கைகளில் எடுத்துக் கொண்டு, விஞ்ஞானச் சட்டங்களுக்கு இணங்கத் தங்கள் வாழ்க்கையை அமைத்துக் கொள்ள உணர்வுபூர்வமாக முடிவு செய்ததால் நிகழ்ந்தது இந்த முன்னேற்றம். மக்கள் கல்வியின் பரந்த வீச்சு காரணமாக சோவியத் விஞ்ஞானமும் பண்பாடும் மலர்ச்சி பெற்றன. சோவியத் மக்களது உழைப்பு வீரத்தாலும் விஞ்ஞான இயற்கைத் திறமையாலும் பன்மடங்காகப் பெருக்கப்பட்டு, நாகரிக, முன்னேற்றப் பாதையில் அளவு கடந்த விரைவுடன் செல்ல இவை நமக்கு வாய்ப்பு அளித்தன.

சோவியத் ஸ்பூத்னிக்குகளதும் விண்வெளிக் கப்பல்களுடையவும் பறப்புகள் உலக விஞ்ஞானக் கருவூலத்துக்கு வளம் கூட்டின. ஆட்களுடன் விண்வெளிக் கப்பல்கள் நிகழ்த்திய பறப்புகளின் பயனாக எடையின்மையினதும் விண்வெளிப் பறப்பின் பாதகமான பிற துணைக் கூறுகளதும் பாதிப்பை மனிதன் தவிர்ப்பதற்கு உதவும் ஓரளவு அனுபவத்தை விண்வெளி மருத்துவ இயல் திரட்டியது. வளி மண்டலத்தின் மேற்படிவுகள், கோள்களுக்கு இடையிலுள்ள பரப்பு ஆகியவற்றின் பௌதிகப் பிரச்சனைகளது அகன்ற வட்டத்தைத் தீர்க்கக் 'காஸ்மோஸ்' தொடரைச் சேர்ந்த ஸ்பூத்னிக்குகள் உதவுகின்றன.

நவீனக் கருவிகள் அமைந்த இயந்திர சாதனைகளை விண்வெளிக்கு அனுப்புவதால் நம்மைச் சூழ்ந்துள்ள வெளியில் நிகழும் செயல் முறைகளை நாம் முன்னிலும் நன்கு தெரிந்து கொள்கிறோம்.

விண்வெளியின் மர்மங்களை வெளிப்படுத்துவதன் மூலம் நம்முடைய பூமியை நாம் முன்னிலும் நன்கு தெரிந்து கொள்கிறோம்.

“இந்தக் கோளம் பகுத்தறிவின் வளர்ப்புப் பண்ணை” என்று நமது புவியைப் பற்றிக் கூறினார் கன்ஸ்தந்தீன் த்ஸியஸ் கோவ்ஸ்கி. புவி மனித குலத்தின் வளர்ப்புப் பண்ணை, தாயகம். மனிதனுக்குத் தாயகத்தைக் காட்டிலும் அன்புக்கு உரியது எதுவுமில்லை. தாயகம் என்பது நாம் பிறந்த இடம் மட்டும் அல்ல. இது மலைகளும் பள்ளங்களும் புல்தரைகளும் ஏரிகளும் ஆறுகளும் ஸ்தெப்பி வெளிகளும் புல் போர்களும் தானிய அம்பாரங்களும் அமைதியான வைகறைகளும் கடுமையான வெண்பனிப் புயல்களும் மலர்களும் நறுமணங்களும் நிறைந்த பிரசண்டமான வசந்தகால வெள்ளப் பெருக்குகள். இவை எல்லாம் சேர்ந்து வயது முதிர்ந்த மனிதனுக்குத் தாயகம் என்னும் சொல்லின் பொருளாக அமைகின்றன.

எனது சைபீரியா பற்றிய உளமார்ந்த ஒவ்வொரு சொல்லும் எனக்கு மகிழ்ச்சி ஊட்டுகிறது. சைபீரியா மாறிவிட்டது. புது நகரங்கள் தோன்றியுள்ளன. என் அல்தாயும் மாறிவிட்டது. அல்தாயில்தான் நான் பிறந்தேன். பிள்ளைப் பருவத்தையும் இளமைப் பருவத்தையும் கழித்தேன். என் சம வயதினர்- முதல் கம்யூன்காரரர்களின் வழிவந்தவர்கள்- அங்கே வாழ்ந்து உழைத்து வருகிறார்கள்.

மனிதச் செயலின் புதிய துறையான விண்வெளிப் பறப்பு இயலுக்கும் விமான இயலுக்கும் பொதுவான தன்மைகள் எவையும் இல்லை என்று சில சோவியத் விஞ்ஞானிகளும் நிபுணர்களும் எண்ணினார்கள். விமான இயலில் திரட்டிக் குவிக்கப்பட்டுள்ள, விமானிகளைப் பயிற்றும் அனுபவமும் முறைகளும் விண்வெளிப் பயணிகளைப் பயிற்றுவதற்குக் கையாளப்படக் கூடும் என்ற கருத்துக்குக்கூட இடம் தர அவர்கள் மறுத்தார்கள்.

விண்வெளிக் கப்பலும் விமானமும் வெவ்வேறு சூழல்களில் - ஒன்று காற்றிலா வெளியிலும் மற்றது வளிமண்டலத்தின் கணிசமாக அடர்த்தியான படிவுகளிலும்- பறப்பதனால் வெளித்தோற்றத்திலும் கட்டமைப்பிலும் அவை மெய்யாகவே வேறுபடுகின்றன.

ஆனால், பறப்பின் வேகங்களையும் உயரங்களையும் அதிகரிக்கும் விமான இயல் வளர்ச்சியின் போக்கை ஒரு புறமும் தரை இறங்குகையின் விண்வெளி இயந்திர சாதனத்தின் காற்றியக்கப் பண்பைப் பயன்படுத்தும் போக்கை மறுபுறமும் கணக்கில் எடுத்துக் கொண்டால், விமானத்துக்கும்

விண்வெளிக் கப்பலுக்கும் இடையே உயரங்களிலும் வேகங்களிலும் உள்ள பிளவு விரைவில் மறைந்து விடும் என்பதும் பறப்பு இயந்திர சாதனங்களின் புதுவகை தோன்றும் என்பதும் தெளிவாகி விடும். இந்தப் புதுவகை இயந்திரச் சாதனங்களுக்கு ராக்கெட்-பிளேன்கள், வளிவிண்வெளி விமானங்கள், காஸ்மோபிளேன்கள் முதலிய பல பெயர்கள் ஏற்கெனவே வழங்கப்பட்டுள்ளன. இந்தப் புதிய இயந்திர சாதனங்கள் தற்காலிக விண்வெளிக் கப்பல்கள் போலத் தரையிலிருந்து கிளம்பும். ஆனால், நவீன விமானங்கள் போன்று விமான நிலையங்களில் இறங்கும்.

முதலாவது சோவியத் விமானி வீரர்கள் பொறாமை கொள்ளத்தக்க பேறு பெற்றிருந்தார்கள். பொதுமக்களின் பெருமதிப்புக்கும் பேரன்புக்கும் அவர்கள் இலக்காக இருந்தார்கள். அவர்களைப் பற்றிப் பாட்டுக்கள் இயற்றப்பட்டன. வலேரிய் ச்காலவ், மிகயீல் குரோமவ் பணிக் குழுவினரின் மிகைத் தொலைப் பறப்புகளின் தொண்டினை மதிப்பிடுகையில், சோவியத் நாட்டின் சர்வதேசச் செல்வாக்கை உறுதிப்படுத்துவதற்கு இவை பெருந்துணை புரிந்தன என்று நம் பத்திரிகைகள் எழுதின. தற்போது விண்வெளிப் பயணிகளை நேசிக்கும் அளவுக்குச் சற்றும் குறையாமல் மக்கள் விமானி- வீரர்களை நேசித்து வந்தார்கள். சோவியத் உழைப்பாளிகளுக்கு உத்வேகம் ஊட்டும் எடுத்துக்காட்டுகளாக அவர்கள் திகழ்ந்தார்கள். ஆயிரக்கணக்கான வாலிபர்களும் இளநங்கையரும் அவர்களை ஆதர்சமாகக் கொண்டார்கள். ஆனால், பிரபலம் ஆன பிறகும் விமானி வீரர்கள் தங்கள் பணித்துறைச் செயலைத் தொடர்ந்தார்கள். சோவியத் விமான இயலின் அடுத்த வளர்ச்சியில் பங்கு கொண்டார்கள். மிகயீல் மிகாய்லவிச் குரோமவ் உலகப் பிரசித்தி பெற்ற பிறகு மையக் காற்று நீரியக்கவியல் கல்லூரியிலும் அந்திரேய் நிக்கலாயெவிச் தூப்பலெவின் உருவரை அமைப்பகத்திலும் தயாரிக்கப்பட்ட அனேகமாக எல்லா விமானங்களையும் பறப்பில் சோதித்தார். அவர்தாம் முதன் முதலாக இரவுப் பறப்புகளில் தேர்ச்சி பெற்றார், விமானங்களைச் சோதிக்கும் பொருட்டுச் சுழலும் விமானத்தில் பறந்தார். அந்தக் காலத்திலோ, விமானச் சுழற்சியின் இயல்பு இன்னும் நன்கு அறியப்படாதிருந்தது. நம் விண்வெளிப் பயணிகளும் இத்தகைய வாய்ப்புகள் பெற வேண்டும் என்று பெரிதும் விருப்பம் உண்டாகிறது. விண்வெளிப் பயணிகளும் விண்வெளிப் பெருங்கடலில் தங்கள் திறமைகளை முழுஅளவில் வெளிப்படுத்துவார்களாக. உழைப்பாளிகளாகவும் விண்வெளிப் பறப்பியலின் அடுத்த முன்னேற்றத்தின் முதல் அறிவிப்பாளர்களாகவும் அவர்கள் விளங்குவார்களாக. அக்காதமி மாணவர்களுடன்.

சந்திப்பின்போது மிகயில் மிகாய்லவிச் குரோமவின் உரையைக் கேட்கையில் நான் இதைப் பற்றி எண்ணமிட்டேன். வெற்றிகரமான முதல் பறப்புக்குப் பின் விண்வெளிப் பயணியின் வேலை குறித்து நாம் மேற்கொண்ட கருத்துகள் சரியானவை என்பதையும் இந்தச் சந்திப்பு எனக்கு உறுதிப்படுத்தியது.

அந்த ஆண்டுகளில் இன்னும் நிலவாத ஸ்வியோஸ்த்னி நகரின் முதல் வாசிகளாக விளங்கியவர்கள் சண்டை விமானிகள். இவர்கள் விமானப் படையில் பயிற்சி பெற்று, சோவியத் மக்களின் அன்புக்குரிய மகவான விமான இயலில் தேர்ச்சி அடைந்தவர்கள். என் வாழ்க்கைப் பாதை பற்றிய கதையை விமான இயலிலிருந்து தொடங்க விரும்புகிறேன்.

## பறக்க வேண்டும்!

1953, ஜூலையில், நாங்கள் சொந்த வீட்டை விட்டு விமானிகள் தொடக்கப் பயிற்சிப் பள்ளிக்குப் போனோம். எங்கள் உள்ளங்கள் வருங்கால நம்பிக்கையால் நிறைந்திருந்தன. இந்தப் பள்ளி எத்தகையது என்பது எங்களில் ஒருவருக்கும் சரியாகத் தெரியாது. இம்மாதிரித் 'தொடக்கப் பள்ளி'க்குப் போக எங்களுக்கு விருப்பமே இல்லை, இராணுவ விமானிகள் கல்லூரியில் உடனே சேர நாங்கள் ஆசைப்பட்டோம். நேரத்தை வீணாக்குவது எதற்காக? ஏற்கனவே எங்களுக்கு நேரம் போதவில்லை. எங்களில் ஒவ்வொருவருக்கும் பதினெட்டு வயது ஆகிவிட்டதே!

"ஒரு வேளை, பழைய கல்லூரி எதையேனும் இப்படி மாற்றி அமைத்திருக்கிறார்கள் போலும்" என்றான் என் பக்கத்தில் இருந்தவன். "இது 'தொடக்கப் பள்ளி' என்பதால் பரவாயில்லை. பயிற்சி வசதிகள் கட்டாயம் நன்றாக இருக்கும். யுத்தம் இந்த இடங்கள் வரை பரவவில்லையே. நமது பள்ளியில் நல்ல விரிவுரைக் கூடங்களும் பயிற்சி மாணவர் தங்கு விடுதிகளும் இருக்கின்றன போலும்."

"தவிரவும் யுத்தம் முடிந்து எட்டு ஆண்டுகள் கழிந்துவிட்டன. இடிபாடுகள் மேல் புதிய நகரங்கள் கட்டப்பட்டிருக்கின்றன."

இவ்வாறு, பல வண்ண ஒளிவீசும் வருங்கால நம்பிக்கைகள் நிறைந்த உரையாடல்களுடன் நாங்கள் விமானிகள் தொடக்கப் பயிற்சிப் பள்ளிக்குச் சென்றோம். அங்கே முதல் சோதனை எங்களை எதிர்பார்த்திருந்தது. எங்களுக்கு இராணுவச் சீருடைகள் அணியத் தரப்பட்டன. இவற்றை அணிந்ததும் நாங்கள் ஒருவரை ஒருவர் தோற்றத்தில் ஒத்தவர்கள் ஆகிவிட்டோம். நாங்கள் அணி வகுத்து நின்றோம். பிரிவுக் கமாண்டர் அறிவித்தார்:

"பயிற்சி மாணவத் தோழர்களே! நீங்கள் புதிய இடத்தில் வசிக்க நேரிடும். தரையைத் தோண்டி அகழறைகள் அமைத்துக் கொள்வோம். அவற்றில் வசிப்போம். அப்புறம் நடப்பதைப் பார்ப்போம்."

இராணுவ விமானி போர்க்கள அணி நடை வாழ்க்கையின் இடர்களுக்குப் பழக்கப்பட வேண்டும் என்று கூறி அவற்றை அவர் விவரித்தார். இடர்களுடன் போராடுவதில் சுபாவம் உறுதிப்படுகிறது

என்றார். என் மனதிலோ, விமானப் பறப்புகளையும் பயிற்சியையும் பற்றிய பேச்சுக்கே இப்போது இடமில்லை என்ற அதிக வறட்சியான பொருள் தொனித்தது.

“அதற்கென்ன! தோண்ட வேண்டும் என்றால் தோண்டுவோம்.” வேலைக்கு நான் பழகி விட்டேன். ஆயினும் மாலை வேளைக்குள் கடுமையான சோர்வை உணர்ந்தேன். என் கைகள் கனத்தன. முதுகு வலித்தது. கால்களை எடுத்து வைப்பது அரும்பாடாக இருந்தது.

இவ்வாறு ஒரு நாள், மறு நாள், பத்தாம் நாள்...

விரைவில் எனக்கு உண்மை நண்பர்கள் கிடைத்து விட்டார்கள். என் ஊர்க்காரன், சைபீரியாவாசி ஆல்பெர்ட் ரூபின், ஸ்வேர்திலோவ்ஸ்காரன் ஸாஷா ஸெல்யானின் (இவன் ஏற்கெனவே தொழிற்சாலையில் வேலை செய்திருந்தான். அவனே சொல்லியது போல, ‘தொழிலாளிக் கலத்தில் வேக’ வாய்ப்பு பெற்றிருந்தான்), குதூகல சுபாவமும் கட்டுறுதி உள்ள உடலும் வாய்ந்த வாஸ்யா மாந்த்தவ் முதலியோர் இவர்கள். ஆரவாரமும் அமைதி இன்மையும் கொண்டவர்கள், முக்கியமாக ஒரு போதும் உளச் சோர்வு அடையாத இளைஞர்கள். எங்களுடைய வலிய பயிற்சி மாணவர் குழாத்தின் முதுகெலும்பாக விளங்கினார்கள்.

அகழறைகளில் வசிப்பது அப்படி மோசமாக இல்லை. அமூர் ஆற்றின் கரையில் காம்ஸ்மோல்ஸ்க் நகரை நிறுவிய இளைஞர்களும் மாபெரும் தேசபக்த யுத்தக் காலத்தில் கவ்பாக்கின் கெரில்லா வீரர்களும், முன்னணி விமான நிலையங்களின் விமானிகளும் இதே போன்ற அகழறைகளில் வசித்ததை நாங்கள் எண்ணிப் பார்த்துக் கொண்டோம். இராணுவப் பணியினருக்கு அரிதாகக் கிடைக்கும் மாலை ஒழிவு நேரங்களில் பயிற்சி மாணவர்கள் வட்டமாகக் கூடி, சிறு மின்விளக்கின் மங்கலான வெளிச்சத்தில் போர்க்காலப் பாட்டுகளைப் பாடினார்கள். யாவற்றிலும் அதிகமாக விரும்பப்பட்ட முனைமுகப் பாட்டுகளில் ஒன்றின் உணர்ச்சி ததும்பும் எளிய வரிகளைத் தனிப்பட்ட ஆர்வத்துடன் ஒலித்தார்கள்:

“உன் இள நகையும் விழிகளும் போற்றி
என் அகழறையில் வாத்தியம் இசைக்கும்.”

பயிற்சித் தொடக்கத்தை நாங்கள் பொறுமை இன்றி எதிர்பார்த்துக் காத்திருந்தோம், பெரிய விழாவுக்கு ஏற்பாடுகள் செய்வது போல அதற்கு ஆயத்தம் செய்தோம். அணிவகுத்து நடக்கவும் முற்றிலும் இராணுவப்

பாங்கில் அறிக்கை செய்து கொள்ளவும் கமாண்டர்களை வரவேற்கவும் நாங்கள் இதற்குள் கற்றுவிட்டோம், அல்லது இராணுவ மொழியில் சொல்வது போல, இளம் படையினருக்குரிய பயிற்சியில் தேர்ந்து விட்டோம்.

“பறக்க விரும்புகிறீர்களா?” என்று முதல் விரிவுரையின் போதே வினவினார் ஆசிரியர்.

நாங்கள் பேரார்வம் கொண்டிருந்தபடியால், ஒருவரோடு ஒருவர் கலந்து பேசிக் கொள்ளாமலே ஒரே குரலில் விடையளித்தோம்:

“விரும்புகிறோம்!”

ஒருவன் நிலைபெறத் தொடங்கி இருந்த கட்டைத் தொண்டையில் ஒரு மூலையிலிருந்து கத்தினான்:

“அதற்காகத்தான் இங்கே வந்திருக்கிறோம்.”

ஆசிரியர் எங்கள் கிளர்ச்சி பொங்கிய முகங்களை அமைதியாகப் பார்வை இட்டு, எங்கள் பேச்சுகள் அடங்கும் வரை காத்திருந்தார்.

“ஆக, விமான இயல் என்னும் வியப்பூட்டும் உலகில் நீங்கள் புகுவீர்கள். நேரம் வந்ததும் உங்களில் ஒவ்வொருவரும் முதலாவது சுயேச்சையான பறப்பு தொடங்குவீர்கள். அதன் பிறகும் பறப்புகள் நிகழும். வான வேலை, விமானப் பறப்பு உங்கள் பணித்துறை ஆகிவிடும்.”

“தலையிலிருந்து மேலே எழும்போது ஏற்படும் உற்சாகக் கிளர்ச்சி, இயற்கைச் சக்திகளை வசப்படுத்தி விட்டோம் என்ற பெருமித உணர்வு ஆகியவை நிறைந்த பறப்பு மட்டுமே ஒருவனை விமானி ஆக்கிவிடாது. ஏனெனில் பறவை கூடத்தான் பறக்க வல்லது. ஆனாலும்...”

“பறவையின் பறப்பு எங்கிருந்து தொடங்குகிறது?” என்று நாடக இயக்குநர் கன்ஸ்தந்தீன் ஸெர்கேயெவிச் ஸ்தானிஸ்லாவ்ஸ்கி நம் தோழ நடிகர்களிடம் கேட்டார்.

‘அது உதைத்து எழும்பி, சிறகுகளை அடித்துக் காற்றில் கிளம்புவதிலிருந்து’ என்று அவர்கள் விடை அளித்தார்கள்.

‘இல்லை’ என்று திருத்தினார் ஸ்தானிஸ்லாவ்ஸ்கி. “முதலில் பறவை காற்றை மார்பு முழுவதிலும் நிறைத்துக் கொள்கிறது, பெருமிதத்துடன் நிமிர்கிறது, பின்புதான் உதைத்து எழும்பிச் சிறகுகளை அடித்துக் கொள்கிறது...”

வழக்கத்துக்கு மாறான இந்த விரிவுரைக்குப் பின்னர் ஆசிரியர் உரக்கச் சிந்திப்பவர் போன்று தணிந்த குரலில் தொடர்ந்தார்:

“விமானி எதிலிருந்து தொடங்குகிறான்? தன் சுபாவத்தைப் புரிந்து கொள்வதிலிருந்து, தன்னை இயக்கும் திறமை பெறுவதிலிருந்து என்று சொல்கிறார்கள். இது சந்தேகமின்றிச் சரிதான். ஆனால், தாய்நாட்டின்பால் மாபெரும் விசுவாசம் தரையுலக விவகாரங்களிலும் பறப்புகளிலும் உண்மை விமானியின் உடன் வருகிறது. அவனை ஊக்குகிறது என்பதையும் மறந்துவிடக் கூடாது.”

“வானப் பெருங்கடல் மனிதனை வெவ்வேறு விதமாக எதிர்கொள்ளுகிறது. ஒரு சமயம் ஒளி வீசும் பரப்பினால் வியப்பில் ஆழ்த்துகிறது. மறுசமயம் மகிழ்வின்றிப் புயல் வீசி நம் உறுதியைச் சோதிக்கிறது. மெழுகினால் ஒட்டிய இறக்கைகளுடன் இக்கேரஸ் பறந்தது பற்றிய தொன்மைக் கிரேக்கப் புராணக் கதை விரிவாகப் பிரபலமானது. இயற்கைச் சக்தியான காற்றை வசப்படுத்த மனிதன் முயன்றதற்கு இத்தகைய கதைகள் சான்று பகர்கின்றன” என்று தொடர்ந்து கூறினார் ஆசிரியர். “நீங்கள் பத்தாண்டுப் பள்ளியில் கேள்விப்பட்டவற்றையும் புத்தகங்களிலிருந்து தெரிந்து கொண்டவற்றையும் நான் மறுபடி உங்களுக்குச் சொல்லப் போவதில்லை. நன்கு புரிந்துகொண்டு விமான இயலைத் தொழிலாகத் தேர்ந்தெடுத்த வயது வந்த மனிதர்கள் நீங்கள். விமான இயல் வரலாறு குறித்த சில தகவல்கள் உங்களுக்கு ஏற்கெனவே தெரியும் என்று இதற்கு அர்த்தம். மெய்தானே?”

குழு அனைத்திற்கும் விடுக்கப்பட்ட இந்தக் கேள்விக்கு நாங்கள் என்ன பதில் கூறி இருக்க முடியும்? 50-களின் இளைஞர்களான நாங்கள் உயர்நிலைப் பள்ளிப் படிப்பை முடித்திருந்தோம். நாங்கள் விஷயம் தெரிந்தவர்கள் என எண்ணி இருந்தோம். விமானப் பள்ளியில் சேர மனுச் செய்து கொள்வதற்கு முன்னால் விமான இயலின் சென்ற காலத்தையும் நிகழ் காலத்தையும் வருங்காலத்தையும் தெரிந்து கொள்ள முயன்றோம். பள்ளியில் படிக்கும்போதே நாங்கள் பல மெய் விவரங்களை அறிந்தோம். இவை இயற்கைத் திறமை சான்ற மாபெரும் ருஷ்ய மக்களைக் குறித்து கர்வத்தை எங்கள் உள்ளங்களில் நிறைத்தது. மனித குலத்தின் உலகு பரந்த சாதனைகளின் கருவூலத்தில் சிறப்பான நிதியளிப்பு நிகழ்த்தவும் சோவியத் யூனியனை மாபெரும் விமான வல்லரசாக, திண்ணிய உளம் வாய்ந்த, உற்சாகம் பொங்கும் மனிதர்களின் தாயகமாக மாற்ற வல்லவர்களாக விளங்கியவர்கள் ருஷ்ய மக்கள். விமான இயல் வளர்ச்சியைத் தோற்றுவித்த மாபெரும் ருஷ்ய விஞ்ஞானிகளுடைய பெயர்களை நாங்கள் அறிந்திருந்தோம். வேறு

எந்த நாட்டுக்கும் முன்னதாக, ருஷ்யாவில்தான், உலகில் முதலாவதான விமானம் காற்றில் பறந்தது. இதைக் கட்டியவர் பெருத்த விஞ்ஞானியும் புதுப்புனைவாளரும் தாய்நாட்டின் அன்பருமான அலெக்சாந்தர் பியோதரவிச் மழாய்ஸ்கி என்பதையோ நாங்கள் கட்டாயமாக அறிந்திருந்தோம்.

ப.நேஸ்தரவ், க.குரூத்தென் போன்ற தலைசிறந்த ருஷ்ய விமானிகள், உள்நாட்டுப் போரின் வீரர்களான இ.பாவ்லவ், கி.ஸப்போழ்னிக்கவ், யா.குலாயெவ், நி.வஸீல் சென்கோ ஆகியோரைப் பற்றி நாங்கள் கேள்விப்பட்டிருந்தோம். வட துருவத்தின் மேலாக அமெரிக்காவுக்கு நேரான பறப்பு நிகழ்த்திய சோவியத் விமானிகளான ச்காலவ், குரோமவ் ஆகியோரின் அருஞ்செயல், மாஸ்கோவிலிருந்து விளாதிவஸ்தோக் பிரதேசம் வரை 7,600 கிலோமீட்டர் தொலைவை ஒரே இரவிலும் பகலிலும் கடந்த க. கொக்கினாக்கியின் ரெக்கார்டு விரைவுப் பறப்பு ஆகியவை எங்களுக்குத் தெரிந்திருந்தன. 1936-37ல், பாசிஸ்டுகளுடன் நடந்த முதல் போரின் காலப்பகுதியில் ஸ்பானிய வானத்தின் வீரர்களாகத் திகழ்ந்த அ. ஸெரோவ், ப. ஸ்மிர்னோவ், மி. யக்கூஷின் ஆகியோரின் பெயர்களை நாங்கள் அறிந்திருந்தோம்.

செல்யூஸ்கின்காரர்கள் காப்பாற்றப்பட்ட அமர காவியமோ! சோவியத் யூனியனின் வீரர் என்னும் பட்டம் அப்போதுதானே சோவியத் அரசாங்கத்தால் ஏற்படுத்தப்பட்டது! செல்யூஸ்கின்காரர்களைக் காப்பாற்றுவதில் துணிவும் வீரமும் காட்டிய அஞ்சாநெஞ்சர்களான ஏழு விமானிகளை முதலாவது தங்க விண்மீன் பதக்கங்கள் அணி செய்தன. அ. லியாப்பிதேவ்ஸ்கி, ஸீ. லெவனேவ்ஸ்கி, வி. மலக்கோவ், நி.கமானின், மி. ஸ்லெப்னேவ், மி. வதப்பியானவ், இ. தரோனின் சோவியத் யூனியன் வீரர் பட்டத்தை முதன் முதலில் பெற்ற இந்த எழுவரது பெயர்களையும் நாங்கள் நெட்டுருப் போட்டிருந்தோம். காற்றுப் பெருங்கடலின் இந்த வீரர்களுக்குத் தாயகமும் கம்யூனிஸ்டுக் கட்சியும் மக்களும் உரிய மரியாதை செலுத்திக் கௌரவித்தார்கள்.

ஹசன் ஏரிப் பிரதேசத்தில் ஹால்ஹின் கோல் ஆற்றுக்கு மேலே ஜப்பானிய ஆக்கிரமிப்பாளர்களுக்கு எதிராகவும் கரேலிய வானில் பிற்போக்குப் பின்லாந்தியர்களுக்கு எதிராகவும் நடந்த போர்கள் புகழ்மிக்க வரலாற்றின் முக்கியமான கட்டங்கள் ஆகும். இரு முறை சோவியத் யூனியனின் வீரர் பட்டம் பெற்ற ஸி. கிரித்ஸெவேத்ஸ், கி. கிராவ்சென்கோ போன்ற வீர விமானிகளைப் பற்றி அந்த ஆண்டுகளில் நாடு தெரிந்து கொண்டது.

எங்கள் குடியிருப்புகளிலும் கிராமங்களிலும் வீடுகளில் எழுந்த அழுகையாலும் புலம்பல்களாலும், தந்தையர்கள் என் தகப்பனார் போல மனச்சான்றினதும் கடமையினதும் அழைப்பை ஏற்றுப் போர்முனை சென்று விட்ட குடும்பங்கள் அனுபவிக்க நேரிட்ட இடர்களாலும் மாபெரும் தேசபக்த யுத்தத்தை நான் நினைவுபடுத்திக் கொள்கிறேன். அரிச்சுவடியை எழுத்துக் கூட்டிப் படிக்க அரைகுறையாகக் கற்றுக் கொண்டிருந்த நாங்களோ, சண்டைகளின் போக்கு பற்றிய சுருக்கமான, சில வேளைகளில் கசப்பான தகவல்களை ஆர்வத்தோடு படித்தோம்.

1941-ல் சிறுவர்களாய் இருந்த நாங்கள், எங்கள் நாட்டின் மீது பாசிஸ்டு ஆக்கிரமிப்பாளர்களின் துரோகத் தாக்கால் மக்களுக்கு நேர்ந்த விபத்தின் அளவைப் புரிந்து கொள்ளவில்லை. குருதியையும் துன்பங்களையும் பார்க்கவில்லை. வெடிகுண்டுகளும் பீரங்கிக் குண்டுகளும் வெடித்ததைக் கேட்கவில்லை. எங்கள் தகப்பனார்கள் எங்களை விட்டுவிட்டு முனைமுகம் போய் விட்டதால் ஏற்பட்ட துயரமும் மனத்தாங்கலும் குழந்தைத் தன்மையற்ற ஏக்கமும் எங்கள் பிஞ்சு உள்ளங்களில் நிறைந்தன.

எனக்கு நினைவு இருக்கிறபடி ஆரவாரமற்ற எங்கள் பல்கோவ்னிக்கவோ குடியிருப்பு அந்த ஆண்டுகளில் பெரிய ரெயில் நிலையம் போல இருந்தது. மனைவியரும் தாய்மாரும் கண்ணீருடன் வழியனுப்ப யாராவது எப்போதும் அங்கிருந்து போய்க் கொண்டிருந்தார்கள். நான்கு ஆண்டுக் காலத்தில் குடியிருப்பின் ஒரு மூலையில் ஒருபோதும் மறு மூலையில் மறு போதுமாகத் துயருற்ற மாதர்களின் வீறிடல் கேட்ட வண்ணமாய் இருந்தது. எப்படியாவது துன்பத்தைக் குறைக்கவும் இழப்பால் நேர்ந்த துயரத்தைப் பகிர்ந்து கொள்ளவும் குடியிருப்பு மக்கள் எல்லோரும் கூடினார்கள். என் நண்பர்களில் ஒருவனான யூர்க்கா யாருமற்ற அனாதை ஆகிவிட்டான். மற்றவர்கள் தந்தையரையும் தமையன்மாரையும் இழந்தார்கள்.

1945-ம் ஆண்டு மே மாதத்தின் வெயிலொளி வீசிய நாள் என் வயதினர் பலருக்கு ஆயுள் முழுவதும் அழியாதவாறு நினைவில் பதிந்துவிட்டது. மகிழ்ச்சிக் கூச்சல்களுடன் நாங்கள் புழுதி நிறைந்த கிராம வீதிகளில் வெறுங்காலர்களாய் ஓடியவாறு தொண்டைகளைப் பிய்த்துக் கொண்டு கூப்பாடு போட்டோம்:

“முடிந்தது யுத்தம்!”

“யுத்தத்துக்கு முடிவு வந்துவிட்டது!”

“ஹிட்லர் தொலைந்தான்!”

அன்றைய தினம் மக்கள் அப்பாடாவென்று ஆறுதல் பெருமூச்சு விட்டார்கள் போலிருந்தது. நீண்ட நான்கு ஆண்டுகளாக அவர்கள் தங்களுக்குள் அடக்கி வைத்திருந்த பெருமூச்சு அது.

நிக்கலாய் காஸ்தெல்லோ, வீக்தர் தலலீஹின், இவான் போல்பீன், அலெக்சாந்தர் பக்ரீஷ்கின், இவான் கோழெதூப் முதலிய வீர விமானிகளின் அமர ஆதர்சங்கள் மீது அந்தக் கடினமான ஆண்டுகளில் நாங்கள் ஆர்வம் பொங்கும் பிஞ்சு இதயங்களால் ஆழ்ந்த காதல் கொண்டிருந்தோம். எல்லோருடைய பெயர்களையும் குறிப்பது இயலுமா? அவர்கள் பல்லாயிரம், பல பத்தாயிரம் பெயர்கள் ஆயிற்றே...

விமான இயலின் பாதை கடினமாக இருந்தது. வழியில் புதிய புதிய இடர்கள் எதிர்ப்பட்டன. அவற்றைக் கடப்பது அசாத்தியமாகத் தோன்றியது. ஆனாலும், பறக்கும் கம்பளம் பற்றிய செவி வழிக் கதையிலேயே பறக்க வேண்டும் என்ற தங்கள் ஆசையை வெளியிட்டிருந்த மாபெரும் ருஷ்ய மக்கள் சிறந்த புதுப்புனைவாளர்களையும் விமானிகளையும் உருவரை அமைப்பாளர்களையும் விஞ்ஞானிகளையும் தோற்றுவித்தார்கள். இவர்களுடைய திறமையாலும் விடாமுயற்சியாலும் பலவித இடர்கள் படிப்படியாகப் பல ஆண்டுகளில் களையப்பட்டன. விமானம் மேலே கிளம்புவது, தரையில் இறங்குவது, சமமற்ற திருப்பங்கள், சிறிய, பெரிய சாய்வுகளுடன் வளைவுகள் ஆகியவற்றுடன் தொடர்பு கொண்டவை. இந்த இடர்கள், 'சுழற்சி' என்ற சொல் விமான இயல் அனுபவம் இல்லாதவர்களுக்கு அச்சம் ஊட்டுவதாகவும் விமான இயலாருக்கு உவப்பற்றதாகவும் நெடுங்காலம் இருந்து வந்தது. ருஷ்ய விமானி கன்ஸ்தந்தீன் அர்த்ஸெவூலவ் இந்தப் புதிரை விடுவிக்கும் வரை இந்த நிலைமை நீடித்தது. பின்னர், சோவியத் காலத்தில், பூமியில் தென்படும் எல்லைக்கு வெளியே, இயந்திரங்களின் உதவியால் பறப்பு நடத்துவது தொடங்கியது. புதிய, மிக விரைவுள்ள விமானங்களில் பறப்புச் சோதனைகள் நிகழ்த்தப்பட்டன. வ. ச்காலவ், வ. ஸெரோவ், ப. ஓஸிப்பென்கோ போன்ற தலைசிறந்த விமானிகளின் உயிர்கள் சோதனைப் பறப்புகளின்போது பறி போயின. முதலாவது ஜெட் விமானப் பறப்பில் விமானி கி. பக்சிவன்ஜி உயிர் துறந்தார். ஆனால் தொடங்கிய வேலையை அவருடைய நண்பர்கள் நிறைவேற்றி முடித்தார்கள். ஒலிக்கு நெருங்கிய வேகங்களில் விமான இறக்கை அதிர்வு, பின் அதிர்வு, தானாக ஏற்படும் சாய்வு போன்ற நிகழ்ச்சிகளை அவர்கள் எதிர்கொண்டு அவற்றை வெற்றிகரமாகச் சமாளித்தார்கள்.

"விமான இயலின் வரலாறு மாட்சி மிக்க காவியம், இதில் உள்ளார்கள் மனிதர்கள், தேட்டங்கள், தியாகங்கள், முன்னேற்றங்கள், வெற்றிகள்"

என்று தம் முதல் விரிவுரையில் கூறினார் ஆசிரியர். "நம் நாட்டு, உலக விமான இயல் வளர்ச்சியின் வரலாற்றையும் ருஷ்ய விமான இயல் முன்னோடிகள், சிறந்த விமானிகள், பொறியாளர்கள், உருவரை அமைப்பாளர்கள் ஆகியோரின் பெயர்களையும் நீங்கள் அறிய வேண்டும். இன்றைய விமான இயலாரது செயல்களையும் சாதனைகளையும் நன்கு புரிந்து கொள்வதற்காக வரலாற்றை நீங்கள் அறிய வேண்டும். விமானிகள் ஆவது என்று நீங்கள் முடிவு செய்துவிட்டீர்கள் என்றால், இந்தப் பணியில் உங்களை முற்றாக ஈடுபடுத்துங்கள். நமது விறல் மிக்க சோவியத் விமான இயலின் புகழைப் பெருக்கியவர்களின் நினைவுக்கு ஏற்றவர்களாக நடந்து கொள்ளுங்கள்."

"நல்ல விமானி ஆவதற்கு முதற்படியாகத் தேவையானவை துடியான முயற்சியும் சிறந்த கட்டுப்பாடும் தன் வலிமையில் நம்பிக்கையும் ஆகும். இவை உங்களிடம் இருந்தால் காற்றில் பறப்பதற்கான தகுதி உங்கள் ஒவ்வொருவருக்கும் கட்டாயம் கிடைத்துவிடும்" என்று உறுதியாகக் கூறி முடித்தார் ஆசிரியர்.

எங்கள் ஆசிரியர்கள் போதனா முறையில் தேர்ந்தவர்கள், மிக மிகக் கடினமான விஷயங்களை எளிதாகவும் புரியும்படியும் அவர்கள் விளக்கினார்கள்.

இலையுதிர் காலம் வந்தது. பூமியின் வாழ்வில் இந்த அற்புதப் பருவம் வந்ததை முதலில் நான் ஒரு வேளை கவனிக்கவில்லை போலும். தவிர, இந்தப் பகுதிகளில் இலையுதிர் காலத்தின் அறிகுறிகளும் இங்கே மிக அதிகமாக இல்லை. வெப்பம் மிகுந்த கோடை வெயிலில் பொசுங்கிய தரை மீது காலை வேளைகளில் உறைபனி அடர் படிந்தது. எலும்புகளைத் துளைக்கும் ஸ்தெப்பிக் குளிர்க் காற்று வீசியது. அகழறையில் ஈரமும் அசௌகரியமுமாக இருந்தது. கற்பனை ஆர்வம் குறைந்தது. ஆனால், அதிக வசதியுள்ள கட்டடத்துக்கு விரைவில் மாறுவோம் என நாங்கள் அறிந்திருந்தோம். எங்கள் பயிற்சி வகுப்புகளுக்கு அருகாமையில் இந்தக் கட்டடம் முழு விரைவுடன் நிறுவப்பட்டுக் கொண்டிருந்தது. எங்கள் பயிற்சி மாணவர் வாழ்க்கையின் வசதிக் குறைவுகளைக் கவனிக்காதிருக்க இந்த வருங்கால வாய்ப்பு உதவியது.

விரைவில் உரால் பிரதேசக் குளிர் காலம் ஸ்தெப்பியை வெண்பனியால் போர்த்தியது. மணலையும் வெண்பனியையும் கலந்து அகழறை வாயில்களில் குவியல்களாகக் குவித்தது. பயிற்சியில் ஆழ்ந்திருந்த நாங்கள், ஜூன் மாதக் கோடை நாட்களில் பயிற்சிப் பள்ளிக்கு எங்கள் வருகைக்குப் பின் ஏறத்தாழ அரை ஆண்டு கழிந்துவிட்டது என்பதை எதிர்பாராத விதமாகக் கண்டோம்.

நாங்கள் நீண்ட காலம் மிகுந்த உள்ளக் கிளர்ச்சியுடன் ஆயத்தம் செய்து கொண்டிருந்த நிகழ்ச்சி எங்கள் இராணுவ வாழ்க்கையில் 1953, நவம்பர் 27-ஆம் தேதி நடந்தேறியது. நாங்கள் தாய் நாட்டுக்கு விசுவாசம் கடைப்பிடிப்பதாக அன்று சபதம் ஏற்று சோவியத் படையினர் ஆனோம்.

இராணுவச் சபதத்தை நாங்கள் ஒவ்வொருவரும் திருப்பிக் கூறினோம்: "தேவைப்பட்டால், பகைவன் மீது முழு வெற்றி பெறும் பொருட்டு உயிரை வழங்கத் தயாராய் இருக்கிறேன்."

இந்தச் சொற்களுக்கு அடியில் நான் கையெழுத்திட்டேன். எளிய, இராணுவ மரபுப்படி மணிச்சுருக்கமான இந்தச் சொற்களைப் பற்றி முன்னர் நான் எதனாலோ சிந்தித்தது கிடையாது. அவற்றின் பெரிய, ஆழ்ந்த பொருள் இப்போது எனக்குத் தெளிவாகப் புலப்பட்டது. உண்மையில் படையினனாகவும் வயது வந்த மனிதனாகவும் உணர்ந்தேன்.

வெற்றிகரமான பயிற்சியின் பொருட்டு கம்பெனி கமாண்டரிடமிருந்து முதலாவது நன்றிச் சான்றை நவம்பர் மாத இறுதி நாளில் பெற்றேன். பெற்றோருக்கு உடனே எழுதிய கடிதத்தில் 'எனது படைப்பணி வெற்றிகள்' குறித்துப் பெருமை அடித்துக் கொள்ளத்தான் செய்தேன். எங்கள் இரண்டாம் கம்பெனியில் நடந்த காம்ஸமோல் (இளங் கம்யூனிஸ்டுகள்) சங்கக் கூட்டத்தில் நான் காம்ஸமோல் அலுவலக உறுப்பினனாகத் தேர்ந்தெடுக்கப்பட்டேன். இனி என்னைப் பற்றி மட்டும் இன்றி என் தோழர்களைப் பற்றியும் நான் அக்கறை எடுத்துக் கொள்ள வேண்டும். சமூகத் தொண்டில் அதிகக் கவனம் செலுத்த வேண்டும் என்று இதற்கு அர்த்தம். இந்தக் காலப் பகுதியில்தான் நான் முதலாவது கமாண்டர் பதவியில் 'சைபீரியப் பிரிவின் கமாண்டராக நியமிக்கப்பட்டேன். விஷயம் என்னவென்றால், தேர்வுகளும் பயிற்சியின் தொடக்க மாதங்களும் முடிந்தபின் பள்ளியில் பத்து சைபீரியக்காரர்கள் எஞ்சி இருந்தார்கள். ஒரு பிரிவில் உள்ளவர்களின் தொகையும் இதுவே. எங்களை வேறு பிரிவுகளில் 'சிதறாமல்' ஒரே 'சைபீரியப் பிரிவில் வைத்திருக்கும்படி பிளாட்டூன் கமாண்டரைக் கேட்டுக் கொண்டோம். கமாண்டர் இசைந்தார். நாங்கள் சைபீரியக்காரர்களுடைய மதிப்பைத் தாழ்த்தி விடாது இருக்கும் பொருட்டுப் பயிற்சியிலும் பணியிலும் முன்னைவிட அதிக ஒற்றுமையாகச் செயல்பட்டோம்.

பயில்வது வர வரக் கடினம் ஆயிற்று என்றாலும் அதிகச் சுவையுள்ளது ஆயிற்று. விமானப் பறப்பின் பொது அடிப்படைகளையும்

பொதுவாக படைத்துறை ஒழுங்கு முறைகளையும் பயின்றபின் நாங்கள் முதன் முதல் எங்கள் வலிமையைச் சோதித்துப் பார்க்க வேண்டி இருந்த விமானத்தின் கட்டமைப்பை ஆராய்ந்து அறியத் தலைப்பட்டோம். யாக்-18 விமானம் மிக மிகச் சிக்கலான இயந்திரமாக முதலில் தோன்றியது. அதன் பச்சை இறக்கைகளை உள நடுக்கத்துடன் நாங்கள் தொட்டோம். பொறிவினைஞரின் போதனைப்படியும் அவரது மேற்பார்வையிலும் திறப்புளிகளால் நுழைவாயில்களை மனக்கிளர்ச்சியுடன் திறந்தோம். ஆனால், வேலையில் நாட்கள் விரைவாகக் கழிகின்றன, மனக்கிளர்ச்சிகளும் இடர்ப்பாடுகளும் அவற்றோடு கூடவே பின்னே தங்கிவிடுகின்றன.

இளவேனிலில் எங்கள் வகுப்புத் தேர்வுகள் நடந்தன. தகப்பனாருக்கு எழுதிய கடிதங்களில் என் தோழர்களையும் போதனை ஆசிரியர்களையும் பயிற்சி ஆசான்களையும் பற்றியும் எங்கள் காரியங்கள் எப்படி நடக்கின்றன என்பதைப் பற்றியும் விவரித்தேன்.

என் முதலாவது பயிற்சி ஆசான் செர்கேய் பியோதரவிச் கோனிஷெவ் உயரம் அற்ற, கட்டுக் குட்டான வலிய மேனியும் அகன்ற தோள்களும் மஞ்சள் பாரித்த தெளிந்த முகமும் கொண்டவர். பதிற்றுக் கணக்கான இளைஞர்களைப் பயிற்றித் தேர்ந்த விமானிகள் ஆக்கியவர் இவர். கோனிஷெவ் மிக நிறையப் புகை பிடித்தார். ஐந்து நிமிடங்களுக்கு ஒருமுறை விமானிச் சட்டையின் இடப்புற மார்புப் பையிலிருந்து ‘பெலாமோர்’ சிகரெட்டு ஒன்றை எடுத்துப் புகைத்தார். நீலப் புகைப் படலம் பின் தொடர எப்போதும் நடந்தார்.

‘இவர் புகையிலையால் தம்மை எதற்காக வதைத்துக் கொள்கிறார்? என்று விளங்காமையுடன் என்னையே கேட்டுக் கொண்டேன். நானே புகைத்துப் பார்த்தேன். கசப்பாகவும் அருவருப்பாகவும் இருந்தது பிடிக்கவில்லை. நான் மிக இளவயதில் ‘புகைப்பதில் ஈடுபட்டது’ இதற்குக் காரணமாய் இருக்கலாம்.

முதலாவது விமானப் பறப்புகளுக்கு மிக முன்பு, தரை மீதே கோனிஷேவும் பயிற்சி மாணவர்களான நாங்களும் ஒரு வகையில் ஒருவரை ஒருவர் ஆராய்ந்து அறிந்தோம். ஆசான் எங்களை உற்றுக் கவனித்தார், நாங்கள் அவரைக் கவனித்தோம். அந்தக் காலப் பகுதியில் நாங்கள் ஒருவர் மேல் ஒருவர் திருப்தி கொண்டோம் என்று தோன்றுகிறது.

பறப்பு நிகழ்த்துவதற்கு முன் நாங்கள் யாக்-18 விமானத்தை விரிவாகக் கூர்ந்து ஆராய்ந்தோம், விமான நிலையத்தில் வேலை செய்தோம். நாங்கள் விமானங்களைக் கழுவவும் வாயுக்குழல்களைச்

சுமக்கவும் பயிற்சி ஆசான்களதும் தொழில் நுட்ப நிபுணர்களதும் மேற்பார்வையில் வேலை செய்யவும் வேண்டி இருந்தது. களைத்துச் சோர்ந்து, பெட்ரோல் மணமும் எண்ணெய் வாசமும் வீச, எண்ணெய்க் கறைகள் படிந்த பறப்பு உடைகளுடன் விமான நிலையத்திலிருந்து திரும்பினோம்.

"முதலில் விமானத்தைப் பேணக் கற்க வேண்டும், பின்புதான் பறக்க வேண்டும்" என்று கோனிஷெவ் பல முறை கூறினார். "விமானத்தை மரியாதையுடன் நடத்த வேண்டும். அது மங்கை போல அன்பையும் கவனத்தையும் விரும்புகிறது" என்று கேலியாகச் சொன்னார்.

பயிற்சி மாணவர்களில் சிலர் தாங்கள் விமானப் பறப்பில் 'பழுத்த அனுபவம்' பெற்று விட்டதாக எண்ணினார்கள். சிலர் பள்ளியில் சேர்வதற்கு முன்பே விமானக் கழகங்களில் சேர்ந்து பயணி விமானங்களில் நவஸிபீர்ஸ்குக்கும் மாஸ்கோவுக்கும் பறந்திருந்தார்கள். பறப்பு அனுபவம் அவர்களுக்குப் பழக்கமாகி இருந்தது. ஆயினும் முதன் முறை வானில் கிளம்புவதை எதிர்பார்ப்பது எல்லோருக்கும் உள்ளக் கிளர்ச்சி ஊட்டியது. பயிற்சி விமான அறையில் இடத்தில் அமர்வதற்கு முன்னால் பாரஷூட் எனப்படும் வான்குடை மிதவையின் உதவியால் ஒரு தரமாவது விமானத்திலிருந்து தரையில் குதிப்பது இன்றியமையாததாக இருந்தது. பயிற்சிப் பறப்பில் விபத்து நிலைமை எதிர்ப்பட்டால் விமானியாக இருக்கவும் மறுபடி எப்போதேனும் வானில் கிளம்பவும் ஆன கடைசி வாய்ப்பை விஷய ஞானத்தோடு பயன்படுத்திக்கொள்ள இயல்வதற்காக இவ்வாறு விதி செய்யப்பட்டிருந்தது.

பாரஷூட்டின் அமைப்பையும் அதைக் காற்றில் பயன்படுத்துவதற்கான விதிகளையும் தெரிந்து கொண்ட பிறகு, இளவேனில் காலத்தின் அமைதியான அதிகாலையில் நாங்கள் விமானத்தில் ஏற்றப்பட்டோம். பறக்கும் விமானத்தின் உயரத்திலிருந்து தரையை முதன் முறை காணும் பொருட்டு நான் சன்னல் வழியே ஆவலுடன் நோக்கினேன். ஆனால் நான் அமர்ந்திருந்த இடம் இறக்கைக்கு நேர் மேலே இருந்ததாலும் நிகழ இருந்த குதிப்பு காரணமான பரபரப்பினாலும் பூமியின் அழகுகளை வியந்து நோக்க என்னால் முடியவில்லை.

குறித்த உயரத்தை எட்டியதும் "குதிப்பதற்குத் தயார் ஆகுக!" என்று விமானி உத்தரவிட்டான். எல்லோரிலும் சிறியவனாகவும் எடை குறைந்தவனாகவும் இருந்தேன் நான். இந்தக் காரணத்தினால் என் இடம் வரிசையின் கடைசியில் இருந்தது. "போக!" என்ற ஆணை ஒலித்ததும் நான் பயங்கொள்ளித்தனமாகத் தோழர்களின் பின்னே அடி

எடுத்து வைத்தேன். திறந்த கதவை நெருங்கியவன். ஒளி வீசிய வெயிலாலும் விமானத் திடலின் தளதளப்பான பசுமைத்தோற்றத்தாலும் நெஞ்சில் ஏற்பட்ட ஒரு வகை வெறுமையாலும் கண்கள் கூச நின்று விட்டேன்.

"போக!" என்ற கமாண்டரின் ஆணையைக் கேட்டேன், அல்லது உணர்ந்தேன் போலும், குதிக்கா விட்டால் என்னைப் பறக்க அனுமதிக்க மாட்டார்கள் என்பதை நினைவுகூர்ந்தேன். கண்களை இன்னும் இறுக மூடிக் கொண்டு அகாதத்தில் அடி வைத்தேன்...

என்னைக் குலுக்கிப் போட்டது. பாரஷூட் திறந்து கொண்டு விட்டது. அதன் பின் எனக்குப் புரிந்தது. கற்பிக்கப்பட்டபடியே கும்மட்டம் முழுதாய் இருக்கிறதா என்று ஏறிட்டுப் பார்த்தேன். அப்புறந்தான் தாராளமாக மூச்சு விட்டேன், முழு அமைதியை உணர்ந்தேன் என்று தோன்றுகிறது. எனக்குக் கீழே, அமைதியான காலைக் காற்றில் வெண் கும்மட்டங்கள் மீது மெதுவாக மிதந்து கொண்டிருந்தார்கள் என்னுடைய தோழர்கள்.

காலைத் தரையின் இந்த வனப்பை நான் வாழ்நாள் முழுவதிலும் அழியாதவாறு நினைவில் பதித்துக் கொண்டேன். பின்னர் காலை வானில் கிளம்ப நேர்ந்த போது எனது முதல் குதிப்பையும் குஸ்தனாய் விமான நிலையத்தின் பசிய திடலையும் இளவேனில் காலையின் அசாதாரண நிசப்தத்தையும் நான் எப்போதும் நினைவுபடுத்திக் கொண்டேன்.

யாக்-18 விமானங்களில் நாங்கள் பயிற்சி தொடங்க வேண்டிய நாள் வந்தது.

முதல் பறப்பின் அழகையும் உணர்ச்சி அனுபவத்தையும் சொற்களில் விவரிக்க எனக்கு இயலாது! உயரத்திலிருந்து பார்க்கும்போது தரை புத்துருவம் பெறுவது போல் இருக்கிறது, தொடுவானம் அதிக அகலமாகிறது, ஸ்தெப்பிவெளித் தொலைக்காட்சி கண் முன்னே விரிகிறது. ஆனாலும் முதல் பறப்புகளின் போது நான் அதிகமாக நினைத்தது வேறு ஒன்றைப் பற்றியே: ஏராளமான கருவிகள் கொண்ட அறை என் முன் இருந்தது. எல்லாவற்றையும் கையாளவும் கவனித்து நோக்கவும் இயல வேண்டும். பயிற்சி ஆசானின் எல்லா அங்க அசைவுகளையும் செயல்களையும் கவனிப்பதும் நினைவில் பதித்துக் கொள்வதும் முக்கியம். மெல்லுணர்ச்சிக் கவிதைக்கு இந்த நிலையில் நேரம் போதாது.

நாங்கள் பறக்கத் தொடங்கியது 1954 இளவேனிலில், அப்போது எங்கள் பிரதேசங்களில் கன்னி நிலத்தைப் பண்படுத்தும் பெருஞ்செயல் நிகழ்ந்து கொண்டிருந்தது. கஸாக்ஸ்தானின் எல்லை இல்லாத ஸ்தெப்பியில் தொடு வானத்திலிருந்து தொடுவானம் வரை சென்றிருந்தன கரிய கோடுகள். பண்படுத்தப்பட்ட கன்னி நிலத்தின் முதலாவது உழவுச்சால்கள். கன்னி நிலத்தின் மீது இந்தத் தாக்கு உயரே இருந்து பார்க்கையில் சிறப்பான உளப்பதிவு ஏற்படுத்தியது.

தலைமை விமான நிலையத்திலிருந்து நாங்கள் அதிகாலையில் விமானப் பறப்பு தொடங்கியபோது, உழுத நிலத்தின் புதிய மெல்லிய பட்டையைச் சுட்டிக் காட்டியவாறு "இடப்புறம் பார்" என்றார் பயிற்சி ஆசான்.

பட்டையின் விளிம்போரமாகக் கருவண்டுகள் போல ஊர்ந்த டிராக்டர்கள் கலப்பைகளைத் தொடுவானத்தின் பக்கம் பிடிவாதமாக இழுத்துச் சென்றன, மாலையில் இந்தப் பட்டை அகன்று பரந்த பெரு நிலப்பகுதி ஆகிவிட்டது. பெரு நிலப்பகுதி நாள்தோறும் மேலும் மேலும் விரிவாகிக்கொண்டு போயிற்று. முடிவில் வானின் ஒரு விளிம்பிலிருந்து மறு விளிம்பு வரை அகன்று பரந்து விட்டது....

பின்னர் உழுத நிலம் தயக்கத்துடன் கிளம்பிய மென்மையான முளைகளின் பசுமையால் போர்த்தப்பட்டது. இலையுதிர் காலத்தறுவாயில் நிலம் கவனத்தில் படாதவாறு ஆனால் தடுக்க முடியாத விதத்தில் மஞ்சள் ஆயிற்று. யாக்-18ல் செயல் திட்டத்தை நிறைவேற்றியதும் களஞ்சியத்துக்குக் கொண்டு குவிக்கப்பட்ட பிரமாண்டமான தானிய மலைகளை நாங்கள் கண்டோம்.

பயிற்சி மாணவர்கள் பறப்புகளிலும் அடிக்கடி தரையிலும் கூடத் தங்கள் ஆசானை எல்லாவற்றிலும் பின்பற்ற முயன்றார்கள். எங்கள் ஆசான் பறந்தது போன்று பறக்கவும் தங்கு தடையின்றி விமானத்தைச் செலுத்தவும் கற்க நாங்கள் விரும்பினோம். நாங்கள் முழு மூச்சாகப் பாடுபட்டோம். ஆயினும் ஆசான் கோனிஷெவ் என்னிடம் ஓயாமல் அதிருப்தி கொண்டிருந்ததை நான் கவனித்தேன். திருப்பங்களைக் கூடிய வரையில் சரியாகச் செய்யவும் அதிகத் துல்லியமாகக் கணக்கிட்டுத் தரை இறங்க முற்படவும் விமானக் கரண வேலைகளைக் கச்சிதமாக நிறைவேற்றவும் நான் முயன்றேன். நான் முறையாகவே பறந்ததாக எனக்குத் தோன்றியது. குறைந்தபட்சம் எனது பறப்பு மற்றவர்களுடையதைக் காட்டிலும் மோசமாய் இல்லை என்று நினைத்தேன். ஆனால் கோனிஷெவ், திட்டமாக எதுவும் சொல்லாமல், அதிருப்தியை மட்டும் காட்டினார்.

பிற்பாடு, சண்டை விமானமோட்டியாகப் பணி ஆற்றிய போது தான், அவருடைய அதிருப்தியின் காரணத்தை நான் புரிந்து கொண்டேன்.

விஷயம் இதுதான்: விமானத்தில் தேர்ச்சி பெற்றதும் நூற்றுக் கணக்கான முறை முற்றிலும் ஒரே மாதிரியாகக் கிளம்பவும் இறங்கவும் வல்ல விமானிகள் இருக்கிறார்கள். திடீர்த் திருப்பங்களையும் கரண வளைவுகளையும் சுழல்வுகளையும் நூற்றுக் கணக்கான முறைகளில் முழுவதும் ஒரே மாதிரியாக நிகழ்த்த இவர்களால் முடியும். எனக்கு இவ்வாறு செய்ய வாய்க்கவில்லை. ஒவ்வொரு பறப்பையும் நான் புதுவிதமாகக் கணக்கிட்டேன். விமானத்தைச் செலுத்துவதற்கான வேலைக் கூறுகளையும் புதிய வகையில் நிறைவேற்றினேன். இத்தகைய நிலையின்மை, சிறப்பாகத் தரை இறங்குகையில், பயிற்சி ஆசானுக்குச் சற்றும் பிடிக்கவில்லை போலும்.

என் சமவயதினர் சுயேச்சையாகப் பறப்பதற்கு ஆயத்தம் ஆகிவிட்டார்கள். பயிற்சி ஆசானோ, பறப்புக்குப் பறப்பு அதிகக் கடுகடுப்பைக் காட்டலானார்.

பயிற்சி மாணவனின் இறுக்கம் நிறைந்த தினப்படி வேலைத் திட்டத்தில் சொந்தக் காரியங்களுக்காக நேரம் ஒதுக்கப்பட்டிருந்தது. எனது இன்பம் அற்ற எண்ணங்களுடன் நான் தனியாக இருந்த இந்த நேரம் எனக்கு எல்லாவற்றிலும் கடினமாக இருந்தது.

ஒரு நாள் களைப்பும் மனக் கலக்கமும் கொண்டவனாக, மாலைச் சோதனைப் பதிவுக்கு முன் நான் உலாவச் சென்றேன். ஏனெனில், மறுநாள் நிகழ இருந்த பறப்புகள் பற்றி முகாமில் தோழர்களின் உரையாடல்களைக் கேட்க எனக்குத் திராணி இல்லை. அன்று மாலை சந்தடி இன்றியும் இந்தப் பிரதேசத்தின் நோக்கில் வழக்கத்தைவிடக் குளுமையாகவும் இருந்தது. இருண்ட வானில் விண்மீன்கள் சிதறிக் கிடந்தன. பிள்ளைப் பிராயத்தில் ஒரு காலத்தில் நிகழ்ந்தது போல ஏக்கம் மூடுபனியாக என்னைச் சூழ்ந்தது. எனது தோல்விகளுடன் நான் இங்கே, எல்லையற்ற இந்தக் கஸாகிய நிலப்பரப்பில், தன்னந் தனியனாக இருப்பது குறித்து என் மேல் எனக்கு இரக்கம் உண்டாயிற்று. என் உடன் இருந்தவர்கள் குதூகலமான, உளமார்ந்த தன்மை உள்ளவர்களாயினும் எனக்குச் சொந்தக்காரர்கள் அல்ல, நெருங்கியவர்கள் அல்ல. எனக்கு மிக மிக அன்புக்கு உரியவர்களோ, இங்கிருந்து தொலைவில், பல்கோவ்னிக்கவோ குடியிருப்பில், அமைதியுள்ள சிறு வீட்டில், தங்கள் காரியங்களில் ஈடுபட்டிருந்தார்கள். எனக்கு இப்போது எவ்வளவு கடினமாய் இருக்கிறது என்பதை அவர்கள் அறியார்.

பெற்றோர், வீடு பற்றிய ஏக்கம் திடீரென என்னை ஆட்கொண்டது. 'போதும்! விமான இயல் எக்கேடும் கெட்டுப் போகட்டும்! விதிக்கப்பட்ட இரண்டு ஆண்டுகள் படைப்பணி ஆற்றி முடித்துவிட்டு வீட்டுக்குத் திரும்பிவிடுவேன். கல்லூரியில் சேர்ந்து, பொறியாளன், விவசாய விஞ்ஞானி அல்லது வேறு யாரேனும் ஆகி விடுவேன். இங்கிருந்து மட்டும் வெளியேறி விட வேண்டும்' என்று முடிவு செய்தேன்.

இத்தகைய முடிவினால் உளத்துக்குச் சற்று ஆறுதல் உண்டாயிற்று. அறிக்கையின் முன் வரைவை எழுதும் பொருட்டு உடனே இருப்பிடம் செல்ல விரும்பினேன். அதற்குள் எங்கோ தொலைவிலிருந்து எங்கள் கழகத்தின் திசையிலிருந்து, காற்றில் மிதந்து வந்தது அமைதி நிறைந்த வோர் மூாக் இசை - பிள்ளைப் பருவம் முதலே எனக்குப் பழக்கமானது. அது இரண்டாவது 'ஸ்லவியான்ஸ்கி நடன' மெட்டு எனத் தெரிந்து கொண்டேன். பள்ளியிலிருந்து களைத்துப் போய் வீடு திரும்பியதும் மாலை வேளைகளில் இந்த மெட்டை வயலினில் இசைப்பது என் தகப்பனாருக்குப் பிடிக்கும். அப்பாவுக்கு இடைஞ்சல் செய்யக்கூடாது.' இலேசான வில்லின் அநாயாசமான இயக்கத்தை இடை முறிக்கக்கூடாது என்பதற்காக என் தங்கையும் நானும் மூச்சுக் காட்டாமல் இருப்போம். எங்கள் வீட்டையும் பாதி ஆற்றலுடன் எரிந்த மின் விளக்கினால் மங்கலாக ஒளியூட்டப் பெற்ற அறையையும் நான் துலக்கமாகக் கண்டேன். எங்கள் பப்ரோவ்கா ஆற்றின் நீர், குடியிருப்பின் எல்லா மின்விளக்குகளும் முழு ஆற்றலுடன் எரியும்படிச் செய்யத் திறன் கொண்டிருக்காததால் பள்ளிப் பாட நோட்டுப் புத்தகங்களைச் சரிபார்க்கத் தகப்பனாருக்கு முடியாத இத்தகைய மாலைகளில் அவர் பெட்டியிலிருந்து பிடிலை எடுத்து வாசிப்பது வழக்கம்...

இத்தகைய மாலைகளை நான் விரும்பவில்லை. எல்லாம் ஓசை அடங்கி விடும். தகப்பனாரின் பெரிய, கூனிய உருவத்திலிருந்து பெருகியவை போலத் தோன்றிய மாயக் கவர்ச்சி வாய்ந்த ஒலிகளால் எங்கள் சிறு வீடு நிறையும். மிக மிக நீண்ட நேரம் இப்படி இருக்க வேண்டும் என்று எனக்கு ஆசை உண்டாகும். ஆனால் குறித்த நேரத்தில் அற்புத இசையொலிகள் அடங்கி விடும். தகப்பனார் ஆழ்ந்து பெருமூச்சு விட்டு, மாய இசைக் கருவியைப் பெட்டியில் வைப்பார். தம் இசைப் பயிற்சியை ஒவ்வொரு தரமும் முடிக்கையில் அவர் பெருமூச்சு விட்டது ஏன் என்பது அப்போது எனக்குத் தெரியாது. தொடர்ந்து வாசிக்க அவருக்கும் ஆசையாய் இருக்கிறது. ஆனால், நேரம் ஆகிவிட்டது. மறு நாளைய பள்ளிப் பாடங்களுக்கு ஆயத்தம் செய்து கொள்ள வேண்டும் என்பதால் பெருமூச்சு விடுகிறார் என்று நினைத்தேன். சோவியத்

நாட்டுக்குக் கடினமான ஆண்டுகளாகிய முப்பதுகளில் மாஸ்கோ இசைக்கல்லூரியில் என் தகப்பனார் பயின்றார் என்பது அப்போது எனக்குத் தெரிந்திருக்கவில்லை, குடும்பச் சூழ்நிலை, என் பாட்டனார் பாவேல் இவானவிச்சின் மரணம் காரணமாக மூத்த புதல்வரான தகப்பனாரால் இசைக்கல்வியைத் தொடர முடியாது போயிற்று. அல்தாயில் அமைந்த முதலாவது கம்யூன்களில் ஒன்றான "மாய்ஸ்கொயே ஊத்ரோ" ('மே மாதக் காலை') என்னும் கம்யூனுக்கு அவர் திரும்பி விட்டார்.

அன்பு நிறைந்த சொந்த வீடு கண நேரம் என் நினைவுக்கு வந்தது. விரைவில் அங்கே, தகப்பனாரிடம், போக ஆசை உண்டாயிற்று. அந்தக் காட்சியை எண்ணிப் பார்த்தேன்; நான் வீட்டுக் கதவைத் திறப்பேன். "யார் அது?" என்று பிடில் பிடித்த கையைத் தொங்க விட்டவாறு கேட்பார் தகப்பனார். "நீ திரும்பி விட்டாயா மகனே? நீ விமானி ஆக விரும்பினாயே, ஆகிவிட்டாயா என்ன?"

பிறந்த வீட்டுக் கதவைத் திறந்த பின் அவருக்கு நான் என்ன மறுமொழி சொல்லுவேன்? பயந்து போனேன். விமானத்தைச் சரியாகத் தரையில் இறக்க எனக்கு வாய்க்கவில்லை என்று சொல்லுவேனா?... 'கதவைச் சாத்துவதற்கு முன் மறுபடி அதை எப்படித் தட்டப்போகிறாய் என்று எண்ணிப் பார்' என்ற மூதுரையை நினைவு படுத்திக் கொண்டேன். பள்ளிக் கதவை நான் சாத்தவில்லை...

என் கருத்துப்படி, விமானம் செலுத்தும் கலையில் தேர்ச்சி பெற்று வரும் அனேகமாக ஒவ்வொரு மனிதனுக்கும் ஒரு தடை வேலி எதிர்ப்படுகிறது. அதைக் கடந்த பின் அவன் தன் மேலும் விமானத்தின் மேலும் பொதுவாக வெற்றியின் மேலும் நம்பிக்கை கொள்ளத் தொடங்குகிறான். ஓட்டப் பந்தயக்காரனின் இரண்டாவது உயிர்ப்பாற்றலுடன் இதை ஒப்பிடலாம். அவனுக்கு மூச்சு முட்டுகிறது. இதோ பந்தயத்திலிருந்து விலகி விடுவான் என்று தோன்றும். ஆனால், அவன் மறு பலம் பெற்று விடுகிறான். அதிகரித்த உழைப்புச் சுமையைத் தாங்குவதற்கு ஏற்ப உடல் தன்னை மாற்றி அமைத்துக் கொள்கிறது. இரண்டாவது உயிர்ப்பாற்றல் தோன்றிவிடுகிறது. அவன் மீண்டும் அநாயாசமாக ஓடுகிறான்.

எனக்கு இம்மாதிரித் தடை வேலியாக இருந்தது செயல் திட்டத்தின் மூன்றாவது பயிற்சி. விமான இயலின் மொழியில் இதன் அர்த்தம் விமானத்தைக் கிளப்புவது, வட்டத்தில் (இன்னும் சரியாகச் சொன்னால் நீள் சதுரத்தில்) பறப்பை முடிப்பது, 'T' வடிவான இறங்கு தளத்தில் விமானத்தை இறக்குவது என்பதாகும்.

பச்சை யாக்-18 விமானம் என் விருப்பத்துக்கு இணங்கத் திரும்பிப் புறப்படும் இடத்தை அடைந்தது. கிளம்பத் தயார் என அறிவித்தேன். உத்தரவு கிடைத்தது.

“கிளம்ப அனுமதிக்கிறேன்.”

“உங்களைப் புரிந்து கொண்டேன்” என்று சுருக்கமாக விடை அளித்துவிட்டு அறையில் இருந்த கருவிகளையும் விசைக் குமிழ் நெம்புகோல்களையும் இன்னொரு முறை சற்றே பார்வையிட்டேன். ‘ஸ்டார்ட்டர்’ வெள்ளைக்கொடியை உயர்த்தி, விமானம் கிளம்புவதற்கான ஓட்டப் பாதையின் திசையை அதனால் காட்டினார். நான் இயந்திரத்தின் சுழற்சியை முழு வேகத்துக்கு அதிகம் ஆக்கினேன். என் விமானம் ஓட்டப்பாதையில் முன்னோட்டம் தொடங்கி இறக்கைகளின் வலிமையைப் படிப்படியாகத் திரட்டியது.

பயிற்சி ஆசான் தமது அறையிலிருந்து என் செயல்களை உன்னிப்பாகக் கவனித்துக் கொண்டிருந்தார். பறப்பின் முதல் பகுதி வெற்றிகரமாக நிறைவேறியது. ஆனால் இறங்குவதற்குத் தயாராகி, கணக்கீடு செய்து, தாழ்வதற்கும் இயந்திரங்களை நிறுத்தி விட்டுக் காற்றில் சறுக்குவதற்கும் அளவறுக்கப்பட்டிருந்த உயரத்தைக் கண்டிப்பாகக் கடைப்பிடிக்க வேண்டி இருந்தபோது நான் பெரிதும் பாங்கின்றிச் செயல் புரிந்தேன். விமானத்தைத் தன்னம்பிக்கையுடன் மென்மையாக இறக்க எனக்கு வாய்க்கவில்லை. நான் இதை உணர்ந்தேன். பறப்பு இவ்வாறு முடிந்ததால் எனக்கு மிகுந்த வருத்தம் உண்டாயிற்று.

“தோழர் பயிற்சி ஆசானே! உங்கள் குறிப்புகளைக் கேட்க அனுமதியுங்கள்”

“அப்புறம்” என்று நறுக்கென விடை அளித்தார் ஆசான்.

கோனிஷெவ் எப்போதும் போல மறுபடியும் தோல் சட்டைப் பையிலிருந்து சிகரெட்டை எடுத்துப் பொருத்தி, வழக்கப்படி இரண்டு, மூன்று தடவைகள் புகையை ஆழ்ந்து இழுத்துவிட்டு, என்னிடம் ஒன்றும் சொல்லாமல் குழு கமாண்டர் காப்டன் கஷீனிடம் சென்றார். இருவரும் கணிசமாக நீண்ட நேரம் சூடாக வார்த்தைகளைப் பரிமாறிக் கொண்டார்கள். எதைப் பற்றி? நான் பலவாறாக ஊகங்கள் செய்து குழம்பினேன். ‘விமான இயலில் என் பாதை இத்துடன் முடிந்து விடுமோ? என்று அமைதியின்றி எண்ணமிட்டேன்.

ஆனால் என்னை என்ன செய்வது, எனக்கு எவ்வாறு, எதனால் உதவுவது என்பதைப் பயிற்சி ஆசானும் குழு கமாண்டரும் என்னைவிட

நன்றாக அறிந்திருந்தார்கள். என் போன்ற எத்தனையோ பயிற்சி மாணவர்களின் தயக்கத்தைப் போக்கி அவர்களைத் தேர்ந்த விமானிகள் ஆக்கி இருந்தார்களே இருவரும்!

ஒரு நாள் கழிந்தது. இரண்டு நாட்கள் கழிந்தன. ஆனால் நான் பறப்பதற்கு அழைக்கப்படவில்லை. நான் என் நண்பர்களைப் பொறாமையுடன் பார்த்தேன். அவர்கள் என்னையே போன்ற பயிற்சி மாணவர்கள். குறித்த வானப் பகுதியில் பறந்துவிட்டு, இறங்கு குறிகளின் அருகே தன்னம்பிக்கையுடனும் மென்மையாகவும் விமானத்தை இறக்கினார்கள். தரை வரை உள்ள தூரத்தை அவர்கள் எப்படித் தீர்மானிக்கிறார்கள். கணக்கீட்டை எப்படிச் சரி பார்க்கிறார்கள், இறங்கத் தயார் ஆகும்போது எரிவாயுப் பகுதியை எப்படிப் பயன் படுத்துகிறார்கள் என்று ஒருவர் பின் ஒருவராக எல்லோரிடமும் கேட்டேன். சித்தாந்த ரீதியாக இவற்றை எல்லாம் விளக்க எனக்கே முடிந்திருக்கும். ஆனால் நடைமுறையில் வாய்க்கவில்லை. பாடப் புத்தகத்தில் இருந்த விதியை எத்தனையோ தரம் திரும்பப் படித்தேன். 'விமானத்தைத் தரைக்குக் கொண்டு வருவதில் வெற்றி, அதைச் சமன்படுத்தும் மெய்யான இடத்தைத் துல்லியமாகக் கணக்கிட்டுச் சரியாகத் தீர்மானிப்பதாலும் இறக்கத்தை நிறைவேற்றுவதற்கான கடைசி முடிவை உரிய நேரத்தில் எடுப்பதாலும் பார்வையை உரிய நேரத்தில் தரைக்கு மாற்றுவதாலும் உறுதி செய்யப்படுகிறது.' பாராமல் படித்துவிட்டேன். நெட்டுருப் போட்டுவிட்டேன் என்று தோன்றியது. ஆனால், நடப்பில் எப்படி வாய்க்கும்? இந்தச் சமப்படுத்தும் புள்ளிதான் எவ்வளவு விந்தையானது! அதைச் சரியாகத் தீர்மானித்தால் இறக்கம் பற்றிய கணக்கீடு துல்லியமாய் இருக்கும். இதைச் செய்ய முடியாவிட்டால் மிகைப் பறப்பு அல்லது குறைப்பறப்பு பறந்து இலக்குக்கு அப்பாலோ பின்னாலோ விமானத்தை இறக்க நேரிடும். இறங்குவதற்காகக் காற்றில் சறுக்குவதும் பழுக்கக் காய்ந்த இரும்பின் மேல் நடப்பது போல, ஒருவிதத் தன்னம்பிக்கையும் இல்லாமல் நிகழும். தவிரவும் இந்தப் 'புள்ளியை ஒவ்வொரு தரமும் புதிதாகக் குறித்தாக வேண்டும். இதற்கு உதவும் சிறந்த கருவிகள், கோனிஷேவ் சொன்னது போல, கண்ணளவும் உள்ளுணர்வும் தாம்.

முதல் தோல்விக்குப் பின் என்னை ஆறப்போடவும் நான் என் செயல்களைப் பற்றிச் சிந்திக்கவும் எனக்கு என் ஆசிரியர்கள் வாய்ப்பு அளித்தது நல்லது ஆயிற்று. ஆத்திரத்தில் அதிக ஆழ்ந்த தன்மை கொண்ட புதிய தவறுகளை நான் செய்திருக்கக் கூடுமே. விமானத்தை இறக்குகையில் அவற்றால் கடுமையான விளைவுகள் ஏற்பட்டிருக்கலாம்.

என்னை 'ஆறப் போட்டது போதும் என்று சில நாட்களுக்குப் பின் காப்டன் கஷின் முடிவு செய்தார் போலும். காலையில் பறப்புகளுக்கு முன்னேற்பாடுகள் நடந்தபோது அவர் சொன்னார்:

"இன்று என்னோடு பறப்பீர்கள். வேலை முந்தியதே தான்; விமானத்தைக் கிளப்புவது, வட்டத்தில் பறப்பது, இறக்குவது."

"ஆகட்டும்" என்று பதில் அளித்து, காப்டனை அனேகமாக முந்திக் கொண்டு எனது பச்சை யாக் விமானத்திற்குப் பாய்ந்தேன்.

இயந்திரம் முழு வேகத்துடன் சுழன்று இரைந்தது. குறித்த திசையைக் கண்டிப்பாகப் பின்பற்றியவாறு விமானத்தைக் கிளப்புவதற்காகச் செலுத்தினேன். இயக்கங்கள் சிந்தித்து வகுக்கப்பட்டிருந்தன. அவற்றின் தொடர் வரிசை திட்டமிடப்பட்டிருந்தது, ஆனாலும் அவற்றில் முழுமையான தன்னம்பிக்கை இன்னும் வரவில்லை. வேகங்காட்டியைப் பார்த்தேன். பிடியை என் பக்கம் இழுத்தேன். சக்கரங்களுக்கு அடியில் தரை விருப்பமின்றிக் கீழே போவதை உணர்ந்தேன். கிளம்புதல்களின் 'பார' உணர்ச்சி ஆரம்பப் பறப்புகள் முதலே எனக்கு ஏற்பட்டது. இன்று வரை அந்த உணர்ச்சி எஞ்சியுள்ளது. இந்த ஆண்டுகளில் நான் வானில் செலுத்தியவை சண்டை விமானங்களோ, வெடி விமானங்களோ, துருப்பு விமானங்களோ, எவை ஆயினும் சரியே, இந்தப் பாரத்தை நான் அனேகமாக உடலால் உணர்ந்தேன், விமானம் இயங்கும் முறையை மிக உன்னிப்பாக, இறக்கத்தின் போதை விட அதிக உன்னிப்பாகக் கவனித்தேன்.

காப்டன் என் செயல்களைக் கூர்ந்து கவனித்துக் கொண்டிருந்தார். இதோ செலுத்துவதை அவர் மேற்கொண்டு ஒரு வார்த்தை பேசாமல் என்னுடைய தவறைத் திருத்தினார். பின்பு உரையாடல் கருவி வழியே அவருடைய குரலைக் கேட்டேன்:

"எப்படிச் செய்ய வேண்டும் என்று பாருங்கள். கருவிகளைக் கவனியுங்கள்."

ஒன்றன் பின் ஒன்றாகத் திருப்பங்களை நிறைவேற்றி விட்டு இறக்கத்துக்காகக் கணக்கிடப்பட்ட புள்ளியை அடைந்தார்.

"திசை அமைப்புக் கருவிகளின் நிலையை நினைவில் பதித்துக் கொள்ளுங்கள்" என்று தொடர்ந்தார் காப்டன். "இங்கிருந்து கீழே செலுத்தத் தொடங்குங்கள். இதோ இந்த உயரம் பத்து மீட்டர்கள். இது ஐந்து ஆகும். இது இரண்டு, ஒன்று. இதுவோ, அரை மீட்டர்... விதிக்கப்பட்டுள்ளபடி இடப்புறம் பாருங்கள், நினைவில் பதித்துக்

கொள்ளுங்கள்.'' விமானத் திடல் முழுவதன் மேலேயும் நாங்கள் இந்த உயரத்தில் சென்றோம்.

“எல்லாவற்றையும் நினைவில் பதித்துக் கொண்டீர்களா?'' என்று கேட்டார் குழு கமாண்டர். “எல்லாம் புரிந்துவிட்டது என்றால் நீங்களே பறப்பை நடத்துங்கள்.''

விமானத்தை மீண்டும் இறங்கு நிலைக்குக் கொண்டு வந்தேன். விமானம் முந்திய வட்டத்தில் திசை அமைப்புக் கருவிகளுக்கு எந்த ஒப்பு நிலையில் இருந்ததோ அதே நிலையை அது மேற்கொள்ளும்படிச் செய்ய முயன்றேன். இதோ 'யாக்' விமானம் சறுக்கத் தொடங்கியது. வர வரத் தாழ்ந்து அது தரையை நெருங்கிற்று. இந்தத் தடவை நான் முன்னை விட நன்றாக விமானத்தை இறக்கினேன் என்று தோன்றியது.

“பொறுக்கத் தகுந்தது'' என்று கண்டனமும் இல்லாமல் பாராட்டும் இல்லாமல் என்னிடம் சொல்லி விட்டு, கோனிஷேவை தம் அருகே அழைத்தார் காப்டன் கஷீன்.

'என்னோடு பாடுபட இவர்கள் எதற்கு விரும்பப் போகிறார்கள்? என்னால் முடியவில்லை என்றால் விலக்கி விடுவார்கள். அவ்வளவுதான். விமானம் ஓட்டுவதற்கு வேண்டிய திறமைகள் என்னிடம் இல்லை போலும்' என்று நான் எண்ணமிட்டேன்.

ஆனால் என்னோடு பாடுபட என் ஆசிரியர்கள் விரும்பினார்கள் என்று தெரியவந்தது. பயிற்சி ஆசான் கோனிஷெவ் விமானத்தின் தமது அறையில் என்னோடு பறக்கவும் விமானத்தைச் செலுத்தும் கலையை வானத்தில் எனக்குக் கற்பிக்கவும் மீண்டும் தொடங்கினார். தமது முயற்சியில் அவர் வெற்றி அடைந்தார். நான் தடை வேலியை, இந்தப் பாழும் மூன்றாவது பயிற்சியைக் கடந்து, விரைவில் சுயேச்சையாகப் பறக்கலானேன்.

சிக்கலான விமானக் கரண வேலைகள் செய்வதற்குக் கற்கும் வானப் பகுதியில் நடத்திய பறப்புகள் எங்களுக்கு உளமார்ந்த இன்பம் அளித்தன. பறப்புகளிலிருந்து பாசறைக்குக் களைப்புடனும் அதே சமயம் களிப்புடனும் திரும்பினோம். ஏனென்றால் வானப் பகுதியில் ஒவ்வொரு பறப்புக்குப் பின்னும் விமானத்தின் மீது எங்கள் அதிகாரத்தை முன்னிலும் வலிமையாக உணர்ந்தோம். ஒவ்வொரு பறப்புக்குப் பின்னும் காற்று மாகடலில் முன்னிலும் அதிக நிலையான இடம் பெற்றோம். விமான இயல் எனது வாழ்நாள் முழுவதற்கும் உரிய, அன்பார்ந்த, நான் தேர்ந்தெடுத்த ஒரே பணி என்று ஒருவேளை இந்தக் காலப் பகுதியில் நான் உணர்ந்தேன்.

கற்பனை எப்போதும் போலவே வருங்காலத்துக்கு விரைந்தது. ஆனால், விண்வெளி மீது படையெடுக்க வேண்டும் என்ற, மனித குலத்தின் யாவற்றிலும் துணிகரமான கனவை நனவாக்கும் காலம் மிக அண்மையில் இருக்கிறது என்று அப்போது யார்தான் எண்ணி இருக்க முடியும்?

கல்லூரி மாணவர் வாழ்க்கை போன்றே பயிற்சி மாணவர் வாழ்க்கை பல்வகையானது, சுவையுள்ளது. நாங்கள் தாய் நாட்டுடன் பொதுவாழ்வு வாழ்ந்தோம். உலகில் நடந்த எல்லா நிகழ்ச்சிகளையும் உளப்பூர்வமாக ஆராய்ந்து புரிந்து கொண்டோம். சர்வதேச அரங்கில் நிகழ்ந்தவற்றை எல்லாம் அறிவால் கிரகித்துக் கொள்ள முயன்றோம். நம் நாட்டிலும் சோஷலிச நட்பு மண்டல நாடுகளிலும் பெறப்பட்ட ஒவ்வொரு வெற்றியும் எங்களுக்கு மகிழ்ச்சி அளித்தது. ஏனெனில், இவை எங்கள் பெற்றோரின், எங்கள் சம வயதினரின் வெற்றிகள். தங்கள் ஆக்க வேலையால் அவர்கள் தம் தாய் நாட்டுக்குப் புகழ் தேடித் தந்தார்கள். அவர்களுடைய அமைதி நிறைந்த உழைப்பைப் பேணவும் பாதுகாக்கவும் நாங்கள் தயாராகிக் கொண்டிருந்தோம்.

விரைவில், நாங்கள் படித்து முடிக்காத அக்கறைக்குரிய நூல் ஒன்றுகூட நூலகத்தில் இல்லாது போயிற்று. பூஷ்கினும் தல்ஸ்தோயும், லேர்மந்தோவும், சேகவும், கோர்க்கியும், மயக்கோவ்ஸ்கியும், ஷோலகவும், பதேயும், த்வர்தோவ்ஸ்கியும், லியோனவும், ஸீமனவும், பெலெவோயும் வேறு பல எழுத்தாளர்களும் கவிஞர்களும் வாழ்க்கையைப் புரிந்து கொள்ளவும் எல்லா வெளித் தோற்றங்களிலும் அதைக்காணவும் எங்களுக்குக் கற்பித்தார்கள். அவர்கள் எங்கள் இளம் உள்ளங்களை வளப்படுத்தினார்கள். நன்மையையும் தீமையையும் பற்றிய எங்கள் கற்பனையை விரிவாக்கினார்கள். எழில் வாய்ந்ததைக் காணவும் புரிந்து கொள்ளவும், எங்களுக்குப் போதித்தார்கள். எங்கள் அக்கறைகள் விரிவடைந்தன. உள உலகம் அதிக வளமுள்ளது ஆயிற்று.

எங்களை அறியாமலே முதல் விடுமுறைக் காலம் வந்து விட்டது. நான் பல்கோவ்னிக்கவா குடியிருப்புக்குப் போக ஏற்பாடுகள் செய்தேன். எதில் போவது? விமானத்தில்தான், சந்தேகம் இல்லாமல்!

விமானப் பயணியின் பார்வைக்கு முன் விரியும் வியப்பூட்டும் காட்சிகளால் ஆனந்தப் பரவசம் அடைவதை நான் ஒருபோதும் நிறுத்தமாட்டேன். மக்கள் குறைவாக வசிக்கும் பிரதேசங்களுக்கு மேலே நான் பறந்தாலும் சரியே. இயற்கையின் அற்புத ஓவியத்தை- விண்ணக, மண்ணகக் காட்சியைப் பார்க்கப் பார்க்க எனக்கு அலுக்கவே அலுக்காது

என்று தோன்றுகிறது. கண்டத்துக்குக் கண்டம் விமானப் போக்குவரத்து வளர்ச்சி அடைந்த பின் பறப்பது சிறப்பாகச் சுவை உள்ளது ஆகிவிட்டது. இப்போது சில மணிநேரப் பறப்பிற்குள் கடல்களுக்கும் மாகடல்களுக்கும் நாடுகளுக்கும் முழு முழுக் கண்டங்களுக்கும் மேலாக நீந்திச் செல்லலாம். நாம் மிக உயரத்தில் பறக்கிறோம். ஆறுகளின் விந்தையான வளைவு நெளிவுகளையும் மக்கள் வாழும் இடங்களை இரத்த நாளங்கள் போல இணைக்கும் நெடுஞ்சாலைகளின் நேரான அம்புப் பாய்ச்சலையும் காண வாய்க்கும்போது இன்ப வேதனை உடலையும் உள்ளத்தையும் ஆட்கொண்டு விடுகிறது.

பூமியிலிருந்து மேலே உயர்த்தப்பட்ட மனிதன் ஒரு விஷயத்தைக் கண்டு அறிகிறான்; கிராமக் குடியிருப்புகள் கூட, அவை மரக் கட்டைகளாலோ களிமண்ணாலோ அமைந்தவை ஆயினும் சரியே, கண்டிப்பான வடிவ கணித உருவங்கள் கொண்டிருக்கின்றன. பண்டைய ரோமாபுரியின் இடிபாடுகளுக்கும் நவீன நகரங்களுக்கும் இது பொருந்தும் அல்தாய் பிரதேசத்தில் உள்ள எனது தொலைதூரச் சொந்தக் குடியிருப்பான பல்கோவ்னிக்கவாவுக்கும் இது பொருந்தும்.

பிள்ளைப்பருவ உளப்பதிவுகள் ஆழ்ந்தவை. சிறுவர்களாக நாம் விளையாடிய இடங்களும் அன்புக்குரிய விளையாட்டுக் கருவிகளும் சிறப்பாக அவை பெற்றோரின் கைகளால் செய்யப்பட்டிருந்தால்-ஆயுட் காலம் முழுதும் நினைவில் நிலைத்திருக்கின்றன. பிள்ளைப் பருவத்தின் இந்த உளப்பதிவுகளும் வாழ்நாள் முழுவதும் நம் உள்ளங்களில் உயிர்த்திருக்கின்றன. தாயகத்தின் உருவம், அதன் தொகுதி வெளிப்பாட்டில் அல்ல, திண்ணமான தோற்றத்தில் இவற்றுடன் இணைந்திருக்கிறது.

தனது குழந்தைப் பருவம் எங்கு கழிந்ததோ, தான் எங்கே ஆள் ஆனானோ, தான் எங்கிருந்து வாழ்க்கைப் பெருவழியில் அடி வைத்தானோ அந்த இடங்களை வாழ்க்கையின்போது சென்று காண ஒவ்வொரு மனிதனுக்கும் விருப்பம் உண்டாகிறது என்று நினைக்கிறேன்...

# பப்ரோவ்கா ஆற்றங்கரை குடியிருப்பு

இந்தச் சிற்றாறு பப்ரோவ்கா என்ற பெயர் கொண்டது. இது எங்கள் குடியிருப்பின் அருகாகப் பெருகுகிறது. அதன் நீர் தூய்மையானது, தெளிந்தது. கரைகளில் பிரம்புப் புதர்கள் மண்டி இருப்பதால் சில இடங்களில் பப்ரோவ்கா அவற்றின் பச்சைக் குடை வழிகளில் அறவே மறைந்து விடும். பச்சை வேலி விலகும் இடங்களில் மணல் மேடுகள் நீரை நெருங்கி வரும்.

இத்தகைய இடங்களில் ஆழம் குறைவு, அடித் தரை திண்ணமானது. நீரின் வெகு அருகே பாறைகள் கிடக்கும். பகலில் பாறைகள் வெயிலில் சூடேறும். தோல் குளிரால் விரைக்கும் வரை ஆற்றில் நீந்திக் குளிக்கும் நாங்கள் சூரியன் மேகங்களில் மறைந்து விடும் போதும் குளிர்க் காற்று வீசும்போதும் இந்தப் பாறைகள் மேல் குளிர் காய்வதை விரும்பினோம். சுடுநீர்க் கலத்தில் படுப்பது போலப் பாறை மேல் படுப்போம். வயிறு கொஞ்சம் கதகதப்பு அடைவதற்குள் முதுகு குளிரால் வெட வெடக்கும். சூரியனோ, மேகங்களில் எங்கோ திரிந்து கொண்டிருக்கும். பின்பு பாறையில் முதுகு படும்படி புரண்டு படுப்போம்...

உருண்டைப் பாறை மேல் புரண்டு கொண்டிருப்பது அலுத்துப் போனதும் மறுபடி நீரில் பாய்வோம். சிறு மீன் கும்பல்கள் நாலா பக்கமும் சிதறி ஓடும். ஆனால் எங்கள் பட்டாளம் முழுவதும் மகிழ்ச்சிக் கூச்சலுடன் ஒரே கணத்தில் நீரைச் சளப்புச் சளப்பென்று அடிக்கையில் அவற்றுக்குப் போக்கிடம் ஏது?...

சைபீரியா. அல்தாய் பிரதேசம்...

பூமி உருண்டையின் யாவற்றிலும் அழகான, தனித்தன்மை வாய்ந்த இடங்களில் இந்தப் பிரதேசம் வனப்பில் வேறு எதற்கும் குறைந்தது அல்ல என்று உறுதியாக எண்ணுகிறேன். இங்குள்ள காடுகள் வேட்டைப் பிராணிகள் நிறைந்தவை, ஆறுகள் மீன் வளம் மிக்கவை, புல்வெளிகளோ, இணையற்ற பலவித மலர்கள் செழித்தவை. இரவுகளில் அனேகமாகக் கருமையான வானில் எண்ணிற்கு அடங்காத விண்மீன்கள் மினுமினுக்கும். குளிர் காலங்கள் பனிச்சூறைகளும் புயல்களுமாகக் கடுமையாய் இருக்கும். இளவேனில் காலங்கள் மலை ஆறுகள் போன்று விரைவானவை. இலையுதிர் காலம் ஓவிய எழில் ஆர்ந்தது. அல்தாய் நிலத்தின் பொருள் வளங்களை அள்ளித் தருவது.

...இந்த அழகிய பிரதேசத்தில் வாழும் மக்கள் அமைதியும் துணிவும் வாய்ந்தவர்கள். ஒருவரை ஒருவர் மதிப்பவர்கள், வாழ்வையும் தங்கள் நிலத்தையும் நேசிப்பவர்கள். இது என் தாயகம்.

விண்மீன்கள்... இவற்றைப் பற்றி நான் அடிக்கடி எண்ணமிடுகிறேன். ஆனால் ஓர் எச்சரிக்கை செய்ய விரும்புகிறேன். எங்கள் அல்தாய் விண்மீன்கள் டெக்சாஸிலோ ஜெனோவாவிலோ இரவில் சுடரும் விண்மீன்களையே போன்றவை என்பது தெளிவு. ஆயினும், சொந்தப் பிரதேசம் பற்றிய எனது நினைவுக் குறிப்புகளின் இந்த விவரத்தைப் பத்திரிகை நிருபர்களும் எழுத்தாளர்களும் என்ன காரணத்தாலோ திரித்து, விண்வெளிப் பயணி ஆவது பிறப்பிலேயே எனக்கு விதிக்கப்பட்டிருந்தது என்று இரு பொருள்படுவது போலப் பேசுகிறார்கள். ஒளிவு மறைவு இல்லாமல் சொல்லுகிறேன்; சிறுவனாய் இருக்கையில் விமானி ஆவதாக நான் கனவு கூடக் காணவில்லை. தொலைவிலும் அண்மையிலும் உள்ள, தண்ணொளியுடன் மினுக்கிடும் விண்மீன்களை ஆழ்ந்த ஈடுபாட்டுடன் நீண்ட நேரம் நான் பார்த்துக் கொண்டிருப்பது வழக்கம், அவ்வளவுதான். அமெரிக்காவிலும் பிரான்சிலும் ஆப்பிரிக்காவிலும் கோடானுகோடி இளைஞர்கள் புரிந்து கொள்ள முடியாத வான் கங்கையை வியந்து நோக்குவது போலவே நானும் இந்த விண்மீன் தொகுதிகளைப் பார்த்துக் கொண்டிருப்பது வழக்கம்.

எனக்கு நினைவு இருக்கிறது. எங்கள் பிரதேசத்தில் அபூர்வமான வட துருவ விண்ணொளி 1941-ஆம் ஆண்டில் என்னைப் பெருவியப்பில் ஆழ்த்தியது. வானவில்லின் எல்லா நிறங்களுடனும் சுடர்ந்த விண்ணின் எட்டாத வனப்பை என்னால் இன்றளவும் மறக்க முடியவில்லை. ஆயினும் வடதுருவ விண்ணொளி கடுமையான ஆர்வப் பெருக்கின் பிரிக்க முடியாத பகுதியாக விளங்கும் வட துருவத்தின் ஆராய்ச்சியாளனாக இருக்க நான் ஒருபோதும் விரும்பவில்லை. நான் அவ்வாறு ஆகி, புகழும் பெற்றிருந்தால், மேற்குறித்த அபூர்வ விண்ணொளியே பிரபல துருவ ஆராய்ச்சியாளனைத் தோற்றுவித்தது என்று பத்திரிகை நிருப நண்பர்கள் கட்டாயம் சொல்லி இருப்பார்கள்....

உண்மையிலோ, நிகழ்ச்சிகள் வாழ்க்கையில் வழக்கமாக நடப்பது போலவே அதிக எளிய முறையில் நடந்தன.

தகப்பனாரின் சொற்படி நான் பெற்றோருடன் எனது முதலாவது இருபது கிலோமீட்டர் பயணத்தை மகப்பேற்று மனையிலிருந்து குதிரை வண்டியில் செய்தேன். 'பேரிலியாக' நான் இந்தப் பயணத்தைச்

செய்தேன். ஏனெனில் எனக்கு அதுவரை பெயரிடவில்லை. வழியில் எதிர்ப்பட்ட கூட்டுப்பண்ணைக் குதிரைக்காரன் ஸ்திபான் ழிலேஸ்னிக்கவ் உதவினான். மகன் பிறந்ததற்குப் பெற்றோரை வாழ்த்திவிட்டு எனக்கு இன்னும் பெயர் சூட்டப்படாதது குறித்து அவன் வியப்புத் தெரிவித்தான்.

வீடு சேரும் முன் பெற்றோர் கலந்து ஆலோசித்தார்கள். என்னை வீக்தர் என்று அழைக்கலாம் என அம்மா யோசனை சொன்னாள். ஆனால் என் தாத்தா சிடுசிடுப்பார் என்று தாயாரும் தகப்பனாரும் அஞ்சினார்கள். "அவர் 'ஹ்ம்' என்று நொடித்து. "சீதர், அளிப்பொதீஸ்த் அல்து ஸஹார்" என்ற பெயர்கள் இந்தக் காலத்துக்குப் பொருந்தாதவைதாம். ஆனால் வீக்தர் என்பதும் எவனோ கொள்ளைக்காரனுடைய பெயர் போல இருக்கிறது என்று சொல்லி இருக்கலாம்" என்று அப்பா நினைவு கூர்ந்தார். என் தாத்தாவின் சுபாவத்தில் கடுப்பு நிறைய. யாரோ "ஹெர்மன்" என்ற பெயரைக் கூறினார்கள். பள்ளி ஆசிரியர் அ. ம. தப்ரோவின் குடும்பத்தில் ஒருவருக்கு இந்தப் பெயர் இருந்தது. அவரது நினைவாக எனக்கு அந்தப் பெயர் இடப்பட்டது.

தகப்பனார் வீடு மிகச் சிறு வயது முதல் இருந்தபடி நன்றாக நினைவு இருக்கிறது. எங்கள் குடியிருப்பில் எல்லா வீடுகளையும் போலவே அது சாலையின் வெகு அருகே இருந்தது. நான்கு பெரிய பாப்ளார் மரங்கள் (என் நினைவில் அவை இவ்வாறு பதிந்துள்ளன) சன்னல்களுக்கு அருகே வளர்ந்தன. தகப்பனார் பல்கோவ்னிக்கவோ குடியிருப்புக்குப் பள்ளி ஆசிரியராக வந்தபோது இவற்றை நட்டிருந்தார். உயரமான முன்வாசல், விசாலமான நடை, இரண்டு பெரிய அறைகள் ஆகியவை கொண்டது அப்பாவின் வீடு. ஓர் அறையில் ருஷ்ய அடுப்பும் படுக்கைப் பரணும் இருந்தன. மற்றதில் கட்டிலும் கனப்பும் இருந்தன.

குளிர் கால மாலைகளில் உணவு மேசையைச் சுற்றிலும் குடும்பத்தினர் எல்லோருமாகச் சேர்ந்து இருப்பது தகப்பனாருக்குப் பிடித்தது. தகப்பனாரும் தாயாரும் முந்திய நாள் விவகாரங்களைப் பற்றிப் பேசினார்கள். தங்கை ஸெம்பீராவைப் படுக்கப் போட்டார்கள். மூத்தவனான என்னைத் தேவை இல்லாதபோது படுக்கைக்கு விரட்டவில்லை. எப்போது உறங்கவேண்டும் என்பதை நானே அறிந்திருந்தேன்.

தகப்பனார் என்னைச் சமமானவன் போல நடத்தினார். பேச்சு பள்ளிக்கூடத்தைப் பற்றி நடந்தாலும் சரி, கிராமக் கழகத்தில் அவர் ஆற்ற இருந்த விரிவுரையைப் பற்றி நடந்தாலும் சரி, தங்களது

'பெரியவர்கள் விவகாரங்களில்' நானும் பங்கு கொள்வது போல அவர் எப்போதும் பேசினார். பெற்றோரின் உரையாடல்களில் பல விஷயங்கள் எனக்குப் புரியாவிட்டாலும் இந்த மாலைகளை நான் விரும்பினேன். நான் குடும்பத்தின் சம உரிமை பெற்ற உறுப்பினன் என்ற உணர்வு எனக்குப் பெருமையையும் முதன்மையாகப் பொறுப்பு உணர்ச்சியும் அளித்தது.

எனக்கு நினைவு இருக்கிறது. இத்தகைய குளிர் கால மாலை ஒன்றில் வெண்பனிப் புயல் வீசி அடங்கிற்று. சுற்றுமுற்றும் ஏதோ தனி வகையான நிசப்தம் குடிகொண்டது. சுவர்க் கடிகாரம் மட்டுமே உரக்க டிக்டிக்கென்று அடித்துக் கொண்டிருந்தது. தகப்பனார் தாயாரோடு நிதானமாக உரையாடிக் கொண்டிருந்தார். கிழிந்த கருமுகில்களின் ஊடாக நிலவு தரையில் ஊர்ந்து கொண்டிருந்தது. மரங்களும் வெண்பனிக் குவியல்களும் மை போன்ற ஊதா நிழல்களை வீழ்த்தின. இந்த நிழல்கள் கருமையாவதும் வெளிறுவதும் ஒரேயடியாக மறைவதுமாய் இருந்தன.

நான் அவற்றின் விளையாட்டைக் கவனமாகப் பார்த்துக் கொண்டிருந்தேன். தகப்பனார் பிடிலை எடுத்து வாசிக்கலானார். சோக இசை அறையில் பெருகியது. நிழல்கள் இசையின் தாளத்துக்கு ஏற்ப வெண்பனிக் குவியல்களில் ஊர்வது போலவும் ஆட்டி வைப்பது போலவும் எனக்குத் தோன்றியது. சுற்றிலும் எல்லாம் மர்மம் உள்ளவை ஆயின... ஒரு மனித உருவம் எங்கள் வீட்டை நெருங்கியதைத் திடீரென்று நான் கண்டேன். அது நடக்கிறதா, வெண்பனிக் குவைகளுக்கு மேலே பறக்கிறதா என்பது விளங்கவில்லை.

நான் கலவரம் அடைந்து வீரிட்டேன். அழத் தொடங்கினேன், காரணத்தைத் தெரிந்து கொண்ட தகப்பனார் அமைதியாக, ஆனால் உறுதியாகச் சொன்னார்:

"மேல் கோட்டைப் போட்டுக் கொள், மகனே!"

நான் முரண்டினேன். அவர் தமது மேல் கோட்டைத் தோள்கள் மேல் போட்டுக்கொண்டு நடைக்குப் போய் விட்டார்.

"உனக்காகக் காத்திருக்கிறேன்" என்ற அவருடைய குரல் கேட்டது.

நான் பயத்தை அடக்கிக்கொண்டு எச்சரிக்கையுடன் நிலைப்படியைத் தாண்டினேன்.

தகப்பனார் முகப்பு வெளியின் நடுவே நின்று கொண்டிருந்தார். அமைதி அடைந்து விட்ட இயற்கையை வியந்து நோக்கியவாறு உயரே

நிமிர்த்திய தலையுடன் நின்று கொண்டிருந்தார் அவர். என்னை அவர் கவனிக்கவே இல்லை போல் இருந்தது.

நான் சுற்றுமுற்றும் கண்ணோட்டினேன். ஒருவரும் இல்லை. தகப்பனார் ஒரு பத்து' பதினைந்து அடிகளுக்கு அப்பால் இருந்தார் அவர் பேசவில்லை. எனக்குத் திகில் உண்டாயிற்று.

"அப்பா.." என்று தணிந்த குரலில் அழைத்தேன்.

"எதற்காக நிற்கிறாய்? இங்கே வா" என்று அவர் கூப்பிட்டார்.

நான் அருகே போனேன்.

"நம் காலடித் தடங்களை வெண்பனியில் காண்கிறாயா?"

"காண்கிறேன்."

"அந்த ஆளின் அடித்தடங்கள் எங்கேயாம்??

காலடியில் நெறு நெறுத்த வெண்பனியின் ஓசையால் திடுக்கிட்டவனாக நான் தகப்பனாரைச் சுற்றி நடந்து எங்கள் அடித்தடங்களையும் வெண்பனிக் குவியல்களின் சீரான தூய அலைகளையும் பார்வையிட்டேன். வேறு அடித்தடங்கள் இருக்கவில்லை.

"ஹெர்மன், இங்கே யாரும் வரவில்லை. மரங்களின் நிழல்களைக் கண்டு நீ பயந்திருக்கிறாய்." இவ்வாறு கூறி, திரும்பி வீட்டுக்குப் போனார் தகப்பனார். "தூங்கப் போகலாம் வா, மகனே!"

பாய்ந்தோடி அவரை எட்டிப் பிடிக்க எனக்கு ஆசை உண்டாயிற்று. ஆனால் அச்சத்தைச் சிரமப்பட்டு அடக்கிக் கொண்டு, பதற்றப் படாதிருக்க முயன்றவாறு சன்னல்களின் பக்கத்தில் போய் குவியல்களாகக் கிடந்த வெண்பனியைப் பின்னும் ஒருமுறை பார்வையிட்டேன். இங்கே ஒருவரும் வரவில்லை என்று முடிவாக உறுதிப்பட்டதும் வீடு திரும்பினேன். தகப்பனார் ஒன்றுமே நடக்காதது போல முற்றிலும் வேறு விஷயம் பற்றித் தாயாருடன் பேசிக் கொண்டிருந்தார்.

அது முதல் நான் இந்த மாதிரி, ஒரு காரணமும் இல்லாமல் பயந்த சந்தர்ப்பம் எதுவும் எனக்கு நினைவு இல்லை. ஆபத்து சூழ்ந்த கணங்களில் சிறுவனாய் இருந்தபோதே, அச்சத்தின் இருண்ட 'சன்னல்களுக்கு' அப்பால் என்ன இருக்கிறது என்று சிந்தித்துப் புரிந்து கொள்ள எல்லாவற்றுக்கும் முன்னால் முயன்றேன். எல்லோருக்கும் ஏற்படுவது போல எனக்கும் அச்சம் ஏற்படுவது உண்டுதான். ஆனால் என்னைக் கட்டுப்படுத்திக் கொள்ளவும் பிடிக்காத இந்த உணர்ச்சியோடு போராடி வெல்லவும் அந்நாள் முதல் நான் பயிலத் தொடங்கினேன்.

பிள்ளைப் பருவத்திலும் இப்போதும் கூடத் தகப்பனார் எனக்கு எடுத்துக்காட்டாகவும், அன்புக்கு உரியவராகவும் இருந்தார், இருந்து வருகிறார். சொந்தப் பிரதேசத்தின் மேல் தகப்பனாருக்கு இவ்வளவு ஆழ்ந்த பற்று இருப்பதற்குச் சிறுவர்களின் உள்ளங்களையும் அவர்களுடைய வேடிக்கை விளையாட்டுகளையும் விபத்துக்களையும் அவர் இவ்வளவு நுட்பமாகப் புரிந்து கொள்வதற்கும் காரணம் என்ன என்பதைப் பெரியவன் ஆன பிறகு நான் புரிந்து கொண்டேன். அவர் இங்குதான் வளர்ந்தார். அவருடைய சம வயதினரின் கும்பல் இவையே போன்ற ஆற்றுப் பாறைகள் மேல் குளிர் காய்ந்தது. தன் தந்தையோடு என் பாட்டனாரோடு சேர்ந்து குடியிருப்பில் எத்தனையோ வீடுகளை அவர் கட்டி இருந்தார். நாங்கள் உட்கார்ந்து படித்தவை போன்ற சாய்வு மேசைகளின் அருகே அமர்ந்தே அவரும் அரிச்சுவடி படித்தார்.

தாயார்... பரிவுள்ளவள், எதையும் எளிதில் நம்புபவள்... வீட்டுக் காரியங்களிலும் அலுவலக வேலையிலும் சளைக்காமல் உழைத்தாள். எங்களைப் பயிற்றி வளர்க்கும் பொறுப்பைத் தகப்பனாரிடம் முழுமையாக ஒப்படைத்திருந்தாள். குறும்புகள் செய்தோ சொல்லைக் கேட்காமலோ அவள் மனதை ஒருபோதும் புண்படுத்தாதிருக்க நான் முயன்று வந்தேன். ஆனால், இதில் நான் எப்போதும் வெற்றி பெறவில்லை என்று நினைக்கிறேன்.

...ஒரு முன்னிரவு என் நினைவில் பதிந்திருக்கிறது. தகப்பனார் போர் முனைக்குப் புறப்பட்டுக் கொண்டிருந்தார். வீட்டை விட்டுப் பிரிவது அவருக்கு வருத்தமாய் இருந்தது. அன்று பொழுது புலரும் முன்பே தாயார் எழுந்திருந்து எதிலாவது மனதை ஈடுபடுத்தும் பொருட்டு வீட்டு வேலைகளில் முனைந்தாள்.

தகப்பனார் நிதானமாக, காரியப் பாங்குடன் ஆயத்தமானார்.

"சரி, அம்மா, நேரம் ஆகிவிட்டது..."

"போர் முனைக்கு யாரும் ஓட்டமாக ஓடுவதில்லை. அவசரப்படாதே" என்றார், வழியனுப்ப வந்திருந்த பாட்டனார் மிகாய்லோ.

நேரத்தை முடிவில்லாமல் நீட்ட முடியவில்லை. 'உரிய வேளை' எப்படியும் வந்தே விட்டது.

வீட்டுத் தின்பண்டங்கள் செம்மச் செம்ம நிறைந்திருந்த பயணப் பையைத் தோளில் மாட்டிக் கொண்டு தகப்பனார் வாயிலுக்குச் சென்றார். என் நெஞ்சு உறைந்து போயிற்று. இப்படியே போய் விடுவாரா என்ன?

“பயணத்துக்கு முன் சற்று உட்காருவோம்” என்று கண்ணீருக்கு இடையே சொன்னாள் அம்மா.

எல்லோரும் ருஷ்ய வழக்கப்படி பேசாமல் உட்கார்ந்தோம். ஓரிரண்டு வினாடிகள் கழிந்தன. தகப்பனார் சட்டென எழுந்தார்.

“மகனே” என்று அழைத்தார். நான் அருகே சென்றேன்.

“நல்லது” என்று ஏதோ மிக அன்றாட விஷயம் பற்றி எண்ணமிடுபவர் போல அமைதியாகக் கூறினார் தகப்பனார். “போர் முனைக்குப் போகிறேன், மகனே...”

நான் அவரை ஏறிட்டு நோக்கினேன். நன்கு மழித்த கன்னமும் நல்ல வடிவமைப்பும் விரைப்பாக நிமிர்ந்த மேனியுமாக ஒரு சிறிது துயரத்துடன் அவர் என்னைப் பார்த்தார். அவருடைய மோவாயில் கீறல் இருந்ததைக் கண்டேன். ‘மழி கத்தியால் தற்செயலாக வெட்டிக் கொண்டிருக்கிறார்’ என்று எண்ணிக் கொண்டேன்.

“நீ அம்மா சொற்படி நட வீட்டு வேலையில் உதவு. மொத்தத்தில் வீட்டு ஆண்மகனாக இரு. புரிந்து கொண்டாயா?”

நான் தலை ஆட்டினேன், புரிந்து கொண்டேன் என்று. ஆனால் அப்போது நான் புரிந்து கொண்டது எல்லாம் தகப்பனார் போகிறார், நீண்ட காலத்துக்கு ஆபத்தை எதிர்கொள்ளப் போகிறார் என்பதுதான். அவருடைய உள்ளங்கை பரிவுடன் என் தலையைத் தொட்டு, நெற்றியில் விழுந்திருந்த மயிர்ச்சுருள்களை வருடியது. பின்பு அமைதியாக நிலைப்படியைத் தாண்டி அவர் வெளியே போய்விட்டார். நான் அவர் பின்னே பாய்ந்தேன்.

“இரு மகனே!” என்று சொன்னாள் தாயார்.

நான் அங்கேயே நின்று, வழியனுப்பியவர்கள் எல்லாரும் எங்கள் வீதித் திருப்பத்துக்கு அப்பால் மறையும் வரை தகப்பனார் போவதை நீண்ட நேரம் பார்த்துக் கொண்டிருந்தேன்.

தகப்பனார் போன பிறகு வீட்டில் தனியே உட்கார்ந்திருப்பதைப் பொறுக்க முடியாததால் நான் வெளியே ஓடி, அடர்ந்த மென்மையான புல்லில் படுத்தேன். அங்கே நான் நள்ளிரவு வரை மினுக்கிடும் விண்மீன்களைக் கண்கள் வலிக்கும் அளவுக்குக் கூர்ந்து பார்த்தவாறு படுத்துக் கிடந்தேன். அந்த இரவில்தான் முதன்முதலாக வயது வந்தவர்கள் போலச் சிந்தனை செய்தேன். நீண்ட நேரம் ஆழ்ந்து சிந்தித்தேன்...

தாயாருக்குச் சிரமமாக இருந்தது. நான் ‘வீட்டு ஆண்மகனாக இருந்தேன்’. ஆயினும் வயது காரணமாக என்னால் விளையக் கூடிய நன்மை அற்பமாகவே இருந்தது. என் தங்கை ஸெம்பீரா கைக்குழந்தை. தாயார் தான் அவளைக் கவனித்துக் கொள்ள வேண்டி இருந்தது. ஆகவே, ஒரு நாள் இரண்டு குதிரை வண்டிகள் எங்கள் வீட்டுக்கு வந்தன. சொற்பச் சாமான்களை அவற்றில் ஏற்றிக் கொண்டு நாங்கள் ‘மாய்ஸ் கொயே ஊத்ரோ’ கம்யூனுக்குப் போய்ச் சேர்ந்தோம்.

நாங்கள் குடி புகுந்த தாத்தாவின் வீடு கம்யூன்காரர்களாலேயே கட்டப்பட்டிருந்தது. கிராமத்தின் கோடியில், உயரமான பழைய பிர்ச் மரங்களின் நடுவே இருந்தது அது. எங்கள் காய்கறித் தோட்டத்துக்கு அடுத்தாற் போல காடு தொடங்கியது. காட்டுப்பழங்களும் - குடைக் காளான்களும் எல்லா விதமான விலங்குகளும் அதில் நிறைந்திருந்தன...

கிராமத்துக் குதிரைகள் படைப் பிரிவுகளின் சாமான் வண்டித் தொடருக்காக ஒன்று பாக்கி இல்லாமல் இட்டுச் செல்லப்பட்டதும் பாட்டனார் கூட்டுப்பண்ணைப் பசுக்களை வண்டி இழுக்கப் பயிற்றினார். இதை அவர் தேர்ந்த திறமையுடன் செய்தார். இந்த மாதிரி வண்டிப் பயணங்களில் அடிக்கடி என்னையும் அழைத்துப் போனார். வெற்று வண்டியை நாங்கள் ஓட்டிப் போகவில்லை. ஒவ்வொரு தடவையும் வழியில் சுமை ஏற்றிப் போக முயன்றோம்.

பாட்டனார் என்னைச் சாமான்களுக்கு மேல் உட்கார்த்திவிட்டு வார்களைக் கையில் பிடித்துக் கொண்டு அருகாக நடந்தார். பசுவை ஓட்டியவாறு என்ன காரணத்தாலோ “நான் மலை மேலே சென்றேன்” என்ற ஒரே ஒரு பாட்டையே எப்போதும் பாடினார். அல்லது கேலிப் பழமொழிகளை மழையாய்ப் பொழிந்தார்.

ஏதேனும் ஏற்றத்தைக் கடந்ததும் பசுவுக்கு இளைப்பாற வாய்ப்பு அளித்தார்.

சில வேளைகளில் பாட்டனார் பழைய நினைவுகளில் ஆழ்ந்தார்...

“ஹெர்மன், அதோ காடு திருத்திய வெளி தெரிகிறதே பார்த்தாயா? முராவ்ளீகாவிலிருந்து வீடுகளை நம் குடியிருப்புக்கு இதன் வழியேதான் கொண்டு வந்தோம். அதோ அந்தச் சோலையில் நம்முடைய காவல்நிலையம் இருந்தது. அந்தக் காலம் இருந்த விதத்தில் நாம் குதிரைச் சவாரி செய்தபோது கூடத் துப்பாக்கி இல்லாமல் போயிருக்க மாட்டோம். பார வண்டியில் போனபோதோ, கேட்கவே வேண்டாம்.

கம்யூனின் வரலாற்றை, என் பாட்டனார்களான கம்யூன்காரர்களின் வரலாற்றை, நான் அப்போது தான் தெரிந்து கொண்டேன். அல்தாய் வறியவர்களின் முதலாவது ஆசானும் நண்பருமான அந்திரியான மித்ரபானவிச் தப்ரோசின் பெயரை அப்போதுதான் கேட்டு அழியாதபடி நினைவில் பதித்துக் கொண்டேன்.

“புரட்சி அலை எங்கள் பிரதேசத்தை எட்டியது. செங்காவற் படையினர் வந்து தங்கிய இடங்களிலும் சைபீரிய கெரில்லா வீரர்கள் புரட்சி எதிர்ப்பு வெண்படைப் பிரிவுகளிடமிருந்து குடியிருப்புகளையும் முழுப் பிரதேசங்களையும் போராடி விடுவித்த இடங்களிலும் கம்யூன்கள் அமைக்கப்பட்டன. முராவ்கூளீகாக் கெரில்லாக்கள் எங்கள் கம்யூன் தலைமையை ஏற்றார்கள். என் தந்தை, தாய் வழிப் பாட்டனார்கள் இருவரும் இந்தக் கம்யூனை ஒழுங்கமைத்தவர்களில் இடம் பெற்றிருந்தார்கள் என்பதில் நான் பெருமை அடைகிறேன்.

பணக்கார விவசாயிகளான குலாக்குகளின் பதுங்கிடங்களாக விளங்கிய பழைய குடியிருப்புகளில் தங்கி இருக்கக் கம்யூன்காரர்கள் விரும்பவில்லை. தொலைவில் அழகான இடத்தைத் தெரிந்தெடுத்து அங்கே புதிய வீடுகள் கட்டவும் முன்பு இருந்த இடங்களிலிருந்து பழைய வீடுகளைப் பெயர்த்துக் கொண்டு வரவும் அவர்கள் தொடங்கினார்கள். களஞ்சியங்களும் பண்டசாலைகளும் கட்டினார்கள். கன்னி நிலத்தைப் பண்படுத்தினார்கள். ஸாய்த்ஸெவா ப. இ. என்னும் ஒரு கம்யூன்காரி மென்மையும் நல்லிதயமும் வாய்ந்தவள், சிந்திக்கவும் கனவு காணவும் விரும்பியவள். கம்யூனுக்கு மாய்ஸ்கொயே ஊத்ரோ’ என்று பெயரிட அவள் யோசனை சொன்னாள்.

குலாக்குகளின் கொள்ளைக் கூட்டங்களும் வெண்படைப் பிரிவுகளும் பசித்த ஓநாய்கள் போன்று காடுகளில் சுற்றிக் கொண்டிருந்தன. அவற்றின் திடீர்த் தாக்குதல்களிலிருந்து தங்கள் உடைமைகளைப் பாதுகாப்பது கம்யூன்காரர்களுக்கு இன்றியமையாதது ஆயிற்று. கம்யூன்காரர்கள் தங்கள் எல்லா விவகாரங்களையும் சேர்ந்து முடிவு செய்தார்கள். எல்லாவற்றையும் சமமாகப் பகிர்ந்து கொண்டார்கள், சற்றும் ஓயாமல் எல்லோரும் சேர்ந்து வேலை செய்தார்கள்.

கம்யூனில் புதிய விவசாயிகளை உறுப்பினர்களாகச் சேர்ப்பது பொதுக்கூட்டத்தில் நடந்தது. பொதுக் குறிக்கோளுக்கு விசுவாசம் கடைப்பிடிப்பதாகவும் உண்மை ஈடுபாட்டுடன் உழைப்பதாகவும் சச்சரவு மூட்டாதிருப்பதாகவும் பழைய பழக்க வழக்கங்களை

விட்டுவிடுவதாகவும் பண்பாட்டு வாழ்க்கையில் பங்கு கொள்வதாகவும் புதியவர்கள் பிரமாணம் எடுத்துக் கொண்டார்கள். தங்கள் பிரமாணத்தைக் கம்யூன்காரர்கள் உறுதியாகக் கடைப்பிடித்தார்கள்.

கம்யூன்காரர்கள் பள்ளிக்கூடம் கட்டினார்கள். சிறியவர்களும் பெரியவர்களும் எல்லோரும் அதில் பயின்றார்கள்.

இப்போது, என் சொந்தக் குடியிருப்பின் கடந்த காலம் பற்றிச் சிந்தனை செய்கையில், ஒரு காலத்தில் கம்யூன்காரர்களின் குழந்தைகள் கல்வி பயின்ற பள்ளிக்கூடத்தை நான் நினைத்துக் கொண்டேன். இயற்கை மீதும் வாழ்க்கை மேலும் கலை மீதும் அன்பு கொள்ள அதுதான் எங்களுக்குக் கற்பித்தது...

போர் முனையிலிருந்து கடிதங்கள் அரிதாகவே வந்தன. வீட்டு, கூட்டுப்பண்ணை விவகாரங்கள் பற்றிய கவலையால் அவை நிறைந்திருந்தன. குடும்பத்திலிருந்தும் சொந்தப் பிரதேசத்திலிருந்தும் தொலைவில் தகப்பனார் மிகவும் ஏங்கிப் போனார். படையினரின் முக்கோண அஞ்சல் உறைகளில் சொந்தச் செய்யுட்களை எழுதி அனுப்பினார்.

...மாதங்கள் கழிந்தன. குளிர் காலங்கள் போய் இளவேனில் காலங்கள் வந்தன. கூட்டுப் பண்ணை வயல்களில் புதிய பயிர்கள் முளை விட்டன. ஆண்டுகள் செல்லச் செல்ல மனிதர்களின் முகங்களில் ஒளி தென்படலாயிற்று. முனை முகச் செய்திகள் நாளுக்கு நாள் அதிக மகிழ்வூட்டின. எதன் பொருட்டுப் போர்க்களங்களில் அவ்வளவு வியர்வை ஊற்றப்பட்டதோ, துயரத்தாலும் சக்திக்கு மீறிய உழைப்பாலும் அவ்வளவு கண்ணீர் பொங்கியதோ அந்த மாபெரும் வெற்றி நாள் மேலும் மேலும் அருகே நெருங்கியது.

"உயிரோடு இருப்பவர்கள் வீடு திரும்புவார்கள். இறந்தவர்கள் மக்கள் நினைவில் என்றும் நிலைத்திருப்பார்கள்" என்று இந்த ஆண்டுகளில் தகப்பனார் பற்றிய பேச்சு வந்தபோதெல்லாம் அடிக்கடி சொன்னார் பாட்டனார். "நமக்காக எத்தனையோ தலைகள் பலி ஆகி இருக்கின்றன."

தகப்பனார் ஒரு மாலையில் திடீரென வந்து சேர்ந்தார். பளிச்சென்று துடைத்த சிம்னி உள்ள லாந்தர் அப்போது வீட்டில் ஏற்றி வைக்கப்பட்டிருந்தது. எல்லோரும் எதிர்பார்த்துக் களைத்துப் போயிருந்தார்கள்.

குப் குப்பென்று குளிர்க் காற்று அறைக்குள் பாய, கைகளில் சாமான் மூட்டையுடன் வீட்டிற்குள் புகுந்தார் தகப்பனார். தாயார் பாய்ந்து

அவருடைய மார்பில் முகத்தைப் புதைத்துக் கொண்டாள். என்ன காரணத்தாலோ நான் வெளியே ஓடி அதே வீட்டில் வேறு அறையில் வசித்த அத்தையிடம் போனேன். அவளுடைய இருப்பிடத்திற்கு ஓடிப்போய், செய்தியைச் சொல்லி விட்டு, முன்னோடிச் சிறுவர்கள் அணியும் டையைக் கட்டிக் கொண்டேன்.

நான் திரும்பியபோது, நீண்ட பயணத்தாலும், அனுபவித்த உள்ளக் கிளர்ச்சியாலும் களைத்துப் போன தகப்பனார் அறை நடுவில் நின்று கொண்டிருந்தார். மேல்கோட்டை அவர் கழற்றவில்லை. ஆதலால் அதிக வயதானவர் போலவும் பாங்கற்றவர் போலவும், எனக்குத் தோற்றம் அளித்தார் (இந்த ஆண்டுகள் அனைத்திலும் நான் அவரைக் கற்பனை செய்துகொண்டது இந்த வடிவில் அல்ல).

தங்கை அப்பாவைப் போட்டோக்களில் மட்டுமே முன்பு பார்த்திருந்தாள். எனவே அம்மா எவ்வளவோ சொல்லியும் அவரிடம் போக மறுத்துவிட்டாள். எனக்கோ ஒரு மாதிரிக் கூச்சமாக இருந்தது. பாய்ந்து தகப்பனாரின் கழுத்தைக் கட்டிக் கொள்ள ஆசை உண்டாயிற்று. அதேசமயம் பெரியவன், ஆழ்ந்த போக்கு உள்ளவன், முன்னோடிச் சிறுவனுக்கு உரிய டை அணிந்தவனாக என்னை அவர் காண வேண்டும். போர்முனை போகையில், அவர் வீட்டில் விட்டுச் சென்ற ஆண்மகனாக என்னைக் காண வேண்டும் என்ற விருப்பமும் ஏற்பட்டது.

தகப்பனார் மீண்டும் பள்ளி ஆசிரியர் வேலையை மேற்கொண்டார். நாங்கள் பல்கோவ்னிக்கவோ குடியிருப்புக்கு விரைவில் திரும்பினோம். போருக்கு முன் வசித்த அதே புருன்ஸே வீதியில் குடியேறினோம்.

எனக்குப் புதியதாய் இருந்த பள்ளியில் நான் படிக்கப் போனேன். என் சம வயதுப் பையன்களோடு விரைவில் எனக்கு நட்பு ஏற்பட்டு விட்டது. விருப்பக் கலை நிகழ்ச்சிகளில் எனது ஆழ்ந்த ஈடுபாடு விரைவில் தொடங்கியது.

என் சம வயதுப் பையன்கள் எல்லோரும் விளையாட்டில் ஆர்வம் கொண்டிருந்தார்கள். ஆனால், காற்பந்து ஆட்டப் போட்டிகளைத் தவிர வேறு எவ்விதப் போட்டிகளுக்கு நாங்கள் ஏற்பாடு செய்யவில்லை.

குளிர் காலம் உச்சத்தில் இருந்தபோது வட்டாரம் முழுவதும் கனத்த வெண்பனிப் படிவால் போர்த்தப்பட்டு விடுகையில் நாங்கள் ஸ்கீகளில் வெண்பனி மீது சறுக்கிச் செல்லத் தொடங்கினோம். குளிர் காலத்தின் துவக்கத்தில், சிற்றாறுகளிலும் குளங்களிலும் தண்ணீர் பனிக்கட்டியாக உறைந்துவிடும் போது அவ்வளவு திண்மை இல்லாத அந்தப் பனிக் கட்டி மேல் ஸ்கேட்டிங் செய்தோம். பனிப்புயல்கள் வீசி அவற்றின்

மேல் வெண்பனியைக் குவியல்களாகக் குவித்து விடும் வரை எங்கள் ஸ்கேட்டிங் தொடர்ந்தது. எனக்கு ஸ்கேட்டிங் நிரம்பப் பிடித்தது. இதனால் ஒரு தரம் நான் விபத்தில் மாட்டிக்கொண்டேன்.

எனது தனித் திறமையைக் காட்டி மற்றவர்களைப் பிரமிக்க வைக்க வேண்டும் என்று ஒரு நாள் நான் முடிவு செய்தேன். கூட்டுப் பண்ணைக் குதிரைகளுக்கும் பசுக்களுக்கும் நீர் பருகுவதற்காகக் கனத்த பனிப் பாளத்தை வெட்டி ஏற்படுத்தப்பட்டிருந்த நீண்ட பள்ளம் மெல்லிய பனித்தகடால் மூடப்பட்டிருந்தது. நான் இந்தப் பனித் தகட்டின் மேல் பல தடவைகள் சறுக்கிச் சென்றேன். பனித்தகடு கிறீச்சிட்டது வளைந்தது. இதனால் எனக்கு அளவற்ற மகிழ்ச்சி உண்டாயிற்று. மறுமுறை சறுக்கிச் செல்வதற்காகத் திரும்பினேன். பாய்ந்தேன் திடீரென்று பனித்தகடு நொறுங்கி விட்டது. அதே கணம் நான் கழுத்து வரை நீரில் ஆழ்ந்து விட்டேன். நல்ல வேளையாகக் கைகளை அகலப் பரப்பிக் கொண்டேன். என் நனைந்த உடை என்னை மேலும் மேலும் வலிவாகக் கீழே இழுத்ததை உணர்ந்தேன்...

மனிதன் ஆபத்தான நிலைமையில் மாட்டிக் கொள்ளும்போது வாழ்நாள் முழுவதும் அவனது உணர்வில் கண நேரத்தில் தோன்றி மறையும் என்பார்கள். நான் அப்போது சாக விதிக்கப்படவில்லை போலும். ஆகவே வாழ்நாள் என் முன் தோற்றம் அளிக்கவில்லை. என்னைச் சுற்றி உலகம் முழுவதும் உறைந்து விட்டது போல் இருந்தது தான் நினைவுக்கு வருகிறது. பையன்களின் முகங்களும் பிர்ச் மரச்சோலையும் காற்றில் பறந்து கொண்டிருந்த காகங்களும் உறைந்து போயின. குளிர் மூடுபனியால் போர்த்தப்பட்ட ஆரஞ்சு நிறச் சூரியனின் பிரமாண்டமான வட்டமும் உறைந்து போயிற்று. ஒரே நிசப்தம்.... என்னைச் சுற்றியும் உடைந்து கொண்டிருந்த பனித்தகடுதான் கணகணத்தது. திடீரென்று மிக அருகில் யாரோ நிறுத்தி நிறுத்தி மூச்சு விடுவதையும் முறையிடும் குரல் அனேகமாகக் கிசுகிசுப்பதையும் கேட்டேன்: "ஹெர்மன்! கொடு! கொடு கையை!" யாருடையவோ குளிர்ந்த சிறு கரம் என் உள்ளங்கையைப் பற்றிக் கொண்டது. பார்த்தேன் - காலியா என்னும் சிறுமி. அவள் முகம் ஒரேயடியாக வெளிறிப் போயிருந்தது. கண்கள் அச்சத்தால் விரிந்திருந்தன. ஆனாலும் அவள் என் கையை விடாமல் தன் பக்கம் இழுத்தாள்.

நான் பனிப் பாளத்தின் மேல் ஏறியபோது மற்ற சிறுவர் சிறுமியர் நிமிட நேரத்துக்கு முன் இருந்த அதே நிலைகளில் இருந்தார்கள். சிலர் அருகாமையில் இருந்தார்கள். வேறு சிலர் பெரியவர்களின் பின்னே ஓடி மலைச்சரிவை அடைந்திருந்தார்கள்...

“வா, போய்ச் சூடுபடுத்திக் கொள்வோம்” என்று காலியாவும் நானும் சேர்ந்து நீரில் மூழ்கியது போல அவளிடம் சொன்னேன். குளிரினாலும் பதற்றத்தினாலும் எங்கள் பற்கள் கடகடவென்று அடித்துக் கொண்டன.

அம்மாவுக்குத் தெரியாமல் வேற்றார் வீட்டு அடுப்படியில் விளையாட்டு உடையைக் காயப் போட்டுத் தடிமன் பிடிக்காமல் தப்ப எனக்கு முடிந்தது.

‘எப்பேர்ப்பட்டவள் இவள்! என்று மாலையில் வீடு திரும்பிய போது நான் எண்ணமிட்டேன். இத்தனூண்டுப் பெண், ஆனால் துணிவுள்ளவள்...’

‘மெல்லியலார்’ எனப்படுபவர்களிடம் நான் தனிப்பட்ட மரியாதையுடன் நடந்து கொள்ளத் தொடங்கியது அன்று முதல்தான் போலும்.

ஊர் ஊராகச் செல்லும் திரைப்படக் குழு கூட்டுப் பண்ணைக்கு வந்தது கிராமச் சிறுவர் சிறுமியருக்கு எல்லாவற்றிலும் பெரிய விழாவாக இருந்தது.

நான் துவக்கம் முதல் முடிவு வரை நினைவில் பதித்துக் கொண்ட முதலாவது திரைப்படங்கள் ஜூல்ஸ் வெர்னின் நவீனத்தை ஒட்டிய ‘மர்மத் தீவு’, உள்நாட்டுப் போரின் வீரர் பற்றிய ‘பர்ஹோமென்கோ’ என்னும் படங்கள். இந்த இரண்டாவது படத்தில் அடிபிடி சண்டைகள் நிறைய இருந்ததால் அது எங்கள் பாராட்டைப் பெற்றது. நாங்கள் அதைப் பல தடவைகள் பார்த்தோம்.

தான் மிகச் சிறு வயதில் நிறையப் படிக்கத் தொடங்கி விட்டேன். எனது படிப்பைத் தகப்பனார் என்னதான் முறைப்படுத்தினார் என்றாலும் நான் அடிக்கடி எவ்விதத் தேர்வும் இல்லாமல் புத்தகங்களை எடுத்துப் படித்தேன். ஆனால் என்னை முழுமையாக ஆட்கொண்ட முதல் புத்தகம் ருஷ்ய எழுத்தாளர் கவேரின் இயற்றிய ‘இரண்டு காப்டன்கள்’ என்பது. அப்போது நான் வடிவ கணிதத் தேர்வுக்குத் தயார் செய்து கொள்ள வேண்டி இருந்தது. எனவே தாயார், தகப்பனாருக்குத் தெரியாமல் சாமான் அறையில் மறைந்து கொண்டு ஒரே மூச்சில் இந்தப் புத்தகத்தைப் படித்து முடித்து விட்டேன்.

என்னை வியப்பில் ஆழ்த்திய முதலாவது, ‘இயந்திரம்’ சாதாரணத் திரைப்படக் கருவி ஆகும். எங்கள் கிராமக் கழகத்தில் திரைப்படப் பொறிவினைஞரின் அருகே உட்கார்ந்து அவருடைய வேலையைக் கவனித்துப் பார்த்தேன். ‘இயந்திரத்தின்’ நுட்பங்களை நன்கு தெரிந்து

கொள்ளும் வரையில் நான் அமைதி அடையவில்லை. தொடக்கத்தில் பொறிவினைஞருக்கு உதவினேன். பின்பு நானே திரைப்படங்களை 'ஓட்டத்' தலைப்பட்டேன்,

திரைப்படக் கருவிக்குப் பிறகு நான் மோட்டார் காரை ஆராய்ந்து அறிந்தேன். அதன் பின் பள்ளிக்கூட வானொலி நிலையத்தில் ஈடுபட்டேன். பெரிய வகுப்புகளில் வானொலித் தொழில் நுட்பத்தில் எனக்கு ஆர்வம் ஏற்பட்டது. எங்கள் பள்ளி ஆசிரியர்கள் இந்த மாதிரி ஆர்வ வேலைகளை எல்லாவிதமாகவும் ஊக்கி வந்தார்கள். சிறுவர்களான எங்கள் மூளைகளில் படைப்பு விதைகளை விதைக்கும் பொருட்டு நிறைய நேரத்தையும் சக்தியையும் செலவிட்டார்கள். இவான் வஸீலியெவிச் கலீஷ் கணிதத்தின் மீது அன்பைத் திறமையுடனும் பொறுமையுடனும் எங்களுக்குப் புகட்டினார். ஏதேனும் ஒரு தோற்றத்தை நாங்கள் சொந்தமாக நிரூபித்தால் அவர் மகிழ்ந்தார். புதிய விஷயங்களை விளக்குகையில் எல்லா வாய்பாடுகளையும் விதிமுறைகளையும் தாமே ஏற்படுத்தியவர் போல விவரித்தார். அவர் மாணவர்களைக் கவர்ந்தார். விஷயத்தின்பால் அன்பை எதேச்சையாகப் புகட்டினார்.

பௌதிக இயல் ஆசிரியர் சிமியோன் நிக்கலாயெவிச் வானியூஷ்கின் வகுப்பு முடிந்த பிறகு மணிக்கணக்காக உட்கார்ந்து பள்ளி வானொலி மையத்திற்காக வானொலிப் பெட்டி அல்லது ஒலிப் பெருக்கிப் பகுதிகளை எங்களோடு சேர்ந்து பொருத்தினார்.

தகப்பனாரின் சைக்கிள் எனது இடையறாத வியப்புக்கும் பாராட்டுக்கும் உரிய பொருளாக இருந்தது. நாளடைவில் அது உடற்பயிற்சிக்கும் ஓட்டப் பழக்கத்துக்கும் ஏற்ற சாதனம் ஆகிவிட்டது.

அதனால்தான் கோடையில் அனேகமாக ஒவ்வொரு நாளும் நான் சைக்கிளில் சுமார் நூறு கிலோமீட்டர் தூரம் சென்றேன். இதற்காக நானே கற்பனை செய்துகொண்ட பாதையில் சைக்கிள் ஓட்டினேன். அல்லது தாயார் இட்ட வேலைகளைச் செய்யப் போய் வந்தேன். விற்பனைச் சாவடிக்குப் போய் ரொட்டி வாங்கி வருவது சில நிமிட வேலை. ஆனால் நான் சைக்கிளில் ஏறி முப்பது கிலோமீட்டருக்கும் அதிகமாகக் காட்டுச் சாலையில் கர்தேயிவோ என்னும் அண்டை ரெயில் நிலையத்துக்குப் போனேன். 'நூறு' நிறைய வேண்டும் என்பதற்காக முப்பத்தைந்து கிலோமீட்டர் தொலைவில் இருந்த 'மாய்ஸ்கொயே ஊத்ரோ' கம்யூனுக்குப் பாட்டனாரை ஒரு நிமிடம் பார்த்து வருவதற்காகச் சென்றேன்.

நான் உள்ளக் கிளர்ச்சியுடன் சொந்த வீட்டை நெருங்குகையில் பிள்ளைப் பருவக் காட்சிகள் எல்லாம் வரிசையாக என் நினைவுத் திரையில் தோன்றின.

பயிற்சி மாணவனுக்கு உரிய எனது சீருடுப்பில் தங்க நிறப் பூத்தையல் விளிம்பு கட்டிய நீலத் தோளணிகள் இருந்தன. மார்பின் மீது இரண்டு சின்னங்கள் பளிச்சிட்டன. ஒன்று இளங் கம்யூனிஸ்டுக்கும் மற்றது தேர்ந்த விளையாட்டுக்காரனுக்கும் உரியவை.

எதிர்பாராதபோது திடீரென்று வர எனக்கு விருப்பம் உண்டாயிற்று. எனவே எனது வருகை பற்றி வீட்டுக்கு நான் கடிதம் எழுதவோ தந்தி அடிக்கவோ இல்லை. ரெயில் நிலையத்திலிருந்து வீட்டுக்குப் பேருந்தில் போனேன். நான் வெளியே இருந்த ஒன்றரை ஆண்டுகளில் ஏற்பட்டிருந்த விரும்பத்தக்க மாறுதல் இந்தப் பேருந்து. வீடு பூட்டி இருந்தது. ஆனால் சாவி பழைய இடத்தில், கதவுக்கு மேலே கிடந்தது. எங்கள் வீட்டில் அறைகள்தாம் எவ்வளவு சிறியவை! எங்கள் படைப் பாசறைகளுக்குப் பின் இவை விளையாட்டுப் பொம்மை அறைகள் போலக் காணப்பட்டன. நான் படைப் பணிக்கு வழியனுப்பப்பட்ட 1953-ம் ஆண்டுக் கோடையில் இருந்தபடியே வீட்டில் எல்லாம் இருந்தன. படுக்கைப் பரணை மட்டும் தகப்பனார் முறித்துவிட்டார். தங்கை இப்போது என் கட்டிலில் படுத்து உறங்கினாள். அவளுடைய குழந்தைக் கட்டில் அகற்றப்பட்டு விட்டது.

நான் வந்ததற்குச் சுமார் ஒன்றரை மணிக்கெல்லாம் தகப்பனாரும் தங்கையும் பள்ளியிலிருந்தும் தாயார் அண்டை வீட்டிலிருந்தும் வந்து சேர்ந்தார்கள். எவ்வளவு வியப்புக் கூச்சல்கள், மகிழ்ச்சி ஆரவாரங்கள், கண்ணீருந்தான்.

"மகனே, நம் வீட்டுப் பெண்களின் கண்களில் எப்போதும் நீர் முட்டி நிற்கிறது" என்று சிரித்தார் தகப்பனார். "இவர்களை, சிறப்பாக உன் தங்கையை, நான் அடிக்கடி அடுப்புக்கு மேல் உட்கார்த்துகிறேன், கொஞ்சமாவது உலரட்டும் என்று."

மாலையாவதற்குள் சந்திப்பின் முதல் மகிழ்ச்சி அலைகள் தணிந்தன. நான் 'பிரமாதமாக வளர்ந்துவிட்டேன், அதிக ஆழ்ந்த போக்கு உள்ளவன் ஆகிவிட்டேன் 'சரியான இளைஞனாக' மாறிவிட்டேன் என்பது உறவினர்களாலும் தெரிந்தவர்களாலும் துல்லியமாக நிலை நாட்டப்பட்டது. அதன்பின் தகப்பனாரும் நானும் பள்ளிக்கூட விவகாரங்களையும் ஊர் நடப்புகளையும் பற்றி நீண்ட நேரம் பேசிக் கொண்டிருந்தோம்.

என் விடுமுறை ஒரு நாள் போலக் கழிந்துவிட்டது. மறுபடி நான் பயிற்சிப் பிளாட்டூனில் அணி வகுத்து நின்றேன். பழக்கமான வாழ்க்கை முறை தொடங்கி விட்டது. மாலைகளில், பெற்றோர் வீட்டில் கழித்த நாட்களின் நினைவுகளும் அனுபவங்களும். சுருங்கக் கூறின், வழக்கமான பயிற்சி நடைமுறைகள், படையினன் வாழ்க்கை.

எங்களை அறியாமலே தேர்வுகள் வந்துவிட்டன. நான் எல்லா விஷயங்களிலும் சிறந்த மதிப்பெண்கள் பெற்றேன். தரை மேலும் காற்றிலும், எங்களை விமானிகள் என்று நாங்கள் அப்போது பெருமையுடன் கூறிக்கொண்டோம். உண்மையிலோ, எங்களுக்கு இன்னும் சிறகு முளைக்கக்கூட இல்லை. இறக்கை அப்போதுதான் வளரும் குறி காட்டி இருந்தது. விமானம் ஓட்டும் பெருங் கலைத் தேர்ச்சியின் முதல் படியில்தான் நாங்கள் அடி வைத்திருந்தோம்.

குளிர்கால டிசம்பர் நாள் ஒன்றில் விமானிகள் தொடக்கப் பயிற்சிப் பள்ளியிலிருந்து நாங்கள் விடை பெற்றுப் பிரிந்தோம். என்னைச் சண்டை விமானிகள் பயிற்சிக் கல்லூரிக்கு அனுப்பும்படி நான் கேட்டுக்கொண்டேன். வெடி விமானங்களின் ஓட்டிகளும் மீகாமர்களும் என் மேல் வருத்தப்படாமல் இருப்பார்களாக. ஆனால் சண்டை விமானங்களில் யாவற்றிலும் உயர்ந்த விமானப் பண்புகள் செவ்வைப்படுவதாக எனக்குத் தோன்றியது. சண்டை விமானமோட்டி பறப்புக் கரண வேலைகள், விரைவு, பார மிகுதி எல்லாவற்றிலும் சிறந்த தேர்ச்சி பெற்றிருக்க வேண்டும். பயிற்சி ஆசான் கோனிஷெவ் இதில் எனக்கு ஆதரவு அளித்தார்.

பள்ளியிலிருந்து நான் வெளியேறியதற்கு முதல் நாள் நாங்கள் இருவரும் நெடுநேரம் பேசிக் கொண்டிருந்தோம். புகழ்வதில் செட்டு பிடிப்பவரான கோனிஷெவ், நான் மோசமில்லாத சண்டை விமானி ஆவேன் என்று இம்முறை கூறினார்.

## ஜெட் விமானங்களில்

1955-ம் ஆண்டு ஜனவரி மாதம், எப்போதும் போல இந்த நேரத்தில் சைபீரியாவில் குளிர் கடுமை. வெண்பனிக் குவியல்களின் வெண்மையைப் பிரதிபலித்த வெயில் கண்களை இரக்கமின்றிக் குருடாக்கிற்று. வானம் உயர்ந்து தூய இள நீலமாகத் திகழ்ந்தது. விமானிகள் தொடக்கப் பயிற்சிப் பள்ளியில் கற்றுத் தேர்ந்த நாங்கள் நவஸிபீர்ஸ்க் நகரின் அருகாமையில் இருந்த ஒரு நிலையத்தில் மின்சார ரெயில் வண்டியிலிருந்து இறங்கியதும் அடர்ந்த குளிர்க்காற்று மூச்சு முட்ட வைத்தது. கன்னங்களையும் காதுகளையும் சில்லிடச் செய்தது. எங்கள் பயிற்சி மாணவர் உடுப்பு விளிம்புகளுக்கு அடியே கணப் போதில் புகுந்து விட்டது. காலை வேளையில் விழுந்திருந்த உறைபனிப் படிகங்கள் கால்களுக்கு அடியில் நெறுநெறுத்தன.

கடுங்குளிரில் விரட்டப்பட்ட நாங்கள் படையினரின் எளிய சாமான்கள் அடங்கிய பெட்டிகளை எடுத்துக் கொண்டு பறப்புப் பயிற்சிக் கல்லூரி இருந்த விமான இயல் நகருக்குப் புறப்பட்டோம். இனி நாங்கள் அங்கே தான் வசிக்கவும் கற்கவும் அப்போதுதான் முளைக்கத் தொடங்கி இருந்த இறக்கைகளை வளர்த்து வலிவாக்கிக் கொள்ளவும் பறப்புக் கலைத் தேர்ச்சியின் அடுத்த படியில் ஏறவும் வேண்டி இருந்தது.

கல்லூரி விமான நிலையத்திலிருந்து அதிரோசையால் குளிர்காற்றைப் பிளந்தவாறு வானில் சென்றன ஜெட் விமானங்கள்.

"பாருங்கள், பாருங்கள், சுழல்வு, இன்னொரு சுழல்வு!"

நாங்கள் பெட்டிகளை வைத்துவிட்டுக் கண்களில் வெயில் படாமல் கைகளால் மறைத்துக் கொண்டு மந்திரத்தால் கட்டுண்டவர்கள் போல மேலே பார்த்தோம். வெள்ளி இறக்கைகள் வெயிலில் மின்ன விமானம் செங்குத்துக் கரணப்பாய்ச்சல் பாய்ந்து திடீரென்று திரும்பி மேலே போய் இறக்கைகள் வழியே புரண்டு தலைகீழாகப் பாய்ந்தது.

"என்ன அழகு! அற்புதம்! பயிற்சி மாணவனா இப்படி ஓட்டுகிறான்?" என்ற வியப்பு ஒலிகள் எழுந்தன.

"அவன் நம்மை இப்படி வரவேற்கிறான்" என்று ஒருவன் கேலியாகச் சொன்னான்.

பாசறையில் எங்களுக்கு இடங்கள் தரப்பட்டு, பயிற்சிக் குழுக்கள் திட்டமிடப்பட்டு வகுப்புகளும் சோதனைக் கூடங்களும் எங்களுக்குக் காட்டப்பட்ட பிறகு எங்கள் புதிய கமாண்டர் எங்களிடம் சொன்னார்: "விரைவில் பறக்கத் தொடங்க வேண்டும் என்று நீங்கள் ஆசைப்படுவது எனக்குப் புரிகிறது. உங்கள் ஆசை புரியக் கூடியதே. வருங்கால விமானியின் ஆசை வேறு விதமாக இருக்க முடியாது. உண்மையான விமானியின் வழியில் எந்த மாதிரி இடர்கள் எதிர்ப்பட்டாலும் அவன் வானத்தில் பறக்கவே இடைவிடாமல் முயல்வான். ஆனால் உண்மை விமானி ஆவதற்கும் வானத்துக்குப் போகும் வழி எப்போதும் மகிழ்ச்சி நிறைந்ததாக இருப்பதற்கும் நவீன விமான இயல் விமானிகளிடம் ஆழ்ந்த சித்தாந்த அடிப்படைப் பயிற்சியைக் கோருகிறது. ஆகவே நான் உங்களுக்குக் கூறும் யோசனை என்னவென்றால், நேரத்தை வீணாக்காதீர்கள், விமான நிலையத்துக்கு விரைவில் செல்ல விரும்பினால் பயிற்சியை மும்முரமாகத் தொடங்குங்கள்."

எங்கள் பயிற்சிக் கல்லூரியின் வரலாற்றை விவரிப்பதிலிருந்து தொடங்கியது. மாபெரும் ருஷ்ய ஆறான அன்னை வோல்காவின் கரைகளில் துவக்கப்பட்டது இந்தக் கல்லூரி. ஆற்றின் வலது கரையில் ஸ்தாலின்கிராது 1961ம் ஆண்டு முதல் இது வோல்கோகிராது என்று அழைக்கப்படுகிறது. பர் நகரத்தில் ஏழாவது ஸ்தாலின்கிராது விமானிகள் படை விமான இயல் பள்ளி என இது முதலில் அழைக்கப்பட்டது. ஸ்தாலின்கிராது செங்கொடிப் பாட்டாளி என்னும் பெயர் சூடிய விமானிகள் விமான இயல் கல்லூரி எனப்பட்டது. கல்லூரியின் வரலாற்றைத் தெரிந்து கொண்டதும் எங்களுக்குப் பெருமையாய் இருந்தது. அனுபவம் முதிர்ந்த தேசபக்த வீரர்களின் வாரிசுகளாக இருப்பது எவ்வளவு பெரிய கௌரவம் என்பதை நாங்கள் உணர்ந்தோம்.

அன்றாட வேலை முறையால் வரையறுக்கப்பட்ட படை வாழ்க்கையின் திட்ட வட்டமான ஒழுங்கும், நன்கு ஆலோசித்து உருவாக்கப்பட்ட பயிற்சி முறையும் உதவியதால் எங்களுக்குப் புதியவையான காற்றியக்க இயல், விமானச் செலுத்தியல், போர்த்தந்திரம் ஆகிய விஷயங்களில் நாங்கள் எங்களை அறியாமலே தலை வரை ஆழ்ந்து விட்டோம். ஜெட் விமானம், அதன் இயந்திரம், மிகப் பலவான சிக்கல் நிறைந்த அமைப்புகள், கருவிகள், பொறித் தொகுதிகள் ஆகியவற்றின் உருவரை அமைப்பை ஆர்வத்துடன் ஆராய்ந்து கற்றோம். விமான ஜெட் இயந்திரத்தின் சிக்கலான உலகம் எங்களுக்கு முன் விரிந்தது.

பயிற்சி வேலை நாள் முழுதும் நெரிந்தது. நாட்களும் வாரங்களும் எங்களை அறியாமலே ஓடின. இளவேனில் காலத்தில் வெண்பனி இளகத் தொடங்கியதுமே எங்களுக்கு மிக மும்முரமான வேளை வந்து விட்டது. சித்தாந்தப் பாடங்களின் முதல் கட்டம் முடிந்தது. நாங்கள் தேர்வுகளுக்கு ஆயத்தம் செய்யலானோம். இரவில் கண் விழித்துப் புத்தகங்கள் படித்தோம், விரிவுரைப் பொழிப்புகளைத் திரும்பப் படித்தோம்.

எங்களில் பெரும்பாலோர் தேர்வுகளில் சிறந்த மதிப்பெண்கள் பெற்றுத் தேறினார்கள். இளவேனில் முழு மலர்ச்சியில் இருந்தது, எங்கள் உள்ளங்களிலும் வசந்த கால மகிழ்ச்சி அலை மோதியது விரைவில் பறப்புகள் தொடங்கும் என்பதால். நாங்கள் 'யாக்-11' விமானத்தில் பறக்க வேண்டி இருந்தது. இது பயிற்சி விமானம் 'யாக்-18' ஐ விட எவ்வளவோ அதிக வேகம் கொண்டது. இதனால் நாங்கள் மட்டுமீறிக் கிளர்ச்சியும் மகிழ்ச்சியும் அடைந்தோம். கல்லூரியில் பயின்று சண்டை விமானி ஆவதற்கு ஆயத்தம் ஆகிக்கொண்டிருந்த எங்களில் ஒவ்வொருவனும் நிகழ்காலத்தில் மட்டும் இன்றி வருங்காலத்திலும் வாழ்ந்து வந்தான். ஜெட் விமானம் ஆகிய 'மிக்' எங்களுக்கு ஓட்டக் கிடைக்கும் என்பதை நாங்கள் அறிந்திருந்தோம். அந்தப் பழைய நாட்களில் பிஸ்டன் விமானத்தில் பறந்த போது அதிக விரைவுள்ள விமானங்கள், சந்தேகம் இன்றி ஜெட் விமானங்களும் தாம், வேண்டும் என்று நாங்கள் ஆசைப்பட்டோம். அந்தக் காலத்திலேயே சோவியத் விமானத் தொகுப்பில் ஜெட் விமானங்கள் இருந்தன. ஒலியைக் காட்டிலும் அதிக வேகத்தில் ஏற்கெனவே பறந்து கொண்டிருந்த விமானங்கள் விமானப் படைப்பிரிவுகளுக்கு அளிக்கப்படலாயின.

ஜெட் விமான இயலின் வளர்ச்சி பற்றிய கட்டுரைகளை நாங்கள் எவ்வளவு பேரார்வத்துடன் படித்தோம் என்பதை விவரிப்பது கடினம்! வறண்ட சொற் செட்டுள்ள அந்தக் குறிப்புகளில் சுவையானது, புதியது, உள்ளம் கவர்வது எவ்வளவு மறைந்திருந்தது!

விமானங்களில் ஜெட் இயந்திரங்கள் பொருத்தப்பட்டதால் விமானத்தின் வேகத்தை அதிகரிப்பதில் திடீர்ப் பாய்ச்சல் சாத்தியம் ஆயிற்று. விமானங்களில் காற்றியக்க இயல் வடிவங்களும் மாறி விட்டன. விமான உடல் குறிப்பிடத்தக்க மழமழப்பு உள்ளது ஆகி இருக்கிறது. இறக்கைகள் கிடைமட்டத்தில் அம்பு வடிவம் பெற்றுள்ளன. இறக்கைகளின் பக்கவாட்டுத் தோற்றம் மெல்லியது ஆகியுள்ளது. சண்டை விமானத்தில் எறி விசைப் பொறியும் காற்றுப் புகா அறையும்

அமைந்திருக்கின்றன. அதன் இயந்திரக் கருவிகளும் முன்னிலும் மிகச் செப்பமாகி உள்ளன.

நான் பிரிவுக் கமாண்டராக நியமனம் பெற்றேன். இது எனக்குக் கிடைத்த முதலாவது கமாண்டர் பதவி. எதிலிருந்து தொடங்குவது? என் தோழர்களுக்கு- என்னையே போன்ற பயிற்சி மாணவர்களுக்கு எப்படி ஆணை இடுவது?

எங்களுக்கு முதல் செயல் முறைக் குறிப்புகள் தந்து உதவினார் குழுக் கமாண்டர் காப்டன் அ.க.பூய்வலவ். எல்லாப் பிரிவுக் கமாண்டர்களையும் கூட்டி, அவர் கூறினார்:

“இப்போது முதல் நீங்கள் பயிற்சி மாணவர்களின் நேர்முக இயக்குநர்கள். உங்கள் கீழ் உள்ள மனிதர்களின் தவறுகளுக்கு நாங்கள் உங்களிடம் விளக்கம் கோருவோம். விதித்தொகுப்பில் உங்கள் பொறுப்புகளைப் படியுங்கள், அவற்றைக் கண்டிப்பாக நிறைவேற்றுங்கள். பல விஷயங்கள் உங்களையே, உங்கள் சொந்த உதாரணத்தையே சார்ந்திருக்கும் என்பதை என் சொந்த அனுபவத்தினால் அறிவேன். மற்றவர்கள் உங்களைப் பார்ப்பார்கள், உங்களை எடுத்துக்காட்டாகக் கொண்டு தங்களைச் சீர்படுத்திக் கொள்வார்கள். கட்டுப்பாடு, செயலூக்கம், வெளித் தோற்றம், இந்த மூன்று பண்புகள் மீதும் கவனம் செலுத்துங்கள். உங்கள் மதிப்பு இவற்றையே சார்ந்திருக்கும். மதிப்பு இல்லாத கமாண்டர் கிடையாது. இதை நன்றாக நினைவு வைத்துக் கொள்ளுங்கள்,”

முதலில் எல்லாம் சீராக நடக்கவில்லை என்று ஒப்புக்கொள்ள வேண்டும். அனுபவம் இன்மையும் புது நிலைமைக்குப் பழகாததும் இடைஞ்சலாய் இருந்தன. ஆனால் எங்கள் பயிற்சி ஆசான்களும் கமாண்டர்களும் உரிய நேரத்தில் எங்களைத் திருத்தினார்கள், எல்லாவற்றிலும் எங்களுக்கு உதவினார்கள்.

எப்போதும் போலவே புது விமானத்தில் தேர்ச்சி பெறுவது ஏற்றிச் செல்லும் வேலைத் திட்டம் எனப்படுவதுடன் தொடங்கிற்று. இதில் பயிற்சி மாணவன் பயிற்சி ஆசானின் கூர்ந்த பார்வையின் கீழ் தன்னுடைய சக்தியை, எல்லா வகைப் பறப்பினதும் முக்கிய அம்சங்களை நிறைவேற்றுவதில் தனது திறமையைச் சோதித்துப் பார்த்தான். மேலே கிளம்புவது, நான்கு திருப்பங்களுடன் வட்டத்தில் பறப்பது, தாழ்வது, தரையில் இறங்குவது ஆகியவை இந்த அம்சங்கள். ஏற்றிச் செல்லும் வேலைத் திட்டத்தைத் தொடக்கப் பயிற்சிப் பள்ளியில் நிறை வேற்றியதைக் காட்டிலும் நன்றாக நான் இம்முறை நிறைவேற்றினேன்.

சந்தர்ப்ப வசத்தால் வெவ்வேறு பயிற்சி ஆசான்கள் எனக்குப் போதித்தார்கள். அவர்கள் எல்லோரும் சிறந்த விமானிகள், நல்ல போதனை நிபுணர்கள். சென்ற யுத்தத்தின் கடினமான ஆண்டுகளில் தாங்களாகக் கற்றுக் கொண்டவை எல்லாவற்றையும் இளம் பயிற்சி மாணவர்களான எங்களுக்குக் கற்பிக்க அவர்களில் ஒவ்வொருவரும் முயன்றார்கள்.

புதிய பயிற்சி ஆசான் லேவ் பரீஸவிச் மக்சீமவ் தேர்ந்த சண்டை விமானி. தம் உற்சாக சுபாவத்தின் காரணமாக அவர் எங்கள் அன்புக்கு எடுத்த எடுப்பிலேயே உரியவர் ஆகிவிட்டார். சுறுசுறுப்பும் ஊக்கமும் தாங்குதிறனுடனும் தன்னடக்கத்துடனும் அவரிடம் வியப்பூட்டும் வகையில் இசைவாகப் பொருந்தி இருந்தன.

சண்டை விமானிக்கு இன்றியமையாத பண்புகளான மனவுறுதி, செயலில் ஊக்கம், சிக்கலான சூழலில் திசை அறியும் திறமை, எதிர்ச் செயலில் விரைவு ஆகியவற்றோடு விமானம் செலுத்துவதில் சிறந்த உத்தியையும் தொடக்கப் பறப்புகள் முதலே பயிற்சி மாணவர்களுக்கு ஏற்படுத்த லே. ப. மக்சீமவ் முயன்று வந்தார். விமானப் பகைவனை இடைவிடாமல் தேடவும் துடியாகவும் தொடர்ச்சியாகவும் சாரிபாயவும் அவர் எங்களுக்குக் கற்பித்தார்.

ஒரு நாள் நான் மாதிரித் தாக்குகளை நடத்திக் கொண்டிருந்தேன். பயிற்சி ஆசானின் விமானம் வானில் என் இலக்காக இருந்தது. நான் அதைத் தாக்கிக் கொண்டிருந்தேன். இது விமானச் சண்டைப் பயிற்சியின் முதல் கட்டம் தான், என்றாலும் அ.இ. பக்ரீஷ்கின், இ. ந. கோழேதூப் இருவரது புத்தகங்களையும் நன்கு படித்திருந்த பயிற்சி மாணவர்களான நாங்கள் எங்களைத் தேர்ந்த சண்டை விமானிகளாக எண்ணிக்கொண்டிருந்தோம். இளமைக்கு உரிய ஆவேசத்துடன் 'பகைவனைத்' தாக்கினோம், மானசீகமாக இயந்திரத் துப்பாக்கியின் சுடு பொறிகளை இயக்கினோம், விசை வில்லை அழுத்தினோம், எங்களது இலக்கு தவறாத குண்டு வரிசையால் தாக்குண்டு பகை விமானம் குட்டிக் கரணம் அடித்தவாறு தரையில் சரியும் காட்சியைக் கற்பனை செய்து கொண்டோம். சில வேளைகளில், மாணவர்கள் மனக்கோட்டை கட்டுவதை உணர்ந்து பயிற்சி ஆசான் எங்களில் மிக அதிக ஆவேசம் உள்ளவர்களை அடக்கினார், நல்ல சண்டை விமானிகள் ஆவதற்கு நாங்கள் இன்னும் மிக மிக நிறைய உழைக்க வேண்டும் என்பதை நாங்கள் உணருமாறு செய்தார்.

இந்தத் தடவையும் வெற்றிகரமான தாக்குதல் என்று எனக்குத் தோன்றியதால் மன நிறைவு கொண்டு, தாக்குதலிலிருந்து

வெளியேறியதும் நான் கனவு காணலானேன். பயிற்சி ஆசானின் விமானத்தோடு சேர்ந்து கொள்ள வேண்டும் என்பது நினைவு வந்ததும் பார்க்கிறேன், அதை எங்குமே காணவில்லை.

விமானம் எங்கே? பின்னேயா? கீழேயா? வானம் தெளிவாக இருந்தது, விமானம் மறைந்து கொள்ள இடமே இல்லை என்று தோன்றியது. சுற்று முற்றும் பார்த்தேன். விமானத்தைக் காணோம்.

'நழுவ விட்டுவிட்டேன்' என்ற எண்ணம் தோன்றியது. 'அவமானத்துக்கு ஆளாகிவிட்டேன்.'

இல்லை. இவ்வாறு நேரக் கூடாது. விமானத்தைக் கண்டுபிடிக்க வேண்டும். எங்களுக்குக் கற்பித்தபடி அதிகக் கவனமாகத் தேடத் தொடங்கினேன். பகுதி பகுதியாகப் பார்வையைச் செலுத்தினேன். கண்கள் வலிக்கும் அளவுக்குக் கூர்ந்து நோக்கினேன். தொலைவில் தொடுவானத்துக்கு மேலே ஒரு புள்ளியைக் கண்டேன். 'அதுதான்!' என்று ஆறுதலுடன் எண்ணிக்கொண்டேன். இயந்திரத்தின் சுழற்சியை விரைவுபடுத்தி, அந்தப் புள்ளியை நெருங்கினேன். அதே வேகத்தில் மக்சீமவின் விமானத்துடன் வலது சாய் கோணத்தில் சேர்ந்து கொண்டேன்.

விமான நிலையத்தில் இறங்கிய பிறகு வழக்கம் போலக் கேட்டேன்:

"குறிப்புகளைக் கேட்க அனுமதிக்கிறீர்களா?"

"குறிப்புகள் இல்லை" என்று பதில் அளித்து விட்டுப் புன்னகை செய்தார் பயிற்சி ஆசான்.

"பார்த்தாயா? சற்றுப் பாராமுகமாய் இருந்தாய், 'பகைவன்' உன்னிடமிருந்து நழுவி விட்டான். புரிந்து கொண்டாயா?" என்று அவருடைய மகிழ்ச்சி ததும்பிய விழிகள் என்னிடம் கூறின.

பயிற்சி மாணவர்களின் செயல்களை அவர்களுக்கு விரிவாக எடுத்து விளம்புவதையும் குற்றப்பத்திரிகை படிப்பதையும் எங்கள் ஆசான் விரும்பவில்லை. நீயாகச் சிந்தித்துப் பார், பகுத்து ஆராய், முடிவுகள் பெறு என்று விட்டுவிட்டார். மொத்தத்தில் நாங்கள் சிந்தனை செய்ய வாய்ப்பு அளித்தார்.

தரை சேர்ந்த பின் எனது பறப்பை எண்ணிப் பார்த்தபோது பயிற்சி ஆசானின் விமானத்தைப் பார்வையிலிருந்து தப்ப விட்டதற்கு நான் வருந்தினேன். அனுபவம் மிகுந்த விமானியான அவருக்கு இன்னும்

சிறகு முளைக்காத ‘குஞ்சு’ ஆன என்னிடமிருந்து தப்புவது ஒரு பொருட்டாகவே இருக்கவில்லை என்பது இப்போது எனக்குத் தெளிவாகத் தெரிந்தது. ‘நான் விடமாட்டேன்!’ என்று உறுதியாக மனதுக்குள் சொல்லிக் கொண்டேன்.

நான் எப்படியும் அவரைக் கண்டுபிடித்து விட்டது மக்சீமவுக்கு மகிழ்ச்சி அளித்தது. எதிர்ச்செயலின் விரைவு போன்ற தன்மையை அவர் சிறப்பாகக் கவனித்தார். இது இல்லாமல் சண்டை விமானி இருக்க முடியாது. இந்தப் பண்பு இல்லாமல் விமானி விண்வெளிப் பயணியும் இருக்க முடியாது என்றும் இப்போது, விண்வெளிப் பறப்புக்குப் பின் நான் சொல்ல முடியும்.

மக்சீமவிடம் சண்டை விமானிக் கரிய இயற்கைத் திறமை இருந்தது. அவரோடு பறக்கையில் நாங்கள் இந்த உண்மையைப் பலமுறை கண்கூடாகக் கண்டோம். அவரைப் பின்பற்ற எப்படி முயன்றோம்!

முதல் இணை விமானப் பறப்புகளின் போது நாங்கள் இயல்பாகவே எச்சரிக்கையுடன் நடந்து கொண்டோம். தலைமை விமானங்களிலிருந்து சற்றுத் தொலைவில் இருக்க முயன்றோம். ஒவ்வொரு பறப்புக்கும் பின்னர் எங்கள் பழக்கங்கள் உறுதிப்பட்டன. தன் விமானத்துக்கு அதிகக் கிட்டத்தில் இருக்கும்படி மக்சீமவ் எங்களிடம் கோரினார்.

“ஒரே இணை விமானம் போல் இருக்க வேண்டும். நாம் சண்டை விமானிகளாய் இருப்பது அதற்காகத்தான்” என்று அடிக்கடி சொன்னார்.

இடைக்கால விமானத்தில் பயிற்சி முடிவை நெருங்குகிறது. குழுக் கமாண்டர் காப்டன் பூய்வலவ் ஒருமுறை எங்களைக் கூட்டிப் பின்வருமாறு அறிவித்தார்:

“எல்லோருக்கும் சான்றிதழ்கள் எழுதிவிட்டு ஜெட் விமானங்களில் பறப்பதற்காகப் படைப் பிரிவுகளுக்கு அனுப்பப் போகிறோம்.”

மக்சீமவும் பூய்வலவும் பயிற்சி மாணவர்களிடம் ஒளிவு மறைவின்றிப் பேசினார்கள். நாங்களும் அவ்வாறு பேச வேண்டும் என்று கோரினார்கள். நேர்மையும் உண்மையும் அவர்களுக்கு எல்லாவற்றிலும் மேலானவையாக இருந்தன. சான்றிதழில் தாங்கள் எழுதப் போவது என்ன என்பதை இந்தத் தடவையும் அவர்கள் மறைக்கவில்லை.

“தோழர் தித்தோவ், உங்களுக்கு நான் சிறந்த மதிப்பெண் தருவேன். நீங்கள் சரியான விமானி ஆகக் கூடும். ஆனால், இறுமாப்பு

கொண்டு விடாதீர்கள். நீங்கள் நிறைய கற்க வேண்டும்" என்று என்னிடம் கூறினார் குழு கமாண்டர்.

'மிக்' ஜெட் விமானத்தில் முதல் பறப்பு ஆயுள் முழுதும் அழியாதபடி என் நினைவில் பதிந்துவிட்டது. எங்கள் புதிய பயிற்சி ஆசான் காப்டன் கரத்கோவ் விடுமுறையில் இருந்தபடியால் குழு கமாண்டர் மேஜர் வலேரி இவானவிச் குமேன்னிகவ் என்னை விமானத்தில் ஏற்றிச் சென்றார். இவர் மிகக் கண்டிப்புள்ள கமாண்டர், கோட்பாட்டின்படி உறுதி உள்ளவர். பறப்பு எந்த நேரத்தில் குறிப்பிட்டாலும் சரி, கச்சிதமாக முகத்தை மழித்துக் கொண்டு பெட்டி போட்ட சீருடை அணிந்து மலர்ந்த முகத்துடன் எப்போதும் வந்தார். எவனாவது விமானி மழிக்காத கன்னங்களுடனோ கசங்கிய சீருடை அணிந்தோ காலையில் வந்தால் கடுமையாகக் கோபித்துக் கொண்டார்.

"படையினன், அதிலும் விமானி, எப்போது பார்த்தாலும் கச்சிதமாக இருக்க வேண்டும்" என்று அவர் அடிக்கடி கூறினார், "தரை மேல் இருக்கையில் செய்ய முடியாததை மிக்' விமானத்தில் ஒருபோதும் செய்ய முடியாது..."

அவரோ, தரையிலும் சரி, வானத்திலும் சரி, நிறையச் செய்யத் திறன் கொண்டிருந்தார். எங்கள் படைப்பிரிவில் அவரைக் காட்டிலும் சிறந்த இடைமறிப்பு விமானி எவரும் இல்லை. தரைமேலும் வானத்திலும் இருந்த இலக்குகளை அவரை விடக் குறிபிசகாமல் சுட்டவர் வேறு ஒருவரும் இல்லை. அவர் அடிக்கடி பெரிதும் புகழப்பட்டார். தேர்ந்த நிபுணராக மதிக்கப்பட்டார்.

ஜெட் விமானத்தில் முதல் தடவையாக அவருடன்தான் நான் பறக்க வேண்டி இருந்தது.

"எல்லாம் நீங்கள் செய்வீர்கள். நான் சரி பார்க்க மட்டுமே செய்வேன்."

உலோகமும் விரைவும் கலந்து வார்த்தது போன்ற எங்கள் சிறிய, வலிய விமானம் ஓட்டப் பாதையை அடைந்ததும் நான் இயந்திரத்தின் சுழற்சியை விரைவுபடுத்தினேன். நான் 'யாக்' விமானங்களுக்குப் பழகி இருந்தேன். அவற்றின் விரைவு ஓட்டத்தின்போது மெதுவாக அதிகரித்தது. எனவே, கிட்டத்தட்ட ஒரு நிமிடம் தரைமேல் ஓடிய பின்பே விமானம் காற்றில் எழும்பியது. இப்போதோ 'மிக்' விமானம் காங்கிரீட் ஓட்டப் பாதையிலிருந்து எப்படிக் கிளம்பியது என்று நான் கவனிக்கக்கூட இல்லை. சக்கரப் பகுதியை மடக்கிக் கொள்வதற்குள் உயரம் ஐநூறு

மீட்டருக்கு எட்டிவிட்டது. கட்டளைக் குறிப்புப்படி இருநூறு மீட்டர் உயரத்திலேயே விமானத்தைத் திருப்பி இருக்க வேண்டும். நான் முதல் திருப்பத்தைச் செய்து முடிப்பதற்குள் இரண்டாவது, மூன்றாவது திருப்பங்கள் செய்யும் நேரம் வந்துவிட்டது... முன்னே தொடுவானம் விரைவில் நீண்டிருந்தது. ஓட்டப் பாதை, சக்கரப் பகுதியை நீட்டி இறங்க வேண்டும். இறுக்கத்தால் எனக்குக் குப்பென்று வியர்த்து விட்டது. முழுப் பறப்பும் ஒருசில வினாடிகளே நீடித்தது போலத் தோன்றியது. உண்மையிலோ முழுதாகப் பத்து நிமிடங்கள் கழிந்திருந்தன. "குறிப்புகளைக் கேட்க அனுமதிக்கிறீர்களா?" என்ற வழக்கமான கேள்விக்குப் பயிற்சி ஆசான் விடை அளித்தார்:

"எல்லாம் முறையாக இருந்தது... அதிக வேகமுள்ள விமானத்துக்கு மாறும் ஒவ்வொரு விமானிக்கும் இப்படி நேர்வது சகஜம் தான். பழகிக் கொள்வீர்கள்!"

சில பறப்புகளுக்குப் பின் விரைவுள்ள 'மிக்' விமானத்தின் வேகத்துக்கு நான் முழுமையாகப் பழகிவிட்டேன். விமானம் காற்றில் எழுவதற்கு ஆன சில வினாடிகள் அக்கம் பக்கம் பார்க்கவும் கருவிகளை நோக்கவும் உரிய நேரத்தில் திருப்பம் தொடங்கவும் போதுமாய் இருந்தன. 'மிக்' விமானத்தின் சரிவாக்கப்பட்ட இறக்கைகளிலும் வலிய குட்டை உடலின் மறைந்திருந்த விறல்மிக்க இயந்திரங்களிலும் குவிந்திருந்த வேகங்களுக்கு இணங்க உடல் எப்படியோ தானே இறுகியது.

ஒருமுறை நான் உவப்பற்ற நிகழ்ச்சியில் மாட்டிக் கொண்டேன். என் இளமையும் முன்கோபமுமே இதற்குக் காரணம். ஒரு கமாண்டர் நெடு நேரம் சிந்திக்காமல் அறிக்கை சமர்ப்பித்து, "தித்தோவ் கல்லூரியிலிருந்து நீக்கப்பட வேண்டும் உடனேயே!" என்று கோரினார்.

ஒரு காலத்தில் உளச்சோர்வு ஏற்பட்ட சந்தர்ப்பத்தில் விமான இயலிலிருந்து தொடர்பை அறுத்துக் கொள்ள நானே விரும்பினேன். ஆனால், இப்போது, பறப்புகளில் எனக்கு மெய்யாகவே பற்று விழுந்துவிட்ட சந்தர்ப்பத்தில் கல்லூரியிலிருந்து நீக்கப்படுவது எனக்கு விபத்தாக முடிந்திருக்கும்.

அலுவலகத்தில் என் விதி எப்படித் தீர்க்கப்படுகிறது என்பது பற்றி வேதனையுடன் எண்ணமிட்டவாறு கல்லூரியில் சுற்றி அலைந்து கொண்டிருந்தேன்.

"என்ன சோர்ந்து போய்விட்டாய். தித்தோவ்?" என்று கட்டைக் குரலில் யாரோ கேட்டார்கள்.

என் முன்னே நின்றார் குமேன்னிகவ்.

"சோர்வு அடைய இன்னும் வேளை வரவில்லை. நாங்கள் உனக்காகப் போரிடப் போகிறோம். நீக்க மாட்டார்கள்!"

வ. இ. குமேன்னிகவும் செ. இ. கரத்கோவும் கூட அறிக்கை எழுதினார்கள் என்றும் பயிற்சியைத் தொடர்வதற்கு எனக்கு உள்ள உரிமையை அதில் நிரூபித்தார்கள் என்றும் பின்னால்தான் தெரிந்து கொண்டேன். இதன் பொருட்டுத் தலைமை அதிகாரிகளோடு கடுமையாகச் சச்சரவிட நேர்ந்ததைப் பொருட்படுத்தாமல் நிரூபித்தார்கள். என் ஆசிரியர்களின் நம்பிக்கையை மெய்யாக்குவதற்கு எல்லா வகையிலும் முயல்வது என்று நான் உறுதி பூண்டேன்.

பறப்புகளுக்குப் பின் தொழில்நுட்ப நிபுணரின் மேற்பார்வையில் நாங்கள் விமானங்களைப் பறப்புக்கு ஆயத்தப்படுத்தினோம். பழுதுபாடுகளை நாங்களே செப்பனிட்டோம். திட்டமிட்ட முறையில் வேலைகளைச் செய்தோம். பறப்புக்குப் பிறகு விமானத்தைத் தயார்படுத்தும் வேலையை நிறைவேற்றினோம்; அதைப் பார்வையிட்டோம் துப்புரவு செய்தோம். எல்லாப் பொறித் தொகுதி களையும் சரி பார்த்தோம். மொத்தத்தில் ஒன்றரை, இரண்டு மணி நேர வேலை. ஏதேனும் பழுதுபாடு நேர்ந்தால் இன்னும் அதிக நேர வேலை. நாங்கள் பெரு விருப்பத்தோடு வேலை செய்தோம். எல்லாவற்றையும் எங்கள் கைகளால் தொடவும் சரி பார்க்கவும் ஆசையாய் இருந்தது. எங்களை உற்சாகப்படுத்துவதற்காகத் தொழில் நுட்ப நிபுணர் சொன்னார்:

"இது வேண்டும். தொழில் நுட்ப அறிவும் பழக்கமும் இல்லாத விமானி, விமானி அல்ல."

அவர் சொன்னது சரிதான். விமானங்களில் வேலை செய்ததால் நாங்கள் தொழில்நுட்பத்தை மேலும் ஆழ்ந்து பயின்றோம். பறப்புக்கு முந்திய, பிந்திய பார்வையீடுகள் எவ்வாறு செய்யப்படுகின்றன. திட்டமிட்ட முறை வேலை என்பது என்ன? கோளாறுகள் எவ்வகையானவை? அவற்றைப் போக்குவது எப்படி ஆகியவற்றையும் இன்னும் பல விஷயங்களையும் தெரிந்து கொண்டோம். விமானம் புரிந்ததும் அற்ப விவரங்கள் வரை தெரிந்ததும் ஆகிவிட்டது. இது விமானிக்கு மிகவும் அவசியம் ஆகும்.

எங்கள் பயிற்சியின் கடைசிக் கோடை சிறப்பாகக் கடினமாக இருந்தது. நாங்கள் குறிப்பிட்ட பகுதியிலும் வழியிலும் விமானங்களைச் செலுத்தினோம். பயிற்சி விமானச் சண்டைகள் நடத்தினோம்.

குண்டுகளால் சுட்டோம், ஜெட் சண்டை விமானத்தில் பறப்பதன் பொருள் என்ன என்று நன்றாகத் தெரிந்து கொண்டோம். 'மிக்' சண்டை விமானத்தில் எங்கள் பயிற்சி ஆசான் ஸ்தானிஸ்லாவ் கரத்கோவ் கண்டிப்புள்ளவர். தவறுகளைப் பொறுக்காதவர். எங்கள் ஸ்குவாட்ரனில் அவரைப் பற்றி இவ்வாறு கூறப்பட்டது. இந்தச் சொற்கள் சரியானவை என்பதை நாங்களே விரைவில் தெரிந்து கொண்டோம். குறித்த பகுதியில் பறந்தேன். கரண வேலைகள் செய்தேன். எல்லாம் நன்றாக நடப்பதாக எனக்குத் தோன்றியது. ஆனால் பயிற்சி ஆசானுக்குத் திருப்தி ஏற்படவில்லை.

"இன்னும் செப்பமாகவும் அழகாகவும் பறக்க வேண்டும்" என்று சொல்லித் தாமே விமானத்தைச் செலுத்தத் தொடங்கினார். "பாருங்கள்!"

பின்பு ஒரு தரம், இரண்டு தரம் திரும்பச் செய்யும்படிக் கட்டாயப்படுத்தினார். பயிற்சி ஆசிரியர் கோரியபடி வாய்க்கும் வரை மீண்டும் ஒரே கரண வேலையைச் செய்ய வேண்டியதாயிற்று.

விளையாட்டுக்களை முன்பு சரியாக மதிப்பீடாகப் பயிற்சி மாணவர்களால் பறப்பு நாளின் வேலைச்சுமையைத் தாங்க முடியவில்லை. விமானிக்கு விளையாட்டுகள் எவ்வளவு அவசியமானவை என்று இப்போது அவர்கள் கண்டு கொண்டார்கள். ஆனால், இத்தகையவர்கள் ஒரு சிலர் மட்டுமே. எங்களில் பெரும்பாலோர் உடற்பயிற்சிச் சாதனங்களில் முனைந்து பயின்றார்கள். எறிபந்தும் காற்பந்தும் விளையாடினார்கள். எனவே பயிற்சி மாணவர்களில் மிகப் பெரும்பாலோரின் பயிற்சி நிறைவுச் சான்றிதழ்களில் பின்வருமாறு குறிக்கப்பட்டது: "பறப்பு நாளின் அதிகபட்ச வேலைச் சுமையை எளிதாகத் தாங்குகிறார்."

...ஆகஸ்டு மாத முடிவு. சைபீரியாவில் இலையுதிர் காலம் தொடங்கிவிட்டது. ரை பயிர் முதிர்ந்து கருஞ்சிவப்பாக ஒளிர்ந்தது. வெயிலொளி வீசிய காலைக்காற்று தனி வகையில் தூயதாகவும் தெளிவாகவும் இருந்தது.

வெள்ளியாய் மின்னிய 'மிக்' விமானம் வானின் நீலத்தைக் கீறியவாறு மேலும் மேலும் உயரே எழுந்தது. நான் விமானத்தைக் கரண வேலைப் பகுதிக்கு ஓட்டினேன். பயிற்சி ஆசானின் அறையில் அரசுத் தேர்வுக் கமிஷன் உறுப்பினரான கர்னல் இருந்தார். அவர் தாம் இருப்பதைக் காட்டிக் கொள்ளாமல் அமைதியாக இருந்தார். சைபீரியக் காட்சிகளை அவர் வியந்து நோக்குவது போல இருந்தது. வேலைத்

திட்டத்துக்கு இணங்க ஒன்றன் பின் ஒன்றாகக் கரண வேலைகள் செய்யத் தொடங்கினேன். அவற்றில் ஆழ்ந்து ஈடுபட்டு, தேர்வாளரை மறந்துவிட்டேன். கடைசிக் கரண வேலையை முடித்து விமானத்தை நேராக்கியதும் தான் நினைவு கூர்ந்தேன் விமானச் செலுத்தியதில் தொழில் நுட்பத் தேர்வு கொடுத்துக் கொண்டிருக்கிறோம் என்று.

“வேலைத் திட்டத்தை நிறைவேற்றி விட்டேன்!”

“விமான நிலையம் செல்க!” என்று உத்தரவிட்டார் கர்னல்.

தேர்வு முடிவுகள் செய்யப்பட்டன. ஸ்குவார்ட்ரன் கமாண்டர் பயிற்சி மாணவர்களைக் கூட்டினார். சித்தாந்த விஷயங்களில் தேர்வு முடிவுகளையும் விமானச் செலுத்தியல் தொழில் நுட்பத்துக்கும் படைக்கலைப் பயன்பாட்டுக்கும் உரிய மதிப்பெண்களையும் அவர் அறிவித்தார். எல்லாச் சித்தாந்த விஷயங்களிலும் பறப்பு நடைமுறையிலும் குறித்த பகுதிகளில் விமானம் செலுத்தல், குண்டு வரிசைகள் சுடுதல், விமானச் சண்டை ஆகியவற்றில் நான் சிறந்த மதிப்பெண்கள் பெற்றேன்.

இறுக்கம் நிறைந்த பயிற்சியில் கழித்த ஆண்டுகள் வீண் போகவில்லை என்று எண்ண இன்பமாய் இருந்தது. ஆனால் மேற்கொண்டு என்ன செய்வது?

இவ்விஷயம் பற்றி மிக நிறையப் பேச்சுகள் நடந்தன. உடனே படைப் பட்டாளத்தில் சேரச் சிலர் விரும்பினார்கள். மற்றவர்களுக்குக் கல்லூரியில் பயிற்சி ஆசான்களாக இருக்க விருப்பம் உண்டாயிற்று.

நாங்கள் கல்லூரிப் பயிற்சியை நிறைவேற்றியது குறித்த ஆணை செப்டம்பர் 11ந் தேதி கையெழுத்தாயிற்று. தற்செயலாக அன்று என் பிறந்த நாள் வாய்த்துக் கொண்டது. நாங்கள் லெப்டினெண்டுகள் ஆனோம்.

எங்கள் நியமனங்கள் அறிவிக்கப்பட்டதும் பேச்சுகளும் வருங்காலம் பற்றிய கனவுகளும் மீண்டும் புது உற்சாகத்துடன் கிளம்பின. ‘லெனின்கிராத் சோதரர்கள்’ லெனின் கிராதின் அருகே நியமனம் பெற்ற படை அதிகாரிகள் - குழுவின் எங்கள் கூட்டம் மாலையில் நடந்தது.

எங்கோ பணி ஆற்றுவது? ஒவ்வொரு படையினனுக்கும் முக்கியமானது இந்தக் கேள்வி. இப்போதுதான் படை அதிகாரிகள் ஆகி இருந்த இளம் விமானிகளான எங்களுக்கோ இது சிறப்பாக முக்கியமாய் இருந்தது.

காற்றுக் காவலன் ஆகிய சண்டை விமானத்தின் விரைந்த சீழ்க்கை எங்கே வானத்தில் தேவைப்பட்டதோ, விமானப் படையினனின் இராணுவப் பணி எங்கு அவசியமாய் இருந்ததோ அங்கே எந்த இடத்திற்கு வேண்டுமானாலும் செல்ல நாங்கள் தயாராய் இருந்தோம். நாங்கள் படையினர். தாய் நாட்டின் கட்டளைக்கு விடையாக எங்களிடம் இருந்தது "ஆகட்டும்!" என்னும் ஒரே சொல்தான்.

ஆயினும் லெனின்கிராத் எங்களைக் கவர்ந்து இழுத்தது. மாபெரும் லெனினுடைய பெயரைத் தாங்கிய அற்புத நகரின் அருகே பால்டிக் கடற்பிரதேச வானில் பறப்பது. அந்த நகரில் சுற்றுவது கதைகள், திரைப்படங்கள் புத்தகங்கள் வாயிலாக மட்டுமே தெரிந்து கொண்டிருந்தவற்றை நேரில் பார்ப்பது - உண்மையாகவே இது பெரிய கௌரவம்.

அன்றைய தினம் நாங்கள் விழா நாயகர்கள் போன்ற மிதப்பில் இருந்தோம். மலர்ந்த முறுவல் எங்கள் முகங்களை விட்டு அகலவே இல்லை. புதிய இடத்தில் என்னை எதிர்நோக்கி இருந்த வாழ்க்கை பற்றி விடுமுறை நாட்களில் தகப்பனாரும் நானும் நிறையப் பேசினோம். தகப்பனார் லெனின்கிராதில் வாழ்நாளைக் கழித்தவர் போன்று அந்த நகரில் பார்க்க வேண்டிய இடங்களை எனக்கு விவரித்தார். அவர் சொன்னார்:

"லெனின் நகர் ருஷ்யாவின் வீரம் செறிந்த கடந்த காலத்துக்கு அருமையான நினைவுச்சின்னம், புரட்சியின் வளர்ப்புப் பண்ணை! ஹெர்மன், நீ ஒரு விஷயத்தை நினைவு வைத்துக் கொள்ள வேண்டும்: அறிவதற்கு கற்பதற்கு தன்னையே பயிற்றி வளர்ப்பதற்கு மிகப் பெரிய தலையூற்று லெனின்கிராத்! இல்லை, தலையூற்று அல்ல, மாகடல், அதிகத்திலும் அதிகமாகச் சாத்தியமானதை எடுத்துக் கொள்ளத் திறன் பெறு. நேர்மையுடன் பணியாற்று. முதன்மையாகப் பணிக்கே எல்லாவற்றையும் வழங்கு ஒழிவு நேரத்தை வீணாக்காதே. முடிந்தவரை அடிக்கடி லெனின்கிராத் நகருக்குப் போ. ருஷ்ய, உலகப் பண்பாட்டின் மாபெரும் நிதியங்கள் அங்கே குவிந்துள்ளன. அவற்றை நெருங்கி அறியும் பேறு, ஆம். பெரும் பேறு வெகுசில இளம் படையினருக்கே கிடைக்கும் என்பதை நினைவு வைத்துக் கொள்."

அக்டோபர் அனேகமாக எங்கும் ஒரே மாதிரி ஆனது தான்: மழை கொட்டும், இலைப் பழுப்புக் குவியல்களைக் காற்று வாரித் திரட்டும். வானத்தில் காரீய மேகங்கள். பணியிடம் செல்லும் முன் சொந்த ஊர் பல்கோவ்னிக்கவோவில் நான் கழித்த 1957-ம் ஆண்டு அக்டோபர்

எப்போதும் போலவே இருந்தது. இத்தகையதாக இருந்தது- இருக்கவும் இல்லை. உலகம் முழுவதிலும் பரபரப்பு ஊட்டிய ஒரு நிகழ்ச்சி காரணமாக அது நினைவில் பதிந்துவிட்டது. வானொலியில் பின்வரும் செய்தியை நாங்கள் கேட்டோம்: விறல் மிக்க உந்து விசை ராக்கெட்டு யுகக் கணக்காக புவிஈர்ப்பைக் கடந்து, விஞ்ஞானக் கருவித் தொகுதி அடங்கிய கலத்தைக் கோளப் பாதையில் செலுத்தியது. இந்தக் கலம் புவியின் முதலாவது செயற்கைத் துணைக்கோள் ஆகிவிட்டது. 58 சென்டி மீட்டர் விட்டமும் 88.6 கிலோகிராம் எடையும் கொண்ட உருண்டை விண்வெளிக்கு முதல் பாதை சமைத்தது.

இந்த விஷயம் பற்றி உற்சாகமான உரையாடல்கள் நடக்காத ஒரு வீடு கூட எங்கள் குடியிருப்பில் இல்லை. ஒவ்வொருவரும் தங்களை வானவியலாளராக எண்ணிக் கொண்டனர். ஒரு சிலர் தங்களை விண்வெளிப் பயணிகளாகவே கருதிக் கொண்டுவிட்டார்கள். தம் தாய்நாடு விண்வெளி ஆராய்ச்சியில் முன்னோடி ஆகிவிட்டது குறித்து என் ஊர்க்காரர்கள் மகிழ்ச்சியும் பெருமையும் அடைந்தார்கள். விஞ்ஞானமும் தொழில் நுட்பமும் பெற்ற இந்த மாபெரும் சாதனையில் சோவியத் நாட்டின் குடிகள் என்ற வகையில் தங்களுக்கும் பங்கு உண்டு என்று எண்ணினார்கள். விண்வெளிக்குப் பாதை சமைத்த நம் தாய்நாட்டின்பால் பெருமை பொங்க, சண்டை விமானியாக நான் பணி தொடங்க வேண்டி இருந்த படைப்பிரிவுக்கு வீட்டிலிருந்து புறப்பட்டுச் சென்றேன்.

# லெனின் நகரம்

நகரங்கள் உலகின் பல நகரங்களுக்குச் செல்ல எனக்கு வாய்த்திருக்கிறது. இவற்றில் விளாதீமிர் இலியீச் லெனினது பெயருடன் தொடர்பு கொண்ட என் நினைவில் சிறப்பாக ஆழ்ந்து பதிந்திருக்கின்றன.

உல்யானவ்ஸ்க் நகரில் உள்ள லெனின் வீடு, காட்சிச் சாலையை நான் இரண்டு தடவைகள் சென்று பார்த்தேன். ஒவ்வொரு மனிதனுக்கும் புனிதமான அறைகளை ஒவ்வொன்றாகச் சுற்றி வந்தேன். அவை புனிதமானவை. ஏனெனில், மரக் கட்டைகளால் ஆன அந்த வீட்டில், துப்புரவும் வசதியும் வாய்ந்த அந்த அறைகளில் வாழ்ந்தார்கள் புவிக் கோளத்தின் உண்மை மனிதர்கள். நேர்மையும் சுவையும் நட்பும் திகழ வாழ்ந்தார்கள். அவர்கள் நிகழ்காலத்தில் அல்ல. தொலைவில், தொடுவானத்திற்கு அப்பால் பார்வை செலுத்தினார்கள்.

அவர்கள் தலைகளை நிமிர்த்தி வருங்காலத்தில் கண்ணோட்டியதனால் தான் போலும். தொடுவானம் அவர்களுக்கு முன் விலகிக் கொடுத்தது. அவர்கள் எதிர்காலத்தைக் கண்ணுற்றார்கள். எல்லோரையும் விடத் தொலைவில் நோக்கினார் விளாதீமிர் உல்யானவ். பள்ளிப் பருவத்தில் அவர் அசாதாரண அறிவார்வமும் ஆழ்ந்த போக்கும் கொண்டிருந்தார். அவர் பெற்ற சிறந்த மதிப்பெண்களைக் காட்டும் குறிப்பேடுகளும் 'சிறப்பான வெற்றி பெற்ற மாணவருக்கு' என்ற கருத்துள்ள சொல் பொறித்த தங்கப் பதக்கங்களும் காட்சிச் சாலைக் கண்ணாடிப் பெட்டிகளில் வைக்கப்பட்டுள்ளன.

ஒருவன் லெனின் வீடு - காட்சிச் சாலையை எத்தனை முறை சென்று கண்டாலும் சரியே, உல்யானவ் குடும்பத்தாரின் வாழ்க்கை நிகழ்ச்சிகளை அவன் எவ்வளவுதான் நன்றாக அறிந்திருந்தாலும் சரியே, வழிகாட்டியின் விளக்கவுரையைக் கேட்கும் போதும், காட்சிப் பொருள்களைப் பார்வையிடும்போதும் உளம் முழுவதாலும் தொட்டு உணரும்போதும் அசட்டையாய் இருக்க அவனால் முடியாது என்று எனக்குத் தோன்றுகிறது. "இல்லை, நாம் இந்த மாதிரி வழியில் போகமாட்டோம். நாம் போக வேண்டியது இந்த மாதிரி வழி அல்ல" என்ற வரலாற்றுச் சிறப்பு வாய்ந்த சொற்கள் கூறப்பட்ட நமக்குத் தொலைவான காலத்தைச் சேர்ந்தவை இந்தப் பொருள்களும் சூழ்நிலையும்.

இளம் விமானியாக நான் முதன் முதல் லெனின்கிராதுக்கு வந்ததை உல்யானவ்ஸ்கில் இருந்தபோது நினைவு கூர்ந்தேன்.

“இது தானோ ஸ்மோல்வி?”

யாரிடம் இந்தக் கேள்வி கேட்கப்பட்டதோ அந்த முதியவர் ஆவலுடன் என்னை நோக்கி நட்பு ததும்ப வினவினார்:

“விமானித் தோழரே, நீங்கள் முதன்முறை லெனின்கிராதுக்கு வந்திருக்கிறீர்களோ? நான் ஆமென்று தலையாட்டினேன். அந்த மனிதருக்கு உடனே உற்சாகம் வந்துவிட்டது. ஆழ்ந்த சுருக்கங்கள் விழுந்த முகம் முறுவலால் மலர்ந்தது.

“அப்படிச் சொல்லுங்கள். ஆம், இதுதான் ஸ்மோல்னிக் கல்லூரி, லெனின் வேலை செய்தாரே, அதே ஸ்மோல்னி.”

அந்த முதியவரின் பெயர் செர்கேய் பெத்ரோவிச். அவர் லெனின்கிராதில் பிறந்து வளர்ந்தவர். புத்தகக் கடையில் வேலை செய்து ஓய்வு பெற்றவர். எனக்கு லெனின்கிராதைச் சுற்றிக் காட்ட அவர் முன்வந்தார்.

“நகரத்தைச் சுற்றிப் பார்ப்பது என்றால் உலாச் சாலைகளையும் நினைவுச் சின்னங்களையும் அரண்மனையையும் தெரிந்து கொள்வது என்று நினைக்கிறீர்களோ?” என்று நாங்கள் நேவ்ஸ்கி சாலை வழியே செல்கையில் அவர் கேட்டார். “இல்லை, தம்பீ. மனிதர்களின் அதிமனித உழைப்பையும் விடாமுயற்சியையும் வளைக்க முடியாத சித்த உறுதியையும் நீங்கள் காண்பவை எல்லாவற்றையும் உருவாக்குவதற்குத் தேவைப்பட்ட ஏராளமான தியாகங்களையும் தெரிந்து கொள்வதாகும் இது. முதலாம் பீட்டர் இங்கே நகரை நிறுவுவதற்கு முன், அதாவது இரண்டரை நூற்றாண்டுகளுக்கு முன் கடக்க முடியாத புதைசேறு இங்கே இருந்தது...”

அனேகமாக ஒவ்வொரு கட்டடத்தையும் பற்றி செர்கேய் பெத்ரோவிச் நிறையத் தகவல்கள் தெரிந்து வைத்திருந்தார். நாங்கள் அரண்மனைச் சதுக்கத்தை அடைந்தோம்.

நிழற்படங்களிலும் திரைப்படங்களிலும் நான் அதைப் பார்த்திருந்தேன். புத்தகங்களில் அதைப் பற்றிப் படித்திருந்தேன். ஆயினும், சதுக்கத்தின் ஆடம்பரமற்ற வனப்பு என்னை வியப்பில் ஆழ்த்தியது.

1917-ம் ஆண்டில் நடந்த புரட்சிப் போர்களின் காட்சிகள் என் வசமின்றியே நினைவுத் திரையில் தோற்றம் அளித்தன. புரட்சி

எதிர்ப்பின் கடைசி அரணான பனிக்கால அரண்மனை மீது திடீர்த்தாக்கு. போர்க்கப்பல் 'அரோராவின்' பீரங்கி வெடியின் புகையிலும் அதிரோசையிலும் ஆட்கள் பனிக்கால அரண்மனையின் அழிபாய்ச்சிய கதவுகள் மேல் தொற்றி உள்ளே போய், மாடிப் படிகளில் ஓடி, சுடுவதும் விழுவதுமாக முன்னேறுகிறார்கள். வெற்றி பெற வேண்டும் என்ற ஆர்வம் காரணமாகத் தடுக்க முடியாதபடி வலிமை பெற்று விட்டவர்கள் அவர்கள்...

லெனின் நகரை முதன் முறை சந்தித்தது என் நினைவில் ஆழ்ந்த பதிவு ஏற்படுத்தியது. எங்கள் பல மணிநேரச் சுற்றுலா ஒரே அற்புத நிமிடத்தில் போலக் கழிந்துவிட்டது.

"வாருங்கள். உங்களை மீண்டும் சந்திக்க மிகவும் மகிழ்வேன். நாம் இன்னும் ஒருமுறை நகரில் சுற்றுவோம்" என்று விடை அளிக்கையில் கூறினார் சேர்கெய் பெத்ரோவிச்.

இவ்வாறு எனக்குத் தெரியாத நகரில் ஒரு நண்பர் கிடைத்து விட்டார். இன்னும் ஒரு நல்ல மனிதர் என் வழியில் எதிர்ப்பட்டார்....

பிற்காலத்தில் நான் லெனின்கிராதுக்கு வந்த போதெல்லாம் அந்த நகரம் தன் வீர வரலாற்றின் புதிய புதிய ஏடுகளை ஒவ்வொரு தடவையும் எனக்குக் காட்டியது. நாங்கள் போகாத இடமே இல்லை! காட்சிச் சாலைகள், பூங்காக்கள், படிப்பகங்கள், நூலகங்கள், நாடக மன்றங்கள், கழகங்கள், திரைப்படச் சாலைகள், விளையாட்டு அரங்குகள், எங்கும் சென்றோம். விருந்தோம்பும் பண்பும் வனப்பும் வாய்ந்த இந்த நகருக்கு முதலில் தோழர்களுடனும் பின்னர் மனைவி தமாராவுடனும் நான் அடிக்கடி சென்று ஆபெரா அல்லது நாடகத்தை ரசித்தேன். அல்லது நெவா கரைச் சாலையில் வெறுமே சுற்றி உலாவினேன்.

கற் கைப்பிடிச் சுவர் மேல் முழங்கைகளை ஊன்றி நின்று, வெள்ளி அரிவாள் போன்ற பிறைமதி, நெவா ஆற்றில் நீந்துவதை நோக்கியவாறு நாங்கள் தணிந்த குரலில் உரையாடிக் கொண்டிருந்தோம். என் அன்புக்குரிய கவிஞரான பூஷ்கினைப் பற்றிக் கூறும்படி தமாரா கேட்டுக் கொண்டாள்.

"அவரும் நெவாவின் கரையில் இதே போல நின்று சிந்தனை செய்திருப்பார்..." என்றேன் நான். "ஒரு வேளை இதே போன்ற நிலா இரவில் நகரின் அழகைப் போற்றிக் கவிதை புனைந்திருப்பார்."

"இனியை நீ எனக்கு, பீட்டரின் படைப்பே,

இனியதுன் செவ்விய, எழிலார் தோற்றம்,

நேவா ஆற்றின் விறல்மிகு பெருக்கு அதன்

காவியக் கரையின் கவின் பெறு பாறை,

சுற்று வேலிகள் தம் இரும்பணிக் கோலம்...''

நிலா மேகங்களில் மறைந்தது. கோணிய நிழல் நீரில் விழுந்தது. ஐசக் மாதாகோயில் கும்பாட்டம் அக்கரை மங்குலில் ஓவியக்காட்சி அளித்தது. வெண்கலக் குதிரைவீரனின் நிழலுரு அருகே, அனேகமாக நீரை ஒட்டினாற்போல, தென்பட்டது.

நிசப்தம், பின்பு எங்களைக் கனவுலகிலிருந்து நனவுலகுக்கு மீண்டும் இட்டு வருவது போன்று உயரே, நிலவைப் போர்த்த கரு முகில்களுக்கு அப்பால் ஒலித்தது ஜெட் விமானத்தின் மெல்லிய சீழ்க்கை.

“நம்முடையதா?'' என்று கேட்டாள் தமாரா.

“அண்டை நிலையத்தார். இடை மறிக்கப் போகிறார்கள் போலிருக்கிறது'' என்று என் ஊகத்தை வெளியிட்டேன். நகரின் இரவு வானத்தில் பறப்பவை எந்த விமானங்கள் என்று அனுமானிக்க முயன்றவாறு நாங்கள் ஆகாயத்தைக் கூர்ந்து நோக்கினோம்.

...லெனின்கிராது தனது கலைக் கருவூலங்களின் அளப்பரும் செல்வங்களை எனக்கும் தன் தோழர்களுக்கும் தாராளமாகக் காட்டியது. எங்கள் சிந்தனையில் கொந்தளிப்பு ஏற்படுத்தியது. ஒளி வீசும் உணர்ச்சிகளைத் தூண்டிவிட்டது. ஒவ்வொரு தரமும் நகர் சென்று திரும்புகையில், புதிய ஆற்றல்கள் எங்களுக்குள் பொங்குவதை நாங்கள் உணர்ந்தோம். இன்னும் நன்றாகப் பணி ஆற்றவும் இன்னும் நன்றாகப் பறக்கவும் லெனின் நகரின் காற்று வெளிக் காவலன் ஆகவும் விருப்பம் உண்டாயிற்று.

ஆனால், இதெல்லாம் பின்னர் நிகழ்ந்தது. தற்போதைக்கு இளம் படை அதிகாரிகளான நாங்கள் அலுவலகத்தில் தேவையான நியமனங் களைப் பெற்று எங்கள் புதுப்பணி இடத்துக்குப் புறப்பட்டோம்.

## விண்வெளிப் பறப்பின் வாயிலில்

இடையறாமல், கணந்தோறும் அதிகரிக்கும் வேகத்துடன் முன்னே விரைந்தது எங்கள் வாழ்க்கை. மாட்சி மிக்க நெடுஞ்சாலைகளும் சதுக்கங்களும் பூங்காக்களும் காட்சிச் சாலைகளும் நிறைந்த லெனின்கிராதின் சுற்றுக்காட்சி இப்போதுதான் என் முன்னே விரிந்தது போல இருந்தது. இராணுவ விமானிப் பட்டம் பெற்றதற்காக என் ரெஜிமெண்டுத் தோழர்கள் நேற்றுதான் எனக்கு வாழ்த்துக் கூறியது போல இருந்தது. இன்றோ, இந்த நிகழ்ச்சிகள் எல்லாம் மிகத் தொலைவில் சென்றுவிட்டன. இப்போது நான் விண்வெளிப் பயணி. பாடங்களாலும் பயிற்சிகளாலும் நாட்கள் முழுக்க முழுக்க நிறைந்திருந்தன.

விண்வெளியில் மனிதனை எதிர்நோக்கி இருப்பது என்ன என்று நம்பகமாக அறிந்தவர் யாரும் இல்லை. விண்வெளிப் பறப்பின் முக்கியத் துணைக் கூறுகளான எடை மிகுதி, எடை இன்மை, அதிர்வு ஆகியவை கட்டாயம் தெரிந்திருந்தன. எனவேதான் குறுகிய நேர எடை இன்மை ஏற்படுத்தப்படும் விமானங்களில் பறப்புகள், மைய விலக்கக் கருவியில் சுழற்சி, தேகளிப் பயிற்சிகள், வெப்ப மிகுதிக்கு உள்ளாவது, நீண்ட காலம் தனித்திருப்பது ஆகியவையும் வேறுபல பயிற்சிகளும் விண்வெளிப் பயணிகளுக்கான தனிப்பட்ட தயாரிப்பில் சேர்க்கப்பட்டன. ஆயினும், பறப்பின்போது எதிர்பாராத நிலைமைகள் உருவாகலாம். ஆதலால் எல்லாச் சந்தர்ப்பங்களுக்கும் ஈடுகொடுக்கும் வகையில் விண்வெளிப் பயணிக்குப் பயிற்சிகள் அளிக்கப்பட்டன.

முதல் பறப்புகளுக்கு விண்வெளிப் பயணிகளைத் தயாரிக்கும் வேலைத் திட்டத்தில் அடங்கிய பற்பல சோதனைகளுக்கும் பயிற்சி களுக்கும் இடையே ஒலியிலா அறையில் சோதனையும் இருந்தது.

மனித உடலுக்குப் பழக்கமாக ஒலிகள் நிறைந்த வெளி உலகத்தின் இடத்தின் முழு நிசப்தம் உள்ள வேறு உலகம் வந்துவிடும் நிலைமைகளில் மனிதன் எப்படி நடந்து கொள்வான்? விமானப் பறப்பியல், விண்வெளி இயல் மருத்துவ ஊழியர்களுக்கு மட்டும் இன்றி, விண்வெளிப் பயணங்களுக்கு ஆயத்தமாகிக் கொண்டிருந்த எங்களுக்கும் ஆழ்ந்த முக்கியத்துவம் உள்ளதாக இருந்தது இந்தக் கேள்வி.

முற்றான நிசப்தத்தில் ஒரு மணி நேரம் இருந்த பின் மனிதனுடைய உளநிலை எத்தகையதாக இருக்கும்? ஒரு நாள், இரண்டு, மூன்று நாட்கள் கழிந்த பின்? மனிதனுக்கு அறவே பழக்கம் இல்லாத நிசப்தம், ஒலியிலா உலகம், தொடக்கத்தில் எச்சரிக்கை ஊட்டும், பின்பு மனிதனது உளப்பாங்கை நசுக்கிச் சீர்குலைத்து விடுமே, நீடித்த தனிமையில் இருக்கும் மனிதன் வெளிப் பதிவுகளுக்கான 'பசியை' உணர்வதாகவும், இதன் விளைவாக அவனது இயங்கு நரம்புகள் அமைதி இழப்பதாகவும் உளவியலார் பெற்றிருந்த அனுபவம் காட்டியது. சிலர் மருட்சிக்கும் கூட உள்ளானது காணப்பட்டிருந்தது. ஒலியிலா அறை என்பது தனிப்பட்ட சாதனங்கள் பொருத்திய காற்றழுத்த அறை. பதிவுக் கருவிகளும் சோதனைக் கருவிகளும் சேர்ந்த முழுத் தொகுப்பு இதில் உண்டு. கிளர்ச்சியூட்டும் வெளிக் காரணிகள் ஆகக் குறைந்த அளவில் இருப்பதும் வெளியிலிருந்து தகவல்கள் மிகக் குறைந்த அளவில் எட்டுவதுமான தனிப்படுத்தப்பட்ட வெளியில் இருக்கையில் விண்வெளிப் பயணியின் உள உறுதியைச் சோதித்துச் சரி பார்ப்பதற்காக ஏற்படுத்தப்பட்டது இந்த அறை. சோதனைக்கு உள்ளானவன் நேரான அர்த்தத்தில் சமூகத்திலிருந்த ஒரு வகையில் தனிப்படுத்தப்பட்டான். ஆனால் அவன் வெட்டியாகப் பொழுது போக்கக்கூடாது. வேலை இன்றி இருக்கக் கூடாது. மாறாக தினசரி ஒழுங்கு முறைக்குக் கண்டிப்பாக இணங்கப் பெரிதும் ஒரே மாதிரியான ஆராய்ச்சிச் செயல் திட்டத்தை அவன் நிறைவேற்ற வேண்டும். இந்த அறை தனி வகையான ஆளற்ற தீவாக விளங்கியது. ஆனால், சோதனைக் காலம் முழுவதற்கும் தேவையான டப்பியிலிட்ட உணவுப் பண்டங்கள் சேமித்து வைக்கப் பட்டிருந்தபடியால் இரை தேட வேண்டிய தேவை ஏற்படவில்லை. 'தட்ப வெப்ப நிலைமைகள்' மிக மிக அனுகூலமாக இருந்தன. ஒலியிலா அறையில் அழுத்தம், வெப்பம், காற்றின் ஈரப்பதம் முதலியன முறைப்படி வைக்கப்பட்டிருந்தன. சோதனைக்கு உள்ளானவனுக்குக் கிடைத்திருந்தவை இவைதாம்.

சோதனையை நிறைவேற்றுவதற்குத் தேவைப்பட்ட மற்ற எல்லாவற்றையும் அவன் தானே செய்ய வேண்டி இருந்தது. வெளியே பருவ நிலை எத்தகையது என்பதை அவன் அறியவில்லை. பொழுது இரவா பகலா என்பதும் அவனுக்குத் தெரியவில்லை. ஏனென்றால், அறையில் வைக்கப்பட்டிருந்தது தனி வகைக் கடிகாரம். அது ஒன்று விரைவாக ஓடிற்று. இல்லாவிட்டால் மெதுவாகப் போயிற்று. இந்தக் கடிகாரத்தையே வழிகாட்டியாகக் கொள்ள வேண்டி இருந்ததால், சோதனைக்கு உள்ளானவன் சில சந்தர்ப்பங்களில் மாஸ்கோவாசிகள்

வேலைக்கு விரைந்த நேரத்தில் உறங்குவதற்காகப் படுத்தான். நள்ளிரவு கழிந்ததுமே விழித்து எழுந்து உடற்பயிற்சி செய்து காலைச் சிற்றுண்டி தயாரித்தான். இந்தச் சோதனையின் நோக்கம் ஒரு மனிதன் முற்றான நிசப்தத்தில் எப்படி நடந்து கொள்வான் என்பதைத் தீர்மானிப்பது மட்டுமல்ல, விண்வெளிக் கப்பலின் அறையில் முற்றான நிசப்தம் இருக்கவே இல்லை. கணக்கற்ற கியர்களும் கருவிகளும் இயந்திரத் தொகுதிகளும் அதில் இயங்கிக் கொண்டிருந்தன. தகவல் தொடர்பு அமர்வுகளின் போது விண்வெளிப் பயணி தனக்குப் பழக்கமானவர்கள், நண்பர்கள் ஆகியோரின் குரல்களை அனேகமாக ஒவ்வொரு வளையத்திலும் கேட்டான். ஆகையால் விண்வெளியின் ஓசையின்மையை அவன் உணரவில்லை. ஒலியிலா அறையில் நடந்த சோதனையின் நோக்கம், நான் சொன்னது போல, மனிதனின் உள உறுதியைச் சரி பார்ப்பதாகும். வேறு வார்த்தைகளில் சொன்னால், வரையறுத்த வாழ்க்கைப் பரப்பு, வரையறுத்த வெளித் தகவல்கள் ஆகியவற்றின் நிலைமைகளில் முற்றிலும் திட்டமிடப்பட்ட ஓரளவு ஒரே மாதிரியான வேலையைப் போதிய அளவு நீடித்த காலத்துக்குச் செய்து கொண்டிருக்க அவனுக்கு உள்ள திறமையைச் சரி பார்ப்பதாகும். இந்தக் காலப் பகுதியில் நடத்தப்பட்ட பற்பல உளவியல் பரீட்சைகள் சோதனைக்கு உள்ளானவனின் வேலைத் திறன், அவனது எதிர்ச் செயலின் விரைவு, சோதனை அனைத்தின் போதும் அவனது நினைவாற்றல் ஆகியவை குறித்த கேள்விகளுக்கான விடைகளை மருத்துவர்களுக்கு அளிக்க வேண்டி இருந்தது.

சோதனைக்குத் தயாரானபோது, இதயத் துடிப்பு வரைவு, மூளை அதிர்வு வரைவு, தசைச் சுருக்க வரைவு ஆகியவற்றைப் பதிவு செய்யும் பொருட்டுப் பதிவுக் கருவிகளைப் பொருத்துவது போன்ற காரியங்களைச் சுருக்கமான அளவில், பெரும்பாலும் நடைமுறையில், நாங்கள் பயின்று தேர்ந்தோம். பதிவுக் கருவியிலிருந்து வரும் ஒவ்வொரு வண்ணக் கம்பியும் எதைக் குறிக்கிறது? அதன் எண் என்ன? சோதனைக் காலத்தில் பதிவுகளின் போது அதை எங்கே, எந்த வரிசையில் பொருத்த வேண்டும் என்ற விவரங்களை நாங்கள் மனப்பாடம் செய்து கொண்டோம். சோதனைக் காலத்தில் சொல்லித் தரும் மனிதக் குரலின் செல்வாக்கைத் தவிர்க்கவும் 'தூய ஆராய்ச்சிகள்' நிகழ்த்தவும் இவ்வாறு மனப்பாடம் செய்வது அவசியமாய் இருந்தது.

இன்றியமையாத முன்னேற்பாடுகள் முடிந்து எனது முறை வந்த பின்னர் நான் வேலைநிமித்தம் வெளியூர் போவதாக என் மனைவியிடம் சொல்லிவிட்டு, என் பெட்டியை ஒழுங்குபடுத்தி அதில் புத்தகங்களை

வைத்துக் கொண்டு விண்வெளி மருத்துவ இயலுக்காகச் சோதனை விவரங்கள் திரட்டுவதற்குப் புறப்பட்டேன்.

சோதனையில் அக்கறை கொண்டிருந்த எல்லா மருத்துவ நிபுணர்களும் என்னிடமிருந்து வழக்கமான ஒலிப்பதிவுகளை எடுத்துக் கொண்ட பிறகு நான் என் பெட்டியைத் தூக்கிக் கொண்டு எனது வருங்கால உறைவிடத்துக்கு உல்லாசத்துடன் விரைந்தேன். ஆனால் நிலை வாயிலில் நிறுத்தப்பட்டேன்- என் பெட்டியில் இருந்தவற்றைச் சரி பார்ப்பதற்காக, இது தனி வகையான சுங்கச் சோதனை. நான் அனேகமாகக் கள்ளக் கடத்தல் செய்பவன் என்பது அப்போது தெரிய வந்தது. புனைவு இலக்கிய நூல்கள், விஞ்ஞான நூல்கள், பாடப் புத்தகங்கள் ஆகியவற்றையும் மொத்தத்தில் அச்சிட்ட எவ்வகையான தகவலையும் ஒலியிலா அறைக்குள் எடுத்துச் செல்வது இந்தத் தடவை கண்டிப்பாகத் தடை செய்யப்பட்டது. வெற்றுக் காகிதங்கள், பென்சில்கள், நோட்டுப் புத்தகங்கள் ஆகியவற்றைத் தனக்குள்ளோ தன் மீதோ நாகரிகத்தின் சுவடுகள் எவற்றையும் எடுத்துச் செல்லாதவை எல்லாவற்றையும் - கொண்டு போகலாம் என்று சொல்லப்பட்டது. பேச்சு வார்த்தைகளின் விளைவாக, ருஷ்ய மகாகவி பூஷ்கினின் ‘எவ்கேனி அனேகின்’ காவியத்தையும், அமெரிக்க எழுத்தாளர் ஓ ஹென்றியின் சிறுகதைத் தொகுப்பையும் கொண்டு போகலாம் என்ற முடிவுக்கு இரு தரப்பாரும் வந்தோம்.

ஓஹென்றியின் கதைகளை நான் எப்போதோ படித்திருந்தேன். ‘எவ்கேனி அனேகின்’ காவியத்தின் சில பகுதிகளை மனப்பாடமாக அறிந்திருந்தேன். ஆகவே, ‘புதிய தகவலின் பெருக்கு’ நிகழாது என்றும் சோதனையின் நோக்கங்கள் நிறைவேறும் என்றும் முடிவு செய்யப்பட்டது.

மென்மையான திண்டு உறைகளிட்ட காற்றுப் புகாக் கதவு மெதுவாக மூடிக் கொண்டது. பின்பு மறு கதவு சாத்தப்பட்டது. உடனே ஓசைகள் அடங்கிப் போயின. பல வகையான கருவிகளையும் என்மீது திரும்பி இருந்த தொலைக்காட்சிப் படக் கருவிகளின் கூர்ந்த விழிகளையும் கணக்கில் எடுத்துக் கொள்ளாவிட்டால்- நான் தன்னந்தனியன் ஆகிவிட்டேன்.

எதிலிருந்து வேலையைத் தொடங்குவது? என்ன செய்வது? இயந்திர சாதனங்களைப் பார்வையிட்டேன், உணவுப் பண்ட நீர் சேமிப்புகளைச் சரி பார்த்தேன். விஞ்ஞானம் அதன் இடத்தில் முக்கியமானது தான். ஆனால் பொருளியல் வசதியும் முக்கியத்தில் குறைந்தது அல்ல.

விண்வெளிப் பயணிகள் வலிய உடற்கட்டும் தாங்குதிறனும் உரமும் படைத்தவர்கள்தாம். என்றாலும் விண்வெளிப் பயணிக்குச் சரியான உணவு கிடைக்காவிட்டால் அவனால் வெகுதூரம் பறக்க முடியாது என்ற முடிவுக்கு நான் வந்தேன். காற்றுப் புதுக்குக் கருவி ஒரு சீராக, மெல்லொலியுடன் இயங்கிக் கொண்டிருந்தது. கருவி இயங்குகிறதா என்று தீர்மானிப்பதற்கு விசேஷமாக உற்றுக் கேட்க வேண்டி இருந்தது. என்னுடைய நாள் வேலைக்குக் கண்டிப்பான ஒழுங்கு முறை ஏற்படுத்திக் கொள்ள முடிவு செய்தேன். ஓழிவு நேரம் நிரம்ப இல்லா விட்டாலும் ஓரளவு இருக்கத்தான் செய்தது. செய்வதற்கு ஒன்றும் இல்லாமையால் சலிப்பு ஏற்படாமல் இருப்பதற்காக இந்த நேரத்தை வகைப்படுத்திக் கொள்ள வேண்டும். என் கருத்துப்படி, தன்னைத் தானே செயலில் ஈடுபடுத்தவும் தனக்கு ஏதாவது வேலை ஏற்படுத்திக் கொள்ளவும் தன்னுடைய மூளையும் தசைகளும் புலன்களும் வேலையால் நிறைந்து சுறுசுறுப்பாக இருக்கும் விதத்தில் ஓழிவு நேரத்தை முறைப்படுத்திக் கொள்ளவும் திறன் வாய்ந்தவன் வெளி உளப்பதிவுகளும் வெளித் தகவல்களும் போதாமையால் ஏங்க மாட்டான். அவன் தன் சொந்த உலகைத் தனக்குத் தானே படைத்துக் கொள்வான்.

செயலின்மையால் சலிப்பு ஏற்படுகிறது. சில வேளைகளில் ஒரே மாதிரியான அன்றாட வேலையிலிருந்து வேறு வேலைக்கு மாறத் திறன் இல்லாமையால் அதிருப்தி உண்டாகத் தொடங்குகிறது. வேலையைப் படைப்பு நிகழ் முறையாக எண்ணாமல் கடமை என்று கருதுவதால் வேலை சுமை ஆகிவிடுகிறது.

என்னிடம் இருந்தவை இரண்டு புத்தகங்களும் வெற்றுக் காகிதக் கட்டும் கைப்பிடியை வலிவாக்கவும் மார்பை அகலப்படுத்தவுமான பயிற்சிக் கருவிகளும்தாம். நான் முறையே விரும்பிய விஷயத்தைப் படம் வரைந்தேன். கதைகள் படித்தேன். உடற்பயிற்சிகள் செய்தேன். அலெக்சாந்தர் பூஷ்கினின் செய்யுள் நவீனமான 'எவ்கேனி அனெகின்' காவியப் பகுதிகளை மனப்பாடம் செய்தேன். ஒலியிலா அறையில் இருக்கும் நேரம் முழுவதற்கும் காணும்படிக் கதைகளை நீட்டும் பொருட்டு அவற்றை அதிகச் செட்டாகப் படிக்க முயன்றேன். இந்தச் செட்டு காரணமாக, கடைசி நாள் வந்தபோதும் புத்தகம் முழுமையாகப் படித்துத் தீரவில்லை.

விழித்துக் கொண்டிருந்த நேரத்தில் முந்திய மாத நிகழ்ச்சிகளை எண்ணிப் பார்த்தேன். என்னை இப்போதைய உறைவிடத்துக்கு இட்டு வந்த நிகழ்ச்சிகள் இவை.

வருங்கால விண்வெளிப் பயணிகள் தெரிந்தெடுக்கப்பட்ட மருத்துவமனையில் கழித்த நாட்களை நினைவுப்படுத்திக் கொண்டேன். மிக மிக வெவ்வேறு துறைகளைச் சேர்ந்த மருத்துவ நிபுணர்களே அங்கு தலைமைத் தேர்வாளர்களாக இருந்தார்கள். விண்வெளிப் பயணி எத்தகையவனாக இருக்க வேண்டும்? சூடான விவாதங்கள் நடந்தன. வெவ்வேறு நோக்குகள் மோதிக் கொண்டன. சிலர் அளவு கடந்து உயர்ந்த பண்புகள் தேவை என்றார்கள். விண்வெளிப் பயணி அதி மனிதனாக இருக்க வேண்டும் என்று இவர்கள் எண்ணினார்கள். மாறாக, சராசரி உள, உடல் பண்புகள் வாய்ந்த, எந்தத் தொழில் துறையையும் சேர்ந்த மனிதன் விண்வெளிக்கு அனுப்பப்படலாம் என்று மற்றவர்கள் கூறினார்கள். இதை எல்லாம் புரிந்து கொள்வது கடினமாய் இல்லை. மனிதனுக்குத் தெரியாத புதிய தொழில் துறை தோன்றி இருந்தது. வாழ்க்கையால், நடைமுறையால் உறுதிப்படுத்தப்பட்ட விஞ்ஞானம்தான் விண்வெளிப் பயணியின் உருவைத் தீர்மானிக்கும் துல்லியமான அளவுச் சட்டத்தை வழங்க முடிந்திருக்கும்.

வெவ்வேறு பிரிவுகளைச் சேர்ந்த விமானிகளில் விண்வெளிப் பயணி ஆக விரும்பியவர்கள் நிறைய இருந்தார்கள். ஒரே குறிக்கோள், ஒரே விருப்பம், ஒரே தொழில் துறை மனிதர்களை இணைக்கும்போது வழக்கமாக ஏற்படுவது போல நாங்கள் எல்லோரும் விரைவில் பழகி விட்டோம்.

மருத்துவச் சோதனைகளிலிருந்து ஓழிவு கிடைத்த நேரங்களில் அண்மை நிகழ்ச்சிகளையும் செய்திகளையும் பற்றிப் பேசியவாறு இலைப் பழுப்புகள் சிதறிக் கிடந்த தோட்டப் பாதைகளில் நாங்கள் உலாவினோம்.

“எனது நாடிக்கு இன்று என்னவோ நேர்ந்துவிட்டது” என்று சோர்வுடன் கூறினான் ஒரு விமானி. “ஒரு காரணமும் இல்லாமல் திடீரென்று படபடக்கத் தொடங்கிவிட்டது. மருத்துவர் நாடித் துடிப்பை மூன்று தரம் கணக்கிட்டுப் பார்த்தார். ஆச்சரியப்பட்டார்.

“ஒருவேளை வேலை இல்லாதது இதன் காரணமோ?”

“இல்லாவிட்டால் நீ என்ன நினைக்கிறாய்? பறப்புகளுக்கு, அபரிமித உழைப்புக்குப் பழகி விட்டவன் நான்” என்று ஆவேசத்துடன் சொன்னான் முதல்வன். “இங்கேயோ, பகுத்தாய்வும் சரி பார்த்தலுந்தான். சலித்துப் போயிற்று.”

விண்வெளிப் பயணி ஆகும் ஆசை எங்கள் எல்லோருக்கும் பலமாய் இருந்தது. ஆனால் ஆய்வுக் குழுவின் சோதனைகளில் எல்லோராலும்

தேற முடியாது. எங்களில் பலர் தங்கள் படைப்பிரிவுக்குத் திரும்ப வேண்டி வரும் என்பதை நாங்கள் அறிந்திருந்தோம். ஆயினும் இந்த விஷயம் எங்கள் நட்பில் எவ்வகையிலும் குறுக்கிடவில்லை. எங்களில் ஒருவருக்கும் பொறாமையோ மற்றவர்களை முந்திவிட வேண்டும் என்ற விருப்பமோ சிறிதும் இருக்கவில்லை. பறப்பு வேலையிலிருந்து எந்தக் காரியத்தின் பொருட்டு நாங்கள் பிரிக்கப்பட்டிருந்தோமோ அது தாய் நாட்டுக்குத் தேவைப்படுகிறது என்பதை நாங்கள் புரிந்து கொண்டோம். இதுவே எங்களுக்குப் போதுமானதாய் இருந்தது. சந்தேகமின்றிப் பலர் தோல்வி அடைந்து துயர் நிறைந்த நெஞ்சங்களுடன் தங்கள் ரெஜிமெண்டுகளுக்குத் திரும்ப வேண்டியதாயிற்று. அவர்களுடைய ஆசைக் கனவு நிறைவேறவில்லை.

விண்வெளியை வெற்றி கொள்வதற்காக சோவியத் யூனியனில் நிறைவேற்றப்பட்டிருந்த செயல்கள் எல்லாவற்றையும் நாங்கள் அறிந்திருந்தோம். முதலாவது, இரண்டாவது, மூன்றாவது செயற்கைப் புவித் துணைக் கோள்கள், (ஸ்பூத்னிக்குகள்), முதலாவது விண்வெளி ராக்கெட்டு - இவை எல்லாம் விண்வெளியை வெற்றி கொள்வது என்ற வரலாற்றுச் சிறப்புள்ள பணியின் நிறைவேற்றத்தில் மிக முக்கியக் கட்டங்கள், ஸ்பூத்னிக்குகளதும் விண்வெளி ராக்கெட்டுகளதும் எடை விரைவாக அதிகரித்தது எங்களை வியப்பில் ஆழ்த்தியது. முதலாவது ஸ்பூத்னிக்கின் எடை 83.6 கிலோ கிராம்கள். இரண்டாவதன் எடை 6083 கிலோ கிராம்கள். மூன்றாவதன் எடையோ 1327 கிலோ கிராம்கள். 1959-ம் ஆண்டின் இரண்டாவது நாள் நட்சத்திர மண்டலத்துக்குப் பாய்ந்த முதலாவது விண்வெளி ராக்கெட்டின் எடை அனேகமாக ஒன்றரை டன்.

சோவியத் சோஷலிச அமைப்பும் நமது விறல் மிக்க பொருளாதாரமும் விஞ்ஞானிகளதும் நிபுணர்களதும் திறமைகளும் கம்யூனிஸ்டுக் கட்சியினதும் அதன் மத்திய கமிட்டியினதும் சோர்வறியாத அக்கறையும் விண்வெளியை வெற்றி கொள்வதில் நாடு நாள்தோறும் புதிய புதிய முன்னேற்றங்கள் பெற வழிவகுத்தன.

அடுத்த பிரச்சனை மனிதனது விண்வெளிப் பறப்பு பற்றியது. மாஸ்கோவிலிருந்து வந்திருந்த பிரதிநிதிகளுடன் விண்வெளி விஷயமாக நடந்த முதல் உரையாடல் என் நினைவுக்கு வந்தது.

ஒரு முறை பயிற்சிப் பகுதிகளில் வேலைகளை முடித்து விட்டு நாங்கள் தனியாகவும் இணைகளாகவும் விமான நிலையப் பிரதேசத்துக்குத் திரும்பினோம்.

“வேலையை முடித்துவிட்டேன். இறங்க அனுமதிக்கிறீர்களா?” என்ற குரல்கள் வான்வெளியில் ஒன்றன் பின் ஒன்றாக ஒலித்தன.

கீழே தொலைவில், பல படிவுகளான முகில்களின் கீழ், எங்கள் விமான நிலையத்தின் குறுகிய கான்கிரீட் பாதை நாடா போன்று காட்சி அளித்தது. வெயிலொளிக் கடலில் நீந்திக் கொண்டிருந்த நாங்கள் இறங்குவதற்கு அனுமதியை எதிர்பார்த்தோம்.

வரிசையாக இறங்கும்படி உத்தரவு கிடைத்தது. எங்கள் ‘மிக்’ விமானங்களின் சக்கரங்கள் ஒன்றன் பின் ஒன்றாக இறங்கு பாதை மீது உருண்டோடின. வேலை முடிந்தது. இளைப்பாறுவது பற்றியும் எண்ணலாம். ஆனால் கமாண்டரிடம் போக எனக்கு அழைப்பு வந்தது. நான் போய் அறிக்கை செய்து கொண்டேன்.

“இங்கே நாங்கள் கலந்து பேசிக் கொண்டிருந்தோம்” என்று ஏதோ வழக்கமான விஷயத்தைப் பற்றிப் பேசுவது போல உரையாடலைத் தொடங்கினார் கமாண்டர் நிக்கலாய் ஸ்தெபானவிச் பதஸீனவ். “புதிய இயந்திரத்தில் மறுபயிற்சி பெறுவதற்கு வேட்பாளர்களைப் பொறுக்கி எடுக்கும் வேலை நடந்து கொண்டிருக்கிறது. உங்களைச் சிபாரிசு செய்ய நாங்கள் முடிவு செய்திருக்கிறோம். சம்மதமா?”

நான் உடனே “ஆம்” என்று விடை இறுத்தேன்.

“இதைப் பற்றித் தற்போது யாரிடமும் பேசாதீர்கள். தமாராவிடம் மட்டும் கலந்து ஆலோசியுங்கள்” என்று அறிவுறுத்தினார் கமாண்டர்.

“அவள் இசைவாள்.”

“கட்டாயம். ஆனால் இது அவ்வளவு எளிது அல்ல. நன்றாக விளங்க வேண்டும்... நன்றாக...” பதஸீனவ் பொருள் பொதிந்த பார்வையுடன் என்னை விழி பொருந்த நோக்கினார். நடக்கப் போகிற உரையாடல் நான் எண்ணுவது போல எளிதாய் இராது என்று கோடிட்டுக் காட்ட அவர் விரும்புவது போல் இருந்தது. “இப்போது என் அலுவல் அறைக்குப் போய் உரையாட வந்திருப்பதாக அறிவியுங்கள்.”

நிக்கலாய் ஸ்தெபானவிச்சின் அறிவுரை மற்ற எல்லாச் சந்தர்ப்பங்களிலும் போலவே இப்போதும் சரியாய் இருந்தது. அவரது அனுபவமும் வாழ்க்கையும் மனிதர்களையும் மானிட உளவியலையும் பற்றிய அவருடைய அறிவும் இளம் விமானிகளான எங்களுக்குக் காற்றிலும் தரை மீதும் குடும்ப விவகாரங்களிலும் விலை மதிக்க முடியாத உதவி புரிந்து வந்திருக்கின்றன. இம்முறையும், புதிய தொழில்

துறையை மேற்கொள்ளும் முன் எனக்கு அவருடைய யோசனைகள் பயணித்தன. இந்த விஷயம் குறித்து விரிவாகச் சிந்திப்பது மெய்யாகவே அவசியமாய் இருந்தது.

பிரிவுக் கமாண்டரின் அலுவல் அறையில் இருவர் இருந்தார்கள். அவர்களில் ஒருவர் மருத்துவர். நான் பிறந்த தேதி, இடம், என் பெற்றோர், கல்வித் தேர்ச்சி, குடும்ப நிலைமை ஆகிய விவரங்கள் தெளிவுபட்ட பின் என்னிடம் கேட்கப்பட்டது: "புதிய இயந்திரத்தில் பறக்க உங்களுக்கு விருப்பமா?" "ஆமாம், விருப்பந்தான்" என்று நான் விடை அளித்தேன். "நான் விமானி. அதிக விரைவுள்ள, அதிக உயரம் செல்கிற, அதிக நவீனமான விமானத்தில் பறக்க விரும்பாத விமானி, அதிலும் இளைஞன், யார் தான் இருப்பான்?" என்னுடைய பதிலால் அவர்கள் திருப்தி அடைந்ததாகத் தோன்றியது. தோழர்களும் நானும் எதைப் பற்றிக் கனவு கண்டு கொண்டிருந்தோமோ, விமான நிலையங்களிலும் கல்லூரி வகுப்புகளிலும், இப்போது இங்கே காவற்படை ரெஜிமெண்டிலும் எதைப் பற்றித் தீவிரமாக விவாதித்துக் கொண்டிருந்தோமோ அதைத்தான் நான் சொன்னேன். நம் விமானப் படை புதிய பண்பு பெற்று விட்டிருந்தது. இராணுவ விமானங்களின் வேகங்கள் இப்போதே மணிக்குப் பல ஆயிரம் கிலோமீட்டர்களாகக் கணக்கிடப்பட்டன. பறப்பு உயரங்கள் பத்துக் கிலோமீட்டர்களில் அளக்கப்பட்டன. விமான இயந்திர நுணுக்கச் சிந்தனை இன்னும் ஒருபடி மேல் ஏறி, ஒலித் தடையைக் கடந்துவிட்டது. எது இதுவரை ஆராய்ச்சிக்கு உரிய விஷயமாக, பொறுக்கி எடுத்த சோதனை விமானிகளின் துறையாக இருந்ததோ, அது சோவியத் வானக் காவலர்களின் கைகளில், படைப்பிரிவு விமானிகளான என் சம வயதினரின் கைகளில் இப்போது ஒப்படைக்கப்பட்டிருந்தது.

"நல்லது. ராக்கெட்டுகளில் பறந்து பார்க்க ஆசை உண்டா?" இந்தக் கேள்வியை நான் எதிர்பார்க்கவில்லை என்பதை ஒப்புக் கொள்கிறேன். இந்தக் கேள்விக்கு உடனே விடை அளிப்பது எனக்குக் கடினம் என்பதை என் முகத் தோற்றத்திலிருந்து மருத்துவர் புரிந்து கொண்டார் போலும். "ராக்கெட்டுகளில், உதாரணமாக, ஸ்பூத்னிக்குகளில், அவை செலுத்தப்படுவதை நீங்கள் கவனித்து வருகிறீர்கள் என்பதில் எனக்குச் சந்தேகம் இல்லை. பலர் போன்று நீங்களும் முன் இரவு வானில் ஸ்பூத்னிக்குகளைத் தேடுகிறீர்கள் என்று நினைக்கிறேன். மனிதன் ஸ்பூத்னிக்கில் பறப்பு நிகழ்த்தத் தொடங்கும் வேளை நெருங்கிக் கொண்டிருக்கிறது."

என் பதிலை எதிர்பார்த்து அவர்கள் பேசாதிருந்தார்கள்.

"இது பற்றி யோசனை செய்ய வேண்டும். சட்டென்று பதில் சொல்லுவது கடினம்..."

"சரிதான். யோசிக்க வேண்டியதுதான். நன்றாக ஆலோசிக்க வேண்டும். அதற்கு வேண்டிய நேரம் உங்களுக்குக் கிடைக்கும். தற்போதைக்குக் கோட்பாட்டு அளவில் உங்கள் விடையை அறிய நான் விரும்புகிறேன்."

"கோட்பாட்டு அளவில் என்றால் நான் இசைகிறேன். ஸ்பூத்னிக்கில் பறப்புகள் நிகழ்த்துவது பற்றி இப்போது நான் அறிந்திருப்பது சொற்பமே. ஆனால் அது கட்டாயம் அளவு கடந்த அக்கறைக்கு உரியதாக இருக்கும். நான் சம்மதிக்கிறேன்."

"நல்லது. நம் உரையாடல் ஊரில் தம்பட்டம் அடிப்பதற்காக அல்ல. தோழர்கள் கேட்டால் புதிய விமானத்தில் பயிற்சி பெறும் யோசனை கூறப்பட்டதாகச் சொல்லுங்கள். தேவைப்படும்போது நாங்கள் உங்களை அழைப்போம். தற்போது சிந்தனை செய்யுங்கள். விமானம் ஓட்டுங்கள். அனுபவம் திரட்டுங்கள். உங்களுக்கு வெற்றி கிடைக்க வேண்டும் என்று வாழ்த்துகிறேன்!

எனக்குச் சிந்தனை செய்ய, எண்ணமிட விஷயம் இருந்தது. ஒரு காரியத்தில் ஈடுபட்டால் அதை மனப்பூர்வமாகச் செய், நிறைவேற்றி முடி என்று தகப்பனார் சொல்லுவார். நானோ, படை விமானியாக இன்னும் உறுதியாகக் காலூன்று முன் புதிய காரியத்தில் ஈடுபடக் கோட்பாட்டு அளவில் இசைந்துவிட்டேன். என்னால் முடியுமா? இத்தகைய செயலுக்கு எனது அறிவு பற்றுமா, பறப்பு அனுபவம் போதியதாக இருக்குமா? ஸ்பூத்னிக்குகளில் பறப்பது பற்றியும் விண்வெளி பற்றியும் விண்வெளி இயந்திர நுட்பம் பற்றியும் எனக்கு ஒன்றுமே சரியாகத் தெரியாதே இதோடு கூட இப்போது நான் தனி ஆள் அல்ல; தமாரா தாய் ஆகத் தயாராகிக் கொண்டிருந்தாள். அவள் எனக்கு எப்போதும் ஆதரவு அளித்து வந்தது உண்மையே. ஆனால், இங்கே பிரச்சனை முற்றிலும் தனி வகையானது.

காலையில், பறப்புகளுக்குப் பிறகுதான், தமாரா என்னை எதிர்பார்த்தாள். நான் கிளர்ச்சி பொங்கத் திடுமென்று வீட்டில் புகுந்தபோது அவளுக்குப் பெருத்த கவலை உண்டாயிற்று.

"என்ன நடந்தது, ஹெர்மன்? பிடிக்காத விஷயமா?"

"பிடிக்காததாவது, ஒன்றாவது நம்மிடம் தொக்காயா மதுப்புட்டி இருந்ததே எங்கே? கிண்ணங்களை எடு, பயணம் நன்றாய் இருப்பதற்காகக் குடிப்போம்"

"விரைவில் போய் விடுவோமோ? வேறு ரெஜிமெண்டுக்கா?"

"ஆம், வேறு ரெஜிமெண்டுக்கு..."

நான் வெளிப்படையாகக் கிளர்ச்சி வசப்பட்டிருந்தேன். கேலி செய்தேன். அசட்டு வார்த்தைகளும் பேசி இருப்பேன் போலும். ஆனால், தமாராவைக் குழப்புவது லேசாய் இல்லை.

"என்ன நேர்ந்தது, சொல்லேன், என்ன நடந்தது?" என்று விடாப்பிடியாகக் கேட்டாள்.

ஆனால், நானே இன்னும் முடிவு வரை புரிந்து கொள்ளாத விஷயத்தை அவளுக்கு எப்படிச் சொல்வேன், எங்ஙனம் விளக்குவேன்?

புனிதப் பொய் உண்டு என்பார்கள். நான் பொய் சொன்னேன்:

"சோதனையாளனாக நான் எடுத்துக் கொள்ளப்படுவேன் போல் இருக்கிறது. அதுதான் விஷயம்."

"நாங்கள் என்ன ஆவதாம்?"

எதிர்பார்த்திருந்த குழந்தையைக் கருதியே அவள் 'நாங்கள்' என்று கூறினாள்.

"எல்லாம் ஒழுங்காக நடக்கும். கவலைப்படாதே. அழைப்பார்களா என்பது இன்னும் நிச்சயமாகத் தெரியவில்லை."

நான் மெய்யாகவே அழைக்கப்படாமல் இருந்துவிடலாம் என்று அப்போது நினைத்தேன். என்ன நடக்கக்கூடும் என்று யாருக்குத் தெரியும்? அவ்வாறானால் நான் வீண் பெருமை அடித்துக் கொண்டவன் ஆவேன். அன்று இரவு எனக்குத் தூக்கமே பிடிக்கவில்லை. 'அழைப்பார்களா, மாட்டார்களா? அழைப்பார்களா, மாட்டார்களா...'

சோர்வூட்டிய நீண்ட நாட்கள் நீடித்தன. விமானப் பறப்புகள் வரிசைப்படி நடந்து கொண்டிருந்தன. இடைமறிப்பு உத்தியைச் செப்பம் செய்வதும், பொறி விஞ்ஞானிகளுக்கு அரசியல் பாடம் நடத்துவதும் எண்ணற்ற இராணுவத் துண்டுப்பிரசுரங்கள் வெளியிடுவதும் தமாராவுக்காகவும் வரப் போகும் குழந்தைக்காகவும் கவலைப்படுவதும் அவசியமாயின... மனத்திலோ அதே கேள்வி முன் போன்று சுழன்று கொண்டிருந்தது: 'அழைப்பார்களா, மாட்டார்களா?'

இந்தக் காலத்தில் ஸ்பூத்னிக்குகளைப் பற்றியும் விரைவில் மனிதனும் விண்வெளியில் கட்டாயம் பறக்கக்கூடும் என்பது பற்றியும்

தமாராவிடம் பல முறை சுற்றி வளைத்துப் பேசினேன். ஒரு தரம் பேச்சோடு பேச்சாகச் சொன்னேன்:

"எனக்கு மட்டும் விண்வெளியில் பறக்க வாய்த்தால்..."

"நல்ல யோசனைதான் செய்தாய் போ!" என்று வியந்தாள் தமாரா.

நான் அவளைச் சமாதானப்படுத்துவதற்காக, "ஆமாம், வெறும் கற்பனை" என்று ஒப்புக் கொண்டேன்.

விண்வெளி என்பது என்ன என்று இன்னும் நன்றாகத் தெரிந்து கொள்ளும் பொருட்டு த்ஸியல்கோவ்ஸ்கி, த்ஸாந்தர் ஆகியோரின் நூல்களைத் துருவி ஆராய்ந்தேன். வானவியல் பற்றிய ஏராளமான நூல்களையும் விஞ்ஞானக் கற்பனை நவீனங்களையும் மீண்டும் படித்தேன். சந்திரனுக்கும் வெள்ளிக்கும் பிற உண்மை, கற்பனைக் கோளங்களுக்கும் நடந்த பறப்புகளை இந்த நவீனங்கள் வருணித்தன.

த்ஸியல்கோவ்ஸ்கியின் நூல்களும் முதல் ஸ்பூத்னிக்குகள் பற்றி விவரித்த செய்தித்தாள்களும் சஞ்சிகைகளும் வீட்டில் காணப்பட்டதும் எனக்குத் தோன்றியபடி தற்செயலாக விண்வெளி பற்றி நான் தமாராவிடம் பேசியதும் அவளைக் கலவரப்படுத்தி விட்டன. அவளுடைய கலவரத்தை நான் புரிந்துகொண்டேன். அப்போதுதான் நாங்கள் மணம் செய்து கொண்டு குடும்ப வாழ்க்கை என்னும் பிரமாண்டமான மாளிகையின் முதல் செங்கற்களை வைக்கத் தொடங்கி இருந்தோம். வருங்கால வாய்ப்பு நம்பிக்கை ஊட்டுவதாக இருந்தது. பணியிடத்தில் எல்லோரும் என்னிடம் நன்றாக நடந்து கொண்டார்கள். எல்லாவற்றையும் வைத்து மதிப்பிடும்போது நான் மற்றவர்களுக்குக் குறையாமல் நன்றாக விமானம் ஓட்டினேன். சுருங்கச் சொன்னால் இங்கே ரெஜிமெண்டில் எல்லாம் தெளிவாய் இருந்தது.

எல்லா விமானிகளின் மனைவிகளையும் போலவே தமாரா எங்களுடைய ஒவ்வொரு பறப்பு நாளும் கழிவதற்குள் கவலைப்பட்டு வந்தாள். இந்தக் கவலை புரிந்து கொள்ளக் கூடியதுதான். நவீன சண்டை விமானங்களில், பெருத்த உயரங்களிலும் அபரிமிதமான வேகங்களிலும் பறப்பது, சில வேளைகளில் எதிர்பாராத நிலைமைகள் உள்ளன. சிறப்பாகச் சிக்கலான பருவ நிலைகளிலோ இரவு நேரத்திலோ, இதற்கு வாய்ப்பு இன்னும் அதிகம் 'பறப்பின் தனி வகை நிலைமைகள்' என்று செயல்முறைக் குறிப்பின் விசேஷப் பகுதியில் தலைப்பு கொடுக்கப் பட்டிருப்பவை போன்ற சிக்கலான நிலைமைகள் சில சந்தர்ப்பங்களில் உருவாகும். இம்மாதிரித் 'தனிவகை நிலைமைகளில்' விமானியின்

திறமையும் தேர்ச்சியும் சமயோசித சாமர்த்தியமுமே விளைவைத் தீர்மானிக்கும்.

நானோ, விண்வெளியில் அறியப்படாத மர்ம உலகில் பறப்புகளுக்கு ஆயத்தம் செய்து கொண்டிருந்தேன். கவலைப்படுவதற்கு இதில் காரணங்கள் இன்னும் நிறைய இருந்தன. சுருங்கக் கூறின் வருங்காலப் பணித்துறை பற்றி மனைவியிடம் பேசும்படி முதுநிலைத் தோழர் புகன்ற அறிவுரை மிகவும் சரியானது என்று தெரிய வந்தது. வாழ்க்கையின் இந்தத் திடீர்த் திருப்பத்துடன் தொடர்பு கொண்ட எல்லா விஷயங்களையும் தமாரா புரிந்து கொண்டாள். ஒரு முறை இசைவு தெரிவித்த பின்னர், நான் தெரிந்தெடுத்த பாதையிலிருந்து விலகும்படி என்னிடம் சொல்லவே இல்லை. மாறாக, எனக்கு ஆதரவு அளித்தாள், மகிழ்ச்சியும் வெற்றியில் நம்பிக்கையும் ஊட்டினாள். அறியப்படாத புது வழிகளில் செல்ல ஆயத்தமான மனநிலையில் நான் தலைமை அலுவலகத்தின் தீர்மானத்தை எதிர்பார்த்துக் கொண்டிருந்தேன்.

மானசீகமாக நான் விண்ணகத்தில் எங்கோ சென்று விட்டேன். ஆனால், இன்னும் அழைப்பு வரவில்லை. இதை எல்லாம் நான் ஏதோ ஜன்னிக் காய்ச்சலில் கற்பனை செய்து கொண்டிருப்பதாகச் சில வேளைகளில் எனக்குத் தோன்றியது. மருத்துவரும் இல்லை. அவரோடு நான் உரையாடவும் இல்லை என்று நினைத்தேன். யாரிடமாவது யோசனை கேட்கவோ எனது உளக் கொந்தளிப்பை விவரித்து ஆறுதல் பெறவோ முடியாதிருந்தது. எங்கள் உரையாடல் எல்லோருக்கும் தெரியக்கூடாது என்று மருத்துவர் எச்சரித்திருந்தாரே. அவர்- இந்த மருத்துவர்- வராமலே இருந்தால் நன்றாய் இருக்கும்!

விடுமுறைக் காலம் வந்தது. நாங்கள் அல்தாய் சென்றோம்.

நான் சொந்த வீட்டுக்கு வெகு காலமாகப் போகவில்லை. தகப்பனாரையும் தாயாரையும் தங்கை ஸெம்பீராவையும் வெகு காலமாகப் பார்க்கவில்லை. ஆயினும் இந்தத் தடவை போல முன் ஒரு போதும் இவ்வளவு அவசரமாகப் படைப் பிரிவுக்குத் திரும்பியதில்லை. படைப்பிரிவைச் சென்று சேர்ந்ததுமே அலுவலகத்துக்கு ஓடினேன்.

“அழைப்பு வந்ததா?”

“வந்தது. ஆனால் நீ இல்லை. அலுவலகத்துக்கு காகிதம் திருப்பி அனுப்பப்பட்டது.”

நான் என் மருத்துவர்களை எத்தனை தரம் நச்சரித்தேன். அவர்களுடைய அலுவலறை வாயிலில் எத்தனை தரம் வட்டமிட்டேன்

என்று இப்போது நினைவுபடுத்திக் கொள்வது கடினம். கடைசியில் காகிதத்தைப் பெற்றுக் கொண்டு மாஸ்கோ போனோம்.

அழைப்புக் கடிதத்தில் முகவரி குறிக்கப்பட்டிருந்தது. விரைவில் அதைத் தேடிக் கண்டுபிடித்தேன். எனக்குப் புதியதும் இரகசியம் நிறைந்ததுமான இந்த நிறுவனம் சிறு பங்களா ஒன்றில் இயங்கியது.

தலைமை மருத்துவரின் எதிர்பார்ப்பு அறையில் விமானிகள் குழுமி இருந்தார்கள். அவர்கள் எல்லோரும் ஏறக்குறைய என் வயதினர்.

"நீங்கள் யாரைப் பார்க்க வேண்டும்?" என்று என்னிடம் கண்டிப்பாகக் கேட்டார் நிபுணர்.

"உங்களை."

"எந்த விஷயமாக?"

"விண்வெளி விஷயமாக" என்று அழைப்புக் கடிதத்தை நீட்டினேன்.

அவர் படித்துவிட்டுப் புன்னகைத்தார்.

"நீங்கள் வருவதற்கு நிரம்ப அவசரப்படவில்லை. முடிவு செய்ய இவ்வளவு நேரம் பிடித்ததோ?"

"இல்லவே இல்லை. நான் உடனே முடிவு செய்து விட்டேன். உங்கள் அழைப்புக் கடிதம் வெவ்வேறு அலுவலகங்களில் ஒரு மூன்று வாரங்களுக்கு என்னைத் தேடிக் கொண்டிருந்தது. கடைசியாகக் கண்டுபிடித்து விட்டது...."

"அதற்கென்ன பார்ப்போம். இந்தாருங்கள். மருத்துவமனைக்கு ஏற்புக் கடிதம்."

"எதற்காக மருத்துவமனைக்கு? நான் உடல் நலம் உள்ளவன் ஆயிற்றே" என்று நான் வியந்தேன்.

"அதனால்தான் நாங்கள் உங்களை அழைத்தோம்..."

மருத்துவக் கமிஷன் வழக்கமான ரெஜிமெண்டுக் கமிஷன் போல இருக்கும் என்று நான் நினைத்தேன். மருத்துவர்கள் மார்புக்கூட்டைத் தட்டிப் பார்த்து உற்றுக் கேட்பார்கள். மூட்டுகளைத் தொட்டுத் தடவுவார்கள், நுரையீரலின் செயலளவைக் காட்டும் அளவுக் கருவியில் ஊதச் சொல்லுவார்கள். அட்டவணைகளில் உள்ள எண்களை ஊகித்து அறியவும் துணுக்கு எழுத்துக்களில் அச்சடித்து சிக்கலான சொற்களைப்

படிக்கவும் சொல்லுவார்கள். பின்பு 'ஏற்றவன்' அல்லது 'ஏற்றவன் அல்ல' என்ற தங்கள் மறுக்க முடியாத முடிவை மருத்துவச் சீட்டில் எழுதுவார்கள் இதோடு காரியம் முடிந்து விடும் என்று எண்ணினேன். இங்கேயோ, விவகாரம் மிகவும் சிக்கலாக இருந்தது.

நான் மருத்துவமனையில் வைக்கப்பட்டேன். பைஜாமாவும் மெத்தென்ற படுக்கையறைச் செருப்புகளும் எனக்கு அணியத் தரப்பட்டன. கட்டிலில் படுத்திருக்குமாறு என்னிடம் சொல்லப்பட்டது. நயப்பாங்குள்ள மருத்துவத் தாதிகள் என்னை நோயாளி என்று அழைத்தார்கள். இதனால் எனக்குப் பெருத்த ஆத்திரம் உண்டாயிற்று. நான் கணக்கற்ற முறை சிகிச்சை மருத்துவர்களிடம் அழைக்கப்பட்டேன். அவர்கள் என்னைச் சோதித்துப் பார்த்தார்கள். எனது இரத்தம் முதலியவற்றை எடுத்துப் பகுத்து ஆராய்ந்தார்கள். இமைகளின் அடியில் ஏதோ ஆபாசத்தைச் சொட்டினார்கள். அதனால் என் கண்களின் கருமணிகள் வெந்த மீனின் விழிகள் போல உப்பி விட்டன. நாட்கள் ஒன்றன் பின் ஒன்றாகக் கழிந்தன. உடல் நலமுள்ளவனுக்கு மருத்துவமனையில் முடிவில்லாத மருத்துவச் சோதனைகள் சலிப்பூட்டுகின்றன. உளவியல் மருத்துவருக்கும் எனக்கும் இடையே ஒரு நாள் பேச்சு தொடங்கியது. என் உடல், மனநிலை பற்றி அவர் விசாரித்தார்.

"சீக்கிரமாக இங்கிருந்து வெளியேறினால் நல்லது" என்றேன்.

"கடினமாய் இருக்கிறதா? தாங்க முடியவில்லையா?" என்று என்னைக் கூர்ந்து நோக்கினார் மருத்துவர்.

"அப்படி ஒன்றும் இல்லை. அலுப்பாய் இருக்கிறது. அவ்வளவுதான். உடல்நலம் உள்ள மனிதனான நான் ஒன்றுமே செய்யாமல் வார்டில் படுத்துக் கிடக்க வேண்டி இருக்கிறது... நான் ஏற்றவனா இல்லையா என்பதை உடனே சொல்லி விட்டால் நல்லது."

"இதுவா நீங்கள் கேட்பது?" என்று பரிவுடன் புன்னகை செய்தார் உளவியல் நிபுணர்.

வெளியே பளிச்சென்று வெயில் அடித்தது. மேசை மேல் இருந்த பலவித உபகரணங்கள் மீதும் கருவிகள் மீதும் பட்டுப் பிரதிபலித்த வெயிலொளி குதூகலமாகத் துள்ளியது. விண்வெளிக்கு அனுப்பப்பட விரும்பும் மனிதர்களைக் கண்டிப்பாகச் சோதித்துத் தேர்ந்தெடுப்பதன் அவசியத்தை மருத்துவர் எனக்கு விளக்கலானார்.

"என் அன்பரே" என்று தொடங்கினார், "விண்வெளிக்கு அனுப்பப்படும் மனிதனுடைய தகுதியின் அளவைத் தீர்மானிப்பது

மிகவும் சிக்கலானது. நாம் முன் அறியப்படாத வழிகளில் செல்கிறோம். சின்னஞ்சிறு பிசகு கூடத் திருத்த முடியாதது ஆகிவிடும். பலவித அமிச் சுமைகளை நீங்கள் எப்படித் தாங்குவீர்கள் என்பதைத் துல்லியமாகத் தெளிவுபடுத்திக் கொள்ள வேண்டும். எத்தனையோ தெரியாத கூறுகள் கொண்ட காரியம் இது. தெளிவாகத் தெரிந்தது ஒன்றுதான்: விண்வெளிக் கப்பலில் பறக்கப் போகிறவன் உடல் நலம் உள்ளவனாக இருக்க வேண்டும். ஆகவே, ஒரு நாளைக்குப் பல முறை வெப்பமானியை வைத்துக் கொள்வதற்கும் வேறு பல சிகிச்சை முறைகளால் தொந்தரவுக்கு உள்ளாவதற்கும் இணங்கிப் போங்கள்.”

இது அவசியம் என்றால் வேறு வழி இல்லை. மருத்துவத்தாதியின் கையிலிருந்து வெப்பமானியை எத்தனாவதோ முறையாகப் பணிவுடன் வாங்கி, கக்கத்தில் இடுக்கிக் கொண்டு படிப்பில் ஆழ்ந்தேன். மருத்துவத் தாதி வந்து வெப்பமானியை வாங்கிப் பார்த்துவிட்டுத் தலையை ஆட்டினாள்.

“என்ன விஷயம்?”

“முப்பத்தேழு புள்ளி ஆறு. இம்மாதிரி உடல் வெப்பத்தில் மருத்துவ ஓய்வுச் சீட்டு எழுதிக் கொடுப்பது வழக்கம்” என்று பதில் சொல்லிவிட்டுச் சிகிச்சை மருத்துவரிடம் சென்றாள் அவள்.

“படுத்த படுக்கையாக இருக்க வேண்டும். சோதனைகள் நிறுத்தப்பட வேண்டும்.”

படுக்கையில் கிடக்கவும் சூட்டைத் தணிக்கவும் தடிமலைப் போக்கவும் வேண்டியதாயிற்று. இது எனக்குக் கலவரம் ஊட்டியது. ‘ஒரு வேளை நான் விலக்கப்பட்டு விட்டாலோ?’ என்று கவலை தரும் எண்ணம் மனத்தில் எழுந்தது. பல வேட்பாளர்கள் இவ்வாறு ஏற்கனவே நீக்கப் பட்டிருந்தார்கள். எனது தோழர்களும் என் படைப் பிரிவைச் சேர்ந்தவர்களுமான அலேக்சீழ், அலெக்சேய் நிலேப்பா இருவரும் வீட்டுக்குப் போய்விட்டார்கள். எனவே பொறுமையுடன் சிகிச்சை பெற்றேன்.

எனக்கு உடம்பு குணமாயிற்று. மீண்டும் சிகிச்சை முறைகள், சரி பார்த்தல்கள். எல்லாம் நலமாகவே இருப்பதாகத் தெரிய வந்தது.

இன்னும் சில நாட்கள் சென்றன. எனக்குப் பத்திரங்கள் வழங்கப்பட்டன. என் படைப்பிரிவுக்குத் திரும்பிப் படைப்பணியைத் தொடரும்படியும் முடிவை எதிர்பார்த்திருக்கும்படியும் உத்தரவு இடப்பட்டது.

மீண்டும் சொந்த ரெஜிமெண்டு, பணித்துறை நண்பர்களோடு சந்திப்பு. 'மிக்' விமானத்தில் பறப்புகள், பயிற்சிகள், இரண்டாம் வகுப்பு இராணுவ விமானியின் செயல்திட்டப் பயிற்சிக் கூறுகளைச் செப்பம் செய்வது.

மாஸ்கோவுக்கு இன்னொரு அழைப்பு. கடைசியில் நீண்ட நாளாக எதிர்பார்த்த சேதி: "சேர்த்துக் கொள்ளப்பட்டேன்!"

என் விமானி நகர் திரும்பினேன். அங்கே எங்களுக்குப் புதிய இருப்பிடம் தரப்பட்டிருந்தது.

"புது வீட்டில் குடியேற எல்லா ஆயத்தங்களும் செய்தாகி விட்டன!" என்று மகிழ்ச்சியோடு என்னை எதிர்கொண்டாள் மனைவி தமாரா.

"புது வீட்டுக்குப் போக வேண்டி இராது. பிரிவு விருந்துக்குத்தான் ஏற்பாடு செய்ய வேண்டி இருக்கும்."

"சேர்த்துக் கொண்டு விட்டார்களோ?"

"ஆம்."

சொந்த ரெஜிமெண்டினிடமும் தோழர்களிடமும் பிரிவு சொல்லிக் கொண்டபோது என்னை அறியாமல் துயரம் பொங்கியது. சுவையான பெரிய வேலைக்குப் போக ஆர்வம் கொண்டு துடித்தேன். அதேசமயம் ரெஜிமெண்டையும் பணித்துறை தோழர்களையும் பிரிய வருத்தமாய் இருந்தது.

...ஒலியின் அறையில் இருந்தபோது இவை எல்லாம் என் நினைவுக்கு வந்தன. நான் நிறைவேற்ற வேண்டி இருந்த பொறுப்புகளையும் வேலைகளையும் ஒரு காகிதத்தில் வரிசையாகக் குறித்துக் கொண்டேன். நான் ஒலியில்லா அறையில் இருந்தது முழு நிசப்தத்தின் நிலைமைகளில் இருப்பதற்கு வருங்கால விண்வெளி விமானி செய்து கொள்ள வேண்டிய பயிற்சி மட்டும் அல்ல, தனி வகைச் சோதனையும் கூட மருத்துவர்கள் நினைப்பது சரியே: முன் அறியப்படாத வழிகளில் நாம் விண்வெளி செல்கிறோம்.

என் இருப்பிடத்தின் மீது, அதன் எளிய சாதனங்கள் மீது பார்வையைச் செலுத்தினேன். மேசை அருகே இருந்தது கை வைத்த சிறு நாற்காலி. தனிப்பட்ட விசைக்குமிழ்ப் பலகை. தொலைக்காட்சி நிழற்படக் கருவியின் கண். தொலைப் பயணத்துக்கு வேண்டியவை எல்லாம் கையருகே இருந்தன: உணவு, தண்ணீர், அன்றாடப்

பழக்கத்துக்கான சாமான்கள், படிப்பதற்குரிய புத்தகம் ஆகியவை. விண்வெளியில் இப்படியே, அல்லது ஏறத்தாழ இப்படியே இருக்கும். தனிமையும் நிசப்தமும் விசும்பின் கரைகளற்ற பெரும் பரப்பில் விரைந்த இயக்கமும். இந்த இயக்கம் ஒளிச் சாளரத்தின் வழியாகக் கூடக் கண்களுக்குள் புலப்படாது. எடை இன்மை ஏற்படுவதற்குக் காரணமானது இந்த இயக்கம்.

குடைக்காளான் சேகரிப்பவர்கள் காட்டில் நிலவும் நிசப்தத்தை எப்படி வருணிப்பார்கள் என்பது என் நினைவுக்கு வந்தது. "காளான்கள் வளர்வது காதில் படும்படி அவ்வளவு நிசப்தமாக இருக்கிறது" என்பார்கள் அவர்கள்.

பிள்ளைப் பருவ, முன்னிளமைப் பருவக்காட்சிகள் ஒன்றன் பின் ஒன்றாக என் முன் விரைந்தன. எங்கள் குடியிருப்பான பல்கோவ்னிக்கவோவில் தகப்பனார் கட்டிய சிறு வீடு மூடுபனியின் ஊடாகத் தெரிவது போலத் தென்பட்டது. வலிய நெடுமரங்களின் உச்சிகள் வீட்டுக்கு மேலே இரைந்தன.

என் அருமை அல்தாய், சைபீரியாவின் அற்புதப் பிரதேசம்! நான் அதைச் சில வேளைகளில் குளிர்கால அணிகளில் காண்கிறேன். வெண்பனிக் குவியல்களும் வெண்பனிச் சிதர்களுமாக. அப்போது எல்லையற்ற பெருவெளி கதிரவன் சிதறும் ஆயிரமாயிரம் பொறிகளால் மினுமினுக்கும். வேறு சில வேளைகளில் இலையுதிர் காலத்தின் ஈடற்ற அற்புத வண்ணங்களில் அதைக் கண்டு களிக்கிறேன். ஆம், எங்கள் அல்தாய் நல்லது, அதன் இயற்கை அற்புதமானது; பனிக்காலம் என்றால் நல்ல பனிக்காலமாக, அதன் எல்லாக் கவர்ச்சிச் சிறப்புகளுடனும் திகழும்! கோடை காலம் என்றாலும் நல்ல கோடை காலமாய் இருக்கும்! அரை குறையானது என்று எதுவும் கிடையாது. மனிதனுக்கு எல்லாம் முழு அளவில் வழங்கப்படும்.

கடந்த காலம் பற்றிய இந்த நினைவுகள் தன்னையே பகுத்தாயும் உணர்வினால், என் சுபாவத்தையும் செயல்களையும், சுற்றுச் சூழல்பால், எனது கடமையின்பால் என் போக்கையும் ஆழ்ந்து பகுத்தாராயும் விருப்பத்தினால் தூண்டப்பட்டன. சோவியத் எழுத்தாளர் நிக்கலாய் அஸ்திரோவ்ஸ்கி சோவியத் குடியின் வாழ்க்கை நம்பிக்கைக் கோட்பாட்டை மிகத் துல்லியமாக வரையறுத்திருக்கிறார். தான் செய்தவற்றை எல்லாம் கணக்கிட்டுப் பார்க்கையில், தன் வாழ்க்கை முழுதும் எல்லா ஆற்றல்களும் உலகில் யாவற்றிலும் சிறந்ததான மனித

குல விடுதலைப் போராட்டத்துக்கு அர்ப்பணிக்கப் பட்டிருப்பதாகச் சொல்ல அவனால் முடிய வேண்டும் என்கிறார் அஸ்திரோவ்ஸ்கி.

ஆக உயர்ந்த குறிக்கோள்! இதைக் கூறியிருப்பவரோ, என் சமவயதினர் எல்லோரும் எவருடைய வளையாத துணிவுக்கு முன் தலை வணங்கினார்களோ அந்தக் கம்யூனிஸ்ட் எழுத்தாளர்.

ஆனால், வாழும்போதேயும் பின்னே திரும்பிப் பார்ப்பது, தன் செயல்களையும் தான் வந்த வழியையும் சீர்தூக்கிப் பார்த்து மதிப்பிடுவது. மோசமாகாது. நாம் எங்கே போகிறோம். வாழ்க்கையின் ஒளி வீசும் தொடுவானத்தை நோக்கியவாறு குறிக்கோளை அடைவதில், விரைந்தோடும் நேரத்திற்குள் வெற்றி பெறுவோமா அல்லது நெடுஞ் சாலையின் ஓரத்தில், போக்குவரத்துக்கு ஒதுங்கியவாறு சிரமப்பட்டுத் தள்ளாடி நடப்போமா, அல்லது ஒருவேளை முட்செடிகளுக்கும் நெடுங்களைகளுக்கும் ஊடே அரிதாகவே கண்ணுக்குப் புலப்படும் ஏதேனும் ஒற்றையடிப் பாதையில் திரும்பி விட்டோமா என்று பார்த்துக் கொள்ளலாம் அல்லவா?

ஒவ்வொரு மனிதனும், சிறப்பாக இளமைப் பருவத்தில் இத்தகைய கேள்விகளை எழுப்பவும் முடிந்த அளவில் அவற்றுக்கு விடைகள் அளிக்கவும் வேண்டும் என்று நான் நினைக்கிறேன். சில வேளைகளில் வெளியே இருந்து விமர்சன நோக்குடன் தன்னைப் பார்வையிடுவதும் எங்கள் விமானப்படையில் வழக்கமாகக் கூறுவது போலப் பறப்புகளைப் பகுத்தாராய்வதும் அவசியம்.

விண்வெளி விமானிகளுக்கான பயிற்சிச் செயல்திட்டமே எனக்கு இத்தகைய வாய்ப்பை அளித்தது. எனவேதான் நான் நினைவுகளில் இவ்வாறு ஆழ்ந்தேன்...

மனச்சோர்வை அண்ட விடாமல் தடுக்கும் கைகண்ட மருந்து ஒன்று எனக்குக் கிடைத்தது- உழைப்பு. பென்சிலை எடுத்துக் கொண்டேன். பிள்ளைப் பருவத்தில் நான் ஆழ்ந்த முறையில் படங்கள் வரைந்தது இரண்டு தடவைகள்தான். முதல்முறை, நான் படம் போட்டது மயக்கோவ்ஸ்கியின் 'விளாதிமிர் இலியீச் லெனின்' என்னும் அருமையான காவியத்தைப் படித்த பிறகு. லெனினுடைய உருவப்படத்தை வரைவதில் ஓர் இரண்டு வாரங்கள் முனைந்து ஈடுபட்டேன். தகப்பனார் என்னை மெச்சியது நினைவு இருக்கிறது.

ஒலியிலா அறையில் நான் பென்சிலை எடுத்துக் கொண்டதும் எனது புதிய பாத்திரத்தின் உருவரைகள் காகிதத்தில் விரைவாகத் தென்படலாயின.

நான்கு நாட்கள் சென்ற பின்னர், த்ஸியல்கோவ்ஸ்கியின் உருவப் படத்தைத் தொலைக்காட்சித் திரையில் கண்ட மருத்துவர்கள் வியப்பு அடைந்தார்கள் என்று அப்புறம் எனக்குக் கூறப்பட்டது.

உருவப் படம் தீட்டி முடிந்ததும் மேலும் மேலும் படம் வரைய முடிவு செய்தேன். நோட்டுப் புத்தகத்திலிருந்து கிழித்த காகிதங்களில் காற்பந்தாட்டக்காரர்களின் பெருங்குழு சிறிது சிறிதாகப் பரு வடிவம் பெற்றுவிட்டது.

இந்த வரைபடங்களில் என்னையும் என்னுடைய கூர்ந்து நோக்கும் திறனையும் சரி பார்த்துக் கொள்ள எனக்கு விருப்பம் உண்டாயிற்று என்பதை நான் விரைவில் புரிந்து கொண்டேன். 'பெனல்டியை' 'மரண' பயத்துடன் எதிர்பார்த்துக் கொண்டிருக்கும் கோல் கீப்பரையும் தாக்கும் ஆட்டக்காரனது காலின் திருப்பத்தையும் பார்வையாளர்களின் கோரணிகளையும் உணர்ச்சிகளையும் முன்னிலும் துல்லியமாகத் தீட்ட நான் முயன்றேன். சில வேளைகளில் நான் முற்றிலும் வேறு உலகுக்கு இட்டுச் செல்லப்பட்டேன். வேற்றுக் கோளங்களின் சின்னங்கள் சில காகிதங்களில் வரையப்பட்டன.

படங்கள் வரைவதை முடித்த பின் நான் மீண்டும் சிந்தனை செய்யலானேன்.

திரைப்படத்தையும் இலக்கியத்தையும் பற்றிய என் சொந்தக் கருத்துகளைச் சுருக்கமாகவும் முடிந்தவரை அதிக எளிமையாகவும் சூத்திரப்படுத்துவதைச் சில வேளைகளில் நான் எனது நோக்கமாக வைத்துக் கொண்டேன். இவை ஏறத்தாழப் பின்வருவன:

பிள்ளைப்பருவம் தொட்டு நான் திரைப்படத்தைப் பெரிதும் விரும்பி வருகிறேன். ஆனால், வயதாக ஆக அதன்பால் என் உற்சாகம் ஓரளவு குறைந்துவிட்டது. பாத்திரங்களின் பொய்யான, அல்லது வலிந்து புனையப்பட்ட அனுபவங்கள், கதாநாயகியின் செயற்கை வனப்பு, இன்பமயமானவையோ, துன்பமயமானவையோ, முன்கூட்டியே வெளிப்படை ஆகிவிட்ட காதல் திரைப்படக் கதைகள் ஆகியன கொண்ட படங்கள் மீதோ எனக்குச் சலிப்பு ஏற்பட்டுவிட்டது. சிற்சில திரைப்படங்களில் இருந்த பொய்யும் புனைவும் எனக்குச் சுரீர் என்று உறைத்தன. வரலாற்றுத் திரைப்படங்களும் நேர்மையையும் துணிவையும் குறித்த என்னுடைய நோக்குகளுக்கு நெருக்கமான திரைப்படங்களும் ஒரு வேளை இந்தக் காரணத்தினால் தான் எனக்கு எப்போதும் பிடிக்கின்றன போலும்.

உதாரணமாக, சோவியத் எழுத்தாளர் பாவெல் நீலின் இயற்றிய நவீனத்தின்படி எடுக்கப்பட்ட ‘கொடுமை’ என்ற படம் என்மீது பெருத்த உளப்பதிவை ஏற்படுத்தியது. தொடக்கம் முதல் முடிவு வரை உண்மையானது இந்தப் படம். பாத்திரங்களின் எண்ணங்களாலும் உணர்ச்சிகளாலும் நியாயப்படுத்தப்பட்ட செயல்களாலும் நிறைந்தது இது. நான் அதைப் பார்த்தபோது நடிகர்களை நம்பினேன். சோவியத் ஆட்சியின் அந்த உதய காலத்திலும் இத்தகையவர்கள் இருந்தார்கள். இப்போதும் என் அருகாக இருக்கிறார்கள் என்று உணர்ந்தேன்.

புத்தகங்கள்பாலும் இத்தகைய போக்கே எனக்கு ஏற்பட்டது எனலாம். வரலாற்று நவீனங்களை, சிறப்பாக ஓல்கா ஃபோர்ஷின் படைப்புகளை விரும்புகிறேன்.

நகைச்சுவைக் கதைகள், நையாண்டிக் குறுநாவல்கள், இவை போன்ற மற்றவை ஆகியவற்றின்பால் நான் கடைப்பிடிக்கும் போக்கு என்ன? எந்தக் கதைகளில் சந்தர்ப்பங்கள் வாழ்க்கையைச் சாராதவையாக, வாசகர்களுக்குப் புன்னகை வரச் செய்து குதூகலம் ஊட்டும் பொருட்டு கற்பனை மட்டுமே செய்யப்பட்டவையாக இருக்கின்றனவோ அவற்றை நான் ஏற்பதில்லை. இவற்றைக் காட்டிலும் நல்ல, சமயோசித சாமார்த்தியம் நிறைந்த, முக்கியமாகச் சுருக்கமான வேடிக்கைத் துணுக்குகள் எவ்வளவோ மேலானவை. அவற்றில் திடீர் மாற்றங்கள் பற்றி ஒருவன் எண்ணமிடுவதில்லை. அவை உண்மைக்குப் பொருந்துபவையா என்று பகுத்தாராய்வதில்லை. வெறுமனே சிரிக்கிறான்...

எனக்கு அமெரிக்க எழுத்தாளர் ஜாக் லாண்டனைப் பிடிக்கும். வாழ்க்கையின் கடுமையான உண்மைகளையும் பாத்திரங்களையும் வலிய சுபாவங்களையும் துணிவுள்ள செயல்களையும் அவருடைய கதைகளில் காணலாம். இன்னொரு அமெரிக்க எழுத்தாளர் தியோடர் டிரைஸரையும் எனக்குப் பிடிக்கும். அவர் பெரியவர், வாழ்க்கையை மதிப்பவர், அறிவார்ந்தவர். எவர்களைப் பற்றி எழுதினாரோ அவர்களை அவர் அறிந்திருந்தார். யாருக்காக எழுதினாரோ அவர்களையும் அறிந்திருந்தார். ‘அமெரிக்கத் துன்பக் கதை’ மனித குலச் சோக நாடகத்தின் வரைவு போன்று ஒலிக்கிறது. ‘நிதியாளன்’, ‘மாமனிதன்’, ‘கடுநோன்பி ஆகியவை விரைந்த இயக்கமுள்ளவை. ‘மேதை’ ஒளி வீசுவது. டிரைஸரின் நூல் தொகுப்பின் பக்கங்களை ஒரு நாள் புரட்டிப் பார்த்துக் கொண்டிருக்கையில், மாபெரும் அக்டோபர் சோஷலிஸப் புரட்சியின் இருபத்தைந்தாவது ஆண்டு நிறைவை ஒட்டி 1942-ல் அவர் எழுதிய வரிகளை நான் மனநிறைவுடன் படித்தேன். டிரைஸர் பின்வருமாறு எழுதி இருந்தார்:

"எழுந்தவையும் வீழ்ந்தவையுமான எத்தனையோ நாடுகளை வரலாறு கண்டிருக்கிறது. ஆனால் சோவியத் யூனியனைப் போல இத்தனை சிறந்த திட்டங்கள் வேறு எந்த ஒரு நாட்டிலும் வகுக்கப்படவில்லை. இத்தனை ஒளி வீசும் வெற்றிகளும் பெறப்படவில்லை. மனிதாபிமான நோக்கில் ஒழுங்கமைக்கப்பட்ட சமாதான சமுதாயத்தை உருவாக்க முயன்று வருவதும் அதற்காக உயிர் வழங்கத் தயாராய் இருப்பதுமான ஒரு நாட்டைக் காண்கிறேன். இந்த நாள் வரை நான் உயிர் வாழ்ந்து விட்டேனே கடைசியில்."

டிரைஸரை எனக்குப் பிடித்திருப்பதற்கு அவர் மேற்கொண்ட வரிகளை எழுதியதும் ஒரு காரணம் ஆகும்.

விஞ்ஞானக் கற்பனை நவீனங்களில் எழுத்தாளன் தன் புனைவை அமைத்திருக்கும் நடப்பியல் அடிப்படையைத் தேடிக் காண நான் எப்போதும் முயன்றேன். கற்பனைப் பறப்புகள் எவ்வளவுதான் துணிவு மிக்கவையாக இருந்தாலும், அவற்றில் எதார்த்த அடிப்படை எனக்குக் கிடைத்துவிட்டால் அந்த நூலில் காதல் பற்றிய ஆர்வக் கற்பனைக் கதை உட்பட எல்லாமே எனக்குப் பிடித்துவிட்டன. இவ்வாறே பிறவும்.

நான் ஒலியில்லா அறையில் கழித்த இரண்டு வாரங்களிலும் மருத்துவர்கள் என்னை இடையறாது கண்காணித்து வந்தார்கள். என்னாலோ, என்னைப் பார்த்துக் கொள்ள முடியவில்லை. நான் வெளியே விடப்பட்டு என் கையில் முகம் பார்க்கும் கண்ணாடி கொடுக்கப்பட்டதும் நான் திகைத்துப் போனேன்: அடர் தாடி அனேகமாக என் முகம் முழுவதையும் மறைத்திருந்தது. ஆராய்ச்சி நிலையத்தில் முகம் மழித்துக் கொள்ள நான் விரும்பவில்லை. உடனே வீட்டுக்கு விரைந்தேன். கியூபா நாட்டின் தாடிக்கார இளைஞர்களை எனக்குப் பிடித்திருந்தது. முகத்தோற்றத்தில் அவர்களை ஒத்தவனாகத் தமாராவுக்கு முன் காட்சி அளிக்க முடிவு செய்தேன்.

"ஹெர்மன், நீ எங்கே போயிருந்தாய்?" என்று வியப்புடன் கேட்டாள் அவள். "முகத்தை மழித்துக் கொள்ளக்கூட முடியவில்லையா?"

"முடியவில்லை. ஆனால் கொஞ்சம் பொறு. அங்கேயும் முடி திருத்துவோர் வந்து விடுவார்கள். அப்போது நாங்கள் உண்மைக் காதல் வீரர்கள் போல எங்கள் மனைவியரிடம் திரும்புவோம்."

# விண்வெளியின் மூச்சு

எனது படைப்பிரிவுத் தோழர்கள் புதிய பணி இடத்திலிருந்து நான் அவர்களுக்கு அரிதாகவே எழுதியதற்காக என்னைக் கடிந்து கொள்ளாமல் இருப்பார்களாக. விண்வெளிப் பயணியின் பயிற்சி என்பது முதன்மையாகக் கடும் உழைப்பு. கல்வித் திட்டங்களாலும் மருத்துவக் கண்காணிப்பு விவரங்களாலும் சிந்தித்து வகுக்கப்பட்டது இது. நாங்கள் இதில் முழுமையாக ஈடுபட்டிருந்தோம்.

எங்கள் விண்வெளிப் பயணிகளின் குழுவில் வெவ்வேறு இடங்களையும் பிரதேசங்களையும் சேர்ந்த விமானிகள் தெரிந்தெடுக்கப்பட்டிருந்தார்கள். எங்கள் வாழ்க்கை விவரங்கள் மிக மிக வெவ்வேறானவை. ஆயினும் எத்தனையோ விஷயங்கள் எங்களை நெருங்கிய நட்புறவு கொள்ளச் செய்தன. முதலிலேயே நாங்கள் பின்வருமாறு ஒப்பந்தம் செய்து கொண்டோம்: ஒருவர் செய்யும் தவறுகளை மற்றவர் மன்னிப்பதில்லை; ஒன்று பிடிக்காவிட்டால் முகத்துக்கு எதிரே சொல்லி விடுவது, விமர்சிப்பது; விமர்சனத்துக்கு உள்ளாகும் போது இறுமாப்புடன் அசட்டையாக இருப்பதில்லை. ஒருவன் தோழனைக் காட்டிலும் அதிகமாக அறிந்திருந்தால் தோழனுடன் பகிர்ந்து கொள்ள வேண்டும். நண்பர்களுக்கு உதவச் சோம்பக் கூடாது. எல்லோருக்கும் ஆதரவாக என்ற கோட்பாட்டை நினைவு வைத்துக் கொள்ள வேண்டும். மற்றவனுடைய கருத்தை மதிக்க வேண்டும். அதை ஏற்காவிட்டால் காரணம் காட்ட வேண்டும். எங்கள் மரபுகளும் எழுதா விதிகளும் இவ்வாறு படிப்படியாக உருவாகலாயின.

மெய்யாக முதல் நாட்களிலிருந்தே, தொடங்கிவிட்டன. கல்விப் பயிற்சிகள், சித்தாந்த இயல் போதனை நடைமுறைப் பயிற்சிகள் என, உடற்பயிற்சி விளையாட்டுகள் மாறி மாறி வந்தன.

விளையாட்டுக்களில் ஒரு துறைச் சார்புள்ளவர்கள் நிறைய என்று சொல்வது உண்டு. உடற்பயிற்சி ஒருவனுக்குப் பிடித்தது என்றால் அவன் அதைத் தவிர வேறு எதையும் தெரிந்து கொள்ள விரும்புவதில்லை. பிள்ளைப் பருவம் முதல் உடற்பயிற்சியில் ஆர்வம் கொண்டிருந்த நானும் இவ்வாறே எண்ணினேன். பள்ளிச் சிறுவனாக இருந்தபோதே ஒரு நாள் சைக்கிள் ஓட்டியவன் விழுந்து கையை முறித்துக்கொண்டேன்.

முறிவு நேரானதும் கையின் வேலைத் திறனை முழுமையாக மீண்டும் பெறுவதற்கு நான் உடற்பயிற்சி செய்தால்தான் முடியும் என்று மருத்துவர்கள் சொன்னார்கள். எனவே உடற்பயிற்சி வாழ்நாள் முழுதும் என் ஆர்வத்துக்கு உரியதாகிவிட்டது. கரண விளையாட்டு, சைக்கிள் விடுதல், ஹாக்கி ஆட்டம் ஆகியவற்றில் எனக்கு உண்டான ஈடுபாடு இந்த ஆர்வத்தைக் குறைத்து விடவில்லை. ஆனால் விண்வெளிப் பயணிகள் பிரிவில் ஓரளவு வேறுவிதச் சூழல் நிலவியது.

நாள்தோறும் காலையில் நாங்கள் உடற்பயிற்சி செய்தோம். இது ஓட்டத்துடன் தொடங்கியது. எனக்கோ ஓட்டம் அவ்வளவாகப் பிடிக்காது. விண்வெளிப் பயணிகளான எங்களுக்கு ஓட்டம் எதற்கு வேண்டும்? விண்வெளிக் கப்பலின் இடங்குறைந்த அறையில் உடற்பயிற்சிச் செயல் திட்டத்தில் அதைச் சேர்க்க முடியாதே நான் இவ்வாறு அசட்டை பாராட்டுவதை உடற்பயிற்சி ஆசிரியர் கவனித்தார்.

“விளையாட்டு விஷயத்தில் நீங்கள் கடைப்பிடிக்கும் போக்கு விந்தையானது, தோழர் தித்தோவ்” என்றார் அவர்.

“உடற்பயிற்சிகளை ஆர்வத்தோடு செய்கிறீர்கள். ஆனால் ஓட்டத்தை விரும்புவதில்லை. என்ன காரணம்?”

“அதில் எனக்கு ஈடுபாடு இல்லை” என்று விடை பகர்ந்தேன்.

“அதில் நீங்கள் விருப்பம் கொள்ள வேண்டி இருக்கும்.”

“தானாகக் கனியாததைத் தடியாலடித்துக் கனிய வைக்க முடியாது. அப்படிப் பழமொழி கூட உண்டே...”

“அது உண்மைதான். ஆனால் நம் காரியத்தில் உடற்பயிற்சியின் பால் அசட்டையான போக்கு சரியாகாது. ஓட்டத்தினால் விண்வெளிப் பயணிக்கு ஏற்படும் நன்மை என்ன என்று தெரிந்து கொள்ள விரும்புகிறீர்களா?”

“உடற்பயிற்சி, சைக்கிள், கரண வேலை ஆகியவற்றால் ஏற்படுவது போன்ற நன்மை தானே...”

“இல்லவே இல்லை” என்று இடைமறித்தார் ஆசிரியர். “ஒரு முக்கிய நிலைமையை லயத்தை நீங்கள் மறந்து விடுகிறீர்கள். இருதயம், நுரையீரல் ஆகியவற்றினதும் உடல் முழுவதினதும் வேலையில், சுமை நிலையாக அதிகரித்த நிலைமையில் லயத்தை ஏற்படுத்துவது ஓட்டம். ஓட்டம் மட்டுமே தான். இரண்டாவது மூச்சு. வெறும் உடற்பயிற்சி மட்டும் செய்வதால் மூச்சை ஒழுங்குபடுத்த முடியாது.”

ஆசிரியரும் நானும் இந்த விஷயம் பற்றி நீண்ட நேரம் பேசிக்கொண்டிருந்தோம். நாளடைவில் நானே விரும்பி ஓட்டத்தில் கலந்து கொள்ளத் தொடங்கி, தடவைக்குத் தடவை தூரத்தை அதிகம் ஆக்கிக் கொண்டு போனேன்.

விண்வெளிப் பயணிகளை ஆயத்தப்படுத்துவதில் அதிக முக்கியமானது எது, உடற்பயிற்சியா, அல்லது சித்தாந்த இயல் அறிவின் தரமா என்று சொல்வது அந்தக் காலப் பகுதியில் கடினமாய் இருந்தது. உண்மையில் கேள்வி அப்போது இம்மாதிரிக் கேட்கப்படவும் இல்லை. ராக்கெட்டு கிளம்பும்போதும் விண்வெளிக் கப்பல் திரும்பும் போதும் ஏற்படக் கூடிய சுமைகளைத் தாங்கிக் கொள்வதற்கு விண்வெளிப் பறப்பின் எல்லாக் காரணிகளுடையவும் பாதிப்பைத் திருப்திகரமாகப் பொறுத்துக் கொள்வதற்கு எங்கள் உடல்கள் ஏற்றவாறு பயிற்சி பெற்றிருப்பது இன்றியமையாததாக இருந்தது.

கால்பந்து, வாலிபால், கூடைப்பந்து ஆகிய ஆட்டங்களுக்கான திடல்கள், விளையாட்டுச் சாதனங்கள், தனிப்பட்ட பயிற்சிகளுக்கான கருவிகள் முதலியவை இந்தப் பொறுப்பை நிறைவேற்ற உதவி அளிக்க வேண்டி இருந்தது.

இன்றியமையாத சித்தாந்த இயல்களையும் நாங்கள் இவ்வளவே விடாப்பிடியாகவும் ஆர்வத்துடனும் கற்றுத் தேர்ந்தோம். விமானிகளான எங்களுக்குப் புதியவையாக இருந்த வெப்ப விசை இயல், ராக்கெட் இயந்திர இயல், விண்வெளிப் பறப்பு விசை இயல் முதலியன போன்ற இயல்களையும் நாங்கள் கற்றுத் தேர்ந்தோம்.

ஆனால் விமான, விண்வெளி மருத்துவ இயல் நிபுணர்களின் விரிவுரைகளை நான் சிறப்பான கவனம் இல்லாமல் கேட்டேன். இந்த இயல் இரண்டாந்தர முக்கியத்துவம் உள்ளது என்று எண்ணினேன். முதலாவது, விண்வெளிப் பறப்புக்கான செயல்திட்டம் ஆழ்ந்து சிந்தித்து வகுக்கப்பட்டிருக்கிறது. அதில் இரண்டாந்தர முக்கியத்துவம் உள்ள இயல் எதுவும் இல்லை என்பதை விரைவிலேயே நாங்கள் தெரிந்து கொண்டோம். ஆயினும் அந்தக் காலத்தில் முக்கியமாயிருந்த ஒரு பிரிவில் பெரிதும் விருப்பம் இன்றியே நாங்கள் ஈடுபட்டோம். பாரஷூட் குதிப்பு இந்தப் பிரிவு. தனது சண்டை விமானத்தின் திண்ணமான இறக்கைகளை வானில் சார்ந்திருக்கப் பழகிய விமானிக்கு அவற்றுக்குப் பதிலாகப் பட்டுக் கும்மட்டத்தைப் பயன்படுத்தும்படிச் சொல்லப்படுகையில் ஒருவித ஏக்கம் உண்டாகிறது. நாங்கள் எங்களை அச்சமற்றவர்களாக எண்ணிக் கொண்டிருந்தோம். ஆயினும் பாரஷூட் பயிற்சி வகுப்புக்கு விசேஷ உற்சாகம் இன்றியே சென்றோம்.

எங்கள் பயிற்சி ஆசானாக இருந்தவர் நி.க. நிக்கீத்தின். இவர் மிகுந்த அனுபவம் உள்ளவர். மதிப்பிற்குரிய விளையாட்டு நிபுணர் என்ற பட்டம் பெற்றவர். பாரஷூட் குதிப்பில் ரெக்கார்டுகள் ஏற்படுத்திய பல தாரகைகளைப் பயிற்றியவர். பாரஷூட் உதவியால் குதிப்பதில் எங்களுக்கு ஆர்வம் இல்லாததைக் கண்டு ஒரு முறை அவர் கூறினார்.

"காற்றில் உண்மையாகக் கட்டின்றிப் பறப்பதில் உள்ள இன்பத்தைத் தெரிந்து கொண்டதும் அதிகப்படிக் குதிப்புகளுக்கு அனுமதிக்கும்படி நீங்களாகவே கேட்பீர்கள்."

"திட்டமிட்டதை நிறைவேற்றி விட்டாலே எங்களுக்குப் போதும் அதோடு இந்தப் பாடு தீர்ந்து விடும்."

"நான் சொல்வதை நம்புங்கள். நீங்கள் கேட்கத்தான் போகிறீர்கள். ஒரு ஒப்பந்தம் மட்டும் செய்து கொள்வோம்" என்றார் எங்கள் பாரஷூட் ஆசான். "அதிகப்படி குதிப்புகளுக்கு அனுமதி கேட்பவன் முழங்கால் படியிட்டு நின்றவாறு வேண்டிக் கொள்ள வேண்டும்."

இதற்குத் தேவையே ஏற்படாது என்ற நம்பிக்கையுடன் நாங்கள் ஒன்று சேர்ந்து நகைத்தோம்.

பாரஷூட் குதிப்புகளைப் பற்றியும், அவற்றை நிறைவேற்றுவதற்கான உத்தியைப் பற்றியும், பறப்பை, இன்னும் சரியாகச் சொன்னால் கட்டற்ற வீழ்ச்சியை, இயக்குவதற்கு மனிதன் எப்படிக் கற்றான் என்பதைப் பற்றியும் நி.க. நிக்கீத்தின் எங்களுக்கு நிறைய விவரித்தார். அவருடைய விளக்கத்திலிருந்து தெரிய வந்தது என்ன என்றால், கைகளும் கால்களும் காற்றியக்கச் சுக்கான்கள், அவற்றைப் பயன்படுத்தத் திறமை பெறுவதுதான் தேவை, திறமை சான்ற பாரஷூட் கலைஞன் எந்த நிலைமைகளிலும் ஒழுங்கின்றி விழுவது முடியாது. பாரஷூட் கலைஞன் காற்று மண்டலத்தின் முழு அதிகாரம் பெற்ற ஆட்சியாளன் என்பதே.

எங்களில் ஒவ்வொருவனும் பள்ளியிலும் ரெஜிமெண்டிலும் பாரஷூட் குதிப்புகள் நிகழ்த்தி இருந்தனர். ஆயினும் நி.க. நிக்கீத்தின் கூறிய விஷயங்கள் எங்களுக்குப் புதியவையாகவும் கவர்ச்சி உள்ளவையாகவும் இருந்தன என்பது குறிப்பிடத் தக்கது.

முதலாவது குதிப்பிலேயே விமானத்திலிருந்து வெளியேறியதும் நான் அனேகமாகச் சுழற்சியில் மாட்டிக் கொள்ளத் தெரிந்தேன். என் உடல் ஒழுங்கின்றிச் சுழலத் தொடங்கியது. இந்தச் சந்தர்ப்பத்தில் என்ன செய்ய வேண்டும் என்று பயிற்சி ஆசான் கூறிய யோசனையை நினைவுபடுத்திக் கொண்டு நான் உடம்பைச் சுருக்கி, பின்னர் திடீரென்று கைகளையும்

கால்களையும் விரித்தேன். இடை நிறுத்தத்தைத் தாங்கிக் கொண்டு பாரஷூட்டின் இழுப்பு வளையத்தைச் சுண்டி இழுத்தேன். ஒரு அடி பின்பு தலைக்கு மேலே பாரஷூட்டின் பட்டுக் கும்மட்டம் விரிந்தது.

எங்கள் சுவர்ச் செய்தித்தாளின் நிலையான கௌரவ ஆசிரியனான அலெக்ஸேய் லியோனவ் வளி மண்டலத்துடன் எனது பதற்றம் மிக்க போராட்டத்தை மாலையில் செய்தித்தாளில் வரைந்தான்.

பாரஷூட் பயிற்சிச் செயல் திட்டம் முடிவை நெருங்கிய போது, நி.க. நிக்கீத்தினுடன் நிகழ்ந்த முதல் சந்திப்பை நாங்கள் நினைத்துக் கொண்டோம். பாரஷூட் கலையில் பெரிய நிபுணரும் அக்கறைக்குரிய மனிதரும் சிறந்த வழிகாட்டியும் பயிற்சி ஆசானுமான அவர் பாரஷூட் குதிப்பில் அன்பை எங்களுக்குப் புகட்டினார், அந்தக் கலையில் தேர்ச்சி பெறுவதற்கான அடிப்படைப் பண்புகளைப் போதித்தார். நாங்கள் அதிகப்படியாக (ஒரு தரமாவது!) குதிக்க அனுமதிக்கும்படி முழந்தாள் படியிட்டு அவரை வேண்டினோம்.

அந்தச் சமயத்தில் விண்வெளியில் பறப்பதற்கான முன்னேற்பாடு உருவரையாளர் அலுவலகங்களில் முழு மூச்சாக நடந்து கொண்டிருந்தது. இறுக்கம் நிறைந்த, காரியப் பாங்கான, சீரான முன்னேற்பாடு.

*1960*, மே 15-ம் தேதி விண்வெளி சகாப்தத்தில் இன்னும் ஒரு குறிப்பிடத்தக்க நாள். விண்வெளிப் பறப்பு இயலில் புதிய முன்னேற்றம் அன்று நிகழ்த்தப்பட்டது. ரெக்கார்டு எடைகொண்ட முதலாவது கப்பல் துணைக்கோள் செலுத்தப்பட்டது. எதார்த்தத்தில் இது விண்வெளிக் கப்பல். வருங்கால விமானி விண்வெளிப் பயணிக்குத் தேவைப்படும் எல்லா வசதிகளும் அமைந்த, காற்றுப்புகா அறை இந்தக் கப்பலில் ஏற்கெனவே இருந்தது.

இயந்திரத் தொகுப்பின் வேலையையும் சுற்றுச் சார்பையும் பற்றிய தகவல்களைப் புவிக்கு அறிவித்தவாறு நான்கு நாட்கள் இந்த விண்வெளிக் கப்பல் நமது புவிக் கோளத்தைச் சுற்றி விரைந்த பறப்பு நிகழ்த்தியது. பின்பு குறித்த நேரம் வந்தது. கப்பலின் விசைப்பொறிகள் பூமியிலிருந்து கிடைத்த முறையான ஆணைப்படி அறையை வேறுபடுத்தின. திசையமைப்புத் தொகுப்பின் ஒரு இயந்திரத்தில் ஏற்பட்ட பழுதின் விளைவாகத் தடுப்பு உந்தலின் திசை கணக்கிட்டதிலிருந்து பிறழ்ந்து விட்டதால் அறையைப் பூமிக்குத் திருப்புவது இயலவில்லை. சோதனைச் செயல் திட்டம் மொத்தத்தில் நிறைவேற்றப்பட்டது. ஓர் ஆண்டுக்கு உட்பட்ட காலத்தில் இன்னும் நான்கு கப்பல்-துணைக் கோள்கள் செலுத்தப்பட்டன.

அந்த விண்வெளிச் சோதனைகள் நிகழ்ந்த நாட்களில் செய்தித் தாள்களில் பெரிய விஞ்ஞானிகள் பலருடைய கட்டுரைகள் வெளியாயின. விமானி விண்வெளிப் பயணிகளான நாங்கள் இந்தக் கட்டுரைகளை மிகுந்த ஆர்வத்துடன் படித்தோம் முன்பு விண்வெளிக்கு அனுப்பப் பட்டவை எல்லாவற்றிலிருந்தும் கப்பல் துணைக் கோள்களுக்குத் தன்மையில் இருந்த முதன்மையான வேறுபாடு இவற்றில் குறிப்பிடப் பட்டது. இந்தக் கப்பல் மனிதனுக்காக ஏற்பட்டது என்பது அந்த வேறுபாடு!

இத்தகைய கப்பல் எப்படி இருக்க வேண்டும்? இந்தக் கப்பலில் மனிதன் அமர்வதற்கு முன் எத்தகைய பிரச்சனைகள் தீர்க்கப்பட வேண்டும்?

இம்மாதிரிப் பிரச்சனைகளில் ஒன்று சோவியத் நாளிதழ்களிலும் சஞ்சிகைகளிலும் மிக விரிவாகச் சர்ச்சை செய்யப்பட்டது. விண்வெளியில் மனிதனுடைய பறப்பு நிகழ்வதற்கு முன்னால் மறு பிரச்சனை தீர்க்கப்பட வேண்டும். கப்பலைப் பூமிக்குத் திருப்பிக் கொண்டு வருவதற்கான முறை கண்டு அறியப்பட வேண்டும் என்று அப்போது சுட்டிக் காட்டப்பட்டது

விமானி-விண்வெளிப் பயணியின் காற்றுப்புகா அறை கப்பலிலிருந்து வேறுபடுத்தப்படுவது திரும்புவதன் முதல் கட்டம், முதலாவது சோவியத் கப்பல்-துணைக்கோளைக் கொண்டு செய்யப்பட்ட சோதனையில் இது நிறைவேற்றப்பட்டது. இந்தச் சோதனை எல்லாக் கூறுகளிலும் எங்களது பெருத்த அக்கறைக்கு உள்ளாயிற்று.

தலைமை உருவரையாளர் செர்கேய் பாவ்லவிச் கரலியோவிடமிருந்து வந்த ஒரு பொறியாளர் எங்களுக்குப் பல விஷயங்களை விவரித்தார். அறை வேறுபடுத்தப்பட்ட உடனேயே அதன் இயக்கம் நிலைப் படுத்தப்பட்டது என்றும் அது குப்புறக் கவிழாமல் இறங்கியது என்றும் அவர் தெரிவித்தார்.

சோதனைப் பறப்புகளில் மிக முக்கியமான தானியங்கிக்கருவிகள் சரி பார்க்கப்பட்டன. விண்வெளிக் கப்பலில் வெப்பத்தைத் தேவையான மட்டத்தில் வைத்திருந்தவையும் வளிமண்டலத்தில் அடங்கியவற்றை ஆராய்ந்தவையும் இந்தக் கருவிகள்தாம்.

விண்வெளியில் பறப்பு நிலைமைகள் மிகவும் தனிப்பட்டவை, கடுமையானவை. வெயிலொளி படும் பக்கத்தில் விறல்மிக்க கதிர்ப் பெருக்குகளால் கப்பல் சூடேற்றப்படுகிறது. நிழல் பக்கத்திலோ, கப்பல்

வெப்பத்தை விண்வெளியில் பரப்பியவாறு விரைவில் ஆறி மிகவும் குளிர்நிலைக்குப் போய் விடுகிறது. எனவேதான் இயக்கப் பெறும் விண்வெளிக் கப்பல்களுக்கு வெப்பச் சீரமைப்புக் கோட்பாடுகள் சோவியத் விஞ்ஞானிகளாலும் உருவரையாளர்களாலும் வகுக்கப் பட்டிருக்கின்றன.

நம்பகமான இரு தரப்பு வானொலித் தொடர்புப் பிரச்சனை எவ்வாறு தீர்க்கப்படுகிறது என்று எங்களுக்கு விவரிக்கப்பட்டது. தகவல்களைத் தந்திமுறையில் அஞ்சல் செய்வதன் வசதிகள் இந்தத் திசையில் நடந்த சோதனையின் விளைவுகளால் மீண்டும் உறுதி செய்யப்பட்டன. தொலைபேசி அமைப்பிலும் தொடர்பு சரி பார்க்கப்பட்டது: நிலவுலக வானொலி நிலையங்களின் நிகழ்ச்சிகள் கப்பல் இயந்திரக் கருவி மூலமாகப் பதிவு செய்யப்பட்டன.

சுருங்கக் கூறின், அண்ட வெளியில் மனிதன் புகுவதற்கான வரலாற்றுச் சிறப்புள்ள பிரச்சனையின் தீர்வை சோவியத் விஞ்ஞானம் எல்லா வகைக் கருவிகளையும் துணையாகக் கொண்டு அணுகியது. அறிவியல்களின் முன்னறியா உயர் பறப்புக்கு, இயற்கையினுடைய மிக மிக ஆழ்ந்த மர்மங்களின் உட்புகுவதற்கு வழி கோலப்பட்டது.

தொலைதூர விசும்பின் பரப்புக்களில் விண்வெளிப் பயணிகளுக்கு என்ன காத்திருக்கிறது? விஞ்ஞானக் கற்பனை நவீனங்களை ஒழிவு நேரங்களில் நாங்கள் படித்தோம். கன்ஸ்தந்தீன் த்ஸியல்கோவ்ஸ்கியின் 'தரை உலகுக்கு வெளியே' என்ற நவீனத்தால் ஒருவேளை எல்லாவற்றிலும் அதிக மனநிறைவு பெற்றோம். வியப்பூட்டும் நூல்! விண்வெளியில் எழும் மனிதனுக்குப் புலனாகும் உலகை வேறு எவரையும் விடத் தெளிவாகக் கற்பனையில் கண்டார் கன்ஸ்தந்தீன் த்ஸியல்கோவ்ஸ்கி.

இந்தப் புத்தகத்தின் விதியே அக்கறைக்கு உரியது. கன்ஸ்தந்தீன் த்ஸியல்கோவ்ஸ்கி 1896-ம் ஆண்டிலேயே இதைக் கற்பனை செய்திருந்தார். அப்போது அவர் சில அத்தியாயங்களை எழுதினார். இருபது ஆண்டுகளுக்குப் பின் அவர் இந்த நூலுக்குத் திரும்பினார். 1920-ம் ஆண்டில் தான் முதல் தடவை அது முழுமையாக அச்சிடப்பட்டது.

இது விஞ்ஞானக் கற்பனை நவீனம் இதன் நிகழ்ச்சிகள் 2017-ம் ஆண்டில் மாபெரும் அக்டோபர்ப் புரட்சிக்கு நூறு ஆண்டுகளுக்குப் பிறகு நடந்ததாக ஆசிரியர் கணித்திருக்கிறார். விஞ்ஞானிகளின் குழு ஒன்று விண்வெளிக் கப்பல்கள் கட்டி முதலில் பூமியைச் சுற்றிலும் பின்பு சந்திரனுக்கும் சென்று விட்டு சூரிய மண்டலத்தின் எல்லைகளில் பறப்பை முடிக்கிறது. பறப்பு நிலைமைகளையும் ராக்கெட்டில் இருந்த வாழ்க்கை நிலைமைகளையும்

செயற்கைப் புவித் துணைக்கோள்களில் அமைந்த 'குடியேற்றங்களையும்' சந்திரனுக்கும் குறுங்கோள்களுக்குமான பயணங்களையும் ஆசிரியர் விவரமாகவும் உயிரோட்டத்துடனும் வருணிக்கிறார்.

இந்த நவீனத்தில் உள்ள பல விஷயங்கள் விண் வெளிப்பயணிகளான எங்களுக்குக் கற்பனையாகத் தோன்றவில்லை, உள்ளபடி நடப்பவையாகவும் நெருங்கியவையாகவும் பழக்கமானவையாகவும் பட்டன-வருங்காலத்தை அவ்வளவு துல்லியமாக முன் காண்பதில் மாபெரும் ருஷ்ய விஞ்ஞானி வெற்றி பெற்றிருக்கிறார்.

"என்ன நினைக்கிறாய், இனி விரைவில் நடக்குமா?"

"இனிமேல் விரைவில் நடக்கும்."

1961-ம் ஆண்டின் முன் இளவேனில் காலத்தில் இத்தகைய உரையாடல்கள் விண்வெளிப் பயணிகளான எங்களிடையே அடிக்கடி நிகழ்ந்தன. காட்டிலும் திடல்களிலும் வெண்பனி இன்னும் படிந்திருந்தது. சிற்சில சமயங்களில் பிப்ரவரி மாதப் பனிப்புயல்கள் திடீர் திடீரென அடித்தன. ஆனால் மனப்பாங்கில் இளவேனில் உணர்ச்சி நிறைந்திருந்தது. மனிதனின் விண்வெளிப் பறப்பு விரைவில் நிகழும் என்பதை நாங்கள் அறிந்திருந்தோம்.

பறப்புக்கான விசேஷ முன்னேற்பாடு நிறைவுற்றதும் நிக்கலாய் பியோதரவிச் நிக்கெரியாஸவ் எங்களை அழைத்து, சிக்கலான, பொறுப்புள்ள பணியை நிறைவேற்றுவதற்கு எங்கள் ஆயத்தம் குறித்துப் பேசினார். 'நான் கம்யூனிஸ்டுக் கட்சியில் சேர வேளை வந்துவிடவில்லையா?' என்று அப்போதுதான் நான் எண்ணினேன்.

கட்சி நிறுவனத்தின் செயலரும் மாபெரும் தேசபக்த யுத்த அனுபவம் பெற்ற வீரரும் எங்கள் விண்வெளிப் பயணிக்குழுவின் முதல் மருத்துவர்களில் ஒருவருமான கிரிகோரி பெதூலொவிச் ஹிலேப்னிக்கவிடம் மறுநாள் இந்த எண்ணத்துடன் சென்றேன்.

அவர் என் பேச்சைக் கவனமாகக் கேட்டு ஒப்புதல் அளித்தார்:

"சரியான முடிவு செய்தீர்கள். உங்களுக்கு விருப்புடன் பரிந்துரை தருகிறேன். இளங் கம்யூனிஸ்டுகள் நிறுவனம் இரண்டாவது பரிந்துரை நல்கத் தயங்காது என்று நம்புகிறேன்."

மூன்றாவது பரிந்துரையை எனக்கு அளித்தார் எவ்கேனி அனத்தோலியெவிச் கார்ப்பவ்-எங்கள் ஆசான், அனுபவம் மிக்க மருத்துவர், கவனமும் பரிவும் உள்ள தோழர்.

'சோவியத் யூனியன் கம்யூனிஸ்டுக் கட்சி உறுப்பினனாக என்னை ஏற்றுக் கொள்ளும்படி முதற்படிக் கட்சி நிறுவனத்தைக் கேட்டுக் கொள்கிறேன். நமது புகழ்பெற்ற கட்சியின் உறுப்பினன் ஆகவும் பணியை நிறைவேற்றுவதற்குக் கம்யூனிஸ்டாகச் செல்லவும் விரும்புகிறேன்...' என்று விண்ணப்பத்தில் எழுதினேன்.

ஆக, நான் சோவியத் யூனியன் கம்யூனிஸ்டுக் கட்சி உறுப்பினர் பதவிக்கு வேட்பாளன் ஆகிவிட்டேன். ஏற்றுக்கொண்ட பொறுப்பின் ஆழ்ந்த தன்மையை நான் புரிந்து கொண்டேன். என் விஷயத்தில் முன்னிலும் அதிக ஒழுங்கையும் கண்டிப்பையும் கடைப்பிடிப்பது முக்கியமானது.

இதைப் பற்றித் தகப்பனாருக்கு எழுதினேன். அவர் தாமதமின்றி விடை அளித்தார்.

"....ஹெர்மன், கட்சியில் சேர்ந்ததற்கு உன்னை வாழ்த்துகிறேன்! உன் வாழ்க்கையில் இந்த நிகழ்ச்சியை மிக முக்கியமானதாகக் கருதுகிறேன். எனவே தாயாருடன் சேர்ந்து உனக்கு வாழ்த்துத் தெரிவிக்கும் அதே சமயத்தில் இந்த விஷயம் பற்றிச் சில எண்ணங்களை உன்னிடம் கூற விரும்புகிறேன்."

"லெனின் பின்வரும் சொற்களை எழுதி இருக்கிறார்: 'மனித குலத்தால் உருவாக்கப்பட்டுள்ள எல்லாச் செல்வங்களதும் அறிவால் நினைவை வளப்படுத்திக் கொள்ளும் போதுதான் ஒருவன் கம்யூனிஸ்டு ஆக முடியும். இந்தச் சொற்கள் உன் வாழ்க்கையில் உனக்கு வழிகாட்டும் வட மீனாக விளங்க வேண்டும், நீ தெரிந்தெடுத்துக் கொண்ட பாதை எவ்வளவு கடினமானது என்பதை அவை உனக்கு எப்போதும் நினைவு படுத்த வேண்டும், உனக்கு முன் வைக்கப்படும் குறிக்கோள்களை அடைவதற்கான நம்பிக்கையை அவை உனக்கு ஊட்ட வேண்டும் என்று நான் விரும்புகிறேன்.

"ஒருவன் புகழ் பெறுவது அவன் தன் வாழ்க்கையை அர்ப்பணித்து விட்ட துறையில் திரட்டிய அறிவு வளத்தால் மட்டும் அல்ல, தன் பொதுப் பண்பாட்டினாலும் தான். விரிவான வளர்ச்சி இல்லாமல், இலக்கியம், கலை ஆகியவற்றின் அறிவு இல்லாமல், அவற்றை ஆய்ந்து அறியவும் தன் கருத்தை வெளியிடவும் மற்றவனுடைய கருத்தைப் புரிந்து கொள்ளவும் திறமை இல்லாமல் குறுகிய தனித் தேர்ச்சியாளனாக இருக்க ஒருவனால் முடியும். இத்தகைய மனிதன் சுய காரியப்புலியாக, உரையாடலில் சலிப்பு ஏற்படுத்துபவனாக, வற்றலாக மாறி விடுவான். வற்றலை நனைத்தால் தான் பயன்படுத்த முடியும். நல்ல பொது வளர்ச்சி

உயிரூட்டும் நீர் போன்றது. அதில் முழுகி எழுபவன் மனிதனாகி விடுவான்."

இதற்கிடையே விண்வெளிப் பறப்புக்கு முந்திய கடைசி நாட்கள் நடந்து கொண்டிருந்தன. விண்வெளிக் கப்பலில் முதன் முதலாக இடம் பெறும் மாபெரும் கௌரவம் யாருக்குக் கிடைக்கும் என்ற பிரச்சனை தீர்க்கப்பட்டுக் கொண்டிருந்தது. முதல் விண்வெளிப் பயணி ஆகும் விருப்பம் இயல்பாகவே எங்களில் ஒவ்வொருவரதும் உள்ளத்தில் அழல் வீசிக் கொண்டிருந்தது.

ஆயினும் எங்களுக்குள் உரையாடல்களின்போது யூரி ககாரின் பறப்பார் என்ற கருத்தை நாங்கள் வெளியிட்டோம்.

அவர் நல்ல தோழர், கோட்பாட்டு உறுதியுள்ள கம்யூனிஸ்டு, தோழர்களின் பெரு மதிப்பைப் பெற்றவர் என்பதை நாங்கள் அறிந்திருந்தோம். பல்வேறு பிரச்சனைகளை யூரியுடன் சேர்ந்து தீர்க்க எனக்கு அடிக்கடி நிறைய வாய்ப்புகள் கிடைத்திருந்தன. பிற்பாடு, பறப்புக்குப் பின்னர், ந.யெ.ஜுக்கோவ்ஸ்கி அகாதமியில் நாங்கள் இருவரும் சேர்ந்து ஆய்வுரை சமர்ப்பித்துப் பட்டம் பெற்றோம். 'என்னை வியப்பில் ஆழ்த்தியது', 'எனக்கு உவப்பாயிருந்தது' என்பன போன்ற சுவை நைந்த சொற்களைப் பயன்படுத்தாமல் இருக்க விரும்புகிறேன். பின்வருமாறு சொல்வேன்: யூரியுடன் சேர்ந்து எந்தக் காரியத்தையும் நன்றாகவும் அமைதியாகவும் செய்யவும் நம்பகமாக நட்பாடவும் முடிந்தது. அவரோடு எந்தச் சூழ்நிலையிலும் நான் எளிதாகவும் இயல்பாகவும் உணர்ந்தேன்.

பிரிவுக்கு வந்ததும் தொடக்கக் காலத்தில் அக்கம் பக்கத்து அறைகளில் வசித்து வந்தோம். யூரியின் மகள் லேனா வடக்கே இருக்கையிலேயே பிறந்திருந்தாள். என் மனைவி தமாரா தாய்மைப் பேற்றுக்கு ஆயத்தமாகிக் கொண்டிருந்தாள். இவை எல்லாம் எங்களை இன்னும் நெருங்கிய நண்பர்கள் ஆக்கின. அவருடைய நன்மை நம்பிக்கையும் எங்கள் செயலில் பற்றுறுதியும் கேலிகளும் குறும்புகளும் எனக்குப் பிடித்தன. அவருடைய குறும்புகள் நுட்பமானவை. அறிவுக்கூர்மையும் கற்பனைத் திறனும் உள்ளவர்களுக்கு ஏற்றவை.

அவர் சொன்னதெல்லாம் உளமார்ந்தது. சொற்கள் எப்போதும் மென்மையாய் இல்லாதிருக்கலாம், ஆனால் அவை கருப்பொருளை வெளியிட்டன. அவருடைய மலர்ந்த புன்னகையும் உள்ளமும் எப்படி இயல்பாக இருந்தனவோ அப்படியே இயல்பாக இருந்தன அவர் செய்த எல்லாச் செயல்களும். அவை இயல்பாய் இருந்தது எதனால் என்றால்

தாய்ப்பாலுடனேயே ருஷ்ய உள்ளத்தின் விசாலத்தை அவர் உட்கொண்டிருந்ததால், தொன்மையும் வீரமும் வாய்ந்த ஸ்மலேன்ஸ்க் நிலத்திலிருந்து தமது எண்ணங்களில் திடமும் பற்றுறுதியும் அவர் பெற்றிருந்ததால், 'ஸ்மலேன்ஸ்க் உழவர்களிடமிருந்து' செயல்களில் சுறுசுறுப்பையும் ஈடுபாட்டையும் அவர் எடுத்துக் கொண்டிருந்ததால்.

இந்தப் பண்புகள் சோஷலிஸக் காலத்தில் பிறந்து சோவியத் பள்ளியில் கல்வி பெற்ற தலைமுறைக்குரிய பண்புகள். குழந்தைப் பருவத்தில் யுத்தத்தால் விளைந்த வறுமையையும் கோரங்களையும் ஓரளவு அனுபவித்தது இந்தத் தலைமுறை. கடினமான யுத்தக் காலமும் யுத்தத்துக்குப் பிந்திய முதல் ஆண்டுகளும் இந்தத் தலைமுறையின் சுபாவத்தை உருவாக்குவதில் பெரும் பங்கு ஆற்றின என்று எனக்குத் தோன்றுகிறது. நிம்மதியாக, சிந்தனை இன்றி, உழைப்பு இல்லாமல் வாழ்வது இயலாதிருந்தது. ஒரு குறிக்கோளை வைத்துக் கொள்வதும் அதை நோக்கி முன்னேறுவதும் அவசியமாய் இருந்தன. வறுமையிலும் இன்மையிலும் தான் சுபாவத்தை உருவாக்கலாம், உண்மை மனிதர்கள் இந்த நிலைமைகளில்தான் வளர்கிறார்கள் என்று இதன் மூலம் நான் சொல்ல விரும்பவில்லை. ஆயினும், இளைஞர்களின் அனுபவமற்ற, முதிராத அறிவை வளவாழ்வு மழுக்கி விடுகிறது. 'வறுமை கற்பிக்கிறது, இன்பம் கெடுக்கிறது' என்ற சொற்கள் க.எ.த்ஸியல்கோவ்ஸ்கியின் மதுக் கிண்ணத்தின் மீது பொறிக்கப்பட்டுள்ளன.

சொந்தக் கைகளால் செய்த பொருட்களும் சிறு நகைகளுமே யாவற்றிலும் விலை மிக்கவை, அன்புக்கு உகந்தவை என்பது தெரிந்ததே. கடையில் கிடைக்கும் மிக மிக நாகரிகமான, விலையுயர்ந்த பொருட்களைக் காட்டிலும் இவை மதிப்பு மிக்கவை. ஏன் என்றால், கண்களுக்கு மகிழ்ச்சி அளிப்பதோடு கூடவே அவை உள்ளத்துக்கும் களிப்பூட்டுகின்றன. நமது திறன்கள், ஆற்றல்கள், சுதந்திரம் ஆகியவை பற்றிய உணர்வை ஏற்படுத்துகின்றன. நாமே செய்த பொருட்கள் வண்ணத்திலும் மெருகிலும் வறியவையானபடியால் கண்களுக்குக் குறைந்த இன்பம் அளிக்கலாம். ஆனால் அவற்றின் பால் உண்டாகும் அன்பும் பரிவும் பெரியவை. அவற்றில் நம் உழைப்பு, நம் சிந்தனை, கற்பனை, நம் வாழ்க்கையின் ஒரு நுண் பகுதி அடங்கியுள்ளன. சின்னஞ் சிறு இடர்களையாவது கடக்கும் தேவையும் இன்றியமையாமையும் ஏற்படாத போது, விரும்புவதை அல்ல, இன்றியமையாததைச் செய்வதற்கான தேவை ஏற்படாதபோது, சுபாவத்தைப் பண்படுத்தும் வேலை கடினம் ஆகிறது. அப்போது பெற்றோரின் அரவணைப்பிலிருந்து

வெளியேறுபவர்களுக்கு எதிர்க்காற்றைச் சமாளிப்பது கடினம் ஆகி விடுகிறது. சில வேளைகளில் அவர்கள் மோசமான பருவத்தில் நீண்ட காலம் பெற்றோரின் இருப்பிடத்தில் அடைக்கலம் பெற்றிருக்கிறார்கள். மப்பு மந்தாரமற்ற, குதூகலமான, கவலை இல்லாத ஆண்டுகளுக்குப் பிறகு மேகங்கள் அடர்ந்த, மழையும் குளிருமான பருவத்துக்குப் பழகுவது சிரமம். யூரிக்கோ சிறு வயதிலேயே 'இறக்கை முளைத்து விட்டது', அவர் சுதந்திர வாழ்க்கையைத் தொடங்கிவிட்டார்.

நாங்கள் தொழிற்சாலைக்குப் போன நாளை ஒருபோதும் மறக்க மாட்டேன். கொண்டுசெல்லும் ராக்கெட்டையும் விண்வெளிக் கப்பலையும் அமைப்பதற்குத் தலைமை தாங்கிய செர்கேய் பாவ்லவிச் கரலியோவ் எங்களை இன்முகத்துடன் வரவேற்றார். அவரது கூர்ந்த பார்வையும் உறுதியும் நிதானம் வாய்ந்த பேச்சும் அவரது சிறந்த அறிவையும் திட சித்தத்தையும் புலப்படுத்தின.

உண்மையை மறைப்பானேன் தொடக்கத்தில் செ.பா. கரலியோவின் நிலைமை கடினமாய் இருந்தது. அவர் ஆதாரமற்ற கற்பனையாளர் என்று பலர் எண்ணினார்கள், அவரை நம்பவில்லை. அடிக்கடி அவர் தமது உருவரைகளும் திட்டங்களும் அமைப்புப் படங்களும் தாமுமாகத் தனியே விடப்பட்டார்... கடந்த கால இடர்கள் குறித்து அவர் எங்களிடம் ஒருபோதும் ஒன்றும் சொல்லவில்லை, ஆனால் நாங்கள் அவற்றை நாளடைவில் தெரிந்து கொண்டோம். சித்த உறுதி படைத்த அந்த மனிதர் மீது எங்களுக்கு இன்னும் பெருமதிப்பு ஏற்பட்டது.

அவருடைய உருவப்படத்தை வரைவது ஒரு வகையில் எளிது, வேறு வகையில் கடினம். அவர் உயரமற்றவர், அகன்ற தோளினர், வலிய உடற்கட்டு உள்ளவர். அவர் தலையை வைத்துக் கொள்வது நம்மை முறைத்துப் பார்ப்பது போல் இருக்கும். ஆனால் அவர் நம் விழிகளை விழி பொருந்த நோக்குகையில் உருவரைவாளரின் எஃகுச் சித்த உறுதியையும் தெளிந்த மதியையும் மட்டுமின்றித் தாராள மனமுள்ள மனிதருக்குரிய கவனம் நிறைந்த, உளமார்ந்த பெருந்தன்மையையும் நாம் அவற்றில் காண்போம்.

அவரைப் பற்றி ஆர்வம் பொங்கும் கட்டுரைகளும் நூல்களும் காவியங்களும் இப்போது எழுதப்பட்டு வருகின்றன. சிறு வயது முதலே அவர் விமான இயலில் பெருங்காதல் கொண்டிருந்ததையும் பின்னர் 30-களில் ராக்கெட் இயந்திர நுட்பத்தில் ஈடுபட்டதையும் - அதுவும், எப்படி ஈடுபட்டார்!- எல்லோரும் தெரிந்து கொள்ள வேண்டும். அவர் இதற்கு அருகர்தாம்....

இளமையும் விடாமுயற்சியும் கல்வித் தேர்ச்சியும் பெற்ற அவர் வெகு தொலைவில் பார்வையைச் செலுத்தினார். விண்வெளிக் கப்பல்களையும் ராக்கெட்டுகளையும் அமைக்கும் கருத்துக்களைப் பற்பல ஆண்டுகள் சிந்தித்துச் செப்பம் செய்தார், இவற்றைச் செயல்படுத்த விடாப்பிடியாகப் பாடுபட்டார்.

விண்வெளிக் கப்பல்களின் தலைமை உருவரைவாளர் முன்யாரும் நடந்து அறியாப் பாதைகளில் முன்னேறினார். அவருடையவும் அவருடைய உற்சாகிகளான தோழர்களுடையவும் கணக்கீடுகள் சில வேளைகளில் முன்னோக்குகளை, துணிகரமான ஊகங்களை அடிப்படையாகக் கொண்டிருந்தன.

எங்களை அவர் சொந்தப் புதல்வர்கள் போல வரவேற்றார். தாங்கு சட்டகங்களின் மேல் விண்வெளிக் கப்பல்கள் நிறுத்தப்பட்டிருந்த தொழிற்கூடத்துக்கு எங்களை இட்டுச் சென்றார். தயாராயிருந்த ஒரு விண்வெளிக் கப்பலின் அருகே அழைத்துப் போய், எளிமையாகக் கூறினார்.

“இதோ, பாருங்கள்... பார்ப்பதுடன் நிற்காதீர்கள், ஆராயுங்கள். ஏதேனும் சரியாக இல்லாவிட்டால் சொல்லுங்கள். சேர்ந்து மாற்றி அமைப்போம்... இதில் பறக்கப் போவது நான் அல்ல, நீங்கள் தாமே...”

நெஞ்சம் துடிக்க நாங்கள் விண்வெளிக் கப்பலை நெருங்கினோம். அதில் எல்லாம் எங்களுக்குப் புதியவையாக இருந்தன. ஒரு காலத்தில் பயிற்சி மாணவர்களான நாங்கள் ஜெட் விமானத்தையும் முதல் தடவை இவ்வாறே நெருங்கினோம் என்பது எனக்கு எதனாலோ நினைவு வந்தது. ஆனால் ‘வஸ்தோக்’ கப்பலின் வெளித் தோற்றத்தில் விமானத்துடன் பொதுவான அம்சங்கள் எவையும் இல்லை. கப்பலைப் பார்வையிடுகையில் நாங்கள் ஒளிச்சாளரங்கள் மீது கவனம் செலுத்தினோம். அறையிலிருந்து புலப்படும் சுற்றுக் காட்சி மோசமாய் இராது என்று ஒருவன் சொன்னான். செர்கேய் பாவ்லவிச் கரலியோவ் கப்பலுடையவும் கொண்டு செல்லும் ராக்கெட்டினுடையவும் கட்டமைப்பைச் சுருக்கமாக விளக்கினார்.

“இதோ பாருங்கள். கப்பல் வெப்பந்தாங்கிப் படலத்தால் வேயப்பட்டிருக்கிறது. செலுத்தப்படும்போது, வளிமண்டலத்தின் கனத்த படிவுகளில் கப்பல் புகும் நேரத்தில், கப்பலின் மேற்பரப்பில் மண்டி எரியும் தழலை விண்வெளிப் பயணி ஒளிச் சாளரத்தின் வழியே காண்பான். வலிய வெப்பப் பெருக்கு கப்பலின் மீது பாதிப்பு நிகழ்த்தும்,

அதன் மேற்பரப்பின் மீது வெப்பம் சில ஆயிரம் டிகிரிகளை எட்டி விடும்! ஆனால் அறையில் அது இருபது டிகிரிக்கு மேல் போகாது. ஒளிச் சாளரங்களின் கண்ணாடிகளும் வெப்பந்தாங்கிகள். இவ்வளவு பிரசண்டமான வெப்ப அதிகரிப்பைத் தாங்கிக்கொள்ளும் திறன் வாய்ந்தவை அவை."

விண்வெளிக் கப்பல் அறையின் அமைப்பையும் இயந்திரங்கள், கருவிகள் ஆகியவற்றின் நோக்கத்தையும் செயல் கோட்பாடுகளையும் கரலியோவ் எங்களுக்கு விளக்கினார். இந்த அறை ஜெட் சண்டை விமானத்தின் அறையைவிட மிக விசாலமாக இருந்தது. கருவிகளும் பொத்தான்களும் உருள் குவளைகளும் இங்கே குறைவாய் இருந்தன. விண்வெளிக் கப்பலைச் செலுத்துவது அதிகத்திலும் அதிகமாகத் தானியங்கி முறையில் அமைக்கப்பட்டிருந்தது. கொண்டு செல்லும் ராக்கெட்டு இயந்திரங்களின் இழுதிறன் வியப்பூட்டியது. அது உண்மையாகவே விண்வெளி அளவுகளை எட்டி விட்டது. அறுநூறு டன்! விண்வெளிப் பயணிகள் பிரிவுக்கு வருவதற்கு முன் நாங்கள் பறந்து கொண்டிருந்த விரைவு இறக்கைகள் வாய்ந்த சண்டை விமானத்தில் இருந்ததை விட இந்த இழுதிறன் கிட்டத்தட்ட நானூறு மடங்கு அதிகம்.

எல்லா இயந்திரத் தொகுப்புகளையும் பொறி அமைப்புக்களையும் பெரிதும் நம்பகமானவை ஆக்கவும் இவ்வாறு பறப்பை ஆபத்து அற்றதாகப் புரியவும் எவ்வளவு நிறைய ஏற்பாடுகள் செய்யப்பட்டிருக்கின்றன என்பதைக் கரலியோவின் விளக்கத்தைக் கேட்டு நாங்கள் புரிந்து கொண்டோம்.

கப்பலுக்குள் முதலில் போனவன் யார் என்பது எனக்கு நினைவில்லை. ஆனால் விண்வெளிப் பயணியின் இருக்கையில் நான் அமர்ந்தபோது, நீண்ட எதிர்பார்ப்புக்குப் பின் புதிய விமானத்தின் அறையில் உட்காரும் சோதனை விமானிகள் அனைவருக்கும் கட்டாயம் பழக்கமான உள்ளக் கிளர்ச்சி என்னை ஆட்கொண்டது. அதில் இதற்கு முன் ஒருவரும் ஒருபோதும் உட்காரவில்லை. அண்மைக்காலம் வரையில் அது அமைப்புப் படங்களிலும் கணக்கீடுகளிலும் மட்டுமே நிலவியது. ஆனால், இப்போதோ, இதோ அது தயார்... கப்பலுக்குள்ளே எல்லாம் நோயணு நீக்கம் செய்யப்பட்டு மனிதர் கை படாமல் துப்புரவாகப் பளிச்சிட்டது. வசதியான மெத்தென்ற இருக்கை, இடப்புறம், இயங்கு விசைக் குமிழ்ப் பலகை. கண்ணுக்கு நேர் எதிரில் சிறு பூமி உருண்டை, பறப்பின்போது கப்பலின் பூகோள நிலையைத் தீர்மானிக்க இது உதவும்.

அன்றைய தினம் எங்களில் ஒவ்வொருவரும் விண்வெளிக் கப்பல் இருக்கையில் ஒருவர் பின் ஒருவராகச் சில நிமிடங்கள் உட்கார்ந்திருந்தோம்.

“ஒரு வேளை இந்தக் கப்பல் என் பொறுப்பில் விடப்படலாம்” என்று நான் பலமுறை எண்ணமிட்டேன்.

விண்வெளிக் கப்பலை ஆழ்ந்து ஆராயவும் பெருத்த எண்ணிக்கையும் சிக்கலும் கொண்ட அதன் அமைப்புத் தொகுதிகளையும் அறிந்து தேர்ச்சி பெறவும் தொடங்கினோம். நாங்கள் முன்பு பெற்றிருந்த அறிவு எல்லாம் இதற்குத் தேவைப்பட்டது! பொறியாளர்களும் உருவரைவாளர்களும் விண்வெளிப் பயணிகளிடம் மிகுந்த பரிவு காட்டினார்கள். அவர்கள் கூறிய விளக்கங்களை நாங்கள் கவனமாகக் கேட்டு நினைவில் பதித்துக் கொண்டோம். மொத்தத்தில் ஆராய்ச்சியை முடித்துக் கப்பலில் ‘குடியிருக்கத்’ தொடங்கியதும் சில விருப்பங்களும் யோசனைகளும் எங்களுக்குத் தோன்றின.

“உங்கள் அபிப்பிராயங்களைத் தயங்காமல் வெளியிடுங்கள். யோசனை சொல்லுங்கள்!” எங்கள் கரலியோவ். கப்பலை அதிக வசதி உள்ளதாகச் செய்வதற்குச் சில யோசனைகளை நாங்கள் கூறினோம். அவற்றைப் பார்ப்பதற்கு மீண்டும் அழைக்கப் பட்டோம்.

“உங்கள் யோசனைகள் செயல்படுத்தப்பட்டுள்ளன. இப்போது எப்படி, முன்னிலும் நன்றாய் இருக்கிறதா?” என்று வினவினார்கள் உருவரைவாளர்கள்.

உருவரைவாளர்களும் பொறியாளர்களும் தொழில் நுட்ப நிபுணர்களும் தொழிலாளர்களும் நிறைவேற்றும் மாபெரும் செயலில் எளிய பங்கு ஆற்றத் தனக்கு வாய்த்தது குறித்து எவன்தான் மகிழ்ச்சி அடைய மாட்டான்? இந்த மகிழ்ச்சியை அனுபவிக்க என் நண்பர்களுக்கும் வாய்த்தது. விண்வெளிக் கப்பலை அமைக்கும் படைப்புக் குழுவில் வெறும் வெளிப் பார்வையாளர்களாக இன்றி இடம் பெற எங்களுக்கு முடிந்தது என்று நாங்கள் உணர்ந்தோம். இதனால் எங்களுக்கு மகிழ்ச்சி உண்டாயிற்று.

செர்கேய் பாவ்லவிச் கரலியோவ் எங்களை நம்புகிறார், தம் விண்வெளிக் கப்பலின் முதல் சோதனையாளர்களாக எங்களை மதிக்கிறார் என்று நாங்கள் உணர்ந்தோம். அவர் மீது மேலும் மேலும் அதிக மரியாதை மட்டும் இன்றிப் புதல்வர்களுக்கு உண்டாவது போன்ற உண்மையான அன்பு எங்களுக்கு ஏற்பட்டது. கப்பல் நாளுக்கு

நாள் எங்களுக்கு அதிகத் தெளிவாகப் புரிந்து கொண்டு போயிற்று. தானியங்கிகள், பழுதடைந்துவிட்டால் எங்களால் கப்பலை ஓட்ட முடியும் என்றும், விறைந்த பறப்பு உள்ள நம்பகமான 'மிக்' விமானங்கள் எங்கள் விருப்பத்துக்கு இணங்கியதைப் போல் இதுவும் இணங்கும் என்றும் நாங்கள் திண்ணமாக நம்பினோம். தலைமை உருவரைவாளர் தம் கப்பலையும் தமது திட்டங்களையும் எங்களுக்கு அறிமுகப் படுத்தியதோடு நிற்கவில்லை. எங்கள் பயிற்சிகளைப் பற்றித் தெரிந்து கொள்வதில் இடையறாத அக்கறை காட்டினார். நாங்கள் எப்படி இருக்கிறோம். பறப்புக்கு எப்படி ஆயத்தம் செய்கிறோம் என்று விசாரித்தார்.

"ஒன்று தெரியுமா, நண்பர்களே, அருஞ்செயலாற்றத் தயாராய் இருப்பதாக நீங்கள் எண்ணத் தொடங்கினால் விண்வெளிப் பறப்புக்கு நீங்கள் இன்னும் ஆயத்தமாகவில்லை என்று அர்த்தம்..."

மனிதனை ஏற்றிச் செல்லும் முதலாவது விண்வெளிக் கப்பலைச் செலுத்த வேண்டிய நாள் நெருங்கியது. அரசாங்கக் கமிஷன் முதல் விண்வெளிப் பயணியைத் தெரிந்தெடுத்தது...

'படகில் நாங்கள் நிறையப் பேர் இருந்தோம்...' என்ற மகாகவி புஷ்கினின் வரி உங்களுக்கு நினைவிருக்கும். விண்வெளிப் பயணிகளான நாங்களும் நிறையப் பேர் இருந்தோம். சிந்தனை செய்யாமல், விண்வெளியில் தனக்கு எதிர்ப்படும் ஆபத்துக்கு முன் நடுங்காமல் முதல் பறப்பை நிறைவேற்றுவதற்கு ஒவ்வொருவரும் தயாராயிருந்தான். என் அருகே இருந்தவர்களை, என் விண்வெளிப் பயணி நண்பர்களைப் பற்றி விவரிக்காதிருக்க என்னால் முடியாது.

## இத்தகையவர்கள் நாங்கள்

விண்வெளிப் பயணிகளின் குழு ஒரே நாளில் தெரிந்தெடுக்கப் படவில்லை சிலர் முன்னும் சிலர் பின்னும் வந்தார்கள். நாங்கள் நாளடைவில் அறிமுகமாகி ஒருவரை ஒருவர் கூர்ந்து கவனித்தோம். என் கருத்தை முதலில் ஈர்த்த விஷயம் நாங்கள் எல்லோரும் எவ்வளவு வெவ்வேறானவர்கள் என்பதுதான்! புதிய பணி இடத்துக்குப் போகும் வழியில் என் வசமின்றியே நான் என்னிடம் இந்தக் கேள்விகளைக் கேட்டுக் கொண்டேன். எனது புதிய பணித் தோழர்கள் யார்? நான் அவர்களுக்குச் சமமானவன்தானா?

நாங்கள் எல்லோரும் ஒரே இடத்தில் கூடியதும் ராக்கெட்டுகளில் விண்வெளிக்குப் பறக்கத் திட்டமிட்டிருந்தவர்கள் பற்றிய எனது எண்ணம் முடிவாகக் குழம்பிப் போயிற்று. ஆம், நாங்கள் அனைவரும் வெவ்வேறானவர்கள். எங்கள் யாவரையும் எப்போதாவது ஒன்றாகப் பார்த்த ஒவ்வொருவரதும் முற்றிலும் சரியான முதல் வரையறுப்பு நாங்கள் இத்தனை நாட்கள் கழித்துவிட்ட பிறகு, பயிற்சி, கல்வி, பறப்புகளுக்கு முன்னேற்பாடு ஆகியவை செய்து, விண்வெளியில் பறந்து திரும்பிய பின்பு, இப்போதும் விண்வெளி விமானிகளுக்குப் பொருந்துகிறது.

வயதிலும் உயரத்திலும் வெளித் தோற்றத்திலும் மாத்திரம் நாங்கள் வேறுபடவில்லை. வாழ்க்கை அனுபவத்திலும் சுபாவத்திலும் தனிப்பட்ட விருப்பு வெறுப்புகளிலும் கூட நாங்கள் வெவ்வேறாக இருந்தோம்.

ஆனாலும், பொதுவான நன்மைகளும் எங்களிடம் நிறைய உள்ளன. சிறந்த உடல்நிலை, நல்ல உடல் வளர்ச்சி, பொது முன்னேற்பாடு ஆகியவையும் முதன்மையாகப் புதிய வேலையில் ஆர்வமும் இவை. இவையும் பல்லாயிரக் கணக்கான பிற சோவியத் இளைஞர்களிலிருந்து எங்களைத் தனிப்படுத்தி விடவில்லை. முன்னேற்பாடான பயிற்சிக்கும் பின்னர் தென்துருவப் பயணத்துக்கும் மிதக்கும் பனிப்பாறைக்கான ஆராய்ச்சிப் பயணத்துக்கும் புதிய விமானங்களைச் சோதிப்பதற்கும் இத்தகைய குழு திரட்டப்பட முடிந்திருக்கும். எங்கள் குழு நீர்மூழ்கிக் கப்பல் பணியாளர் குழுவாகவோ, நீர்மின் நிலையக் கட்டுமானத்தில் உயரே இணைப்பு

வேலை செய்வோரின் குழுவாகவோ இருந்திருக்கலாம் சித்தவுறுதியும் உடல் உரமும் விஷய ஞானமும் பொது நோக்கத்தில் ஈடுபாடும் தேவைப்படும் எந்த வேலைக்கும் தகுதியுள்ளதாக இருந்தது எங்கள் குழு. ஆனால், குழுவில் சேர்ந்த முதல் நாட்கள், விளையாட்டரங்கில் முதல் சந்திப்புகள், ஒவ்வொருவரது தனித் தன்மையையும் அக்கணமே கோடிட்டுக் காட்டின.

கூடைப் பந்துத் திடலில் பயிற்சியாளரின் ஊதல் ஒலித்தது. ஆட்டம் தொடங்கியது. கூடைப் பந்தாட்டம் என்னை ஒருபோதும் ஈர்க்கவில்லை. வெள்ளைச் சுற்றுக் கோட்டினால் பிரிக்கப்பட்ட சிறு பகுதியில் என் தோழர்கள் அர்த்தமற்றதாக அப்போது எனக்குத் தோன்றிய விதத்தில் நெருக்கி மோதிக்கொள்வதை அசட்டையாக நோக்கியவாறு ஒதுங்கி இருக்க நான் முயன்றேன்.

ஆனால், ஒரு வலியவன் தன்னைவிட அதிக உயரமும் மேலான உடற்கட்டும் கொண்ட எதிராளிகளை முதல் நிமிடங்களிலேயே எளிதாக வென்றுவிட்டான். விரைவில் அவன் குழுத் தலைவன் ஆனான்.

"சபாஷ், யூரா! இந்தா, ககாரின்! இன்னொரு தரம்!" என்ற ஆரவாரங்கள் திடலில் கேட்ட வண்ணமாய் இருந்தன. யூரியின் விளையாட்டு பொறாமைப்படும்படியாக இருந்தது. என் வசம் இன்றியே விளையாட்டின் போக்கை உற்றுக் கவனிக்கத் தொடங்கிய நான் அதில் ஈடுபாடு கொண்டு விட்டேன். மிகச் சிறந்த உடற்பயிற்சி விளையாட்டுகளில் இது ஒன்று என இப்போது எண்ணுகிறேன்.

கூடைப் பந்துத் திடலில் சுறுசுறுப்பின்றி இருந்த வேறொரு பணித் தோழன் கனரக உடற்பயிற்சியில் எங்கள் அனைவரையும் விட மிக மேலாக இருந்தான்.

எங்கள் சுபாவங்களிலும் ஈடுபாடுகளிலும் வழக்கங்களிலும் இருந்த தனித் தன்மை எல்லாவற்றிலும் வெளிப்பட்டது. ஆனால், விடாப்பிடியான கல்விப் பயிற்சியிலும் முன்னேற்பாடுகளிலும் சில மாதங்கள் கழிந்ததும் எங்கள் புதிய தொழிலில் ஆழ்ந்த பற்றும் அறியப்படாத விண்வெளியில் பறக்க ஆயத்தமும் எங்கள் எல்லோரையும் உறவில் பிணைத்தன.

எங்கள் குழு எடுத்த எடுப்பிலேயே பாங்காக அமைந்து விடவில்லைதான். ஒரே குறிக்கோளினால், ஒரே வகைப் பொறுப்புகளால் ஒன்று சேர்க்கப்பட்ட நன்கு இணைந்த பணிக்குக் குழுவுக்கு இயல்பான பாணி, பொதுப்பண்பு ஆரம்பத்திலேயே அதற்கு ஏற்பட்டு விடவில்லைதான். குறைகள் சுட்டிக் காட்டப்பட்டபோது

சிலர் வேதனைப்பட்டார்கள். வேறு சிலர் மட்டுமீறிக் கடுமை காட்டினார்கள். பின்னும் சிலர் உற்சாகத்தையும் சுவையான கேலியையும் பணிக்குழுவுக்குக் கொண்டு வந்தார்கள். நாளடைவில் எங்களில் ஒவ்வொருவரும் சிறந்ததை, யாவற்றிலும் ஏற்கத்தக்கதை நண்பர்களிடமிருந்து எடுத்துக் கொண்டோம். கேலிப்பேச்சைக் கண்டு இவனுக்கு இந்தத் திறன் எங்கிருந்து வந்தது என்று வியப்பு ஏற்பட்டது. எப்போதும் உம்மணா மூஞ்சியாய் இருந்தவன் முகத்தில் மலர்ந்த புன்னகை எங்கிருந்து வந்தது?

எங்கள் குழுவில் அதற்கே உரிய விதிகளும் தோன்றின. எழுதா விதித் தொகுப்பு போன்றவை இவை. வகுப்புகளில் அதிகத்திலும் அதிகமான கவனம், பயனற்ற ஒரு சொல் கூடப் பேசலாகாது. எவனும் யார் கவனத்தையும் புரிந்து கொள்ளவும் விளையாட்டுப் பயிற்சிகளில் செவ்வைப்பாடு பெறவும் ஒவ்வொருவனும் மற்றவனுக்கு உதவுவான். ஆனால் பாடம் முடிந்ததுமோ, எல்லாத் தளைகளும் அறுந்துவிடும்... பயிற்சி ஆசானது கேள்விக்குத் தவறான விடை அளித்தது, உடற்பயிற்சியில் மடத்தனமான தோரணையை மேற்கொண்டது, எல்லாம் நினைவுபடுத்தப்படும். அல்லது நண்பர்களின் கிண்டல்களுக்கு ஆளாகி, அவர்களுடைய களி பொங்கும் மனநிலை நம்மையும் தொற்றிக்கொள்ள, அவர்களுடைய கேலியை உண்மையாக எடுத்துக் கொண்ட பேதைமைக்காகவும் கவனமின்மைக்காகவும் நம்மையே நகையாடிச் சிரிப்போம்.

வகுப்புகளிலும் பயிற்சிகளிலுமிருந்து ஒழிவு கிடைத்த நேரங்களில் நண்பர்களுடன் சேர்ந்து மாஸ்கோ நகரத்தையும் அதன் சுற்று வட்டாரங்களையும் ஓரிடம் பாக்கி இன்றிப் பார்வையிட்டோம். இயற்கை மீதும் தாயகத்தின் இடங்கள் மீதும் எங்களுக்கு இருந்த பற்றும் எங்களை உறவில் பிணைத்தது.

மாஸ்கோ நகர்ப்புறம், சிறப்பாக அல்தாயை ஒத்திருந்த அதன் இடங்கள், எனக்குப் பிடிக்கும்-காக்கேஷியாவும் எனக்குப் பிடிக்கும் அதுவும் என் சொந்த இடங்களை ஒரு வகையில் ஒத்திருந்தமையால் தான்.

நாங்கள் வெவ்வேறு ரெஜிமெண்டுகளிலும் ஸ்குவார்டரன் களிலுமிருந்து வந்தவர்கள். விசாலமான சோவியத் நாட்டின் வோல்கா ஆற்றுப் பிரதேசத்தையும் ஸ்தெப்பிகளையும் சைபீரியாவையும் நகரங்களையும் நாட்டுப்புறங்களையும் சேர்ந்தவர்கள். கம்யூனிஸ்டுகளும், கட்சி உறுப்பினர் பதவிக்கான வேட்பாளர்களும் இளங் கம்யூனிஸ்டுகள் சங்க உறுப்பினர்களும் எங்களில் இருந்தார்கள். விவசாயிகள்,

தொழிலாளர்கள், கிராம, நகர அறிவுஜீவிகள் ஆகியோரின் மக்கள் நாங்கள்.

விமானவியலுக்கு வருவதற்கு முன் விவசாயத் துறையிலும் தொழிற்சாலைகளிலும் வேலை செய்தும் உயர்கல்வி நிலையங்களிலும் தொழில்நுட்பப் பள்ளியிலும் பயின்றும் கணிசமான வாழ்க்கை அனுபவம் பெற்றவர்களும் எங்களிடையே இருந்தார்கள். ஆனால் முன்னோடிச் சிறுவர் குழுக்களிலும் பள்ளியிலும் இளங் கம்யூனிஸ்டுகள் சங்கத்திலும் எங்களில் ஒவ்வொருவரும் பழகித் தேர்ந்திருந்தார்கள். விமானப் பணியாளர் குழுக்களில் கற்றும் வேலை செய்தும் அனுபவம் பெற்றிருந்தார்கள்.

சிக்கலான விண்வெளிப் பறப்பின் சாத்தியமான எந்த நிலைமைகளிலும் நிதானத்தையும் அமைதியையும் கடைப்பிடிப்பது விண்வெளிப் பயணிக்கு முற்றிலும் இன்றியமையாத பண்புகளில் ஒன்று. இந்தப் பண்பை வளர்த்துக் கொள்ள நாங்கள் எல்லோரும் முயன்றோம். ஆனால் விண்வெளிப் பயணிகளுக்குரிய இந்தப் பண்பின் பருவடிவமாக விளங்குபவர் முன்னர் என் பதிலியாக இருந்தவரும், சோவியத் யூனியனின் வீரர் என்ற பட்டத்தை இருமுறை பெற்றவரும் யூரி ககாரின் விண்வெளிப் பயணிகள் பயிற்சி நிலையத் தலைவர்களில் ஒருவருமான அந்திரியான் நிக்கலாயெவ் ஆவார்.

குழுவில் முதல் தேர்வுகள் நடந்த நாட்களில் ஒரு முறை தேர்வாளரின் கேள்விகளுக்கு அவர் விடைகள் அளித்தார்.

“விண்வெளிப் பறப்பின்போது கப்பலின் இதோ, இந்தத் தொகுப்பு பழுதடைந்து விட்டால் நீங்கள் என்ன செய்வீர்கள்?” என்று கேட்டார் தேர்வாளர்.

“முதன்மையாக, அமைதி...”

இந்த விடையைக் கேட்டுத் தேர்வாளர் குழப்பமடைந்தார். ஆனால், உருவான நிலைமையில் தான் என்ன செய்திருப்பார் என்று விண்வெளிப் பயணி உடனடியாக விவரித்தார்.

குழுவினர் எல்லோரும் அவரைச் செல்லமாக அந்திரி யூஷா என்று அழைத்தார்கள். தணிந்த குரலும் அடக்கமும் நயப்பாங்கும் உள்ள இந்த மனிதரிடம் வேறு விதமாக நடந்து கொள்ளவே முடியாது. அமைதி நிறைந்த அவரது கபடமற்ற புன்னகை தெரிந்தவர்களையும் தெரியாதவர்களையும் கமாண்டர்களையும் வயதிலும் பதவியிலும் பெரியவர்களையும் தோழர்களான எங்களையும் நொடிப்போதில் தம்

மீது அன்பு கொள்ளச் செய்துவிடும். நான் மேலே குறித்த தேர்வுக்குப் பின், 'முதன்மையாக அமைதி' என்று நண்பர்கள் அவரை அடிக்கடிக் கேலியாக அழைப்பதுண்டு. அப்போது அவர் கூச்சமடைந்து, "எதற்காக என்று தயக்கத்துடன் எதிர்ப்புத் தெரிவித்தார். பின்பு கையை உதறி விட்டுச் சொல்வார்:

"போனால் போகிறது, சொல்லிக் கொள்ளுங்கள். பலவிதப் பெயர்களுக்கும் என்னால் பழக முடியவில்லை. கேலிப் பெயர்களுக்கும் பழக முடியவில்லை. குழந்தைப் பருவம் முதல் எல்லோரும் என்னை அந்திரேய என்று அழைக்கிறார்கள். ஆனால் ஆவணங்களிலோ, என் பெயர் அந்திரியான்."

விண்வெளிப் பயணிகள் குழுவில் பணியாற்றுவதற்கு முன் அந்திரியான் ஒரு விபத்துக்கு உள்ளானார்.

அவர் பணியாற்றிய விமானப்படை ரெஜிமெண்டில் வழக்கமான போர்ப்பயிற்சி நடந்து கொண்டிருந்தது; சண்டை விமானி இளைஞர் அந்திரியானுக்குப் போர்ப் பகுதிக்குச் செல்லுமாறு உத்தரவு கிடைத்தது; பத்தாயிரம் மீட்டர் உயரத்தில் இலக்கை மறிப்பது அவரது கடமையாக இருந்தது.

அனாயாசமாக இயங்கிய அந்திரியானின் சிறு 'மிக்' விமானம் தொலைவை விழுங்கியவாறு விரைந்தது. ஆறாயிரம் மீட்டர் உயரத்தில் அந்திரியான் மிகை விரைவு விசையை முடுக்கினார். விமானம் ஒலி வேக எல்லையை அனேகமாக எட்டியவாறு ஆக அதிக விரைவுடன் வானத்தின் ஆழத்துக்குள் பாய்ந்தது. திடீரென்று எதிர்பாராத கடுந்தாக்குதல்களின் அதிர்ச்சி விமானத்தை உலுக்கியது. தாக்குதல்கள் பின்னே, எஞ்சினில் ஒலித்தன. உந்து விசிறியின் சுழற்சிகள் விரைவும் உயரமும் குறைந்தன.

"விமான நிலையத்தின் திசையில் செல்கிறேன்" என்று வானொலி மூலம் தலைமை இடத்துக்கு அறிவித்தார் அந்திரியான்.

என்னென்னவோ முயற்சிகள் செய்தும் இயந்திரத்தை முடுக்க அவரால் முடியவில்லை. எனவே கவண் பொறியின் உதவியால் வெளியேறவும் விமானத்தை விட்டுவிடவும் அவருக்கு உரிமை இருந்தது.

நிமிட நேரத்துக்கு முன் இடி முழக்கத்துடன் மின்னலாக விரைந்து மேலே பாய்ந்து கொண்டிருந்த சண்டை விமானம் இப்போது ஓசையின்றிக் கனத்த பொருளாகக் குப்புறச் சாய்ந்து தரையை நோக்கிச்

சரிந்து சென்றது; கான்கிரீட் இறங்கு பாதை முன்னே தென்பட்டது. எல்லாவற்றிலும் கடினமான காரியம் விமானத்தை இறக்குவது இப்போது தொடங்க இருந்தது. சுருக்கமான மௌனத்திற்குப் பிறகு தரை மறுபடி உயிரோட்டம் அடைந்தது. இயங்கா எஞ்சின் கொண்ட விமானப் பறப்பின் பழக்கமற்ற நிசப்தத்தில் கமாண்டரின் குரல் ஒலிக் குழாய்களில் காது செவிடுபடும்படி உரக்க முழங்கிற்று:

“முதல் திருப்பம்!”

விமானத்தை ஆபத்தான சாய்விலிருந்து சிரமத்துடன் நேராக வைத்தவாறு ஜாக்கிரதையாக இயக்கத்தைத் தொடங்கினார் அந்திரியான். விமானத்தை இறக்குவதற்குப் போதுமான உயரம் அவருக்கு இருந்தது. “கவச மூடிகளை விடுங்கள்”! என்ற உத்தரவைக் கேட்டதும் எல்லாம் சரியாய் இருப்பதாக எண்ணினார். சில வினாடிகளில் ஒளிக்கதவைத் திறந்து விட்டுத் தலைக்காப்புப் பொத்தான்களைக் கழற்றுவோம் என்று நினைத்தார். தலைக் காப்புக்கு அடியில் வியர்வை பெருகி வழிந்தது. ‘சக்கரப் பகுதி!’ என்று நினைவுபடுத்தியது ‘தரை’.

அந்திரியான் விபத்துக் காலக் கருவித் தொகுப்பை முடுக்கியவர் லேசான அதிர்ச்சியைக் கேட்டார். தாம் பிசகி விட்டதையும் இறங்கிடத்தைக் கடந்து செல்வதையும் முதலில் உணர்ந்தார், மறுகணமே கண்டார்.

“உங்கள் தீர்மானம்?” என்று கலவரத்துடன் கேட்டது ‘தரை’.

“வயலில் இறங்கப் போகிறேன்...”

“சக்கரப் பகுதியை மடக்குங்கள்!”

“நன்றி” என்று விதிக்குப் புறம்பாக விடையிறுத்தார் விமானி. “பொறித்தொகுப்பில் அழுத்தம் இல்லாதபோது சக்கரப் பகுதியை மடக்குவது எப்படி?”

ஒலி வாங்கிக் குழாய்களில் கிறீச்சொலி கேட்டது. ஒரு வினாடிக்குப் பின் கலவரக் குரல் மீண்டும் உரக்க வினவியது:

“உங்கள் தீர்மானம்?”

கவண்பொறியைத் தடைக் காப்பிலிருந்து எடுத்துப் பாரஷுட்டோடு வெளியே எறியப்படுவதற்குப் போதுமான உயரம் அந்திரியானுக்கு இருந்தது. அவர் அப்படியே செய்வார் என்று விமான நிலையத்தில் இருந்தவர்கள் எதிர்பார்த்தார்கள் போலும். ஆனால், அவர்களுக்குக் கேட்டது வேறு.

“முதன்மையாக, அமைதி!” என்று அவர்களை விட அதிகமாகத் தமக்கு விடை அளித்தார் அந்திரியான். அவருக்கு மேற்கொண்டு யோசனைகள் தெரிவிக்கத் ‘தரை’ துணியவில்லை.

இதை விவரிக்கையில், தமது ‘மிக்’ விமானம் ஒலியற்ற வெள்ளி நிழலாக விமான நிலைய வரம்புக்கு வெளியே பாய்ந்த குறுகிய கணங்களை அந்திரியான் மீண்டும் அனுபவிப்பவர் போல் காணப்பட்டார். தொடர்ச்சியின்றிச் செட்டாகப் பேசினார்.

“சக்கரங்களின் மோதலை நான் கேட்கவில்லை. விமானம் இறக்கையால் புல்லைச் செதுக்கிவிட்டு நின்றுவிட்டது. நான் ஒளிக் கதவை இழுத்துத் தள்ளிவிட்டு வெளியே குதித்தேன். தலைக்காப்பு ஒலிபரப்பியைக் கழற்றிய பின் முன்னே சென்றவன், ஒரு ஐந்து மீட்டர் தூரத்தில் கிடங்கைக் கண்டேன். யுத்த காலத்தில் தோண்டப்பட்டது போலும். டாங்த் தடைக்கிடங்கு. நான் அதற்குள் போயிருந்தால் விமானம் நொறுங்கியிருக்கும்...”

தன்னைக் குறிக்காமல் விமானத்தைக் குறித்த இந்த வாக்கியத்தில் அந்திரியானின் உளப்பாங்கு முழுமையாக வெளிப்பட்டது. எந்தக் கடினமான வேலைக்கும் அவரோடு சேர்ந்து போகலாம்.

இதைக் கண்டு கொண்டார் பாவெல் பப்போவிச். அந்திரியான் நிக்கலாயெவின் அருஞ் செயல்களால் ஆட்கொள்ளப்பட்ட உலகம் முழுவதும் இதைக் கண்டு கொண்டது.

எங்கள் கட்சி அமைப்பாளரான பாவெல் பப்போவிச் குழுவுக்கு முதலில் வந்தார். குழுவில் சேர்க்கப்பட்ட யூரி ககாரின், அந்திரியான் நிக்கலாயெவ், நான், மற்ற இளைஞர்கள் ஆகியோரைக் கமாண்டரின் வேண்டுகோளின்படி அவர் எதிர்கொண்டு இருப்பிட வசதி பெற எங்களுக்கு உதவியதோடு எங்களுடைய முதல் கேள்விகளுக்கு விடைகள் அளித்தார்.

இந்த விடைகள் எல்லா விவரங்களும் அடங்கியவையாக இருக்கவில்லைதான். ஆயினும், எங்கள் ஆவலைப் பூர்த்தி செய்ய முடிந்தவரை முயன்று நல்ல தேவதையாக விளங்கினார் பாவெல் பப்போவிச்.

தம்மைப் பற்றி அவர் விருப்புடன் விவரித்தார். விமானத்தை அவர் முதன்முறை அறிமுகம் செய்துகொண்டது துயரக்கதை யுத்த காலத்தில் அவருடைய சொந்தப் பிரதேசம் பாசிஸ்டுகளால் கைப்பற்றப்பட்டிருந்த போது அடிபட்ட சிவப்பு நட்சத்திர ‘இல்யூவின்’ வெடிவிமானம் தன் விமான நிலையத்தை நோக்கிச் சிரமத்துடன் பறந்தது. ஆனால் படுகாயமடைந்திருந்த விமானியின் வலு தீர்ந்துவிட்டது

எனது நீலப் புவிக்கோளம் 117

போலும் தாழப் பறக்கும் வெடி விமாலம் கிராம மருத்துவமனையின் அருகே விழுந்து தகர்ந்தது. சுற்றிலும் ஆட்கள் குழுமினார்கள்.

விபத்து நடந்த இடத்தை முதலில் அடைந்தவர்களில் பாவெலின் தகப்பனாரும் ஒருவர். கொல்லப்பட்ட விமானியை எடுக்க அவர் முயன்றார், விமானத்தின் எஞ்சிய பகுதிகளை அவர் நெருங்கி நொறுங்கிய வலிவலுமினியத் தகடுகளைப் பிய்த்து அகற்றத் தொடங்கியபோது பெட்ரோல் தீப்பற்றி எரிந்தது வெடியதிர்ச்சிக் குடியிருப்பின் சந்தடியற்ற வீதிகளை உலுக்கிப் போட்டது...

துணிச்சல்காரர்கள் வெடியதிர்ச்சியால் தூக்கி எறியப்பட்டார்கள். பாவெலின் தகப்பனார் மிகுந்த சிரமத்துடன் எழுந்து நின்றார். ஆனால் வீடு போய்ச் சேர்வதற்குள் விழுந்து விட்டார். தீப்புண்களுடன் சாவுக்கும் வாழ்வுக்கும் இடையே ஊசலாடியவாறு ஓர் ஆண்டுக்கு மேல் அவர் படுக்கையில் கிடந்தார். இந்த நிகழ்ச்சி பாவெலை அச்சுறுத்தி விமான இயலிலிருந்து விரட்டி விடவில்லை இதோடு நில்லாமல் ஜெட் விமானி ஆனதும் அவர் விண்வெளிப் பயணிகள் குழுவில் சேர்ந்து. சோவியத் யூனியனில் முதலாவது குழுப் பறப்பை அந்திரியான் நிக்கலாயெவுடன் நிறைவேற்றினார்.

ஒரு முறை கோடைகால மாலை ஒன்றில் பயிற்சிக்குப் பின்னர் நாங்கள் வருங்காலம் குறித்துக் கனவு காணலானோம். சந்திரனுக்கும் செவ்வாய்க்கும் பறப்பது பற்றிப் பேசினோம். மற்றவர்களைக் காட்டிலும் அதிக எதார்த்த மனநிலை கொண்டிருந்தார். பாவல் பூமியை மட்டும் சுற்றிப் பறக்கவே அவர் விரும்பினார்.

"நான் அங்கே பறக்கும் போது" என்று வானில் மினுமினுத்துக் கொண்டிருந்த விண்மீன்களைத் தலையசைப்பால் சுட்டி "இதோ இதை என்னோடு கட்டாயம் எடுத்துப் போவேன்" என்றார்.

சீருடுப்புப் பொத்தான்களைக் கழற்றி உள் பையிலிருந்து குறிப்பு நோட்டுப் புத்தகத்தை எடுத்தார். அவர் அதைத் திறந்தபோது சதுரப் பட்டுத் துணியில் பூத்தையலால் இயன்ற லெனினது சிறு உருவப் படத்தை நாங்கள் கண்டோம்.

பாவெல் தம் விருப்பத்தை நிறைவேற்றினார். சோவியத் நாட்டை விண்மீன்கள் சுடரும் பெருவழியில் செலுத்திய லெனினுடைய உருவப்படம் அவருடைய விண்வெளிக் கப்பலில் இருந்தது.

என் நண்பர்கள் பற்றிய வருணனையை மேலும் தொடரலாம். ஆனால் இந்த நினைவுக் குறிப்புகளோடு நிறுத்திக் கொள்ள நான் விரும்புகிறேன்.

*1961*-ம் ஆண்டில், முதல் விண்வெளிப் பயணத்துக்கு முன், நாங்கள் பறப்புக்கு மும்முரமாக ஏற்பாடுகள் செய்து கொண்டிருந்தோம். எங்களில் யார் முதல்வராகப் பொறுக்கப்படுவார் என்பதை நாங்கள் அறிந்திருக்கவில்லை. எங்கள் பணிக்குழு நண்பர் யூரி ககாரின் தெரிந்தெடுக்கப்பட்டார். தாய் நாட்டுக்கு, விஞ்ஞானத்துக்கு, மனிதர்களுக்குத் தொண்டாற்ற விரும்பியவர்களுக்கு எவருடைய சித்தவுறுதியும் ஊக்கமும் சிறந்த முன்மாதிரியாகவும் ஆதர்சமாகவும் விளங்குகின்றனவோ, அவரைக் கமிஷன் தெரிந்தெடுத்தது.

ககாரினுடைய வாழ்க்கைப் பாதையிலும் வாழ்க்கைக் கதையிலும் உருவகத் தன்மை கொண்ட ஒன்று அடங்கி இருக்கிறது. இது சோவியத் நாட்டினுடைய வாழ்க்கைக் கதையின் ஒரு துணுக்கு. விவசாயியின் மகன். பாசிஸ்டு ஆக்கிரமிப்பு நடந்த பயங்கர நாட்களை அனுபவித்தவர். கைத்தொழில் பயின்றவர். தொழிலாளர். கல்லூரி மாணவர். விமானக் கழகப் பயிற்சி பெற்றவர். விமானி யூரியின் பல்லாயிரக்கணக்கான சம வயதினர் இந்தப் பாதையில் முன்னேறினார்கள். இது எங்கள் தலைமுறையினரின் பாதை - அவர்கள் தெரிந்தெடுத்தது விமானப் படையோ, கடற்படையோ, விஞ்ஞானமோ அல்லது ஐந்தாண்டுத் திட்டங்களின் பிரமாண்டமான கட்டுமானப் பணிகளோ, எதுவாயினும் சரியே. மனிதனின் முதலாவது விண்வெளிப் பறப்புக்கு இன்றியமையாதது. தேவையான எல்லா முன்னேற்பாடுகளும் விஞ்ஞானிகள், உருவரைவாளர்களின் அலுவலறைகளில் போன்றே இந்தக் கட்டுமானப் பணிகளிலும் செய்யப்பட்டன....

அறியாப் பெருவெளியில் பறப்பதற்கான நாள் நெருங்கியது. மிகுந்த கவனத்துடன் முன்னேற்பாடுகள் செய்யப்பட்டிருந்த போதிலும் இந்தப் பறப்பில் குறித்த அளவு ஆபத்து இருக்கத்தான் செய்தது. விண்வெளிக்கு முழு அமைதியுடன் புறப்பட்டிருக்கும் மனிதன் உலகில் அரிதாகவே கிடைத்திருப்பான்.

நாங்கள் வெற்றியில் நம்பிக்கை கொண்டிருந்தோம். விண்வெளியின் முதல் பறப்புக்கு முன்னேற்பாடுகள் செய்த சோவியத் மனிதர்களின் திறமையில் நாங்கள் நம்பிக்கை கொண்டிருந்தோம்.

பல ஆண்டுகளுக்கு முன்னால் கன்ஸ்தந்தீன் எதுவார்தவிச் த்ஸியல்கோவ்ஸ்கி பின்வருமாறு எழுதினார்: “சிந்தனையும் கற்பனையும் கதையும் முதலில் தவிர்க்க இயலாதவாறு செல்லும். விஞ்ஞானக் கணக்கீடு அவற்றைப் பின்பற்றும். முடிவில்தான் சிந்தனை செயலாக வாகை சூடும்.” யாவற்றிலும் துணிவுமிக்க படைப்புச் சிந்தனை செயலானதை நாங்கள் கண்கூடாகப் பார்த்தோம். யூரி ககாரின்

உயிரோடும் உடல் நலத்தோடும் தரைக்குத் திரும்புவார் என்ற முழுமையான நம்பிக்கை விஞ்ஞானிகளுக்கு ஏற்பட்ட பிறகுதான் அவர் விண்வெளிக்குப் பறக்க வேண்டி இருந்தது.

விண்வெளி விமான நிலையம் செல்வதற்கு முன் கட்சிக் கூட்டம் நடைபெற்றது. அதன் நிகழ்ச்சி நிரல் சுருக்கமானது: "தாய் நாட்டின் ஆணையை நிறைவேற்ற நான் எப்படி ஆயத்தமாய் இருக்கிறேன்." பொறுப்பைப் பெருமைக்குரிய விதத்தில் நிறைவேற்றுவதாகத் தாய்நாட்டுக்கும் கம்யூனிஸ்டுக் கட்சிக்கும் சோவியத் அரசாங்கத்துக்கும் தங்கள் கம்யூனிஸ்டுத் தோழர்களுக்கும் விண்வெளிப் பயணிகள் ஆணையிட்டு உறுதி அளித்தார்கள். யூரி ககாரினுடைய பேச்சை எல்லோரும் பேரார்வத்துடன் கேட்டோம்.

"முதல் விண்வெளிப் பயணிகளில் ஒருவனாக எண்ணப்பட்டது குறித்து நான் மகிழ்ச்சியும் பெருமையும் கொள்கிறேன்..... கட்சியும் அரசாங்கமும் ஒப்படைத்துள்ள பணியைத் தக்க முறையில் நிறைவேற்றுவதற்காகச் சக்தியையும் உழைப்பையும் தயங்காமல் ஈடுபடுத்துவேன். எதையும் பொருட்படுத்த மாட்டேன். விண்வெளிக் கப்பலை நிறுவி அதை சோவியத் யூனியன் கம்யூனிஸ்டுக் கட்சியின் 22வது காங்கிரசுக்குச் சமர்ப்பித்துள்ள விஞ்ஞானிகள், தொழிலாளர்களின் பெருத்த எண்ணிக்கை கொண்ட பணிக்குழுவுடன் சேர்ந்து கொள்கிறேன்" என்றார் அவர்.

நானும் இந்தக் கூட்டத்தில் பேசினேன். தேவை ஏற்பட்டால் தாய் நாட்டின் ஆணையைக் கம்யூனிஸ்டுக்கு ஏற்ற முறையில் நிறைவேற்ற முயல்வேன் என்று நான் சொன்னேன். கிளர்ச்சியும் ஊக்கமும் பொங்க நாங்கள் கூட்டத்திலிருந்து திரும்பினோம். எங்களால் கடக்க முடியாத இடர்கள் எவையும் இல்லை என எங்களுக்குத் தோன்றியது.

நெடுங்காலமாக எதிர்பார்த்த நாள் இறுதியில் வந்தது. நாங்கள் பைக்கனூர் விண்வெளி விமான நிலையம் சென்றோம். எங்கள் உறவினர்களும் நண்பர்களும் கூடக் கிளர்ச்சி அடைந்தார்கள்.

விண்வெளி விமான நிலையத்துக்குப் புறப்படுவதற்கு முந்திய கடைசி நாட்களில் தமாரா எப்படிக் கவலைப்பட்டாள் என்பதை நான் கண்டேன். 'மைந்தனின் மரணத்தால் ஏற்பட்ட துயரம் இன்னும் அடங்கவில்லை. அதற்குள் மீண்டும் கவலை. நீங்கள்தாம் எவ்வளவு துன்பப்பட வேண்டி இருக்கிறது, எங்கள் அருமைத் தோழர்களே!' என்று எண்ணிக் கொண்டேன்.

# ககாரினது கோளப்பாதை

ஆக, நாங்கள் விண்வெளி விமான நிலையம் சேர்ந்தோம். 1961, ஏப்ரல் 12-ம் தேதியின் தெளிந்த காலை நேரம். தொலை தூரத் தொடுவானத்தில் சூரியன் அனேகமாகத் தென்படவில்லை. ஆனால் அதன் கிரணங்கள் அதற்குள் இதமான வெப்பத்தைப் பரப்பின. மனிதர்களின் முகங்கள் கிளர்ச்சியால் ஒளிர்ந்தன.

பஸ் எங்களை ராக்கெட்டின் அடியில் கொண்டு விட்டது. இன்னும் சில நிமிடங்களில் ககாரின் விண்வெளிக் கப்பல் அறையில் இருக்கையில் அமர்வார். அரசுக் கமிஷன் உறுப்பினர்களிடமும் விஞ்ஞானிகளிடமும் விண்வெளிப் பயணி நண்பர்களிடமும் அவர் உளமார விடை பெற்றார். நாங்கள் இருவரும் விண்வெளிக் காப்புடை அணிந்திருந்தோம். ஆயினும் ஒருவரை ஒருவர் தழுவிக்கொண்ட எங்களுக்குள் வழக்கமாகச் சொல்லிக் கொள்வதுபோல, காற்றுப்புகாத் தலைக்காப்புகளை இடித்துக் கொண்டோம்.

“அன்பார்ந்த நண்பர்களே, உற்றாரே, அறிமுகம் அற்றவர்களே!” என்று வழியனுப்ப வந்திருந்தவர்களை நோக்கிப் பேசத் தொடங்கினார் யூரி ககாரின். “சில நிமிடங்களில் விறல் மிக்க விண்வெளிக் கப்பல் என்னைப் பேரண்டத்தின் தொலைதூர வெளிக்கு இட்டுச் செல்லும். புறப்படுவதற்கு முந்திய இந்தக் கடைசி நிமிடங்களில் உங்களுக்கு நான் என்ன சொல்ல முடியும்? எனது வாழ்நாள் முழுவதும் ஒரு நேர்த்தியான கணமாக இப்போது எனக்குத் தோன்றுகிறது...”

“நான் அனுபவித்தவை யாவும்” என்று பேச்சைத் தொடர்ந்தார் ககாரின். “நாம் முன்பு செய்தவையும் இந்த நிமிடத்தின் பொருட்டே அனுபவிக்கவும் செய்யவும் பட்டன. நாம் நீண்ட காலம் ஆர்வத்துடன் எதற்கு ஆயத்தம் செய்து கொண்டிருந்தோமோ அந்தச் சோதனைக்கான நேரம் மிக நெருங்கி வந்துவிட்ட இந்தத் தருணத்தில் உணர்ச்சிகளைத் தெளிவுபடுத்திக் கொள்வது கடினம் என்பது உங்களுக்கே தெரியும்...”

யூரியின் குரலில் வெற்றிப் பெருமிதமும் கிளர்ச்சியும் ஒலித்தன.

பறந்தவன் நான் அல்ல (நான் சேமிப்பில் அதாவது பின்னால் மக்கள் சொல்லத் தொடங்கியது போலப் பதிலியாக இருந்தேன்); முதலில் பறக்கும் பேறு பெற்ற என் நண்பனின் சொற்கள் என்

நெஞ்சிலிருந்து வெளிப்பட்டதாக எனக்குத் தோன்றியது. சோவியத் மக்களுக்கு மனித குலத்துக்கு அதன் நிகழ்காலத்துக்கும் வருங் காலத்துக்கும் நான் ஏற்றுள்ள பொறுப்பு பற்றி நானும் தானே சிந்தித்தேன்!

யூரி ககாரின் தமது பேச்சைத் தொடர்ந்தார்: “ஆணையை ஆகச் சிறந்த முறையில் நிறைவேற்றுவதற்கு என் சித்த உறுதி அனைத்தையும் திரட்டுவேன் என்பது எனக்குத் தெரியும். பணியின் பொறுப்பைப் புரிந்து கொண்டு கம்யூனிஸ்டுக் கட்சியும் சோவியத் மக்களும் இட்டிருக்கும் ஆணையை நிறைவேற்றுவதற்கு என்னால் இயன்ற அனைத்தையும் செய்வேன்.”

யூரி அனைத்தையும் செய்வார் என்பதை நாங்கள் சந்தேகிக்கவில்லை.

கப்பலின் கதவருகே அமைந்த மேடை வரை தம்மைக் கொண்டு விடுவதற்கான லிப்டுக்குள் புகுந்தார் அவர். கையை உயர்த்தி இன்னும் ஒருமுறை விடை பெற்றார்.

“விரைவில் சந்திப்போம்” என்று கூறிவிட்டு அறைக்குள் மறைந்தார்.

கதவு சாத்தப்பட்டது. நாங்களோ மந்திரத்தால் கட்டுண்டவர்கள் போலச் செலுத்த மேடையின் பக்கத்திலேயே இன்னும் நின்று கொண்டிருந்தோம்.

“உடல், உள நிலை, நன்றாய் இருக்கிறது. புறப்படுவதற்குத் தயாராய் இருக்கறேன்” என்று யூரி ககாரின் அறிவித்ததும் நான் உடை மாற்றிக் கொள்ளப் போனேன். காப்பு உடை, காற்றுப் புகாத் தலைக்காப்பு, விமானி உடை முதலியவற்றைக் களைந்துவிட்டு, ‘தரையுலக’ உடை அணிந்து கொண்டு வானொலித் தொடர்பு நிலையத்துக்குச் சென்றேன். என் விண்வெளிப் பயணத் தோழர்கள் அங்கே குழுமி இருந்தார்கள். ராக்கெட் இயந்திரம் புறப்படத் தயார் செய்யப்படுகையில் தரைக்கும் யூரிக்கும் நடந்த உரையாடலை ஒலிபரப்பில் கேட்க முடிந்தது. ககாரினுடைய உறுதி நிறைந்த ஓரளவு கிண்டல் தொனித்த குரல் ஒலிபெருக்கியில் கேட்டது.

“உடல், மனநிலை, சிறப்பாக இருக்கிறது. நீங்கள் கற்பித்தபடி எல்லாவர்றையும் செய்கிறேன்”

நாங்கள் எங்கள் வசமின்றிச் சிரித்துவிட்டோம் அதற்குக் காரணம் இருந்தது. விண்வெளிப் பயணி கிண்டல் செய்கிறார் என்றால் அவர்

உண்மையாகவே நல்ல உடல், மன நிலையில் இருக்கிறார் என்று அர்த்தம்.

ஆணை முழங்கிற்று.

"கிளம்புக"

மனிதனை ஏற்றிச் செல்லும் உலகின் முதல் விண்வெளி கப்பலின் முதல் பயணம் மாட்சியும் மேன்மையும் திகழும் காட்சி எஞ்சின்கள் இரைந்தன. ராக்கெட்டின் அடிப்புறம் புகைப்படலங்களால் போர்த்தப்பட்டது. எஞ்சின்களின் இரைச்சல் நொடிக்கு நொடி அதிகமாயிற்று. புகை மேகம் முன்னிலும் அடர்ந்து அதிக விசாலமாயிற்று. இதோ அது ராக்கெட்டின் பாதி உடலை மறைத்து விட்டது. கீழே நெருப்புக் கடல் கொந்தளித்தது. ராக்கெட் சற்றே அசைந்து மேல் நோக்கி மெதுவாக நீந்திச் சென்றது. இன்பமாய்ப் பறந்து போய் வா, இனிய நண்பா!

"ககாரின் பறந்தபோது உங்களுக்கு ஏற்பட்ட உணர்ச்சிகள் என்ன?" என்று என்னிடம் கேட்கப்படுகிறது.

யூரி ககாரினது பறப்புக்கு முன்னும் பறப்பின்போதும் எனக்கு ஏற்பட்ட உணர்ச்சிகளையும் எண்ணங்களையும் புதிய விமானத்தில் முதல் பறப்பு நிகழ்த்தும் தோழனை வழியனுப்பிய விமானியின் உணர்ச்சிகளோடும் எண்ணங்களோடும் ஓரளவுக்கு ஒப்பிடலாம். வழக்கமாக இத்தகைய பறப்பின் போது தரையில் தங்கிவிடும் விமானியின் நண்பர்கள் அவனுடைய செயல்களைக் கூர்ந்து நோக்குவார்கள். எல்லாவற்றையும் கவனித்துத் தங்களுக்காக உரிய முடிவுகள் செய்து கொள்வார்கள். நானும் அவ்வாறே செய்தேன். ராக்கெட் பறப்புக்கு நேரடியாகத் தயார் செய்யப்பட்ட நேரத்தில் நான் விஷயத்தின் தொழில்நுட்ப அம்சத்தில் கருத்தைச் செலுத்தி, ஆணைகள் பிறப்பதையும் விண்வெளிப் பயணி அறிவிப்பதையும் கவனித்துக் கொண்டிருந்தேன். ராக்கெட் செலுத்து மேடையிலிருந்து கிளம்பி மேலே விரைந்தபோது ராக்கெட்டினது உடலின் அரிதாகவே தென்பட்ட ஊசலாட்டங்களையும் இயங்கும் எஞ்சின்களுடைய வேலையையும் நான் உற்றுப் பார்த்துக் கொண்டிருந்தேன். குறித்த செல்பாதையில் ராக்கெட் பறப்பதை உறுதிப்படுத்தியவை இந்த எஞ்சின்களே.

ராக்கெட் உயரே விரைந்து எஞ்சின்களின் இரைச்சல் அடங்கிய பின் விண்வெளி விமானநிலையம் வெறுமனே ஆகிவிட்டது போல் இருந்தது. விமானிகளான எங்களுக்கு இந்த உணர்ச்சியும் பழக்கமானதே

சற்று முன் நம்மோடு விமான நிலையத்தில் நின்று உரையாடிய தோழன் இப்போது நம்மை விட்டு வெகு தொலைவில் இருப்பது எத்தனையோ தடவைகள் நிகழ்ந்திருக்கிறது. இப்போது அவன் எந்த நிலையில் இருக்கிறான்? இன்னும் ஓரிரு நிமிடங்களில் அவனுக்கு என்ன நேரும்? பறப்பின் விளைவு பற்றிய இந்தக் கவலை ஒவ்வொரு விமானிக்கும் புரியக் கூடியதே.

கிளம்பிய பின் ராக்கெட்டின் வேகம் விரைவாக அதிகரிக்கிறது. எடை மிகுதியும் ஏறுகிறது. விமானிகள், சிறப்பாகச் சண்டை விமானிகள் பறப்பின் போது இந்த எடைமிகுதியை அனுபவிக்க நேரிடுகிறது. விமானம் சாரி பாய்கையில் யாரோ பேராற்றலுடன் நம்மை இருக்கையோடு சேர்த்து அழுத்துவது போலத் தோன்றுகிறது. எனினும் விண்வெளிப் பயணியின் பாடு அதிகக் கடினமானது. காரணம் விண்வெளிக் கப்பலில் பறக்கும்போது எடை மிகுதி அதிகக் கணிசமானது என்பதல்ல, அதிக நீடித்த நேரம் அது பாதிப்பு நிகழ்த்துகிறது என்பதே.

மனிதனால் இதைத் தாங்க முடியுமா? விலங்குகளை விண்வெளிக்கு அனுப்பியும் உயிருள்ள அங்கஜீவி மீது எடை மிகுதியின் பாதிப்பைக் கவனமாக ஆராய்ந்து அறிந்தும் விஞ்ஞானிகள் ஒரு முடிவுக்கு வந்தார்கள். போதிய பயிற்சி பெற்ற மனிதன் குறித்த பாங்கில் இருக்கையில் ராக்கெட் பறப்பின்போது ஏற்படும் எடை மிகுதியைத் தாங்க முடியும் என்பது அந்த முடிவு.

இந்த முடிவு நடைமுறையில் உறுதிப்படுமா? விண்வெளிக் கப்பலிலிருந்து வந்த தகவல்கள் மகிழ்ச்சியூட்டுபவையாக இருந்தன. எடை மிகுதியை யூரி நன்கு தாங்கிக் கொண்டார்.

வளி மண்டலத்தின் அடர்ந்த படிவுகளை ராக்கெட் கடந்து செல்ல வேண்டிய நேரம் நெருங்கியது. இதன் பின் தலைப்புறத் தடை நீக்கி அகற்றப்பட வேண்டும். தானியங்கி எப்படி வேலை செய்யும் என்று அறிய நாங்கள் நெஞ்சத் துடிப்புடன் காத்திருந்தோம். முடிவில் விண்வெளிப் பயணி அறிவித்தார்:

“தலைப்புறத் தடை நீக்கியை அகற்றிவிட்டேன்... பூமியைக் காண்கிறேன்!”

“வேலை செய்தது!” என்று மகிழ்வுடன் பதில் குரல் கொடுத்தது தரை.

எரிபொருள் தீர்ந்ததற்கும் வேகம் கூடியதற்கும் ஏற்ப ராக்கெட்டின் பகுதிகள் ஒன்றன் பின் ஒன்றாகக் கழன்று விலகின. விண்வெளிப்

பயணியின் சுருக்கமான அறிவிப்பை நாங்கள் கேட்டோம் விண்வெளிக் கப்பல் கோளப்பாதையில் புகுந்துவிட்டது என்று யூரி தெரிவித்தார். எடையின்மை தொடங்கிவிட்டது. இதை அவர் எப்படித் தாங்கிக் கொள்வார்? விண்வெளியிலிருந்து வந்த அறிவிப்புகள் மீதே எல்லோருடைய கவனமும் நிலைத்திருந்தது. யூரி எப்படி உணர்கிறார்?

எடையின்மையைப் பற்றி நாங்கள் நிறையப் படித்திருந்தோம். இந்த நிலையை எண்ணிப் பார்க்க முயன்றேன். சண்டை விமானி என்ற முறையில் இந்த நிலையை நான் ஓரளவு தெரிந்து கொண்டிருந்தேன், பறப்பின் குறித்த கணங்களில், உதாரணமாக விமானக் கரண வேலையின்போது எடையின்மை தோன்றக்கூடும். விமானிகளின் சொற்களில் அப்போது விமானம் ‘தொங்கும்’ விண்வெளிப் பறப்புக்குப் பயிற்சிச் சாதன விமானத்தில் ஆயத்தம் செய்கையிலும் குறுகிய நேரத்திற்கு எடையின்மையை நாங்கள் அனுபவித்தோம். ஆனாலும்....

பூமியில் வசிக்கையில் மனிதன் புவி ஈர்ப்புச் சக்திகளின் இடையறாத பாதிப்புக்கு உள்ளாகிக் கொண்டிருக்கிறான். இந்த நிலைமைகளில் வளர்ச்சி அடையும் நம்முடைய உடல் அவற்றுக்குத் தன்னை இசைவித்துக் கொண்டுவிட்டது. இருதயம் குறித்த அளவு வேலைச் சுமையை ஏற்று இயங்குகிறது. மனிதன் தன் இடநிலையை உணர்கிறான். எங்கே மேல் எங்கே கீழ் என்று அறிகிறான். முறையாக இயங்கவும் உட்காரவும் இளைப்பாறவும் அவனால் முடிகிறது. எடை இன்மையில் ‘புவி ஈர்ப்பு மறைந்து விடும் போது எல்லாம் எப்படித் தோன்றும்?’

‘பூமியையும் வானத்தையும் பற்றிய கனவுகள் என்னும் கற்பனை நவீனத்தில் கன்ஸ்தந்தீன் எதுவார்தவிச் த்ஸியல்கோவ்ஸ்கி எடையின்மை நிலைமைகளில் மனிதனுடைய நிலையைச் சித்திரித்துள்ளார். அவர் எழுதுகிறார்: “அறையின் எல்லா மூலைகளுக்கும் விட்டத்திலிருந்து தரைக்கும் தரையிலிருந்து விட்டத்திற்கும் நான் காற்றில் சுற்றி வந்தேன். இடவெளியில் சர்க்கஸ் கோமாளி போலக் குட்டிக்கரணங்கள் அடித்தேன். ஆனால், எல்லாச் சாமான்கள் மேலும் எல்லா அங்கங்களாலும் என்வசம் இன்றியே மோதிக் கொண்டேன். நான் இடித்துக் கொண்டவை யாவும் இயங்கத் தொடங்கின. நான் விழுவது போல எனக்கு ஓயாமல் தோன்றிக் கொண்டிருந்தது... இடித்ததால் சாடியிலிருந்து தண்ணீர் கொட்டி முதலில் ஊசலாடும் பந்து வடிவில் பறந்தது. பின்பு மோதல்களால் உடைந்து துளிகளாகச் சிதறிற்று. முடிவில் கண்ணாடிகள் மேல் ஒட்டிக்கொண்டு நாலா பக்கமும் ஊர்ந்து.... இத்தகைய சூழலில் உடல் இயக்கம் அற்றுப் போய்விடும். ஆற்றலின் செயல்பாடு இல்லாமல்

இயக்கத்தை ஒருபோதும் பெறாது. மாறாக, இயங்கத் தொடங்கியதும் இயக்கத்தை நிலையாக வைத்திருக்கும்."

கற்பனை நவீனத்தில் கூறப்பட்டது இது. ஆனால், எதார்த்தம் எப்படி இருக்கும்? இந்தக் கேள்விக்கு யூரி ககாரின் விண்வெளியிலிருந்து எங்களுக்கு விடை அளித்தார்.

"பறப்பு வெற்றிகரமாக நடக்கிறது. என் உடல், மனநிலை நன்றாய் இருக்கிறது. எல்லா இயந்திரங்களும் எல்லாக் கருவித் தொகுப்புகளும் நன்றாக வேலை செய்கின்றன."

அவர் செயல்திட்டத்தை வெற்றிகரமாக நிறைவேற்றினார். எடையின்மை அவருடைய செயல்களுக்கு இடைஞ்சலாய் இல்லை.

ககாரினுடைய பறப்பின்போது தீர்வு காணப்பட்ட மிக முக்கியமான வேறு ஒரு பிரச்சனை தானியங்கிகளின் வேலை பற்றியது. விண்வெளி ராக்கெட்டின் பறப்பு முழுவதையும் அதன் சிக்கலான எல்லாப் பொறி அமைப்புகளையும் இயக்கியவை தானியங்கித் தொகுப்புகளே. அவை ராக்கெட்டைக் குறித்த செல்பாதையில் செலுத்தின. எஞ்சின்களின் வேலைக்கு உதவின. ராக்கெட் பகுதிகளை அகற்றி எறிந்தன. குறித்த இடத்தில் கப்பலை இறங்கு முகமாகத் திருப்பின. மனிதன் உயிர்த்து இயங்க இன்றியமையாத நிலைமைகளை விண்வெளிக் கப்பலுக்குள் நிலைப்படுத்தியது தானியங்கியே. எல்லாத் தானியங்கித் தொகுப்புகளும் பழுதின்றி வேலை செய்ததை நாங்கள் மகிழ்ச்சியுடன் கவனித்தோம்.

உள்ளபடி சொல்வதானால் உலகின் முதலாவது விண்வெளிப் பறப்பின் மாட்சி முழுவதையும் எண்ணிப் பார்ப்பதற்கு அப்போது நேரமே இருக்கவில்லை. ராக்கெட்டின் பேரிரைச்சல் அடங்குவதற்குள் நிக்கலாய் பெத்ரோவிச் கமானின் என்னிடம் சொன்னார்:

"விமானத்துக்குப் போகலாம், வாருங்கள். விண்வெளிக் கப்பல் தரை இறங்கும் பிரதேசத்துக்குப் பறந்து செல்வோம்."

எங்கள் விமானம் கான்க்ரீட் பாதையிலிருந்து அலுங்காமல் கிளம்பி உயரே சென்றது. அதில் வைத்திருந்த வானொலிப் பெட்டியிலிருந்து நாங்கள் நகரவில்லை. வானவெளியில் என்ன நிகழ்கிறது என்று கேட்டுக் கொண்டிருந்தோம். விண்வெளிப் பறப்புக்குத் தாமே ஆயத்தம் செய்துகொண்டிருந்தவர்களுக்கு மட்டுமே விளங்கக்கூடிய தகவல் துணுக்குகளையும் விவரங்களையும் விண்வெளியிலிருந்து வந்த அறிக்கைகள் மூலம் நாங்கள் கிரகித்துக் கொண்டிருந்தோம்.

யூரியின் குரல் ஒலித்தது.

“அடுத்த விவர அறிக்கை தருகிறேன். 9 மணி 48 நிமிடங்கள், பறப்பு வெற்றிகரமாக நடந்து கொண்டிருக்கிறது... உடல், மனநிலை நன்றாய் இருக்கிறது. உள்ளத்தில் உற்சாகம் பொங்குகிறது...

“சூரியத் திசையமைவு இயங்கத் தொடங்கிவிட்டது....

“பறப்பு முறையாக நடந்து கொண்டிருக்கிறது. கோளப்பாதை கணக்கீட்டுக்குப் பொருத்தமாய் இருக்கிறது....

“உள்ளத்தில் உற்சாகம் பொங்குகிறது. பறப்பைத் தொடர்கிறேன். அமெரிக்காவுக்கு மேலே இருக்கிறேன்....

“கவனிக்க. புவியின் தொடுவானத்தைக் காண்கிறேன். மிக அழகிய ஒளிவட்டம். முதலாவது புவியின் மேற்பரப்பிலிருந்து கிளம்பும் வானவில் தவிர, கீழே அதே போன்ற வானவில் செல்கிறது. மிக அழகு..”

வர இருந்தது பறப்பின் முடிவான, ஒரு வேளை யாவற்றிலும் முக்கியமான, ஒருகால் ஆகச் சிக்கலான கட்டம் - கீழே வருவதும் தரையில் இறங்குவதும், எல்லாப் பொறி அமைப்புகளும் முறைப்படி இயங்குமா? விலங்குகளை ஏற்றிச் சென்ற விண்வெளிக் கப்பல்களில் நிறுத்துப் பொறி அமைப்பு பலமுறை சரிபார்க்கப்பட்டிருந்தது. ஆயினும் முன்காணா நிலைமைகள் எவையேனும் ஏற்படக் கூடும், அல்லவா? கையால் செலுத்தும் சாதனங்களின் உதவியால் தரையில் இறங்க வேண்டி வந்தால் என் நண்பர் சமாளிப்பாரா? நாங்கள் சேர்ந்து செய்த பயிற்சிகளின் காட்சி என் உணர்வில் பளிச்சிட்டது.

‘எல்லாம் நன்றாய் நடக்கும்!’ என்று எண்ணிக் கொண்டேன்.

விண்வெளிக் கப்பல் வஸ்தோக் 10 மணி 55 நிமிடங்களில் குறித்த பிரதேசத்தில் தரை இறங்கி விட்டது என்று முடிவில் வானொலி அறிவித்தது. இறங்கிய இடத்திலிருந்து யூரி ககாரின் தகவல் தெரிவித்தார். “தரையில் இறங்குவது முறைப்படி நடந்தேறியது. என் உடல், மனநிலை நன்றாய் இருக்கிறது. காயங்களோ, அடிகளோ எனக்குப் படவில்லை என்று கட்சிக்கும் அரசாங்கத்துக்கும் தெரிவிக்குமாறு கேட்டுக் கொள்கிறேன்.”

விண்வெளியில் மனிதனுடைய முதல் பறப்பு வெற்றிகரமாக நிறைவேறியது!

விண்வெளிக் கப்பல் தரை இறங்கிய இடத்துக்கு எங்கள் விமானம் போய்ச் சேர்ந்ததும் யூரியை விரைவில் தழுவிக்கொள்ள எனக்கு

ஆசையாய் இருந்தது. ஆனால், அவரைச் சுற்றி ஆட்கள் அடர்த்தியான வளையமாக நெரிந்ததைக் கண்டேன். விஞ்ஞானிகள் அவரைச் சூழ்ந்து நின்றார்கள். ககாரினை நெருங்குவது சாத்தியமாகவே இல்லை. ஆனாலும் நான் கூட்டத்தில் இடித்துப் புகுந்து முன்னேறத் தொடங்கினேன். ஆட்கள் வியப்பும் கடுமையும் தோன்ற என்னை நோக்கினார்கள். ஆனால் முன்னே நகர்ந்து கொண்டு போனேன். நான் யூரியிடமிருந்து சில எட்டுத் தூரத்தில் இருந்தபோது அவர் என்னைக் கண்டு என்னை எதிர் கொள்ளப் பாய்ந்து வந்தார். நாங்கள் இறுகத் தழுவிக் கொண்டோம்.

விமான நிலையச் சந்திப்புக்குப் பிறகு வோல்கா ஆற்றின் செங்குத்துக் கரையில் அமைந்த சிறு வீட்டுக்கு நாங்கள் காரில் சென்றபோது, புவியின் முதல் விண்வெளிப் பயணியுடன் வந்த மோட்டார் வரிசையைத் தேக்கி நிறுத்துபவர்கள் போன்று வீதிகளில் பல்லாயிரம் மனிதர்கள் நெரிந்ததைக் கண்டோம். எங்களுக்கோ, விரைவில் வீடு சேர விருப்பம் உண்டாயிற்று. யூரி அங்கே இளைப்பாற வேண்டி இருந்தது. விண்வெளிப் பறப்பின் எல்லா விவரங்களையும் ஓர் அம்சம் விடாமல் யூரியிடம் கேட்கவும், விண்வெளியில் என்ன இருக்கிறது, விண்வெளிப் பறப்பு எப்படி இருக்கிறது என்று உலகின் ஒரே மனிதரிடம் விசாரித்துத் தெரிந்து கொள்ளவும் நாங்கள் ஆவல் கொண்டு துடித்தோம்.

இளைப்பாறிய பின் யூரியும் நானும் வோல்கா ஆற்றின் கரையில் உலாவினோம். வெண்பனி இளகிவிட்டது. தரை உலர்ந்திருந்தது. சிற்சில இடங்களில் பச்சைப் பசும்புல் முளைவிட்டிருந்தது. மரங்களின் மொக்குகள் நறுமணமும் பிசுபிசுப்பும் கொண்ட தளிர்களை விடத் தொடங்கியிருந்தன. ஆல்டர் மரங்களில் கருஞ்சிவப்புப் பூங்கொத்துகள் குலுங்கின. பேராறு வோல்காவின் மேற்பரப்பை மூடியிருந்த பனிப்பாளம் பிளந்துவிட்டது. கலங்கிய அலைகளில் பனித்துண்டுகள் அனாயாசமாக மிதந்தன. அண்டங்காக்கைகள் பழைய கூடுகளைச் சீர்படுத்தியவாறு மரக்கிளைகளில் பாடுபட்டுக் கொண்டிருந்தன. மைனாக்கள் சீழ்க்கை அடித்துக் கொண்டிருந்தன. இவை எல்லாம் வசந்தத்துக்கு வெற்றி கூறும் போற்றிப் பாடலின் சொக்க வைக்கும் இசையாக ஒன்று கலந்தன. ருஷ்ய இயற்கையின் நெஞ்சுக்கு இனிய காட்சி! எங்களது மகிழ் பொங்கிய மனநிலைக்கு அது வியப்பூட்டும் வகையில் பொருந்தியது. வருங்காலப் பறப்புகளைப் பற்றி நாங்கள் கனவு கண்டோம். யூரி தன் அனுபவங்களை என்னோடு பகிர்ந்து கொண்டார்.

ஒரு முறை விண்மீன் சுடர்ந்த வானை நோக்கியவாறு யூரி சிந்தனையில் ஆழ்ந்தார்.

"என்ன யோசனை பலமாயிருக்கிறது" என்று நான் அவரிடம் கேட்டேன். "செவ்வாய் கிரகத்தின் ஆறு ஒன்றின் கரையில் நாம் இருவரும் இதே போல உலாவியவாறு அஸ்தமன சூரியனை, பூமியைக் கண்டு மகிழ்வோம் என்று கனவு காண்கிறாயோ?"

"ஆகா, அப்படிச் செய்ய முடிந்தால் அருமையாய் இருக்கும்!" என்று உரக்கச் சிரித்தார் ககாரின்.

பின்னர் மறக்க முடியாத மாஸ்கோ கூட்டம் நடந்தது. கட்சி, அரசாங்கத் தலைவர்களின் அருகே லெனின் சமாதி மேடை மேல் நின்றார் யூரி. மாஸ்கோ, களி கொண்டாடிய தலைநகரம். மனிதனின் இந்த வெற்றியைக் குறித்து உலகம் முழுவதிலும் களிக் கொண்டாட்டம்.

ஊர்வலத்தினரின் நெருங்கிய வரிசைகளில் விண்வெளி விமானி நண்பர்களோடு நான் சென்றேன். நாங்கள் உரக்க ஆரவாரித்தோம். கை கொட்டினோம். சிரித்தோம். யூரி மேடை மேல் இருந்தார். எங்கள் குழுவை அவர் கவனித்து, கை ஆட்டி முகமன் தெரிவித்தார்.

சதுக்கத்துக்கு மேலே அலையாய்ப் பரவின குரல் ஒலிகள். மக்கள் முழக்கங்கள் செய்தார்கள்: "கட்சி - புகழில் ஓங்குக! ககாரின்!'

ஒவ்வொரு நாளும் மகிழ்ச்சி தரும் செய்திகளைக் கொணர்ந்தது: யூரி அலெக்சேயெவிச் ககாரின் சோவியத் யூனியனின் வீரர் பட்டம் பெற்றார். 'வஸ்தோக்' விண்வெளி விமானத்தை அமைப்பதிலும் செலுத்துவதிலும் பங்காற்றிய பல நிபுணர்களுக்கும் பரிசுகள் வழங்கப்பட்டன.

விண்வெளி விமானிகளின் முதலாவது, அல்லது பின்னர் வழக்கமாகக் கூறப்பட்டது போல 'ககாரின்' குழுவைச் சேர்ந்த நாங்களும் பரிசுகள் பெற்றோம். எனக்கு லெனின் விருது வழங்கப்பட்டது.

அப்போது அனுபவித்தவற்றை இப்போது நினைத்துப் பார்க்கையில், அந்த நாட்களில் நடந்த நிகழ்ச்சிகளின் மாட்சியையும் அவற்றில் யூரி ககாரின் ஆற்றிய பங்கையும் அதிகத் தெளிவாக, முன்னிலும் துலக்கமாக உணர்கிறேன்.

விண்வெளி சகாப்தத்தின் காலை என்று உலகு அனைத்தினதும் மக்களால் அழைக்கப் பெற்ற 1961-ஆம் ஆண்டு ஏப்ரல் மாதம் 12-ம் தேதிக்குப் பிறகு சொந்த மக்களால் மட்டும் இன்றி உலகம் முழுவதன் மக்களாலும் அவ்வளவு அன்பு செலுத்தப்பட்ட வேறு ஒரு மனிதனும் பூமியில் இருக்கவில்லை என்று துணிந்து சொல்லலாம். யூரி ககாரினுடைய பெயர் என்றென்றைக்கும் நிலைத்துவிட்டது. புதிய

யுகத்தின் - மனிதனால் விண்வெளி வெற்றி கொள்ளப்பட்ட யுகத்தின்- தொடக்கத்தை அது குறிக்கிறது. அவருடைய அருஞ்செயல் தொன்மைக் காலம் முதல் நம் காலம் வரை மனித அறிவால் படைக்கப்பட்ட தலைசிறந்தவை யாவற்றையும் உருவகப்படுத்துகிறது. இந்த அருஞ்செயல், வழக்கமாகச் சொல்வது போல, வரலாற்றில் பொன் எழுத்துக்களால் பொறிக்கப்பட்டிருக்கிறது. ஆனால் இந்த உயர்ந்த உலோகம் கூட இந்தச் செயலின் மாண்பை முழு அளவில் பிரதிபலிக்கவில்லை என்று எனக்குத் தோன்றுகிறது.

புவிக் கோளத்தைச் சுற்றிப் பறப்பதற்கு ஆன நூற்றெட்டு நிமிடங்கள் விண்வெளிக் கப்பல் 'வஸ்தோக்' பறந்த வேகத்தை மட்டும் காட்டவில்லை. இவை விண்வெளி சகாப்தத்தின் முதல் நிமிடங்களாகவும் விளங்கின. ஆகையால்தான் இவை உலகை இத்தகைய அதிர்ச்சிக்கும் கிளர்ச்சிக்கும் உள்ளாக்கின. இந்த நிமிடங்கள் பற்றிய நினைவு வரலாற்றாளர்களுக்கு மட்டுமே விலை மதிப்புள்ளதாக இருக்காது. மனிதர்களுக்கு புவியின் குழந்தைகளுக்கு, எல்லையற்ற பேரண்டத்தில் செல்லும் பாதையைத் திறந்து வைத்த புதிய சகாப்தத்தின் பிறப்பு பற்றிய ஆவணங்களை நம் கொள்ளுப் பேரர்கள், நம் தொலைதூர வருங்காலச் சந்ததிகள், அன்புடனும் மரியாதையுடனும் மீண்டும் மீண்டும் படித்து ஆராய்வார்கள்.

'விண்வெளிக் கப்பல் 'வஸ்தோக்' மேஜர் ககாரினை வரலாற்றில் செலுத்துகிறது', 'மனிதனின் மாட்சி மிக்க சாதனை', ருஷ்யர்களுக்கு நாம் தலைவணங்க வேண்டும். இத்தகைய தலைப்புகளுடன் உலகப் பத்திரிகைகள் சோவியத் மக்களுடைய சாதனைகளை அறிவித்தன. விண்வெளிக் கோளப்பாதையில் சுற்றி வந்தபின் 'தரையுலகக் கோளப்பாதைப் பயணங்கள்' யூரி ககாரினுக்குத் தொடங்கியது முற்றிலும் இயல்பே. சோவியத் நாட்டில் மட்டும் அல்ல, வெளி நாடுகளிலும் கூட அவர் பயணங்கள் செய்ய வேண்டியதாயிற்று. புவியின் முதல் விண்வெளிப் பயணியைக் காண எல்லோரும் விரும்பினார்கள்.

விண்வெளிப் பயணிகளின் பயிற்சியில் இருந்த ஒரு 'குறைபாடு' அப்போதுதான் தெரிய வந்தது. பறப்புக்குப் பிந்திய முதல் மாதங்களில் யூரி ககாரின் பொதுக் கூட்டங்களிலும் சிறப்புக் கூட்டங்களிலும் உரையாற்றவும், தொழிலாளர்களுக்கும் விஞ்ஞானிகளுக்கும் முன்பும், பள்ளிகளிலும் கல்லூரி ஹால்களிலும் பேசவும் பல வகைப் போக்குகள் உள்ள பெருந்தொகையான பத்திரிகையாளர்களுக்குப் பேட்டிகள் அளிக்கவும் வேண்டி இருந்தது. விண்வெளிப் பயணிகள் குழுவில் இவை எல்லாம் கற்பிக்கப்படவில்லை. ஆனால் இந்தத் 'தரையுலக

எடை மிகுதிகளையும் யூரி சிறப்பாகச் சமாளித்தார். அவருடைய உரைகளுக்கும் கேள்வி பதில்களுக்கும் பின்னர் கூட்டத்தினரின் களி பொங்கும் புன்முறுவல்களும் கோலாகலமான வாழ்த்தொலிகளும் இதற்குச் சான்று பகிர்கின்றன.'

யூரி ககாரின் முப்பதுக்கும் மேற்பட்ட வெளிநாடுகளுக்குச் சென்று வந்தார். ஆயினும், இறுக்கம் நிறைந்த இந்த சமூக அரசியல் நடவடிக்கை, உள்ளத்தாலும் உடலாலும் அவர் எதனுள் ஒன்றிவிட்டாரோ அதிலிருந்து யூரியின் கவனத்தைத் திருப்ப முடியவில்லை. புதிய பறப்புகளுக்கான பயிற்சியிலிருந்து ஒதுங்கி இருப்பது அவருக்கு இயலவில்லை.

ஒவ்வொரு புதிய விண்வெளிப் பறப்பாலும் யூரி ககாரின் பெருமகிழ்ச்சி அடைந்தார்! ஆனால், உள்ளத்தின் ஆழத்தில் அவர் ஏங்கியதையும் எங்களில் ஒவ்வொருவர் மேலும் பொறாமை கொண்டதையும் நாங்கள் அறிந்திருந்தோம். விண்வெளிப் பறப்புகள் மேலும் மேலும் சுவை மிக்கவை ஆகிக்கொண்டு போயின. ஒவ்வொரு பறப்புக்கும் பயிற்சி அளிப்பதிலும் முன்னேற்பாடுகள் செய்வதிலும் தமது அறிவையும் முயற்சியையும் அவர் முழுமையாக ஈடுபடுத்தி வந்தார். ஆயினும் தொழில்முறை விமானி என்ற முறையில் இந்த வேலைக்கு வெளியே இருக்க அவரால் முடியவில்லை. தன் நண்பர்களை அவர் விண்வெளிக்கு வழியனுப்பினார். ஒவ்வொரு பறப்பையும் அவர்களோடு சேர்ந்து அனுபவித்தார். மற்றவர்களுக்குக் கற்பித்தார். தாமும் கற்றுக்கொண்டார். சோவியத் கப்பல்கள் கோளங்களின் இடையே உள்ள பாதைகளில் பறக்கும் காலம், தாமே விண்வெளிக் கப்பலின் மீகாமன் ஆகும் காலம் பற்றி அவர் கனவு கண்டார்.

இந்தக் கனவை நனவாக்கவே யூரி ககாரின் தம் விண்வெளிச் சாதனையை நிகழ்த்தினார். இந்தக் கனவை நனவாக்கவே அவர் உழைத்தார். இதற்காகவே அவர் வாழ்ந்தார்.

# ஆயத்தம்

இடிப்புயல் அதிர்ந்து முழங்கியது. வசந்த காலப் பசுந்தாவரங்களை முழுக்காட்டியவாறு சோவென்று பெய்தது மழை. இனிய பவளக் குறிஞ்சி மலர்கள் கண்களுக்கு விருந்தளித்தன. பூக்களின் மெல்லிய நறுமணத்தை முகர்ந்தவாறு மலர் கொஞ்சும் புல்வெளிகளிலும் காட்டோரப் பகுதிகளிலும் உலாவுவது நன்றாய் இருந்தது.

1961-ம் ஆண்டு வசந்தம் உச்சத்தில் இருந்தது. விடுமுறை நாட்களின் சில நாட்களின் சில சமயம் நாங்கள் மீன் பிடிக்கச் சென்றோம். செழித்து மண்டிய பசுந்தாவரங்களால் விளிம்பு கட்டப்பட்ட நீரின் இறுக்கம் அகன்றது. நாங்கள் கரையில் ஆளுக்கு ஒரு புறமாகச் சிதறினோம். மீனவர்கள் புதர்களில் சந்தடியின்றி மறைந்து கொண்டார்கள்.

நான் சில வேளைகளில் திரைப்படக் காமிராவும் கையுமாக வசதியான இடத்தில் அமர்ந்து, தூண்டில் முள்ளில் துடிக்கும் மீன் காற்றில் மின்னுவதை எதிர்பார்த்துக் காத்திருப்பேன்... பறப்புக்கான ஆயத்தம் பற்றிய வேலைத் திட்டத்தில் திரைப்படம் பிடிக்கும் பயிற்சியும் சேர்க்கப்பட்டிருந்தது. காமிராவை இயக்கப் பின்னொரு முறை பழகிக் கொள்ளவும் கவர்ச்சியுள்ள நிகழ்ச்சியைப் படமாக்கவும் இத்தகைய பயணங்களை நாங்கள் பயன்படுத்திக் கொண்டோம். விஞ்ஞானிகளுக்கு அக்கறைக்கு உரியவையாகத் தோன்றக்கூடிய எல்லாவற்றையும் விண்வெளியில் திரைப்படங்களாகப் பதித்துக் கொள்வதற்காகத் திரைப் படப்பிடிப்புக் கலை நுட்பத்தை நாங்கள் பயின்று தேர்ந்தோம். யூரி ககாரினிடமும் அவர்கள் மிகப் பல கேள்விகள் கேட்டார்கள். விண்வெளியிலிருந்து பூமி எப்படித் தோற்றம் அளிக்கிறது என்று விவரமாக வினவினார்கள். நமது கோளத்தின் உருவத்தை விளக்க யூரி முயலத்தான் செய்தார். ஆனால் அவரது வருணனைகள் உண்மைத் தோற்றத்தை சுமாராகத்தான் பிரதிபலித்தன. எனவேதான் அடுத்த பறப்புகளில் பூமியின் மிக அக்கறைக்குரிய காட்சிகளை விண்வெளிப் பறப்பின் உயரத்திலிருந்து திரைப்படங்களாகப் பதித்துக் கொள்வது என்று முடிவாயிற்று. பல நூறு கிலோமீட்டர்கள் உயரத்திலிருந்து புவிக்கோளம் எப்படித் தோற்றம் அளிக்கிறது என்று மனித குலம் அறியட்டும்.

எங்கள் சிறு திரைப்படங்களுக்கான திட்டங்களை நாங்களே வகுத்துக் கொண்டோம். மீன் பிடிப்பின் போது அரிய காட்சிகளுக்காக 'வேட்டையாடினோம்'.

ஒரு சந்தர்ப்பம் எனக்கு நினைவு இருக்கிறது: கரையில் எனக்குச் சற்றுத் தொலைவில் உட்கார்ந்திருந்தார் ஒரு முதியவர். அவருடைய பார்வை தூண்டில் தக்கை மேல் நிலைகொண்டிருந்தது. திடீரென்று அவர் திடுக்கிட்டுத் தூண்டிலைச் சுண்டி இழுத்தார். பருத்த மீன் ஒன்று காற்றில் படபடத்ததை நான் கண்டேன். அரிய காட்சி! காமிராவை அக்கணமே மீனவர் பக்கம் திருப்பினேன். சுவையான காட்சியைத் திரைப்படமாக்க எனக்கு வாய்ப்பு அளித்தவாறு அந்த மனிதர் தூண்டிலை ஒரே பாங்கில் சில வினாடிகள் வைத்திருந்தார். அந்த நேரத்தில் மீன் திடீரென்று வெட்டி இழுத்து, தூண்டில் முள்ளிலிருந்து துணித்துக்கொண்டு வெள்ளியாக மின்னி நீரில் சளப்பென விழுந்து மூழ்கி விட்டது. மீனவர் அதைப் பிடிக்கப் பாய்ந்தார். ஆனால், நீட்டிய கையுடன் அப்படியே கல்லாய்ச் சமைந்து போனார். திரைப்படக் காமிரா படங்களை எடுத்துத் தள்ளிக் கொண்டிருந்தது. மீனவர் கோபம் அடைந்து திட்டவும் சைகைகளால் உணர்ச்சிகளை வெளியிடவும் தொடங்கினார். மிகச் சுவாரஸ்யமான திரைப்படம் தயாராகிவிட்டது. பார்வையாளர்களின் பாராட்டுப் புன்னகையும், பயிற்சித் தலைவரான திரைப்பட ஒலிப்பதிவாளரின் சிறந்த மதிப்பெண்களும் அதற்குக் கிடைத்தன.

மகிழ்ச்சியும் உற்சாகமும் பீறிட ஆரவாரிக்கும் கும்பலாக இத்தகைய பயணங்களிலிருந்து நாங்கள் இருப்பிடம் திரும்பினோம்.

உலகம் சோவியத் மக்களின் அருஞ்செயலைத் தொடர்ந்து பாராட்டிக் கொண்டிருந்தது. ஆனால் விண்வெளிப் பயணிகளான நாங்களோ, எங்கள் அன்றாடக் காரியங்களில் ஈடுபட்டிருந்தோம். யூரி ககாரினுடைய பறப்பின் அனுபவத்தை நாங்கள் கவனமாகக் கற்று, பகுத்தாய்ந்தோம், முடிவுகள் பெற்றோம், பயிற்சியைத் தொடர்ந்தோம்.

விண்வெளியில் வேலை செய்வதற்கான நிலைமைகளையும் கப்பலின் போக்கையும் பற்றி யூரி ககாரினது வருணனையைக் காரியப் பாங்கான சூழலில் கேட்கும் பொருட்டு அவருடைய பறப்புக்குப் பின் விரைவிலேயே நாங்கள் கூடினோம். அவருடைய வாய்மொழியாக எல்லாவற்றையும் கேட்டு அறிய எங்கள் அனைவருக்கும் அடக்க முடியாத ஆவல் உண்டாயிற்று.

"ராக்கெட் கிளம்பிய போது சீழ்க்கையொலியும் வர வர அதிகரிக்கும் இரைச்சலும் எனக்குக் கேட்டன" என்று வருணனையைத் தொடங்கினார்

யூரி, "கப்பல் நடுங்கியதையும், ஏற்றிச் செல்லும் ராக்கெட் தரையிலிருந்து பிய்த்துக் கொண்டு கிளம்பி வேகத்தை அதிகரிக்கத் தலைப்பட்டதையும் உணர்ந்தேன்."

சற்று முன்னதாகவோ பின்னதாகவோ எங்களில் ஒவ்வொருவரும் இவற்றை எல்லாம் அனுபவிக்க வேண்டி வரும் என்று அறிந்திருந்ததால் நாங்கள் யூரியின் ஒவ்வொரு சொல்லையும் காது கொடுத்துக் கேட்போம் அவரும் எடை மிகுதி அதிகரித்துக் கொண்டு போனபோது தமக்கு ஏற்பட்ட உணர்ச்சிகளை எங்களுக்கு விரிவாக எடுத்துக் கூறினார். பறப்பின் முதல் கட்டத்தில் எப்படி நடந்து கொள்ள வேண்டும். அந்த நேரத்தில் கவனத்தை எப்படிப் பங்கீடு செய்ய வேண்டும். கோளப் பாதையில் புகும்போதும் தரை இறங்கும்போதும் எதில் முதன்மையாகக் கவனம் செலுத்த வேண்டும் முதலியவற்றைக் குறித்துத் தம் கருத்தை வெளியிட்டார்.

எடையின்மை பற்றிய வருணனை எங்களுக்குச் சிறப்பாக, அக்கறைக்குரியதாக இருந்தது. எடையற்ற நிலையை உள்ளபடி, ஒன்றரை மணி நேரம் அனுபவித்த முதல் மனிதர் யூரி ககாரினே அல்லவா?

"எடையின்மை எனது செயல் திறனுக்குக் கேடு விளைவிக்க வில்லை" என்று உறுதியாகக் கூறினார் அவர்.

எடையற்ற நிலையில் தாம் எப்படி வேலை செய்தார், குறிப்பேட்டில் எப்படிக் குறிப்பு எழுதினார் என்பவற்றை ககாரின் விவரமாக எடுத்துக் கூறினார். எல்லாம் புதுமையாகவும் சுவையாகவும் இருந்தன. அனுபவத்தின் விலை மதிப்பற்ற முதல் துணுக்குக்களாக விளங்கின இவை.

"பார்வைச் சாதனமாக 'வ்ஸோர்' மூலமாக நீ கண்டது என்ன? புவிக் கோளம் எப்படித் தென்படுகிறது?" என்று நாங்கள் கேட்டோம்.

"மேகங்களையும் பூமியின் மேல் அவற்றின் நிழல்களையும் பார்த்தேன். சூரியன் வியப்பூட்டும் அளவுக்குப் பிரகாசமாய் இருந்தது. வெறுங்கண்களால் அதைப் பார்ப்பது இயலவில்லை. வெயிலொளியைக் குறைப்பதற்காக ஒளிச்சாளரத்தைக் கூட நான் சிறிது மூடிவிட்டேன்."

பறப்புகள் நிகழ்த்தும் ஆர்வத்தாலும் சோர்வின்றி இடையறாது முன்னேறும் விருப்பத்தாலும் நிறைந்திருந்தன அந்த ஆண்டுகள். 'வஸ்தோக்' கப்பல்களால் இன்னும் அதிகமாகச் செயலாற்ற முடியும் என்பதை நாங்கள் அறிந்திருந்தோம். அவற்றின் இந்தச் சாத்தியக் கூறுகளை மேலும் விரைவாக வெளிப்படுத்தவும் அதேசமயம் எங்கள்

சொந்த வாய்ப்புகளை உறுதிப்படுத்திக் கொள்ளவும் விண்வெளியைப் பற்றி இன்னும் விரைவாக அதிகம் தெரிந்து கொள்ளவும் எங்களுக்கு விருப்பம் உண்டாயிற்று. வயதிலும் பறப்புகளின் அனுபவத்திலும் நாங்கள் மிக இளைஞர்களாய் இருந்தாலும் அகாதமீஷியன் செ.பா. கரலியோனின் உருவரைவாளர் அலுவலகத்தினர் எங்களிடம் மரியாதை காட்டினார்கள். அனுபவத்தைப் பொறுத்தவரை நாங்கள் எல்லோரும் ஒரே தரத்தில் இருந்தோம் என்பதையும் சொல்லிவிட வேண்டும்.

உருவரைவாளர் அலுவலகத்தில் விண்வெளிக் கப்பல் ‘வஸ்தோக்’ அமைக்கப்பட்டிருந்தது. அதன் தொழில்நுட்ப விவரக் குறிப்பு இருந்தது. ஆனால் விமானி விண்வெளிப் பயணிக்குரிய ஆணைக் குறிப்புகள் இருக்கவில்லை. எங்கள் விமானவியல் நடைமுறையைப் பயன்படுத்தி, விண்வெளிக் கப்பல்களை இயக்கும் தொழில் நுட்பம் பற்றிய ஆணைக் குறிப்புகளை உருவரைவாளருடன் சேர்ந்து நாங்கள் தயாரித்தோம். இது சுவாரசியமான வேலை, நாங்கள் செய்த படைப்புத் தன்மை கொண்ட முதல் வேலையும் கூட ஆணைக் குறிப்புகள் அளவில் பெரியவையாய் இல்லை. பறப்பின் வெவ்வேறு கட்டங்களில் விண்வெளிப் பயணியுடைய செயல்களின் வரிசையை இவை தெரிவித்தன. பறப்புகளின் அனுபவம் திரண்ட அளவுக்கு ஏற்ப ஆணைக் குறிப்புகளின் பிரிவுகளும் மாறின. முதல் ஆணைக் குறிப்புகளில் சிறப்பான சந்தர்ப்பங்கள் என்ற பிரிவில் பதிவு செய்யப்பட்டிருந்தது. பின்னர் முதல் பாகத்துக்கு மாற்றப்பட்டது. பறப்புப் பணிகளின் நிறைவேற்ற வரிசை இந்தப் பாகத்தில் உறுதி செய்யப்பட்டிருந்தது. இறங்குவதற்கான தானியங்கித் தொகுப்பு பழுதடைந்தால் மட்டுமே கையால் இயக்கும் சாதனத்தைப் பயன்படுத்த முதல் ஆணைக் குறிப்புகளில் வகை செய்யப் பட்டிருந்தது. ‘வஸ்தோக்-2’லோ, இந்தச் சாதனத்தைச் சோதித்துப் பார்ப்பது பறப்புச் செயல்திட்டத்தின் அம்சமாகிவிட்டது. தொங்கும் சாதனத் தொகுப்பிலிருந்து கழற்றிக் கொள்வதற்கும் அறையில் இடம் மாறுவதற்குமான ஒழுங்கும், இயக்குவோனின் இருக்கையில் உறுதியாகப் பிணைத்துக் கொள்வதற்கான ஒழுங்கும் மற்ற ‘வஸ்தோக்’ கப்பல்களில் மிக மிக விவரமாகக் குறிக்கப்பட்டன.

“இந்தச் சந்தர்ப்பத்தில் என்ன செய்யலாம், நீங்கள் என்ன நினைக்கிறீர்கள்?” என்ற பயிற்சித் தலைவரின் சாதாரணமான கேள்வி மிகப் பெருத்த போதனை முக்கியத்துவம் உள்ளது. பணிக் குழுவில் படைப்புச் சூழ்நிலை இதனால் உருவாகிறது. பயிற்சித் தலைவர் ஒருவேளை ஏற்கனவே முடிவு செய்திருக்கலாம். குறித்த சந்தர்ப்பத்தில் எப்படிச் செயல்படுவது என்று அறிந்திருக்கலாம். ஆயினும் தமக்குக்

கீழ் உள்ளவர்களின் உழைப்பு முக்கியமானது, அவர்களுடைய அபிப்பிராயங்கள் நினைவுபடுத்திக் கொள்ளவும் கவனத்தில் எடுத்துக் கொள்ளவும் படுகின்றன. இயக்குநரின் தீர்மானம் பணிக்குழுவின் யோசனைகளை ஆதாரமாகக் கொண்டிருக்கிறது என்பதைப் பயிற்சித் தலைவரின் கேள்வி காட்டுகிறது. இது முன் முயற்சிக்கு வித்திடுகிறது. தீர்மானம் மறைமுகமாகச் செய்யப்பட்டிருந்தால், அது சரிதானா என்று சோதித்தறிய இது வாய்ப்பு அளிக்கிறது.

...நாட்களும் வாரங்களும் விரைந்தோடின. செக்கோஸ்லோவாக்கியாவிலும் பிரிட்டனிலும் பிற நாடுகளிலும் யூரி ககாரின் சுற்றுப் பயணங்கள் செய்தார். முதல் விண்வெளி வீரரை உலகம் கௌரவித்தது. இந்த மனிதர் சோவியத் யூனியனின் குடியாக, எங்கள் தோழராக இருந்தது குறித்து நாங்கள் மகிழ்ச்சியும் பெருமையும் கொண்டோம்.

எங்கள் குழுவில் பாடங்களும் பயிற்சிகளும் தொடர்ந்தன. ஒருமுறை விமான நிலையம் சென்ற நாங்கள், விமானியின் உள்ளத்துக்கு இன்பமூட்டும் காட்சியைக் கண்டோம். கான்க்ரீட் பாவிய பாதைகள் நெடுகிலும் நேரான வரிசையாக நின்றன விமானங்கள். விசேஷ மோட்டார்கள் பரபரப்புடன் விரைந்தன. ஜெட் எஞ்சின்களின் பேரிரைச்சல் அவ்வப்போது அவற்றின் சீறலை அமிழ்த்தியது. அண்மையில் பெய்த மழையில் நனைந்திருந்த விமான முன்னோட்டப் பாதை தொலைவில் வெளியில் பளிச்சிட்டது. தொடுவானத்தில் கொத்தளச் சுவர் போன்று நின்றது பசிய காடு....

குறுகிய நேர எடையின்மைக்கான பறப்புக்களை நாங்கள் விமானத்தில் நிகழ்த்த வேண்டி இருந்தது. எடையின்மை வினாடியின் சில பகுதிகள் மட்டுமே நீடிக்கும். இந்த நேரத்துக்குள் கணிசமான விரிவான ஆராய்ச்சிச் செயல் திட்டத்தை நாங்கள் நிறைவேற்ற வேண்டும்.

விமானம் வேகத்தை விரைவாக அதிகப்படுத்திக் கிளம்பி உயரே செல்லும். குறித்த பிரதேசத்தில் விமானி வேகத்தை அதிகபட்ச அளவுக்குக் கொண்டு வந்து, உயரத்தை மிகுதியாக்கும் போக்கில் வைத்து, செங்குத்து ஏற்றம் ஏற்படுத்துவார். பின்பு விமானி விசைப் பிடியை முன்னே தள்ளுவார். விளைவாக விமானம் எடையின்மைப் பரவளைவில் இயங்கும்.

“எடை மிகுதி சுன்னம்” என்று தலைமை இடத்துக்கு அறிவித்தேன். “அசாதாரணமான இலேசுத் தன்மையை உணர்கிறேன். கால்கள் தரையிலிருந்து விலகி விட்டன, விட்டாற்றியாக மிதக்கின்றன. அவற்றை

அசைக்க முயல்கிறேன். பென்சிலை ஒருங்கிசைவிப்புப் பதிவுக் கருவியின் கூட்டில் புகுத்த முயல்கிறேன். என் குலப் பெயரையும் தந்தை பெயரையும் பிறந்த ஆண்டையும் இடத்தையும் பின்பு பதிவு செய்கிறேன். கையெழுத்து மாறவில்லை போல் இருக்கிறது."

எடையற்ற நிலைமைகளில் உண்ணவும் பருகவும் அடுத்த பறப்பில் நாங்கள் கற்றோம். மனித உடல் மீது எடையின்மையின் பாதிப்பை விஞ்ஞானிகள் தொடர்ந்து ஆராய்ந்தார்கள். நாங்களோ, விண்வெளியில் புதிய பறப்புக்களுக்கு ஆயத்தம் செய்து கொண்டிருந்தோம். 'வஸ்தோக்-2' விண்வெளிக் கப்பலின் கமாண்டராக நானும் பதிலியாக அந்திரியான் கிரிகோரியெவிச் நிக்கலாயெவும் நியமிக்கப்படுவதாக 1961, மே மாதக் கடைசியில் முடிவு செய்யவும் அறிவிக்கவும் பட்டது. 'வஸ்தோக்2' விண்வெளிக் கப்பலைப் பார்வையிடும் பொருட்டு நாங்கள் மீண்டும் அழைக்கப்பட்டோம். தலைமை உருவரைவாளரும் பிரபல உருவரைவாளர்களும் பொறியாளர்களும் தொழில்நுட்ப நிபுணர்களும் நெருங்கிய நண்பர்களைப் போல எங்களை வரவேற்றார்கள். இந்தக் கப்பலின் சிறப்புத் தன்மைகளை எங்களுக்கு விவரித்து, முதல் தடவையைப் போன்றே சொன்னார்கள்:

"இதில் இருந்து பழகுங்கள், ஆராய்ந்து பாருங்கள், பயிற்சி செய்யுங்கள். மொத்தத்தில், சொந்தக்காரர்களாக இருங்கள்."

முதல் பறப்பின் அனுபவத்தைக் கணக்கில் எடுத்துக் கொண்டு பயிற்சிகள் தொடங்கப்பட்டன.

நாங்கள் பறப்புக்குத் தீவிரமாக ஆயத்தம் செய்தோம், பல நிபுணர்களுடன் உரையாடினோம், அவர்களுடைய யோசனைகளைக் கேட்டோம், சரி பார்த்தோம், ஒழுங்குபடுத்தினோம். ஆனால் கப்பல் அறையில் பயிற்சிக்கு முதல் இடம் தரப்பட்டது. நாங்கள் அதற்கு மிக மிகப் பழகிப் போனதால் அதன் வெகு நுட்பமான விவரங்களைக் கூட அறிந்து கொண்டோம். அது நாங்கள் இருந்து பழகிச் சொந்தமாக்கிக் கொண்ட இரண்டாவது வீடு ஆகிவிட்டது.

கோடைக் காலத்தின் பிற்பாதி அதற்குள் தொடங்கி விட்டது. சில இடங்களில் இலைகளில் பொன் பழுப்பு தோன்றலாயிற்று மாலைகளும் அதிகாலைகளும் அதிகக் குளிர் உள்ளவை ஆயின.

பைக்கனூர் விண்வெளி விமான நிலையத்துக்குப் போக வேளை வந்து விட்டது. 'வஸ்தோக்-2' விண்வெளிக் கப்பல் பறப்பு தொடங்கும் நேரம் நெருங்கியது.

விண்வெளி விமான நிலையம் செல்வதற்குச் சற்று முன்பாக என் மனைவி தமாராவும் நானும் மாஸ்கோவில் சுற்றி உலாவினோம். கோர்க்கி வீதியைக் கடந்து சென்றோம். ருஷ்ய மகாகவி அலெக்சாந்தர் செர்கேயெவிச் புஷ்கினது நினைவுச்சிலைக்கு மலர்ச்செண்டு சாத்தினோம். செஞ்சதுக்கத்தில் கிரெம்ளின் அருகே சென்றோம். இது எங்கள் மரபு ஆகிவிட்டது. ஒவ்வொரு பறப்புக்கு முன்பும் விண்வெளிப் பயணிகள் நாட்டின் தலைமைச் சதுக்கத்துக்கு வந்து, தாய் நாட்டின் ஆணையை நிறைவேற்றத் தங்களுடைய ஆயத்தத்தை, லெனினது, கம்யூனிஸ்டுக் கட்சியினது இறப்பற்ற குறிக்கோளின் பொருட்டு எல்லாச் சக்தியையும், அறிவையும், தேவைப்பட்டால் உயிரையும் கூட வழங்குவதற்குத் தங்களுடைய ஆயத்தத்தை இங்கே, லெனின் சமாதி அருகே, பழமை வாய்ந்த கிரெம்ளினின் சுவர்கள் அருகே, சரி பார்த்துக் கொள்கிறார்கள்.

விண்வெளிப் பறப்புக்கு ஆயத்தம் செய்து கொண்டிருந்தபோது, சிறப்பாகப் பறப்பதற்கு முன்பு, நான் என்ன உணர்ந்தேன் என்று என்னிடம் அடிக்கடி கேட்கப்படுகிறது. பறப்பை சோவியத் யூனியனின் குடிமகனுக்கு உரிய தங்கள் கடமையாக, தங்கள் பொறுப்பாக, வேலையாக விண்வெளி விமானிகள் கருதுகிறார்கள்.

தொழிற்சாலைகளிலும் ஆலைகளிலும் கூட்டுப்பண்ணை வயல்களிலும் ஆராய்ச்சிச் சோதனைக் கூடங்களிலும் கல்லூரிகளிலும் குடிமக்களுக்கு உரிய தங்கள் கடமைகளைத் தன்னலமின்றி நிறைவேற்றி வரும் சோவியத் மக்களைத் தூண்டுவது எது? கன்னி நிலத்தைப் பண்படுத்தவும், நாட்டின் கணக்கற்ற புதுக்கட்டுமானப் பணிகளில் அகத் தூண்டலுடன் வேலை செய்யவும் தலைசிறந்த சோவியத் இளைஞர்களுக்கு உதவுவது எது? முதன்மையாகத் தங்கள் சோஷலிஸத் தாய்நாட்டின்பால் பற்றும் கம்யூனிஸ்டுக் கட்சி மீது சுயநலமற்ற விசுவாசமும்தான் இது.

என்னுடைய சோவியத் தாயகம், என் நாட்டு மக்கள், மனித குலத்திற்காக விண்வெளிக்குப் பாதை சமைப்பது குறித்து நான் பெருமை கொள்கிறேன். சால்பு மிக்க இந்தப் பணியை நிறைவேற்றுவதற்கு என்னால் முடிந்த எல்லாவற்றையும் செய்வது என் கடமை என்று எண்ணுகிறேன். பறப்பின் வெற்றியில் நான் முழு நம்பிக்கை கொண்டிருந்தேன்.

எனக்கு அச்சம் உண்டாயிற்றா? முற்றிலும் முறையான கேள்வி. ஏனெனில் விண்வெளிக்குப் பாதை சமைப்பது குறித்து நான் பெருமை கொள்கிறேன். சால்பு மிக்க இந்தப் பணியை நிறைவேற்றுவதற்கு

என்னால் முடிந்த எல்லாவற்றையும் செய்வது என் கடமை என்று எண்ணுகிறேன். பறப்பின் வெற்றியில் நான் முழு நம்பிக்கை கொண்டிருந்தேன்.

எனக்கு அச்சம் உண்டாயிற்றா? முற்றிலும் முறையான கேள்வி. ஏனெனில் விண்வெளியில் அறியப்படாதவை நிறைய உள்ளன. அறியப்படாதவற்றில் நூற்றுக்கணக்கான ஆபத்துகள் மறைந்திருக்கும். நான் இதை உணர்ந்தேன். அதேசமயம் வரவிருந்த பறப்பில் நான் ஒரேயடியாக ஈடுபட்டிருந்ததால் அதைச் சிறப்பாக நிறைவேற்று வதிலேயே என்னுடைய எல்லா எண்ணங்களும் உணர்ச்சிகளும் விருப்பங்களும் முனைந்திருந்தன. ஐயப்பாடுகளுக்கும் கலவரங் களுக்கும் என் உள்ளத்தில் இடமே மிஞ்சவில்லை.

பைக்கனூர் செல்வதற்குச் சற்று முன்பு தகப்பனாரின் கடிதம் எனக்குக் கிடைத்தது.

"நலமாய் இருங்கள், குழந்தைகளே!

"உங்கள் உதவிக்கும் கடிதத்துக்கும் நன்றி. என்ன காரணமோ, இருப்பிடத்தை அடிக்கடி மாற்றுகிறீர்கள்.

"மாஸ்கோவில் நல்ல இருப்பிடம் கிடைப்பது ஒருவேளை அவ்வளவு சுலபம் அல்லவோ? வெற்று அறைகளில் சுண்டெலிகளை விரட்ட முற்பட்டிருக்கிறீர்களோ?"

"அம்மா மருத்துவர்களிடம் யோசனை கேட்க பர்னவூல் போயிருந்தாள். அங்கிருந்து கூடை நிறைய மருந்துகளுடன் வந்திருக்கிறாள். அவற்றைக் குடிக்கிறாள், அடிக்கடி தொண்டையைக் கனைத்துக் கொள்கிறாள். எங்கள் வீட்டில் ஒரே சந்தடியாய் இருந்தது. ஆனாலும் இந்த ஒரு மாதமாக அம்மாவுக்குச் சுகக்கேடு ஏற்படவில்லை.

'கம்சமோல்ஸ்கயா பிராவ்தா நிழற்பட நிருபர் வந்து விட்டுப் போன ஒரு வாரத்திற்குப் பின் 'பிராவ்தா' நிருபர் பகோமவ் அலெக்சாந்தர் வசீலியெவிச் வந்தார். பத்திரிகைப் பிரதிநிதிகள் தமக்கு முன் வந்து எங்களிடம் இருந்த சொற்ப விவரங்களையும் எடுத்துப் போய்விட்டதைக் குறித்து வருந்தினார். துஷினோவில் நடந்த விமானி அணிவகுப்பில் உன்னைச் சந்தித்ததாகப் பகோமவ் சொல்கிறார். விமானங்களின் இந்த அணிவகுப்பு எத்தகைய அருங்காட்சியாக இருந்திருக்கும் என்பதை மனக் கண்ணால் காண்கிறேன்.

'இஸ்வேஸ்தியா' நிருபர் வந்ததும் எனக்கு ஒன்றும் விளங்கவில்லை. இவர்களுக்கு நான் ஏன் தேவைப்பட்டேன்? இப்போது, இன்னும்

இரண்டு பத்திரிகைப் பிரதிநிதிகள் வந்த பிறகு, நீயும் செயலில் ஈடுபடத் தொடங்கிவிட்டாய் என்று ஊகிக்கிறேன். மாஸ்கோவிலிருந்து நெடுந்தூரம் பயணம் செய்து பல்கோவ்னிக்கவோ பிரதேசத்துக்கு அவர்கள் வந்தது உன் பொருட்டாகத்தான்.

“நீ என்ன வேலையில் முனைந்திருக்கிறாய் என்று அனுமானங்கள் செய்ய விரும்பவில்லை. ஆனால் ஆட்கள் எங்களிடம் வருகிறார்கள் என்றால் விஷயம் ஆழ்ந்த மகத்துவம் உள்ளதாக இருக்க வேண்டும். அது சிறியதோ, பெரியதோ, எத்தகையதாக இருந்தாலும் சரியே, மகனே, உனக்கு அளிக்கப்படும் எந்தக் காரியத்தையும் எப்படிச் செய்வது முறையோ அப்படி, அறிவார்ந்த வகையில் செய். சக்தி உன்னிடம் போதுமான அளவு இருக்க வேண்டும். என் கணக்குப்படி திறமையையும் நீ சேமித்திருக்கிறாய் என்று சொல்லவே வேண்டாம். சாதன வசதிகளை மக்கள் அளிப்பார்கள். நமது வம்சம் தன் சக்திக்கும் சாத்தியக் கூறுகளுக்கும் ஏற்பப் பொதுக் குறிக்கோளுக்குத் தொண்டாற்ற வல்லது என்பதைக் காட்டு.”

“நம் உறவினர்களில் ஒருவர் குடி மயக்கத்தில் இருக்கும்போது பெருமை அடித்துக் கொள்வது வழக்கம். மிக மிக அடக்கத்துடன் மதிப்பிட்டாலும் தித்தோவ் வம்சம் ருஷ்யப் பேரரசர் முதலாம் பீட்டர் காலத்திலேயே இருந்திருக்க வேண்டும் என்றும், தித்தோவ் வம்சத்தாரைக் கணக்கில் சேர்க்காமல் விட்டதன் மூலம் வரலாறு அவர்களிடம் முழுவதும் நியாயமாக நடந்து கொள்ளவில்லை என்றும், வேறொரு காலம் வரும் என்று தாம் நம்புவதாகவும், அப்போது இந்த வம்சம் வரலாற்றுச் சல்லடையில் புழுதிக் குப்பையாக வெளியேறி விடாமல் கடினமான பருமணியாகத் தங்கி இருக்கும் என்றும் அவர் சொல்லுவார். ஆக்கங்கெட்ட இந்த வேடிக்கை மனிதர் குடிவெறியில் ஆழ்ந்த தமது சிந்தனையில் பேணி வளர்த்த அந்தக் காலம் ஒருவேளை நெருங்குகிறதோ? எனது சிறு கடிதத்தில் ஒரு கேலியாக, இடைப் பேச்சாக, இதை எடுத்துக் கொள்ளுங்கள், வேறுபாடுகள் விஷயத்தை நன்றாக வெளிப்படுத்தவும், புரிந்து கொள்ளவும், சாரத்தைக் கிரகித்துக் கொள்ளவும், அதோடு சற்று இளைப்பாறவும் உதவுகின்றன.

“ஸெம்பீரா சூரணங்கள் தயாரிக்கும் கலை பற்றிய தேர்வுகளுக்கு ஆயத்தம் செய்து கொண்டிருக்கிறாள். விரைவில் அவள் துன்பமும் பதற்றமும் படுவாள், மருந்துக்கடைத் தராசும் ஔடதக் குப்பியும் வைத்துக் கொண்டிருக்கும் பயங்கரமான மருந்தியல் நிபுணரின் முன்னே நிற்பாள். இதே போன்ற காரியத்தில் தமாராவும் வெற்றி பெற வாழ்த்துகிறேன். நமது குடும்பத்தைச் சேர்ந்த மூவர் போராட்டத்தில்

ஈடுபட்டு வெற்றி அடைய வேண்டும் என்பதால் இந்த இலையுதிர் காலம் குறிப்பிடத்தக்கது... வெற்றி கிடைக்காவிட்டால் இந்தக் கிழவனிடமிருந்து உங்களுக்குச் செம்மையாகக் கிடைக்கும். அதுதான் விஷயம். குழந்தைகளே, ஈடுபடுங்கள் செயலில், போராட்டத்தில்! எந்த இடையூறும் உங்களுக்கு நேராதிருக்குமாக! கடினமான காரியத்தில் நான் உங்கள் பக்கத்தில் இருக்க முடியாததற்கு வருந்துகிறேன். நீங்களே சமாளிப்பீர்கள் என்று எண்ணுகிறேன். நான் இதையே எதிர்பார்க்கிறேன். இதனால் பெருமை கொள்வேன்.

**எஸ்.தித்தோவ் 31.7.61**

விண்வெளி விமான நிலையம் செல்வதற்கு முன் கம்யூனிஸ்டுக் கட்சிக்கூட்டம் நடந்தது. அதன் நிகழ்ச்சி நிரல் மிகத் தெளிவான சொற்களில் குறிக்கப்பட்டிருந்தது: ‘கம்யூனிஸ்டு தித்தோவின் எதிர் நிற்கும் பறப்பு’. நான் பேசுகையில், என் மீது வைத்த நம்பிக்கைக்காகக் கட்சிக்கும் அரசாங்கத்துக்கும் என் தோழர்களுக்கும் நன்றி தெரிவித்தேன். ஆணையைச் சிறப்பாக நிறைவேற்றுவேன் என்று உறுதியளித்தேன். கட்சி எனக்கு இட்ட முதலாவது முக்கியமான ஆணையாகப் பறப்பைக் கருதுகிறேன் என்றேன்.

விண்வெளி விமான நிலையம் செல்ல ஏற்பாடுகள் நடந்து கொண்டிருந்த இந்த நாட்களில் அண்மை நிகழ்ச்சிகள் என் நினைவுக்கு வந்தன:

“பத்து, ஒன்பது, எட்டு...” என்று புலப்படுவதற்கு இருந்த கணங்களை எண்ணியது ஒலிபெருக்கிப் பெட்டி.

“கிளம்புக!”

“போய் வருகிறேன்!” ககாரினுடைய குதூகலக் குரல்.

அதற்கும் முன்னால் முதலாவது ஸ்பூத்னிக் செயற்கைப் புவித் துணைக் கோளம் - கோளப்பாதைக்குக் கிளம்பிச் சென்றது. ‘பீப்-பீப் என்ற அதன் குறியொலி அதுவரை வரலாறு காணாத சாதனையால் உலகைப் பெருவியப்பில் ஆழ்த்தியது. செ.பா.கரலியோவும் அவருடைய பணித் தோழர்களும் ராக்கெட் எஞ்சின்களின் தடதடப்பால் ஸ்தெப்பி வெளியை அதிர்விக்கும் பொருட்டு வந்தபோது இந்தத் தொன்மைக் கால ஸ்தெப்பி காற்றும் மணலும் வெக்கையும் குளிருமாக அவர்களுடைய நினைவில் பதிந்தது. காலம் எத்தனையோ மாறுதல்களை நிகழ்த்தும், பேய்க் காற்று கஸாக்ஸ்தானின் ஸ்தெப்பிகளில் பெருவாரியாக மணலைப் பரப்பும். ஆயினும், பைக்கனூரும் கரலியோவும் ககாரினும் மனிதனுக்கு

அவனுடைய அறிவுக்கும் செயல்களுக்கும் போற்றிப் பாடும் உருவகச் சின்னங்களாக நிலைத்து இருப்பார்கள்.

விமானி தென் கிழக்கில் விமானத்தைச் செலுத்தினார். சில மணி நேரப் பறப்புக்குப் பின் விமானத்தின் இறக்கைகளுக்குக் கீழே, சிறு தட்டுக்கள் போன்ற உப்பு நீர் ஏரிகளும் அரிதாக மக்கள் வசித்த இடங்களும் தென்பட்டன. இந்த எல்லையற்ற ஸ்தெப்பிக்கு யூரி ககாரினும் நானும் முதல் தடவை வந்தபோது விண்வெளி விமான நிலையத்தின் இயக்குநர் எங்களை எதிர்கொண்டு தொன்மை வாய்ந்த இந்த நிலத்தின் வரலாறு குறித்து நிறையக் கதைகள் சொன்னார்.

மாபெரும் அன்னை வோல்கா ஆற்றின் கீழ்ப் பகுதிகளிலிருந்தும் உராலிலிருந்தும் அல்தாய் மலைத்தொடர் வரையிலும் நீண்டு பரந்துள்ள கஸாகிய ஸ்தெப்பி மீது அவர் காதல் கொண்டிருப்பதை உணர முடிந்தது. பூகோள, தட்ப வெப்ப நிலைமைகளிலும் பயனுள்ள கனிம வளத்திலும் இவ்வளவு பல்வகைத் தன்மை வாய்ந்த வேறொரு பிரதேசத்தை சோவியத் நாட்டில் காட்டுங்கள் என்றார் அவர். ஏழு கிலோமீட்டர் உயரமான சிகரங்கள் கொண்ட தியன்ஷான், ஹான் தெங்க்ரி மலைத் தொடர்களையும் பிரமாண்டமான மேற்கு சைபீரியச் சமவெளியின் தெற்குப் பகுதியில் உள்ள விசாலமான நிலப் பரப்புகளையும் உலக மாகடல் மட்டத்துக்கு 130 மீட்டர்களுக்கும் கீழே தாழ்ந்துள்ள அகன்று பரந்த தாழ்நிலங்களையும் அவர் சொல்வன்மையுடன் வருணித்தார்.

எந்தக் குடியரசின் தரையிலிருந்து நாங்கள் விண்வெளிக்குப் பறப்பு நிகழ்த்துவதாக இருந்தோமோ அதைப் பற்றிய பல புள்ளி விவரங்களை அவர் நினைவு வைத்திருந்தார். தம்முடைய கதைகளால் அவர் எங்களை வியப்பில் ஆழ்த்தினார். முதல் விண்வெளிப் பயணிகளான நாங்களும் கஸாக்ஸ்தானின் பூகோளத்தையும் வரலாற்றையும் மிகுந்த ஆர்வத்துடன் தெரிந்து கொண்டோம். புள்ளி விவரங்கள் மெய்யாகவே மனப்பதிவு ஏற்படுத்தின. இந்தக் குடியரசு 27 லட்சம் சதுரக் கிலோமீட்டர் பிரதேசத்தில் பரவியுள்ளது. இது சோவியத் யூனியனின் மொத்த நிலத்தின் எட்டில் ஒரு பங்கு ஆகும். பிரான்ஸ், ஸ்பெயின், போர்ச்சுக்கல், இத்தாலி, கிரீஸ், சுவீடன், நார்வே, பின்லாந்து ஆகிய எல்லா நாடுகளையும் அதன் நிலப்பரப்பில் அடக்கலாம். அல்லது ஜெர்மானியக் கூட்டுக் குடியரசு போன்ற பதினொரு நாடுகளை இதில் அடக்கலாம்.

கஸாக்ஸ்தானின் இயற்கை கணிசமாகப் பல்வகையானது, வேறுபாடுகள் உள்ளது. அதன் இயற்கை வளங்கள் செழிப்பானவை.

அதன் வனப்பு தொன்று தொட்டு நிலவுவது, மலைக் காட்டையும் பாலை நிலத்தையும், அகன்று பரந்த சமவெளிகளையும் உயர்ந்த மலைத் தொடர்களையும் கஸாக்ஸ்தானில்தான் காணலாம்.

குடியரசின் நிலப்பரப்பில் அனேகமாக மூன்றில் ஒரு பகுதி தாழ்நிலங்கள். சுமார் பாதி மேடான சமவெளிகள், பீடபூமிகள், மலைப்பாங்கான பிரதேசங்கள். ஐந்தில் ஒரு பங்கு உயரமற்ற மலைகள். நிலப்பரப்பின் பத்தில் ஒரு பங்கு மட்டுமே உயர் மலைகள்.

கஸாக்ஸ்தான் இயற்கைச் செல்வங்களின் கருவூலம் என்று உருவகமாக அழைக்கப்படுகிறது. எரிபொருள் ஆற்றல் வளங்களில் கஸாக்ஸ்தான் சோவியத் நாட்டில் இரண்டாவது ஆற்றல் இடத்தையும் நீர் நான்காவது இடத்தையும் பெற்றுள்ளது. தற்போது கண்டுபிடிக்கப்பட்டிருக்கும் பயனுள்ள கனிமங்களின் பிரதேசங்களில் மெத்தெலேயெவின் ஆவர்த்த அட்டவணையில் கண்டுள்ள மிகப் பல தனிமங்கள் இருக்கின்றன. இரும்பு, செம்பு, காரீயம், துத்தநாகம், கருமம், நிலக்கரி, பெட்ரோலியம், பாஸ்பரைட் ஆகியவற்றின் பெருவளங்கள் இங்கே செறிந்துள்ளன. வோல்பிராம், மலிப்டென், கடமியம், நிமிளை, வெண்ணாகம், பாரிட்டா முதலியவற்றின் பெருந்தொகையான சேமிப்புகள் இருக்கின்றன.

கஸாக்ஸ்தானின் நீர்நிலைப் பரப்பு அதன் நில அமைப்புடன் தொடர்புள்ளது. பாலை நிலப் பிரதேசங்களில் ஆறுகளும் ஏரிகளும் மிகக் குறைவு. கஸாக்ஸ்தானிலும் பெரிய ஆறுகள் குறைவு.

இந்தக் குடியரசில் ஏறக்குறைய 49 ஆயிரம் ஏரிகள் இருக்கின்றன. ஆனால் அவை சமமின்றி அமைந்துள்ளன. கஸாக்ஸ்தானின் தென்மேற்குப் பகுதி காஸ்பியன் கடலின் ஓரத்தில் இருக்கிறது. ஆரல் கடலின் வட பகுதி கஸாக்ஸ்தானின் எல்லைக்கு உள்ளடங்கியது. தென் கிழக்கே அமைந்திருக்கிறது. சோவியத் நாட்டின் மிகப்பெரிய ஏரிகளில் ஒன்றான பல்ஹாஷ் ஏரி. தரையடி நீரும் பொங்கு கேணி நீரும் பேரளவில் உள்ளன. இவற்றின் மொத்த அளவு சுமார் 75 ஆயிரம் கன கிலோமீட்டர்கள் ஆகும். இந்தத் தரையடி நீர் நிலைகள் தண்ணீர் வழங்கும் மூலங்களாக விளங்குகின்றன. தவிரவும் இவற்றில் சில நோய் தீர்க்கும் பண்புகளும் கொண்டிருக்கின்றன. இந்தக் காரணத்தால் சில நீரூற்றுக்களின் அருகே வெவ்வேறு நோய்களைத் தீர்ப்பதற்கான ஆரோக்கிய நிலையங்கள் கட்டப்பட்டன. தரையடி நீரின் மிகு வெப்பம் மக்களின் உறைவிடங்களுக்கு வெப்பம் ஊட்டுவதற்குக் கூடப் பயன்படுகிறது.

தாவர வளமும் பல்வகைப்பட்டது. பாலை நிலத்தின் கண கணக்கும் நிசப்தம் கூட அக்கறைக்குரியவையும் தொன்றுதொட்டு நிலவுபவையுமான பலவற்றைச் சேமித்து வைத்திருக்கிறது. அகலப் பரப்பிய கிளைகளும் ஊசியிலைகளையொத்த இலைகளும் கொண்ட தளதளப்பான மூஸ்கூன் என்னும் செடியை இங்கு மட்டுமே நம்மால் காண முடியும். பவளக் குறிஞ்சிக் கொத்துகள் போன்ற பூக்கள் உள்ள தமாரிஸ்க் செடியும் இங்கேதான் காணப்படுகிறது.

இந்தக் குடியரசின் தாவரங்கள் கால்நடை வளர்ப்புக்கு முக்கிய அடித்தளமாகப் பயன்படுகின்றன. சோவியத் யூனியனில் உள்ள மேய்ச்சல் தரைகளில் பாதிக்கு மேல் கஸாக்ஸ்தானில் உள்ளன. தீனிப்புல் பயிரிடுவதும் பெரும் பங்கு ஆற்றுகிறது.

பல தாவரங்கள் தொழில்துறையிலும் சுகாதாரப் பாதுகாப்பிலும் பெருத்த முக்கியத்துவம் கொண்டிருக்கின்றன. பிரம்பு, பலவிதப் பதனிடும் தாவரங்கள், மூலிகைச் செடிகள் ஆகியவை இவ்வகையில் முதன்மையானவை. கஸாக்ஸ்தானக் காடுகளும் மிகப் பெருத்தப் பொருளாதார முக்கியத்துவம் உள்ளவை. கட்டுமான மரத்துக்காகவும் விறகுக்காகவும் அவை பயன்படுத்தப்படுகின்றன. காட்டுப் பழ மரங்கள் பல்லாயிரம் டன் பழங்களைத் தருகின்றன. இவை பதனிடப்பட்டு டப்பியில் இடப்படுகின்றன.

காடுகளில் பெரும் பகுதி காப்பு வனங்கள். சில பெருங்காடுகள் ஆல்மா - அத்தா, நவுர்ஸூம் காப்புக் காடுகளில் சேர்க்கப்பட்டுள்ளன. கஸாக்ஸ்தான் எங்கிலும், முதன்மையாகப் பாலை நிலப் பிரதேசங்களில், மரங்கள் நடப்பட்டு வருகின்றன. மணல் தரையை உறுதிப்படுத்துவதற்காக ஸக்ஸவூல், பைன் மரங்கள் நடப்படுகின்றன. மேப்பிள், பர்ச், லோஹ் போன்ற மரங்கள் வயல்களைக் காக்கும் சோலைப் பகுதிகளிலும் இருப்புப் பாதையின் இரு மருங்கிலும் வளர்க்கப்படுகின்றன. சோவியத் ஆட்சிக் காலத்தில் லட்சோபலட்சம் ஏக்கர் நிலப்பரப்பு சோலைகள் ஆக்கப்பட்டிருக்கிறது.

கஸாக்ஸ்தானின் விலங்குலகம் அளவு கடந்த அக்கறைக்கு உரியது, வளம் மிக்கது. கடம்பை, சாய்கா, ஜைரான், மரால் முதலிய மான் வகைகளும் சைபீரிய மலையாடு, அர்ஹார், காட்டுப்பன்றி, செந்நிற மான், வெண்பனிச் சிறுத்தை, மணல் மேட்டுப் பூனை, நாணல் புதர்ப் பூனை ஓநாய், செந்நரி, வளைக்கரடி, முயல், அணில், வயலெலி, ஸ்தெப்பி மரநாய், அமெரிக்க நீரெலி அந்தாத்ரா, நீர்ப்பெருச்சாளி, சாம்பல் தாரா, காட்டு வாத்து, சாம்பல் வாத்து, அகலலகி, நன்னீர் வாத்து ஆகியவையும் இன்னும் பலவும் அங்கே வாழ்கின்றன.

காஸ்பியக் கடல் நாயும் வெள்ளை ஸ்டர்ஜியன், சாதாரண ஸ்டர்ஜியன், செவ்ரியூகா, சுதாக், பிரீம் முதலிய பற்பல வகை மீன்களும் கஸாக்ஸ்தானின் ஆறுகளிலும் ஏரிகளிலும் வளர்கின்றன.

கஸாக்ஸ்தானின் பிரதேச அமைப்பு பெரிய நிலப்பரப்புக்கு உரிய தட்ப வெப்பத்தைத் தோற்றுவிக்கிறது. வெப்பநிலையின் திடீர் ஏற்றத் தாழ்வுகளிலும் காற்றின் வறட்சியிலும் மழைப் பொழிவின் மிகக் குறைந்த அளவிலும் இது வெளிப்படுகிறது. வெயிலொளி வீசும் மப்பு மந்தாரமற்ற நாட்கள் கிரிமியாவின் தென் கரையிலும் காக்கேஷியாவின் கருங்கடற்கரைப் பிரதேசத்திலும் உள்ளதைக் காட்டிலும் கஸாக்ஸ்தானில் அதிகம். பலத்த காற்று அனேகமாக நிலப் பரப்பு முழுவதற்கும் இயல்பானது. குளிர் காலத்திலும் வசந்த காலத்திலும் இலையுதிர் காலத்திலும் காற்று அடிக்கடி புயலின் ஆற்றலை எட்டிவிடுகிறது. அதன் வேகம் வினாடிக்கு 25-35 மீட்டர் வரை அதிகரிக்கிறது. குளிர் காலத்திலோ, சில இடங்களில் காற்றின் வேகம் வினாடிக்கு 40 - 45 மீட்டர் வரை அதிகமாய் விடுகிறது. காற்றினுடைய வெப்பத்தின் ஏற்றத் தாழ்வு ஆகக் குளிர்ந்த மாதத்துக்கும் ஆக வெப்பமான மாதத்துக்கும் இடையே தெற்கே 30-35 டிகிரிகளையும் வடக்கே 40-41 டிகிரிகளையும் எட்டுகிறது.

ஒரு காலத்தில் கஸாக்ஸ்தான் ஏழை நாடோடிக் கால்நடை மேய்ப்பர்களின் நாடாக இருந்தது. காரவான்கள் எனப்பட்ட வர்த்தகக் கூட்டங்களின் பாதைகள் இதன் ஊடாகச் சென்றிருந்தன. தொடக்க கால சமுதாய அமைப்பிலிருந்து வளர்ச்சி அடைந்த சோஷலிச சமூகம் வரை உள்ள இடர்கள் நிறைந்த நீண்ட பயணமே கஸாக்ஸ்தானின், கஸாகிய மக்களின் வரலாறு ஆகும். கஸாகிய மக்கள் கடந்து வந்துள்ள துன்பமயமான, கடிய பாதை இன்று கம்யூனிஸக் கட்டுமானத்தின் உயரத்திலிருந்து பார்க்கையில் கண்கூடாகத் தெரிகிறது.

நிலப் பிரபுத்துவ உறவுகள் கி.பி. 6-ம் நூற்றாண்டு முதல் ஏற்படத் தொடங்கின. கஸாக்ஸ்தானில் இவை மாபெரும் அக்டோபர் சோஷலிசப் புரட்சி வரை, ஆயிரத்து ஐந்நூறு ஆண்டுகளுக்கும் மேல் நிலைத்திருந்தன. 15-ம் நூற்றாண்டின் பிற்பாதியில் முதலாவது கஸாகிய ஹான் அரசுகள் உருவாயின. பல நூற்றாண்டுகள் நீடித்த கஸாகிய மக்களினத்தின் உருவாக்கம் 16ம் நூற்றாண்டின் தொடக்கத்தில் நிறைவுற்றது.

கற்காலத்தில் பல்ஹாஷ் ஏரியின் வட பிரதேசங்களிலும் கராத்தாவூ குகைகளிலும் ஆதி மனிதன் தோன்றியதன் பின் எத்தனையோ நூற்றாண்டுகள் கழிந்தன. தொன்மைக் கிரேக்க வரலாற்றாளரான

ஹெரடோட்டஸால் ஆசிய ஸ்கிதியர்கள் என அழைக்கப்பட்ட பண்டைய மக்கள் இனங்கள் கஸாக்ஸ்தானில் வாழ்ந்து வந்தன. இவற்றின் பிரதேசங்கள் வழியாகச் சென்றது 'பட்டுப் பாதை' - செல்வச் செழிப்புள்ள வர்த்தகக் கூட்டங்கள் அதில் பயணம் செய்த வண்ணமாய் இருந்தன. அழிவு விளைத்த போர்கள் இங்கே சூறாவளிகளாக வீசின. அடிபட்ட பிரதேசங்களில் அழிவையும் துன்பங்களையும் விளைவித்து வந்த செங்கிஸ்கான் படைகளின் குதிரைகளுடைய அடித்தடங்களை நூற்றாண்டுகளின் புழுதி அழித்துவிட்டது. செங்கிஸ்கானின் புதல்வர்களும் பேரர்களும் கைப்பற்றப்பட்ட பிரமாண்டமான நிலப்பரப்புகளைக் கும்பல்களின் உடைமைகளையும் பெருந்தொகையான ஹான் அரசுகளாகவும் தங்களுக்குள் பகிர்ந்து கொண்டார்கள்.

பல வரலாற்றுப் புயல்கள் வீசி அடங்கிய பின்னரே ருஷ்ய, கஸாகிய மக்களின் விதிகள் ஒன்றையொன்று குறுக்கிட்டன. மூன்று பகுதிகளாகப் பிரிக்கப்பட்டிருந்த கஸாக்ஸ்தான் 18-ம் நூற்றாண்டின் தொடக்கத்தில், மாபெரும் விபத்து ஆண்டுகளில், ஜுங்கார் கான் அரசினால் சிறப்பாக அடிக்கடி தாக்கப்பட்டது. அப்போதுதான் கஸாகியர்கள் தாமே விரும்பி ருஷ்யக் குடிமையை ஏற்றுக்கொண்டார்கள். 19-ம் நூற்றாண்டின் நடுவில் ஜெனரல் பிரோவ்ஸ்கியின் படைகள் இங்கே வந்தன. அதன் பின் தெற்கு அண்டை நாட்டாரின் படையெடுப்புகளிலிருந்து தற்காத்துக் கொள்வது முன்னிலும் எளிதாயிற்று. ஆனால் சாதாரண மக்களின் வாழ்க்கை சீர்படவில்லை. எனவேதான் எமெலியான் புகச்சோவின் தலைமையில் விவசாயிகள் போர் நெருப்பு 1773-ம் ஆண்டில் மூண்டபோது கஸாகியர்களும் தங்களை ஒடுக்கியவர்களுக்கு எதிராக ருஷ்யர்களோடு சேர்ந்து போராடினார்கள்.

நாங்கள் விண்வெளிப் பறப்புகளுக்கு ஆயத்தம் செய்து கொண்டிருந்த பிரதேசத்தின் வரலாற்றை அறிய எங்களுக்குச் சிறப்பான ஆவல் உண்டாயிற்று. பாசன வசதியுள்ள, வேளாண்மை மிகுந்த வளர்ச்சி அடைந்திருந்த பிரதேசங்களில் இந்த நிலப்பரப்பு ஒன்றாய் இருந்தது. வோல்கா ஆற்றுக்கு மேற்கே அமைந்திருந்த அரசுகளுடன் மத்திய ஆசியாவையும் மங்கோலியாவையும் சீனாவையும் இணைத்த காரவான் பாதைகள் இதன் ஊடாகவே சென்றன.

உயர்ந்த பண்பாடு பெற்றிருந்த இனக் குழுக்கள் அந்தப் பண்டைக் காலத்தில் இங்கே வாழ்ந்து வந்தன. பாசனக் கட்டுமானங்களின் மிச்சங்களும் தொன்மை நகரங்கள், கோட்டைகளின் இடிபாடுகளும் கடந்த காலப் பண்பாட்டின் பேசாத சாட்சிகளாக விளங்குகின்றன.

8-ம் நூற்றாண்டில் இந்தப் பிரதேசங்களை வாளாலும் நெருப்பாலும் அடிப்படுத்தினார்கள் அரேபியர்கள். பின்னர் மங்கோலியர்களின் படையெடுப்பு வளம் கொழித்த இந்த நிலப்பரப்பைப் பாலை நிலம் ஆக்கிவிட்டது. வேளாண்மைப் பண்பாடு வீழ்ச்சி அடைந்தது. 19-ம் நூற்றாண்டில் இருபதுகளில் இந்த நிலப்பரப்பு கோகந்த் ஹான் அரசின் ஆதிக்கத்துக்கு அடிப்பட்டது.

கஸாக்ஸ்தான் அனைத்திலும் போலவே இந்தப் பிரதேசத்தில் இயந்திரத் தொழில்துறை அனேகமாக இருக்கவில்லை. ஆனால் 20-ம் நூற்றாண்டின் தொடக்கத்தில் இருப்புப்பாதை போடப்பட்டதன் பயனாக இந்தப் பிரதேசம் விரைவாக வளரத் தொடங்கியது.

தொன்மை வாய்ந்த இந்தப் பிரதேசத்தில் மாபெரும் அக்டோபர் சோஷலிஸப் புரட்சிக்குப் பிறகு விடுதலையும் இன்பமும் ஒளி பரப்பலாயின. வி.இ.லெனினது சொற்களின் பழமைப் பற்றும் ஏழ்மையும் பின்தங்கிய நிலையும் கோலோச்சி வந்த கஸாக்ஸ்தானப் பெரு வெளிகளில் மாண்புமிக்க மாறுதல்கள் நிகழ்ந்தன. லெனின் கம்யூனிஸ்டுக் கட்சியின் சித்தப்படி, விடுதலையும் சம உரிமையும் உள்ள சோவியத் மக்களினங்களுடைய சோதர யூனியனில் பிறந்து, வளர்ந்து வலுவடைந்தது கஸாக்ஸ்தான் சோவியத் சோஷலிஸக் குடியரசு.

கஸாகியக் குடியரசின் கொடி மீது மூன்று நட்சத்திரங்கள் மின்னுகின்றன. தாய்நாடு தந்த பரிசுகள் இவை. சோவியத் கஸாக்ஸ்தானின் பொருளாதார, பண்பாட்டு வளர்ச்சியில் பெருத்த வெற்றிகள் பெற்ற மனிதர்களின் வீரம் செறிந்த உழைப்புக்கு உரிய மதிப்பு இவற்றின் மூலம் அளிக்கப்பட்டிருக்கிறது.

சோவியத் கஸாக்ஸ்தான் இன்று உலகம் முழுவதிலும் பிரசித்தி பெற்றிருப்பதற்கு இன்னொரு காரணம், பைக்கனூர் விண்வெளி விமான நிலையம் இங்கே அமைந்திருப்பது ஆகும். ஆனால் விண்வெளிப் பறப்புகளுக்குத் தொடக்க நிலையங்களின் தொகுப்பு வெற்று ஸ்தெப்பியில், கடுமையான நிலைகளில் எப்படி நிறுவப்பட்டது என்பது வெகு சிலருக்கே தெரியும் உண்மையான வீரக் காவியம் போன்ற இந்த விவரங்களையும் எங்களுக்குத் தெரிவித்தவர் விண்வெளி விமான நிலைய இயக்குநர் தாம்.

“இடத்தையும் இருப்பிட நிலைமைகளையும் பற்றிய முதல் உளப்பதிவு சோர்வூட்டுவதாக இருந்தது. ஸ்தெப்பி, உவர்ச் சதுப்பு நிலங்கள், மணல் பரப்புகள், முட்கள், வெக்கை, சில வேளைகளில் மணற் புயலாக மாறிவிடும் காற்று, எண்ணத் தொலையாதபடி ஏராளமான வயலெலிகள்,

ஒரு மரங்கூட இல்லாமை, மக்கள் குடியிருப்பு ஒன்றுகூட இல்லாதது இவை எல்லாம் ஏக்கத்தை அதிகப்படுத்தின."

விண்வெளி விமான நிலையத்தின் அனுபவம் மிக்க மற்றொரு பணியாளர் சொன்னார்:

"ஜூலை மாதத்தில் மதியச் சாப்பாட்டுக்காக உணவு விடுதிக்குப் புறப்பட்ட பணியாளர்கள் எல்லோரும் ஒரு லாரியில் உட்கார்ந்தோம். உணவு விடுதி சேர்ந்ததும் எங்களால் ஒருவரை ஒருவர் அடையாளம் தெரிந்து கொள்ள முடியவில்லை அவ்வளவு தூரம் ஒவ்வொருவர் மேலும் புழுதியும் மணலும் படிந்திருந்தன. உணவு விடுதி ஒரே ஒரு பாரக்கில் அமைந்திருந்தது. இயங்கும் சமையலறைகளில் சமையல் செய்யப்பட்டது."

எங்கள் உரையாடல் நடந்த கொடிவீடும் நாள்பட்டது. செதுக்கு வேலை செய்த மரக்கட்டைகளால் கட்டப்பட்டு இரண்டு புகுமண்டபங்கள் கொண்டிருந்த இந்தக் கொடி வீடு உயரமான செய்கரை மீது ஆற்றுக்கு மேலே அமைந்திருந்தது. நிலையின்மையும் வஞ்சகமும் கொண்ட ஆற்றின் சபலம் காரணமாகத் தோன்றியது இந்தச் செய்கரை. மக்கள் இங்கே குடியேறிய முதல் வசந்தத்தில், வேற்றாரும் அமைதியற்றவர்களும் ஸ்தெப்பியின் நிசப்தத்தைக் குலைத்தவர்களுமான அவர்களைப் புரிந்து கொள்ளாமலும் வரவேற்காமலும் ஆறு கரை புரண்டு பெருகித் தனது கோபத்தைக் காட்டியது. உற்சாகிகளான ராக்கெட் அமைப்பாளர்களின் தற்காலிக உறைவிடங்களைத் தன் பழுப்பு நீரால் அது மூழ்கடித்தது. தங்களையும் தனது வருங்காலத்தையும் இந்தப் பண்டைய நிலம் விரைவில் புரிந்து கொள்ளாது என்று ஆட்கள் கண்டு கொண்டார்கள். நேரக்கூடிய விபத்துகளிலிருந்து தங்களைத் தற்போதைக்குக் காத்துக் கொள்ளத் தீர்மானித்து, தங்கள் குடியிருப்பைச் சுற்றிலும் உயரமான செய்கரையை அவர்கள் அமைத்துக் கொண்டார்கள்.

ராக்கெட் செலுத்து மேடையைக் கட்டுவதற்காக முதல் கனமீட்டர் கான்கிரீட் ஜூன் மாதம் போடப்பட்டது. முதலாவது ஸ்பூத்னிக்கும் லூன்னிக்கும் செலுத்தப்பட்டதாலும் விண்வெளியில் மனிதனது முதல் பறப்பு நிகழ்ந்ததாலும் இந்த மேடை இப்போது உலகப் பிரசித்தி பெற்று விட்டது.

விண்வெளி விமான நிலையத்தின் கட்டடங்கள் தனி வகையானவை. செலுத்து மேடை கட்டுவதற்கு ஆழமான வானக்கிடங்கு தோண்டுவது அவசியமாய் இருந்தது. வானக் கிடங்கிலிருந்து பத்து லட்சம் கன மீட்டருக்கும் மேல் மண் தோண்டி எடுக்கப்பட்டது. எல்லாக்

கட்டுமானச் சாதனங்களும் இயந்திரங்களும் தண்ணீரும் மண் ரஸ்தா வழியாக லாரிகளில் ஏற்றி வரப்பட்டன. ஆகையால் குடியிருப்பிலிருந்து கட்டுமான இடம் வரை சாலைப் பகுதி மீது அதிகாலை முதல் பின் மாலை வரை அடர்த்தியான புழுதிப்படலம் பரவியிருந்தது. சிறப்பாகக் காற்று வீசாத பருவ நிலையில் புழுதியின் அடர்த்தி காரணமாக வாகனப் போக்குவரத்தை ஆபத்து இல்லாதது ஆக்கும் பொருட்டு லாரிகளின் முன் விளக்குகளைப் போட வேண்டியிருந்தது. கடுமையான காற்று வீசத் தொடங்கிய போதும் நிலைமை மேம்படவில்லை.

குளிர் காலம் தொடங்கியதும் வானக் கிடங்கு தோண்டும் வேலை மேலும் கடினமாயிற்று. 10-15 மீட்டர் ஆழத்தில் சாம்பல் நிறமும் சிவப்பு நிறமுமான மட்டுமீறிக் கெட்டியான களிமண் படிவு எதிர்ப்பட்டது. தோண்டி இயந்திரங்களால் இந்த மாதிரி மண்ணை எடுக்க முடியவில்லை. தோண்டுவதற்காகத் துளையிடும் துரப்பணங்கள் அக்கணமே மண்ணால் அடைபட்டன. பல விதமான துணைச் சாதனங்களாலும் உபாயங்களாலும் குளிரில் உறைந்த கெட்டியான களிமண் பாறையை ஒவ்வொரு மீட்டராகத் துருவி எடுக்க வேண்டியதாயிற்று.

தொடக்க நாட்களில் எல்லாக் கட்டுமானப் பணியினரும் அவர்களுடைய குடும்பத்தினரும் ரயில் பெட்டிகளில் வசித்தார்கள். ஆனால் அவர்களை ரயில் பெட்டிகளிலிருந்து கூட்டு வாழ்க்கைக்கான பாரக்குகளில் குடியேற்றுவது செப்டெம்பர் மாதத்திலேயே தொடங்கிவிட்டது. நாளடைவில் வீடுகள் எழுந்தன. வீதிகள் அமைந்தன. தொடக்கத்தில் 'உதயம்' என்று பெயர் சூட்டப்பட்டிருந்த வருங்கால நகரின் முதலாவது வீதிகளாக விளங்கியவை "பயனியர் ஸ்காயா". 'பெஸ்சானயா' என்பவை. விண்வெளியை வெற்றி கொள்வதில் எதிர்ப்படும் மாட்சி மிக்க பிரச்சனைகளுக்குத் தீர்வு காணவும் ஸ்தெப்பி மணல் பரப்பில் விண்வெளி விமான நிலையத்தை நிறுவவும் இங்கு முதலில் வந்தவர்களுடைய செயல்களின் சாராம்சம் இந்தப் பெயர்களில் பிரதிபலித்தது. பண்பாட்டு மாளிகையின் அழகான கட்டடங்கள் இப்போது கம்பீரமாக நிற்கும் இடத்தில் ஆண்டு முடிவில் இரண்டு கட்டடங்கள் கட்டப்பட்டன. ஒன்றில் பொழுதுபோக்குக் கழகமும், மற்றதில் பொதுத் தங்கு விடுதியும் இருந்தன. நூலகம் ஏற்படுத்தப்பட்டது. கழகத்தில் அமெச்சூர் கலைஞர்கள் முதலாவது கதம்ப நிகழ்ச்சி நடத்தினார்கள்.

தண்ணீருக்குக் கஷ்டமாய் இருந்தது. குடிதண்ணீர் ஆண்டு முழுவதும் நேரே ஆற்றிலிருந்து கார்களில் எடுத்து வரப்பட்டது. இரண்டாவது இடம் ரயில் நிலையத்திலிருந்த கோபுர நீர்த் தொட்டி. அதன் இறைவைப் பொறி இருபதாம் நூற்றாண்டின் தொடக்கத்தில் அமைக்கப்பட்டது. ஆகையால்

குறைவாகவே நீர் வழங்கியது. நீர்க் கலங்களுடன் லாரிகளின் நீண்ட வரிசை அங்கே குழுமும். எனவே, பொறியை உடனடியாகச் செப்பனிட நேரிட்டது.

முதல் வசந்தம் தொடங்கியதிலிருந்து வேலை நிலைமைகள் சுளுவாயின. ஆனால் மே, ஜூன் மாதங்களில் சோர்வூட்டும் வெக்கையும் புழுதியும் தொடங்கின. ஜூன் மாதம் அடை மழை கொட்டியது. இங்கே இம்மாதிரி மழை வெகு அபூர்வம். நிலவறைப் பகுதிகள் எல்லாம் நீரில் ஆழ்ந்தன. ராக்கெட் செலுத்தும் மேடைக் கட்டுமானத்திலும் நீர் நிறைந்தது. சோதனை இயந்திரத் தொகுப்பு அங்கே வைக்கப்பட்டிருந்தது. ஆயினும் விலைமிக்க இயந்திரத் தொகுப்பு காப்பாற்றப்பட்டு விட்டது.

நகரத்தின் வருங்காலத்தைப் பற்றிக் கவலை எடுத்துக் கொண்டு அதை அழகும் வசதியும் உள்ளதாக்கும் நோக்கத்துடன் ஆட்கள் மரஞ் செடிகள் நட்டார்கள். கராகாச், பாப்ளார், மேப்பிள் மரக்கன்றுகள் திரட்டுவதில் அண்டைப் பிரதேசவாசிகள் பேருதவி புரிந்தார்கள்.

முதல் பனிக்காலம் அசாதாரணமாகக் கடுங்குளிராக இருந்தது. காற்று உக்கிரமாக வீசிற்று. உயிரற்ற ஸ்தெப்பிக்கு வாழ்வளிக்க வந்தவர்களின் நிலையுறுதியையும் துணிவையும் சரி பார்க்க இயற்கை தீர்மானித்து விட்டது போல் இருந்தது. வெப்பமானி 40 டிகிரிக்கும் மேல் குளிர் இருப்பதாகக் காட்டியது.

ஒவ்வொரு விறகுக் கம்பும் சிறாயும் பல ஆயிரம் கிலோ மீட்டர் தொலைவிலிருந்து இங்கே கொண்டு வர வேண்டி இருந்தது. ஆயினும் குறைந்தபட்ச வெப்பத்தை நிலையாக வைப்பதற்காகச் சாத்தியமான எல்லா வடிவங்களிலும் அமைந்த இரும்பு, செங்கல், தேனிரும்பு, களிமண் அடுப்புகள் இரவும் பகலும் எந்நேரமும் எரிக்கப்பட்டன.

ஆகஸ்டு 24-ம் தேதி ஷ்கோல்னயா வீதியில் முதல் பள்ளி திறக்கப் பட்டது. 136 சிறுவர்களும் சிறுமியரும் வகுப்புகளில் அமர்ந்தார்கள். அவர்களுடைய இடத்தில் மாலை நேர மாணவர்கள் மாலையில் வந்தார்கள். அந்த முதல் கல்வி ஆண்டில் அவர்களுடைய எண்ணிக்கை 180க்கும் மேல் இருந்தது.

அக்டோபரில் கட்டுமானப் பணியினருக்காகப் பொதுத் தங்கு விடுதி அமைக்கப்பட்டது. வருங்கால நகரின் முதல் தார் ரோடு விடுதிக்கு முன் தோற்றம் அளித்தது. புரட்சி விழா நாளான நவம்பர் 7-ந் தேதி உற்சவக் கூட்டத்துக்குப் பின்னர் நகரவாசிகள் அனைவரும் மிக அழகிய பூங்கா அமைக்கப் புறப்பட்டார்கள். 17 ஆயிரம் மரக் கன்றுகளும் 900 செடிகளும் நடப்பட்டன.

இரண்டாம் ஆண்டில் கற்கட்டடங்கள் நகரத்தில் எழுந்தன. விண்வெளிப் பயணிகள் வீதியிலும் அதை அடுத்த வீதியிலும் இவை கட்டப்பட்டன. கடும் ஸ்தெப்பியில் தோன்றிய புதிய குடியிருப்புக்கு சோவியத் அரசின் ஸ்தாபகர் வி.இ.லெனினது பெயர் சூட்டப்பட்டது. அது லெனின்ஸ்க் குடியிருப்பு என்று அழைக்கப்படலாயிற்று.

காய்கறிச் செடிகள் வளர்த்தல், தோட்டம் போடுதல், பூச்செடிகள் வளர்த்தல் ஆகியவற்றில் குடியிருப்பு வாசிகளில் பலர் ஈடுபட்டார்கள். இந்தக் கலைகளில் மக்கள் கவனம் செலுத்துவதைத் தூண்டும் பொருட்டு காய்கறிகள், மலர்களின் முதல் கண்காட்சி குடியிருப்பின் மையத்தில் நடத்தப்பட்டது. சுமார் நூறு காய்கறித் தோட்டக் கலைஞர்கள் தங்கள் சாதனைகளைக் காட்டினார்கள். பாலை நிலச் சூழலில் கூடக் காய்கறிச் செடிகளும் பழ மரங்களும் நன்றாக வளர்க்க முடியும் என்பதற்கு இவை உளத்தில் பதியும் வகையில் சான்று கூறின. ஓர் ஆண்டுக்குப் பின் விருப்பத் தோட்டக் கலைஞர் இபிமஸ்லவோய் 1880 கிராம் எடையுள்ள முந்திரிக் குலையைக் கண்காட்சியில் காட்டினார். கடுமையான பெருநிலத் தட்பவெப்ப நிலைமைகளில் 'பபேதா' ('வெற்றி') முந்திரிக் கொடிகளையும் 'அனிஸ்கிதாய்கா' ஆப்பிள் மரங்களையும் அவர் நன்கு வளர்த்தார். கண்காட்சிகள் மரபாகி விட்டன, ஆண்டுதோறும் நடத்தப்படுகின்றன.

செலுத்து சாதனத் தொகுப்பு தான் விண்வெளி விமான நிலையத்தின் இருதயம் என்பதில் சந்தேகமில்லை. கிளம்புவதற்கு முன் ராக்கெட் இதன் மேலேயே வைக்கப் (மாட்ட) படுகிறது. ராக்கெட் எஞ்சின்கள் இழுவை தொடங்கும் வரை இந்தத் தொகுப்பு ராக்கெட்டைத் தாங்குகிறது. இழுவை தொடங்கியதுமே மேலே எழும்பும் ராக்கெட்டுக்கு வழி விடுவது செலுத்து சாதனைத் தொகுப்பின் 'கடமை' ஆகும்.

இவ்வளவு சிக்கலான இயந்திரத் தொகுதியை உருவாக்குகையில் எல்லாம் முன்கூட்டி வகுக்கப்பட்ட செயல்திட்டத்துக்கு இணங்க ஒரு சீராகவும் செப்பமாகவும் நடந்தேறி விடவில்லை. "எல்லா இயந்திரத் தொகுதிகளும் நன்றாக வேலை செய்கின்றன", "கப்பலில் ஒழுங்கு நிலவுகிறது" என்ற அறிக்கையை விண்வெளிக் கப்பலிலிருந்து கேட்பதற்கு முன்னால் எத்தனையோ பகல்களையும் தூக்கமற்ற இரவுகளையும் திட்ட வரைவு மேசை முன் கழிக்க வேண்டும். தரை மீதும் விண்வெளியிலும் இந்த இயந்திரத் தொகுதிகள் அனைத்தும் முறையாக வேலை செய்யும் பொருட்டுப் பற்பல மாதங்கள் - ஏன், ஆண்டுகள் கூட செலவிட வேண்டும்.

விண்வெளி விமான நிலையத்தில் உள்ள செலுத்து சாதனத் தொகுப்பு ‘ட்யூலிப்’ என்று தற்போது குறிக்கப்படுகிறது. ஸ்தெப்பியில் பூக்கும் ட்யூலிப் செடிகளுடன் தொடர்புள்ளது போலும் இந்தப் பெயர். இந்தச் சாதனத் தொகுப்பு மெய்யமாகவே தனி வகையானது. இதன் விசை மேகலை ராக்கெட்டைத் தாங்கும் பகுதிகளான ‘இதழ்களால்’ மூடப்பட்டிருக்கும். ராக்கெட் முட்டுக்கள் மீது தொங்கிக் கொண்டிருக்கையில் தன் எடையால் ‘இதழ்களை’ மூடிய நிலையில் வைத்திருக்கும். செலுத்து சாதனத் தொகுப்புக்கு மேலே ராக்கெட் எழும்ப வேண்டியதுதான் தாமதம். ‘ட்யூலிப் மலரும், ‘இதழ்கள் விலகும்.

ஆக, விண்வெளி விமானிகளான நாங்கள் மாஸ்கோவிலிருந்து விமானத்தில் பறந்து இந்த அழகிய நகரை அடைந்தோம். அங்கே வீதிகளும் பூங்காக்களும் இலையடர் மரஞ்செடிகளின் சலசலப்பால் நிறைந்திருந்தன. ஆட்களதும் வாகனங்களதும் இயக்கத்தை முறைப்படுத்தியவாறு போக்குவரத்துக் குறி விளக்குகள் மினுக்கிட்டுக் கொண்டிருந்தன. வசப்படுத்தப்பட்ட ஆறு தன் வளைவு நெளிவுள்ள கரைகளுக்கிடையே பெருகிக் கொண்டிருந்தது. பைக்கனூரின் தொன்மை வாய்ந்த நிலப்பரப்பில் எல்லாம் மாறியிருந்தன. பாலைவனக் கப்பல்கள் வந்துவிட்டன. தொடுவானம் வரை சென்ற தார்ச் சாலையிலிருந்து தொலைவில் விலகித் தனியாக நிற்கும் பழங்காலத்தவரான உள்ளூர்க்காரரைக் காண்பது இப்போது அபூர்வம் ஆகிவிட்டது.

நகரத்திலிருந்து வெளியே செல்கையில் பூங்கா மர முடிகளுக்கு மேலே உயரமாகத் தெரிகிறது சாம்பல் நிறமான நவீனக் கட்டடம். அதன் முகட்டின் மேல் இறக்கை வடிவான பந்தல் உள்ளது. வாழ்க்கை இங்கே அமைதியுடன், ஒரு சீராக நடக்கிறது. ஆனால், தயாரிப்பின் கடைசிக் கட்டத்தில் விண்வெளி விமானிகள் இங்கே வரும்போது எல்லாம் மாறி விடுகின்றன. விண்வெளிக் கப்பல்களின் அமைப்பாளர்களான பொறியாளர்களுடனும் சோதனையாளர்களுடனும் சேர்ந்து விண்வெளிக் கப்பல் பணிக் குழுக்கள் பறப்புகளுக்கான முன்னேற்பாடுகளைப் பூர்த்தி செய்கின்றன. வேலையின் அளவும் அதை நிறைவேற்றுவதற்கான கெடுவும் ஒவ்வொருவருக்கும் தனிப்பட வரையறுக்கப்படுகின்றன. விளையாட்டு மைதானங்கள் ஒரு நிமிடங்கூட வெறுமையாக இருப்பதில்லை. காலையில் டென்னிஸ், குளத்தில் நீச்சல், மாலையில் வாலிபால்.

ஆற்றின் கரையில், செதுக்கு வேலை செய்த கொடிவீட்டின் அருகே, அடர்ந்த வளர்ந்த பூங்காவில் மறைந்துள்ள இரண்டு சிறு மாடி வீடுகள்

விண்வெளிச் சகாப்தத்தின் தொடக்கம் முதல் இங்கே இருந்து வருகின்றன. வசந்தத்திலும் கோடையிலும் இங்கே பூக்கள் மலர்கின்றன. பழ மரங்கள் காய்க்கின்றன. தெளிந்த புலர்போதில் எங்கிருந்தோ வந்த வானம்பாடிகள் பண் இசைக்கின்றன. அவை தமக்கே உரிய, ஒருவகை உள்ளூர்ப் பாணியில் இசைக்கின்றன. அமைதி நிலவும் இந்தப் பகுதிக்கு அடிக்கடி வருகிறார்கள் சிறுவர், சிறுமியர் - லெனின் ஸ்கின் அமைதியற்ற இளந்தலைமுறையினர்.

புகு மண்டலங்களும் முன்மாடங்களும் உள்ள வீட்டின் அருகாகச் செல்கையில் அவர்கள் நின்று தலைகளை நிமிர்த்தி, பள்ளி ஆசிரியை சொல்வதைக் கேட்கிறார்கள். உலகின் முதல் விண்வெளிப் பயணி ஆவதற்கு முன் யூரி ககாரின் பைக்கனூர் மண்ணில் அடி வைத்ததும் தம் தோழர்களுடன் இந்த வீட்டில் வசித்தார்- அதோ அந்த அறையில்'. 1961-ம் ஆண்டு ஏப்ரல் மாதம் வரலாற்று முக்கியத்துவம் உள்ள பறப்புக்கு ஆயத்தம் செய்து கொண்டிருந்தபோது இந்த அறையில் தங்கி இருந்தார்.

அதன் பின் பல ஆண்டுகள் கழிந்துவிட்டன. பறப்புக்கு முன் விண்வெளிப் பயணிகளின் ஆயத்தத்துக்காக ஓட்டப் பாதைகளும் விளையாட்டு மைதானங்களும் நீச்சல் குளமும் பிறவும் கொண்ட புதிய தொகுப்பு அமைக்கப்பட்டு விட்டது. இங்கேயோ பழைய வாலிபால் மைதானமும் சற்று ஒதுக்கமாகக் குறுக்குச் சட்டமும் முதல் விண்வெளிப் பயணிகள் விளையாட்டுப் பயிற்சிகள் செய்த முதல் விளையாட்டுச் சாதனங்கள்.

மரக்கொடி வீட்டில், அரசுக் கமிஷனின் முடிவு கொண்டாட்டச் சூழ்நிலையில் அறிவிக்கப்பட்டது. மனிதனின் விண்வெளிப் பறப்பு 1961-ம் ஆண்டு ஏப்ரல் மாதம் 12-ந் தேதி நடக்கும், அந்த மனிதராக இருக்கப் போகிறவர் யூரி அலெக்சேயெவிச் ககாரின் என்பது இந்த அறிவிப்பு.... கொண்டாட்டத் தருணங்களில் வழக்கமாகச் செய்வது போல ஷாம்பேன் புட்டி ஒலியுடன் திறக்கப்பட்டது.

வெற்றிக்காக வாழ்த்துக் கூறி ஷாம்பேன் பருகப்பட்டது. "உலகில் மனிதனின் முதலாவது விண்வெளிப் பறப்பு" என்ற சொற்கள் அப்போது கூறப்படவில்லை. ஆற்றுக்கு மேலே அமைந்த உயரமான செய்கரை மீது கூடிய மனிதர்கள் பல பத்தாண்டுகள் நீடித்த மாட்சி மிக்க வேலையை நிறைவுபடுத்த ஆயத்தம் செய்து கொண்டிருந்தார்கள். திரைப்படக் காமிராவுக்கு முன் பாதையில் உலாவிய போது அவர்கள் பேச்சில் அடக்கம் கடைப்பிடித்தார்கள். காமிராவோ அப்போதே வரலாற்றில் பார்வையைச் செலுத்தியது.

# விண்வெளியில்

இவ்வாறாக, நாங்கள் மீண்டும் பைக்கனூர் விண்வெளி விமான நிலையத்தில் இருந்தோம். சூரியன் உயரே கிளம்பி எல்லையற்ற ஸ்தெப்பி வெளிக்கு வெப்பம் ஊட்டி விட்டிருந்தது. அந்த நேரத்தில் ராக்கெட்டு சிறப்பாக உளப்பதிவு ஏற்படுத்துவது போன்று காட்சி அளித்தது. கதைகளில் வரும் மாவீரன் போல, கூர் முனையுள்ள எஃகுத் தலைக்காப்பு அணிந்து வெயிலில் பளிச்சிட்டது அது.

பொறியாளர்களும் தொழில்நுட்ப நிபுணர்களும் பொறிவினைஞர்களும் பல்வேறு துறைகளைச் சேர்ந்த தேர்ச்சியாளர்களும் பறப்புக்குக் கடைசி முன்னேற்பாடுகளை முடித்துக் கொண்டிருந்தார்கள்.

பிற்பகலில் செர்கேய் பாவ்லவிச் கரலியோவ் என்னிடம் கேட்டார்.

"கப்பல் அலுவலறையில் இன்னொரு முறை அமர்வதற்குத் தேவை உண்டா? அது செலுத்து மேடையில் ஆயத்தமாய் இருக்கிறது, அதை இப்போது சீண்டாதிருப்பது நல்லது என்பது மெய்தான். ஆனாலும் அவசியம் இருந்தால் ஏற்பாடு செய்வோம்."

மறு நாள் காலை பறப்பு தொடங்க இருந்தது. எல்லாம் ஏற்கெனவே தெளிவாயிருந்தன. ஆயினும் அலுவலறையில் இன்னொரு தடவை அமைதியாக அமர்ந்து பறப்புக்கு 'ஒத்திகை' நடத்துவது மோசமாய் இராது என்று தோன்றியது.

"சாத்தியமானால் தனியாக அரை மணி நேரம் உட்கார்ந்திருக்க என்னை அனுமதியுங்கள்" என்று நான் கேட்டுக் கொண்டேன்.

"நல்லது" என்று இசைந்தார் தலைமை உருவரைவாளர். "ஒரு நாற்பது நிமிடங்களுக்குப் பின், கப்பல் முன்னேற்பாட்டு வேலையில் இடைவேளை வரும். செலுத்து தளத்துக்கு நாம் சேர்ந்து போவோம்."

நான் பயிற்சியை முடித்ததும், முதல் விண்வெளிப் பறப்புக்கு ஆயத்தம் செய்கையில் யூரி ககாரினுடன் தங்கியிருந்த வீட்டுக்கு நாங்கள் போனோம். யூரி ககாரினுடைய கட்டிலில் இப்போது அமர்ந்தார் மூன்றாவது விண்வெளிப் பயணியான அந்திரியான் நிக்கலாயெவ்.

கரலியோவ் மாலையில் எங்கள் இருப்பிடத்துக்கு வந்தார். நாங்கள் மூவரும் நீண்ட... நேரம் உலாவினோம். கரலியோவ் தந்தை போன்ற பரிவுடன் எங்களோடு உரையாடி, எங்கள் பணியை நாங்கள் சரியாகப் புரிந்து கொண்டிருக்கிறோமா, எதையேனும் கவனிக்காமல் விட்டு விட்டோமா என்று தெளிவுபடுத்திக் கொள்ள முயன்றார்.

"ஒவ்வொரு பறப்பும் நிகரற்றது" என்றார் அவர். அதில் காணும் எல்லாப் புதுமைகளையும் கருத்தூன்றிக் கவனிக்க வேண்டும். ஏனெனில் நாம் ஆராய்ச்சியாளர்கள், முன்னோடிகள்..."

ஆகஸ்டு 6-ந் தேதி அதிகாலை மருத்துவர் எவ்கேனி அனத்தோலியெவிச் கார்ப்பவ் என்னை எழுப்பினார்.

"பறப்பைக் கோட்டை விட்டுவிடுவீர்கள்" என்று புன்னகையுடன் கூறினார். "காலை தான் எவ்வளவு நேர்த்தியாய் இருக்கிறது பாருங்கள்!"

நான் கட்டிலிலிருந்து துள்ளி எழுந்து சன்னல் பக்கம் ஓடி, காற்றை மார்பு நிறைய மூச்சிழுத்தேன். ஸ்தெப்பிப் புற்களின் இனிய மணம் அதில் கமழ்ந்தது. ஆம், காலை மெய்யாகவே நேர்த்தியாய் இருந்தது. மேற்கே விண்மீன்கள் இன்னமும் மங்கலாக மினுமினுத்துக் கொண்டிருந்தன. கீழ்த்திசையோ, அழல் வீசத் தொடங்கி விட்டது.

விண்வெளிக் காப்பு உடையை அணிந்து கொண்டோம். பயிற்சிகளில் பழகிப்போன வழக்கமான செயல்முறை இது. இளநீலப் பேருந்து அந்திரியான் நிக்கலாயெவையும் என்னையும் ஏற்றிக் கொண்டு செலுத்து தளம் போய்ச் சேர்ந்தது. பறப்பு உடை அணிந்த நாங்கள் இருவரும் தத்தக்க பித்தக்கவென்று தரையில் இறங்கினோம். பதிற்றுக் கணக்கில் ஆட்கள் எங்களைச் சூழ்ந்து கொண்டு வெற்றி கிடைக்க வேண்டும் என்று வாழ்த்தினார்கள். பரிவு ததும்பும் முகங்கள், அன்பும் நட்பும் ஆர்ந்த புன்முறுவல்கள். நான் பறப்புக்கு முன் கிளர்ச்சி பொங்கும் உள்ளத்துடன் சிறிய உரை ஆற்றினேன். சோவியத் விண்வெளிக் கப்பல் 'வஸ்தோக்-2'ல் விண்ணகப் பரப்பில் பறப்பு நிகழ்த்தும் பெருத்த கௌரவத்தின் பொருட்டு நன்றி தெரிவித்தேன். எனது விண்வெளிப் பறப்பைக் கம்யூனிஸ்டுக் கட்சியின் 22-வது காங்கிரசுக்கு உரிமையாக்குகிறேன் என்று கூறினேன்.

அன்பர்கள் என்னைத் தழுவிக் கொண்டார்கள், என் கையை ஆர்வத்துடன் பற்றிக் குலுக்கினார்கள், நட்புடன் முதுகில் தட்டிக் கொடுத்தார்கள், லிப்டு வரை வந்து வழி அனுப்பினார்கள்.

"உனக்கு நலம் உண்டாகுக, ஹெர்மன்" என்று அந்திரியான் நிக்கலாயெவ் பரிவுடன் வாழ்த்தினார். நாங்கள் ஒருவரை ஒருவர் தழுவிக்கொண்டு தலைக்காப்புக்களை உராய்ந்து கொண்டோம்.

திரைப்படக் காமிராக்களும் நிழற்படக் கருவிகளும் தங்கள் லென்ஸ்களால் தொடர, கப்பல் அலுவலறையில் என் இடத்தில் வசதியாக அமர்ந்து, எனது ஆயத்தத்தை அறிவித்தேன்.

அலுவலறை சௌகரியமாக இருந்தது. ஒரு சீரான வெளிச்சம், கண்களுக்கு இனிய உட்புற அமைப்பு, வசதியான சாய்வு நாற்காலி. முறையான பயிற்சிக்கு வந்திருப்பது போன்ற உணர்வு எனக்கு ஏற்பட்டது. கருவிகளையும் வானொலித் தொடர்பையும் பல்வேறு சுவிட்சுகளையும் உருள் குவளைகளையும் இன்னும் ஒருதரம் சரி பார்த்தேன்.

எல்லா அவதானிப்புகளும் பறப்பில் பெறப்படும் விவரங்களும் ஒரு சிறு புத்தகத்தில் குறிக்கப்படும். இதன் வெண்ணிற மேலுறை மீது சோவியத் சோஷலிஸக் குடியரசுகளின் யூனியனுடைய இலச்சினை பொன்னால் பொறிக்கப்பட்டிருந்தது. 'விண்வெளிக் கப்பல் 'வஸ்தோக்2ன்' குறிப்பேடு. 1961-ம் ஆண்டு' என்ற சொற்கள் இலச்சினைக்குக் கீழே எழுதப்பட்டிருந்தன.

இந்தக் குறிப்பேட்டை நிறைப்பது என் கடமையாக இருந்தது.

ஏட்டின் பக்கங்களை இணைத்திருந்தது வெள்ளைச் சுருள்கம்பி. ஏட்டின் இரு புறங்களிலும் பென்சில்கள் வைப்பதற்கான பைகள் இருந்தன. பறப்பின் போது பென்சில்கள் கையிலிருந்து நழுவிப் போய்விடாமல் இருக்கும் பொருட்டு அவற்றை முன்கூட்டியே கட்டி வைக்கும்படி முதல் விண்வெளிப் பயணி யூரி ககாரின் யோசனை சொல்லி இருந்தார். சாம்பல் நிறப்பட்டு நூல் பென்சிலைப் புத்தகத்தின் அடிப்பகுதியுடன் இப்போது இறுக இணைத்திருந்தது.

புறப்படுவதற்கு முந்திய இறுதிக் கணங்கள். கடிகாரத்தின் வினாடி முள்ளை உற்றுப் பார்த்தேன். கடிகாரம் மாஸ்கோ நேரத்தைக் காட்டிக் கொண்டிருந்தது. பல ஆயிரம் கிலோ மீட்டர்களுக்கு அப்பால், அங்கே, செஞ்சதுக்கத்துக்கு மேலே கிரெம்ளின் கடிகாரங்களின் மணியோசை இப்போது பரவிக்கொண்டிருக்கும். ஆனால் அவற்றின் எதிரொலிக்குப் பதில் தரையிலிருந்து வந்த உத்தரவைக் கேட்டேன்:

"கிளம்புக!"

ராக்கெட்டு நடுங்கி, உயிர்ப்படைந்தது. பல டன்கள் எடையுள்ள சுருட்டு வடிவ ராக்கெட்டு மேலே எழும்பி விரைந்ததை நான் உணர்ந்தேன். அதன் வேகம் நொடிக்கு நொடி அதிகரித்தது. என் உடலை நாற்காலியுடன் அழுத்திய ஆற்றல் மிகுந்து கொண்டு போனதை வைத்து ராக்கெட்டின் வேக அதிகரிப்பை நான் உணர்ந்தேன். தோழர்கள் தொலைக்காட்சிப் பெட்டிகளின் முன் அமர்ந்து எனது பறப்பைக் கவலையுடன் கண்காணித்துக் கொண்டிருப்பதை அறிந்திருந்தேன்.

“நலமாய் இருங்கள், நண்பர்களே! மீண்டும் சந்திப்போம்!”

எடையின்மையால் ஏற்பட்ட பழக்கம் அற்ற புதிய நிலையைக் கொண்டு கப்பல் கோளப்பாதையில் புகுந்து விட்டது என்பதை உணர்ந்தேன். கப்பலும் நானும் தலை குப்புறக் கவிழ்க்கப்பட்டது போல இருந்தது. இந்த உணர்ச்சி சில வினாடிகள் நீடித்தது. அசாதாரணமான இந்த நிலைமைக்கு நான் மிக விரைவில் பழகி விட்டேன்.

கப்பல் கோளப்பாதையில் புகுந்து விட்டதைக் கருவிகள் உறுதிப்படுத்தின. நான் வேலையில் முனைந்தேன். கருவிகள் காட்டிய குறிப்புகளை முதலில் சரி பார்த்தேன். தரைக்கு அறிக்கை செய்தேன்:

“எல்லாம் சிறப்பாக நடைபெறுகிறது, எல்லாக் கருவிகளும் நன்றாக வேலை செய்கின்றன. என் உடல், மன நிலை மிக நன்றாய் இருக்கிறது.”

கணக்கீட்டு மையத்தில் அப்போது மும்முரமாக வேலை நடந்து கொண்டிருந்தது என்பது எனக்குத் தெரிந்திருந்தது. கோளப்பாதையின் அளவுக் குறிகள் விரைவில் எனக்குத் தெரிவிக்கப்பட்டன.

தரையுடன் பேசி நேரத்தைச் சரி பார்த்தேன். துல்லியமான விவரங்களுக்கு இணங்கக் கப்பலின் செலுத்து பொறி அமைப்பைத் திருத்தினேன்.

கோளப்பாதையில் நீண்ட நேரம் பறப்பதும் அதன் பின் தரையில் இறங்குவதும் மனித உடலில் ஏற்படுத்தும் பாதிப்பை ஆராய்வதும், இத்தகைய பறப்பில் எடையிலா நிலை மனிதனுடைய செயல் திறனில் எப்படிப் பிரதிபலிக்கிறது என்பதைச் சரி பார்ப்பதும் ‘வஸ்தோக்2’ கப்பலுடைய பயணத்தின் முக்கிய நோக்கங்களாக இருந்தன. தொழில் நுட்ப வகையான வேறு நோக்கங்களும் இருந்தன. விண்வெளிக் கப்பலின் பொறி அமைப்புக்களை, கையால் செலுத்தும் அமைப்பு உட்பட, சோதிப்பது இவற்றைச் சேர்ந்தது. இவற்றுக்கு இணங்க விரிவான அட்டவணை, கண்டிப்பான வேலைத்திட்டம், தயாரிக்கப்பட்டிருந்தது.

இருபத்து நான்கு மணி நேரத்தில் இந்தத் திட்டத்தை நான் நிறைவேற்ற வேண்டி இருந்தது.

கப்பல் பூமியைச் சுற்றி முதல் வட்டம் வந்து கொண்டிருந்தது. ஏப்ரலில் யூரி ககாரின் சென்ற அதே பாதையில் இயங்கிக் கொண்டிருந்தது 'வஸ்தோக்2'.

கண்களைக் குருடாக்கும் அளவுக்குப் பிரகாசமான வெயில் ஒளிச் சாளரங்களின் வழியே அடித்தது. அலுவலறையில் மிகவும் வெளிச்சமாக இருந்தது. மின்கலங்களைச் செட்டுப் பிடிப்பதற்காக விளக்குகளை அணைத்தேன்.

கீழே திரள் திரளாக மிதந்து சென்றன வெண் முகில்கள். இடை வெளிகளில் பூமியும் கடற்கரைப் பகுதியின் எல்லைக்கோடுகளும் தெரிந்தன. விரைவில் அறைக்குள் இருள் பரவிற்று. கப்பல் பூமியின் நிழலில் புகுந்தது. கப்பலுக்கு வெளியே, அடியற்ற வானத்தில், விண்மீன்கள் சுடலாயின. கறுப்பு வெல்வெட்டில் பதித்த பளிச்சிடும் வைரங்கள் போல ஒளிர்ந்தன தொலைதூர விண் கோள்கள்.

கப்பல் பூமியின் நிழலிலிருந்து வெளியேறுவதற்கான நேரம் நெருங்குவதைக் கடிகார முட்கள் காட்டின. அரை மணிக்குச் சற்று அதிகமான நேரம் கழிந்ததும் நான் புலர் போதை மீண்டு காண்பேன். இருபத்து நான்கு மணிக்குள் பதினேழு காலைகள் எனக்கு எதிர்ப்படும் பூமிக்கு மேலே தொடு வானத்தில் பல வண்ண வானவில் எழில் திகழ்ந்தது. வரப்போகும் மகிழ்ச்சி நிறைந்த காலையை முன்னறிவிப்பது போல அது தென்பட்டது.

நான் கீழே பார்வையைச் செலுத்தினேன். நாடாக்களின் வடிவான ஆறுகளையும் பெரு மலைகளையும் கண்டேன். உழுது விதைத்து இன்னும் அறுவடை செய்யப்படாத வயல்களை நிறத்தைக் கொண்டு தெரிந்து கொண்டேன். சுருள் மேகத்திரள்கள் ஒரே இடத்தில் நிலைத்து விட்டவை போலக் காணப்பட்டன. தரையில் படிந்த நிழல்கள் காரணமாக அவை பார்வைக்கு நன்கு புலனாயின. கருமையான பெருங்காடுகள் துலக்கமாகத் தெரிந்தன.

கருவிப் பலகை மேல் இருந்த சிறு பூமியுருண்டை கண்களுக்குப் புலப்படாமல் மெதுவாகச் சுற்றி வந்த கப்பலின் இயக்கத்துக்குப் பொருத்தமாய் இருந்தது. கப்பல் முதல் வட்டத்தை முடித்து விட்டதை இப்போது அது காட்டியது. இனி புதிய சுற்றுகள் கணக்கிடப்படும். 'வஸ்தோக் 2' கோளப்பாதையில் தனது விரைந்த பறப்பைத் தொடர்ந்தது.

இரண்டாவது சுற்றின் போது பறப்பு எப்படி நடக்கிறது என்று சோவியத் யூனியன் கம்யூனிஸ்டுக் கட்சி மத்தியக் கமிட்டிக்கும் சோவியத் அரசாங்கத்திற்கும் அறிக்கை செய்தேன்.

பறப்பின் அளவுக்குறிகள் பற்றிய துல்லியமான புதிய விவரங்கள் பூமியிலிருந்து கிடைத்தன.

'வஸ்தோக்2' கப்பலின் அலுவலறைக்கு நான் இதற்குள் பழகி விட்டேன் என்று இப்போது எனக்குத் தோன்றியது. 'பூமி' (ஒருங்கிசைவிப்பு கணக்கீட்டு மையம், விண்வெளி விமான நிலையம், தலைமை செலுத்து நிலையம், பறப்பைக் கண்காணித்துக் கொண்டிருந்த பதிற்றுக் கணக்கான வானொலி நிலையங்கள் ஆகியவை)யும் தேவையான அளவு சீராகச் செயல்படத் தொடங்கி, வினாடிகளுக்குப் பதில் நிமிடங்களையும் மணிகளையும் சுற்றுக்களையும் எண்ணலாயிற்று.

கீழே ஆப்பிரிக்கா. உலகின் எல்லாக் கண்டங்களும் கடல்களும் தங்களைக் குறித்துக் காட்டும் வண்ணச் சிறப்புகள் கொண்டவை. ஆப்பிரிக்காவின் முதன்மையான வண்ணம் மஞ்சள். தாவரங்கள், காடுகளின் கரும் பச்சைக் கறைகள் அதன் ஊடே காணப்பட்டன.

நம் நிலவுலகு மிகப் பெரிது, எல்லையற்றது. ஆனால் விண்வெளிக் கப்பலின் ஒளிச் சாளரம் வழியாகப் பார்க்கையில் அதன் பெரு நிலங்கள் நொடிப் போதே போன்று விரைவில் கடந்து சென்று விடுகின்றன. சில நிமிடங்கள் தாம் கழிந்திருக்கும், அதற்குள் என் மாபெரும் தாய்நாட்டின் பரப்புக்களை பிரமாண்டமான சதுரங்களாக அமைந்த வயல்கள், எல்லையின்றிப் பரந்த தைகாப் பெருங்காடுகள், பிரசண்டமான ஆறுகள், மலைத்தொடர்கள் ஆகியவற்றை நான் மீண்டும் கண்டேன்.

என் உடல், மனநிலை பற்றி விசாரித்தது பூமி.

பூமியில் மருத்துவர்களுக்கு என் உடல் நிலை நன்றாகத் தெரிந்திருக்கும். நாடித் துடிப்பையும் இரத்த அழுத்தத்தையும் மூச்சுக்களின் எண்ணிக்கையையும் பிற விவரங்களையும் பதிவு செய்யும் பதிவுக் கருவிகள் தகவல்களைத் தாமாகவே பூமிக்குத் தெரிவித்து வந்தன. தொலைக்காட்சிக் காமிராக்களோ அறையில் நடப்பவை யாவற்றையும் காண உதவின. ஆயினும் நான் கடிகாரத்தைப் பார்த்தேன். நாடித் துடிப்பு நிமிடத்துக்கு 88 முறை, மூச்சுக்களின் எண்ணிக்கை 15-18. எல்லாம் சரியாய் இருக்கின்றன என்று அறிவித்தேன்.

பூமியுடன் தொடர்பு நிலையானது. பூமியுடன், என் நண்பர்களுடனும் விண்வெளி விமான நிலையத்துடனும் ஆயிரமாயிரம் நூல்களால் நான் இணைக்கப்பட்டிருந்தேன்.

பூமியும் அதைச் சூழ்ந்த ஒளி வட்டமும் ஒளிச் சாளரங்களின் வழியே அற்புதக் காட்சி அளித்தன. திரைப்பட ஒளிப்பதிவாளரின் கலையில் உண்மையான தேர்ச்சி பெற வாய்க்காதது குறித்து வருந்தினேன். ஆனாலும் விருப்பத் திரைப்படக் கலைஞனான என் முயற்சியும் ஓரளவு பயன் தரலாம் என்று நம்பினேன்.

'வஸ்தாக்2' மாஸ்கோ வட்டாரத்துக்கு மேலே பறக்கையில் வானொலி வாயிலாகப் பாட்டு ஒலித்தபோது ஏட்டில் மீண்டும் குறிப்புகள் எழுதினேன். "மாஸ்கோ நகர்ப்புற மாலைகள்" என்னும் ருஷ்யப் பாட்டு அப்போது ஒலிபரப்பாகிக் கொண்டிருந்தது.

மாஸ்கோ வானொலியின் தொலைதூர நிகழ்ச்சி ஒலிபரப்பைக் கேட்டேன். "வஸ்தோக்2" புறப்பட்டதையும் அது கோளப்பாதையில் புகுந்ததையும் எனது உடல், உள நிலையையும் பற்றிய தாஸ் செய்தி ஒலிபரப்பாயிற்று. இந்த நிகழ்ச்சியில் பங்கு கொள்ளவும், சோவியத் மக்களுக்கு அருமையான விண்வெளிக் கப்பலைப் படைத்தவர்களான விஞ்ஞானிகள், தொழில் நுட்ப நிபுணர்கள் ஆகியோருக்கு கம்யூனிஸ்டுக் கட்சி, அரசாங்கத் தலைவர்களுக்கு, சோவியத் உழைப்பாளிகள் அனைவருக்குமே, இன்னும் ஒருமுறை வணக்கம் தெரிவிக்கவும் எனக்கு விருப்பம் உண்டாயிற்று.

அடுத்த வானொலித் தொடர்பின் போது அசாதாரணமான, எதிர்பாராத நிகழ்ச்சியைக் கேட்டேன். என் நண்பர் யூரி ககாரின் கனடாவிலிருந்து எனக்கு வாழ்த்துத் தெரிவித்தார்.

...கப்பல் மீண்டும் இருளில் மூழ்கியது. தொலைதூர விண்மீன்களின் ஒளி விளக்குகள் வானில் மீண்டும் சுடர்ந்தன. பறப்பின்போது எனக்கு எதிர்ப்பட்ட 'இரண்டாவது இரவு' இது. கணக்கீடுகளில் முன் காணப்பட்டிருந்தபடியே எல்லாம் நிகழ்ந்து கொண்டிருந்தன.

மாஸ்கோ நேரம் 11 மணி 48 நிமிடங்களில் துணைக்கோள் கப்பல் 'வஸ்தோக்2' பூமியை இரண்டாவது தடவை வலம் வந்துவிட்டு மூன்றாவது சுற்றைத் தொடங்கியது. வானொலிப் பெட்டியில் மாஸ்கோ நிலையத்தைத் திருப்பினேன். துல்லியமான நேரம் இதோ அறிவிக்கப்படும், கிரெம்ளின் கடிகார மணியை நான் கேட்பேன். பன்னிரண்டு மணி. 'வஸ்தோக்2' பூமியிலிருந்து கிளம்பிச் சரியாக மூன்று மணி நேரம் ஆகிவிட்டது. மதியச் சாப்பாட்டு வேளை நெருங்கியது. மாஸ்கோ நேரம் 12 மணி 30 நிமிடங்களுக்கு நான் முதல் தடவை உணவு கொள்ள வேண்டும் என்று திட்டமிடப்பட்டிருந்தது. பறப்புக்கு முன்னேற்பாடுகள் நடக்கையில் இந்த விஷயம் பற்றிப் பலவாறு

பேசப்பட்டது. உணவின் ஊட்டச் சத்து எந்த அளவு இருக்க வேண்டும்? ஒரு பகலும் ஓர் இரவும் உணவு இல்லாமலே கழித்து விட முடியுந்தான். ஆனால் எதிர்ப்பட்டது அதிக விரிவான பிரச்சனை. நீண்ட நேரப் பறப்புகளுக்கு ஆயத்தம் செய்வதற்கான விவரங்கள் வேண்டி இருந்தன. விண்வெளிக் கப்பலிலேயே உணவுப்பண்டங்கள் தயாரிக்க எப்போதாவது நாம் கற்றுக் கொள்வோம். தற்போதைக்கு அவற்றைப் பதனிட்ட வடிவில் பூமியிலிருந்து எடுத்துச் செல்ல வேண்டியிருக்கிறது. நீர்ம உணவுப் பண்டங்களை வைத்திருக்கத் தனி வகைக் கலங்கள் தேவைப்பட்டன. இல்லாவிட்டால் எடையற்ற நிலையில் சாப்பிடுவது அசாத்தியமாய் இருக்கும். உணவுப் பண்டங்களை வைக்க விண்வெளிக் கப்பலின் அலுவலறையில் இடம் வேண்டியிருந்தது. காலி இடமோ கொஞ்சந்தான். சுருங்கச் சொன்னால் சமையல் கலைஞர்கள் மிகச் சிக்கலான பிரச்சினையைத் தீர்க்க வேண்டியதாயிற்று. அளவில் குறைந்ததும் ஊட்டச் சத்து மிகுந்ததுமான உணவைத் தயாரிப்பது இந்தப் பிரச்சனை. அவர்கள் இந்தப் பிரச்சனையைச் சமாளித்து விட்டார்கள். விண்வெளி வெஞ்சனங்கள், அதாவது விண்வெளி உணவுக்குழல்களில் இருந்த பொருள்கள், சுவையாகக் கூட இருந்தன என்று மருத்துவர்கள் அப்போது சொன்னார்கள்.

அடுத்து நிகழ்ந்த பறப்புக்களில் இயற்கையான உணவுப் பண்டங்கள் (வதக்கிய இறைச்சித் துண்டு, கட்லெட்டுகள், மீன் துண்டுகள்) விண்வெளிப் பயணிகளுக்கு உண்ணக் கிடைத்தன. அதிக நீண்ட கால விண்வெளிப் பறப்புக்களின் போது தாக்குப் பிடிக்கவும் பொறுப்புக்களை நிறைவேற்றவும் இதனால் முடிந்தது.

கப்பலின் பறப்புப் பாதை அமைந்திருந்த விதத்தில் நான்காவது சுற்றுக்குப் பின் தரை இறங்குவதற்கான நிலைமைகள் சிக்கலாயின. கப்பலில் விபத்து நிலைமை ஏற்பட்டாலோ, விண்வெளிப் பயணியின் உடல், மனநிலை மோசமானாலோ, சிறப்பாக அவன் தரை இறங்குவதற்குக் கைகளால் இயக்கப்படும் பொறிகளின் தொகுதியைப் பயன்படுத்த நேரிட்டாலோ இறங்குமிடம் மலைப்பாங்கான பிரதேசமாகவோ அல்லது கடலாகவோ இருக்கலாம். இந்த நிலைமை காரணமாக விண்வெளிப் பயணி தரை சேர்வதற்கும் தோட்ட - காப்புப் பணியினரின் வேலைக்கும் ஓரளவு இடர்ப்பாடுகள் நேரக் கூடும்.

ஏழாவது சுற்றுக்குப் பிறகு சோவியத் நாட்டின் நிலப்பரப்பில் இறங்குவது இயலாதது ஆகி விட்டது. அந்தச் சந்தர்ப்பத்தில் விபத்து நிலைமை ஏற்பட்டால் விண்வெளிப்பயணி அந்நிய அரசின் நிலப் பரப்பில் இறங்கி இருப்பான். இத்தகைய சந்தர்ப்பங்களில் விண்வெளிப்

எனது நீலப் புவிக்கோளம் 161

பயணிகளுக்கு உதவும்படி உலக நாடுகளின் அரசாங்கங்களை சோவியத் அரசாங்கம் வேண்டிக் கொண்டது. எங்கள் கப்பல்களுடைய பறப்புக்களின் போது இத்தகைய சந்தர்ப்பங்கள் வரவில்லை. எதிர் காலத்திலும் அவை வராதிருக்க வேண்டும் என்று விரும்புகிறேன்.

முடிவு எடுக்கப்பட்டு விட்டது. துல்லியமாகக் கணக்கிடப்பட்ட பாதையில் கடல்களுக்கும் கண்டங்களுக்கும், பெரிய, சிறிய நகரங்களுக்கும் மேலே பதினேழு தடவைகள் பூமியை வலம் வந்து பதினேழு விண்வெளிக் காலைகளை நான் எதிர்கொள்ள வேண்டி இருந்தது.

வினாடிகளும் நிமிடங்களும் விரைவாகக் கழிந்தன. ஆனால் அவற்றையும் விட விரைவாகப் பறந்தது விண்வெளிக் கப்பல், உலான் உதே, ஷாங்காய், சிட்னி நகரங்கள் கீழே மினுக்கிட்டு மறைந்ததை நேரம் காட்டியது. பிரமாண்டமான வைக்கோல் போர்களை ஒத்த மலைத் தொடர்கள் ஒளிச்சாளரத்தின் வழியே தென்பட்டன. தியான்ஷான் மலைத்தொடர், வெண்பனியையும் பனிக்கட்டி ஆறுகளையும் மகுடமாகப் புனைந்த இமயமலைச் சிகரங்கள் முதலியன இவை. மாகடல்கள், சமுத்திரங்கள் ஆகியவற்றின் பிரமாண்டமான பரப்புக்கள் பத்தே நிமிட நேரத்தில் கடக்கப்பட்டன. மாகடல்களின் மேற்பரப்பு சாம்பல் நிறமானது, கருங்கடலினதும் மத்தியதரைக் கடலினதும் நிறம் ஆழ் நீலம், மெக்சிகோக் குடாவின் நீர் பச்சையின் பல வண்ணச் சாயல்கள் கொண்டது.

கப்பல் தென் அமெரிக்காவுக்கு மேலே சென்றது. அங்கே இன்னும் இரவு. பெரிய நகரம் ஒன்றின் ஏராளமான விளக்குகளை வலது ஒளிச் சாளரத்தின் வழியே கண்ணுற்றேன். பூமி உருண்டையின் குறிப்புக்களைக் கொண்டு பாதையைச் சரி பார்த்தேன். அது பிரேசிலின் தலைநகரான ரியோ-டி-ஜனீரோ நகரம் என்று அறிந்தேன். சில நாட்களுக்கு முன்பு தான் யூரி ககாரின் அந்நகருக்குப் போயிருந்தார். விண்வெளிப் பறப்பு பற்றி அவர் சொன்ன விவரங்களை நகரவாசிகள் ஆர்வத்துடன் கேட்டார்கள்.

பெரிய நகரங்களின் சாலைகள் பகலிலும் இரவு நேரத்திலும் நன்றாகத் தெரிந்தன. பெரு நகரங்களின் மின் விளக்குகளின் கடல் வளிமண்டலத்தின் மாசு காரணமாக வெவ்வேறு வடிவங்கள் கொண்ட ஒளிக் கறைகள் போன்று பூமியின் மேற்பரப்பில் தோற்றம் அளித்தது. இயல்பான உருவரைகளையும் வண்ணச் சாயல்களையும் கொண்டு கருவிகளின் உதவியால் மட்டுமின்றிக் கண்களால் பார்த்தே நமது இடநிலையை

விண்வெளிக் கப்பலிலிருந்து நிச்சயப்படுத்திக் கொள்ள முடியும் என்று தெரிந்தது. பூமியின் மேல் அந்திப் பகுதி மிக நன்றாகப் புலனாயிற்று.

நமது புவி மூதாட்டி சூரியனுக்குத் தன் மருங்குகளை ஒன்றன் பின் மற்றதாகக் காட்டியவாறு சுழல்வதால், உதயங்களையும் அஸ்தமனங்களையும் வண்ண விளையாட்டையும் வெவ்வேறு நிற முகில்களாலான அற்புத ஓவியங்களையும் நீடித்த நேரம் கண்டு களிக்க நமக்கு வாய்ப்பு அளிக்கிறாள். விண்வெளிக் கப்பலிலோ, அந்திப் போதுகள் மிகக் குறுகியவை. புலர்போதும் இருட்டும் வெகு சில நிமிடங்களில் வந்துவிட்டன. கப்பல் நிழலில் புகும் நேரத்தைக் கொண்டு அதன் சுழற்சிக் காலத்தை உறுதிப்படுத்தும் எண்ணம் கூட எனக்கு உண்டாயிற்று. எனது சோதனைகளின் சராசரி விளைவு உண்மையான நேரத்திலிருந்து 0.2 நிமிடம் வேறுபட்டது. ஆனால் என்னிடம் இருந்தவை மிக எளிய அளவு கருவிகள் வினாடிமானியும் என் கண்களும் தாம். எனவே மிகுந்த துல்லியத்தை எதிர்பார்ப்பது கடினமாய் இருந்தது.

எனது சோதனையின் நோக்கமும் இது அல்ல. இப்போது அதை நான் நினைவு கூர்ந்ததற்குக் காரணம் என்னவென்றால் பெரு நிலப் பரப்புகளுக்கு மேலாக உண்மையிலேயே பறக்கையில், நமது புவிக்கோளம் மிகச் சிறியது என்று முதன் முதலாக எண்ணினேன், உணர்ந்தேன். பிரபஞ்ச மாகடலில் ஒரு மணல் மணி போல அப்போது அது எனக்குத் தோற்றம் அளித்தது. வெவ்வேறு தேசிய இனங்களைச் சேர்ந்தவர்களும் வெவ்வேறு சமுதாய அமைப்புக்கள் கொண்டவர்களும் வெவ்வேறு கடவுளர்களை வழிபடுபவர்களுமான மனிதர்கள் இந்த மணல் மணியில் வாழ்கிறார்கள். இன்பங்களையும் கவலைகளையும் அனுபவித்தவாறு வாழ்கிறார்கள் அவர்கள். புவி அனைத்திலும் வாழும் மனிதர்களிடையே சோதரத்துவமும் நட்பும் அவசியம், அல்லது நம் அரச தந்திரிகளின் மொழியில் சொன்னால், சமாதான சகவாழ்வு அவசியம் என்று நான் மெய்யார உணர்ந்தேன்.

மற்ற உலகுகளின் பிரதிநிதிகள் நமது புவிக் கோளத்துக்கு எப்போதாவது பறந்து வருவதாக வைத்துக் கொள்வோம். அவர்கள் உலக மனித நாகரிகத்தைக் காண வேண்டுமே அல்லாது அணுவாயுதப் போரினால் விளைந்த அழிவுகளை அல்ல. உண்மையிலேயே பகுத்தறிவுள்ள ஜீவன்கள் - மனிதர்கள் - புவிக் கோளத்தில் வாழ்வதை அவர்கள் காண வேண்டும்.

விண்வெளிப் பறப்பின் உயரத்திலிருந்து நமது புவியின் காட்சியைத் திரைப்படச் சுருளில் பதிவு செய்யும் பொருட்டு, திரைப்படப் பிடிப்புப்

பயிற்சியில் எனக்குக் கற்பிக்கப்பட்டவை யாவற்றையும் நினைவுபடுத்திக் கொள்ள நான் முயன்றேன். மக்கள் தங்கள் உறைவிடமான பூமியை வெளியிலிருந்து பார்க்க வகை செய்யும் நோக்கத்துடன் நான் திரைப்படம் பிடித்தேன்.

திரைப்படக் கலையில் பெற்ற பயிற்சி எனக்கு மெய்யாகவே பயன்பட்டது. 'கொன்வாஸ்' காமிராவைத் தயார்படுத்தி, ஒளிபடர் நேரத்தைத் தீர்மானிக்க முடிவு செய்தேன். தரையில் கண்ணளவால் இதை அடிக்கடி தீர்மானித்து வந்தேன், ஆனால் இங்கே அவ்வாறு செய்யத் துணியவில்லை. ஒளிபடர் நேரத்தில் ஏற்படும் தவறு பெருத்த இழப்புக்குக் காரணம் ஆகலாமே. மீன் பிடிப்பவர்களைப் போட்டோ எடுப்பது அல்லவே இது. நான் ஒளிபடர் நேர அளவுமானியை எடுத்தேன். ஆனால்... அதை மறுபடி அப்பால் வைத்து விடலாம் என்று தெரிய வந்தது. நுண்ணுணர்வுள்ள பகுதியின் முள் எடை மிகுதி, அதிர்வு ஆகியவற்றின் பாதிப்பினால் கழன்று விழுந்து விட்டது. எடையின்மை நிலைமைகளில் அது முற்றிலும் தாறுமாறான நிலையை மேற்கொண்டிருந்தது. ஒளியைக் கண்ணால் பார்த்து அனுமானித்து ஒளித்தடைத் தகட்டை ஒழுங்குபடுத்துவது தவிர வேறு எதுவும் செய்வதற்கில்லை. 'எந்தத் தீமையிலும் ஏதாவது நன்மை இருக்கும் என்று பொருள்படும் ருஷ்யப் பழமொழி அப்போது எனக்கு நினைவு வந்தது. தரையில் நான் எடுத்த திரைப்படங்களில் சில சிறந்த தரம் உள்ளவையாக இல்லை என்பதை நான் மறைக்காமல் ஒப்புக் கொள்ள வேண்டும். ஆயினும் கண்ணளவால் ஒளியை மதிப்பிடும் பழக்கம் இப்போது எனக்குக் கை கொடுத்தது. விண்வெளியில் நான் எடுத்த திரைப்படம் நன்றாக வாய்த்து விட்டது.

பூமியுடன் நிகழ்ந்த அடுத்த வானொலி உரையாடலின் போது பின்வருமாறு அறிவித்தேன்: "உடல், மன நிலை மிக நன்றாய் இருக்கிறது. சற்று உறங்க விரும்புகிறேன்."

இது உண்மை. நிறைய நேரம் கழிந்து விட்டது ஆகையால் எனக்கு மெய்யாகவே தூக்கம் வந்தது. என் வேலைத்திட்டத்துக்கு இது பொருந்தியது. எனவே நான் உறங்குவதற்குச் 'சட்டப்பூர்வமாக' ஆயத்தம் செய்யலானேன்.

பறப்பு வேலைத் திட்டப்படி ஆகஸ்டு 6-ம் தேதி 18 மணி 30 நிமிடம் முதல் ஆகஸ்டு 7-ம் தேதி 2 மணி வரை நான் உறங்க வேண்டும். என்னுடன் இரு தரப்பு வானொலித் தொடர்பு அந்த நேரத்துக்கு நிறுத்தப்பட்டது. ஆனால் துணைக்கோள் கப்பலின் கருவித்

தொகுதிகளுடைய வேலையும் விண்வெளிப் பயணியின் உயிர்ச் செயலும் வானொலித் தொலையளவியால் தொடர்ந்து கண்காணிக்கப் பட்டன.

எனக்கு ஓய்வு தேவை என்பதைக் காட்டிய இன்னொரு நிலைமையும் இருந்தது. 'வஸ்தோக்2' கப்பலின் அலுவலறையில் கிட்டத்தட்ட ஒன்பது மணி நேரமாக நான் அமர்ந்திருந்தேன். எடையின்மை நிலையில் இவ்வளவு நீண்ட நேரம் இருந்ததன் விளைவாகச் செவித் தேகளியின் வேலையில் சில மாறுதல்கள் ஏற்பட்டன போலும். இன்பமற்ற உணர்ச்சிகள் எனக்கு அவ்வப்போது சிறப்பாக நான் தலையை வெட்டி அசைத்த சந்தர்ப்பங்களில் உண்டாயின: இதைக் கண்ட நான், விரும்பத் தகாத அறிகுறிகள் தோன்றிய சமயங்களில் திடீர் அசைவற்ற பாங்கை மேற்கொண்டேன். இந்த நிலையில் சில நிமிடங்கள் இருந்ததனால் விரும்பத் தகாத உணர்ச்சிகள் அகன்றன. உறக்கமும் நரம்பு மண்டலத்துக்கு ஓய்வும் எனது வேலைத்திறனை முழு அளவில் மீட்டளிக்கும் என்று எண்ணினேன். கட்டு வார்களால் என் உடலை நாற்காலியோடு சேர்த்து இறுக்கிக் கொண்டேன். உறங்கும்படி எனக்கு நானே ஆணையிட்டேன். விண்வெளிப் பயணிகளான நாங்கள் திட்டமிட்ட லயத்துக்கு, நாள் வேலைத் திட்டத்துக்குப் பழக்கப்பட்டிருந்தது மிக நல்லதாயிற்று.

வழக்கமற்ற விந்தையான உணர்ச்சி காரணமாக விரைவில் விழித்துக் கொண்டேன். என் கரங்கள் தாமாகவே மேலெழும்பி, எடையின்மையினால் காற்றில் தொங்கின. தரையுலக உறக்கத்தில் வழக்கமாகக் காணக் கிடைக்காத காட்சி. கைகளை வார்களுக்கு அடியில் நுழைத்துக் கொள்ள வேண்டியதாயிற்று. அவ்வாறு செய்தது அதிக வசதியாக இருந்தது. ஒளிக்குறிப் பலகையைப் பார்த்தேன். கப்பல் எட்டாவது சுற்றை முடித்துக் கொண்டிருப்பதாக அது தெரிவித்தது.

ஆழ்ந்த, அயர்ந்த தூக்கம் உடனே வந்து விடவில்லை. பத்தாவது, பதினோராவது சுற்றுக்களில் கணப்போது விழித்துக் கொண்டு கருவிகளையும் ஒளிக் குறிப்பலகையையும் சட்டென்று பார்வையிட்டு விட்டு மறுபடி தூங்கினேன். பின்னர் அயர்ந்து உறக்கத்தில் ஆழ்ந்தேன். கப்பலில் அலாரம் கடிகாரம் இல்லை. வேலைத் திட்டத்துக்கு இணங்க இரவு இரண்டு மணிக்கு விழிக்க வேண்டும் என்று என் மூளைக்குப் பொறுப்பு ஒப்படைத்தேன். ஆனால் அது சற்று முன்னதாக எழுப்பி விட்டது. குறித்த நேரத்துக்குப் பதினைந்து நிமிடங்கள் இருக்கையில் விழித்துக் கொண்டேன். கண்டிப்பான நேர ஒழுங்கைக் கடைப்பிடிக்க எண்ணி அந்தப் பதினைந்து நிமிடங்களை உறக்கத்தில் கழிக்க முடிவு

செய்தேன். ஆனால் இரண்டாந்தரம் கண்களைத் திறந்த போது 2 மணி 35 நிமிடங்கள் ஆகியிருந்ததைக் கடிகாரம் காட்டியது. நேரம் கடந்து உறங்கிவிட்டேன்! எவ்வளவு வருந்தத்தக்கது! பூமியில் உள்ளவர்கள் ஏதோ கேடு நேர்ந்து விட்டதாக எண்ணலாமே! ஆழ்ந்த கவலை கொள்ளலாமே!

பூமியில் உறங்காமல் விழித்துக் கொண்டு பறப்பை இரவு முழுவதும் கண்காணித்துக் கொண்டிருந்தவர்களின் கவலையை விரைவில் போக்குவது அவசியமாய் இருந்தது. நன்றாக விழித்துக் கொள்வதில் இரண்டு நிமிடங்கள் கழிந்தன. பின்னர் நான் வேலையில் ஈடுபட்டேன்.

நன்றாக உறங்கினேன், கப்பலின் எல்லாப் பொறிகளும் கருவிகளும் முறைப்படி வேலை செய்கின்றன, அலுவலறையில் திட்டமிட்ட தட்பவெப்ப நிலைமைகள் நிலவுகின்றன, என் உடல், மன நிலை மிக நன்றாய் இருக்கிறது என்று பூமிக்கு அறிவித்தேன்.

உறக்கத்தின் போது என் நாடி நிமிடத்துக்கு 53 முதல் 67 தடவைகள் வரை துடித்தன என்பதைப் பூமியில் இருந்த அவதானிப்பாளர்கள் அறிந்திருந்தார்கள். உறக்கம் முற்றிலும் முறையானதாக இருந்ததை இது உறுதிப்படுத்தியது.

திட்டமிட்ட நேரத்திற்கு முப்பத்தைந்து நிமிடங்கள் பின்னர் நான் விழித்துக் கொண்டது குறித்து எத்தனை எத்தனையோ வகையான வேடிக்கைக் கதைகள் பின்பு கூறப்பட்டன.

வேலை நிறைவேறும் தறுவாயில் இருந்தது. விண்வெளிப்பயணம் வெற்றிகரமாக நிறைவேறுவதற்குத் தடையாய் இருக்கும் எந்தக் காரணமும் எனக்குத் தென்படவில்லை.

ஆயிற்று, பறப்பின் மிகச் சிக்கலான கட்டங்களில் ஒன்று கீழே போவதும் தரையில் இறங்குவதும் நிறைவேறுவது பாக்கி இருந்தது. பதினாறாவது சுற்றில் வானொலி உரையாடலின் போது செர்கேய் பாவ்லவிச் கரலியோவின் பழக்கமான குரல் ஒலிவாங்கியின் வழியே ஒலித்தது:

"கழுகு! தரை இறங்கத் தயாராய் இருக்கிறீர்களா?" 'கழுகு' என்பது என் குறிப் பெயர். பறப்பின் கடைசிப் பகுதிகளை நிறைவேற்ற நான் ஆயத்தமாய் இருப்பதாகவும் அசையக் கூடிய எல்லாப் பொறிகளும் கருவிகளும் இறுக்கப்பட்டு விட்டதாகவும் கப்பலில் ஒழுங்கு நிலவுவதாகவும் தலைமை உருவரைவாளருக்குத் தகவல் கொடுத்தேன்.

திட்டமிட்ட பிரதேசத்தில் கப்பலை இறக்குவதற்கான தானியங்கிப் பொறி பதினேழாவது சுற்றின் போது முடுக்கப்பட்டது. முந்தியதில் போலவே இந்தப் பறப்பிலும் திசை திருப்புவதற்கும் தடைப் பொறியை முடுக்குவதற்கும் இயக்குவதற்கும் தரை இறங்குவதற்கும் முழுமையாகத் தானியங்கு முறையில் அமைந்த சாதனத் தொகுதி பயன்படுத்தப்பட்டது. ஆயினும் தேவை ஏற்பட்டிருப்பின் கைகளால் செலுத்தப்படும் சாதனத் தொகுதியின் உதவியால் கப்பலை இறக்க என்னால் முடிந்திருக்கும். இந்தப் பறப்பில் இத்தொகுதி இரண்டு தடவைகள் சோதிக்கப்பட்டன. தடைப்பொறி முடுக்கப்படவில்லை என்பதுதான் வித்தியாசம்.

கப்பல் வேண்டிய திசையில் திருப்பப்பட்டது, தடைப் பொறி முடுக்கப்பட்டது, 'வஸ்தோக்2' இறக்கப் பாதையில் செல்லலாயிற்று.

விண்வெளிக் கப்பல் கோளப்பாதையிலிருந்து இறங்குவதும் வளி மண்டலத்தின் அடர்த்தியான படிவுகளை அது கடப்பதும் தரையில் இறங்குவதும் மிக மிகச் சிக்கலான காரியம். கப்பல் அபார விரைவுடன் வளி மண்டலத்தின் மேல் படிவுகளில் புகும்போது எடை மிகுதி, காற்றியக்கச் சூடு ஆகியவற்றின் பாதிப்பினால் அதன் சட்டகம் 'சடசடக்கிறது' என்று யூரி ககாரின் சொல்லியிருந்தார். நெருப்புத் தழலின் பிரமாண்டமான நாக்குகள் கப்பலைச் சுற்றிப் பாய்வது போலவும் அதன் மேல் தகட்டை நக்குவது போலவும் தோன்றுவதாக அவர் கூறியிருந்தார். இந்தக் காட்சியைப் பார்வையிட நான் ஆயத்தமானேன்.

என்னுடைய கணக்கீட்டின்படி 'வஸ்தோக்2'ன் பொறி திட்டமிட்ட தடை உந்துதலை ஏற்படுத்தியது. விளைவாகக் கப்பல் இறக்கப் பாதையில் செல்லத் தொடங்கிற்று. இது நிகழ்ந்தது ஆப்பிரிக்காவுக்கு மேலே. வளி மண்டலத்தின் அடர் படிவுகளில் நான் புகுவது மத்திய தரைக்கடல் பிரதேசத்தில் நிகழ வேண்டும். தரை இறங்குவதற்கான இடம் சராத்தவ் நகரின் அருகாமையில் பூமி உருண்டையில் குறிக்கப் பட்டிருந்தது. வளி மண்டலத்தின் மேல் படிவுகளில் புகும் நேரத்தை உறுதிப்படுத்திக் கொள்ளும் பொருட்டு ஒளிபடர் நேர அளவுமானியை நான் வேண்டுமென்றே இறுக்காமல் வைத்திருந்தேன். நாடாவில் கட்டியிருந்த அது எடையின்மை காரணமாக அறையில் மிதந்து கொண்டிருந்தது. மிகச் சிறு எடை மிகுதியாலும் நுட்பமாகப் பாதிக்கப்பட்ட கருவி அது. வளி மண்டலத்தின் எதிர்ப்பு கப்பலின் இயக்கத்தைத் தடைப்படுத்தத் தொடங்கியதுமே இந்தக் கருவி இருந்த பெட்டி அறையின் தரையை நோக்கி மெதுவாக இறங்கத் தொடங்கியது. 'வஸ்தோக்கன்2'ன் இறங்கு பகுதி வளி மண்டலத்தின் மேல் படிவுகளில்

'மாட்டிக் கொண்டது' அதன் வேகம் தீவிரமாகத் தடைப்படுவது விரைவில் தொடங்கும் என்று இதன் மூலம் நான் தெரிந்து கொண்டேன்.

கப்பலுக்கு வெளியே நடப்பதை நன்றாகக் காண வசதியாய் இருக்கும் பொருட்டு ஓர் ஒளிச் சாளரத்தை மூடாமல் வைத்திருந்தேன். கப்பலைச் சூழ்ந்த ரோஜா நிற அழல், வளிமண்டலத்தில் கப்பல் ஆழ்ந்த அளவுக்கு ஏற்ப மேலும் மேலும் அடர்ந்த ஆழ் சிவப்பாகவும் பின்பு கருஞ் சிவப்பாகவும் மாறியது. நெருப்பால் பாதிக்கப்படாத கண்ணாடி மஞ்சள் பூச்சால் மூடப்பட்டது. கண்ணாடிகளின் அருகே நெருப்புத் தூவானம் வீசிற்று. கண்கவர் காட்சி!

எடை மிகுதி குறைந்த பின்னர், கப்பல் சற்றே நடுங்கத் தொடங்கியதையும் இறங்கு பகுதியால் கிழிக்கப்பட்ட காற்று வெளியே இரைந்ததையும் உணர்ந்தேன். இறங்கு பகுதி ஒலியின் வேகத்தைக் காட்டிலும் மெதுவாக இயங்கும் அளவுக்குத் தடைப்பட்டு விட்டது என்பதை இது குறித்தது. இறக்கத்தின் கடைசிக் கட்டம் தரையிறங்குவது தொடங்கிவிட்டது. தானியங்கிப் பொறிகளின் ஆணைப்படி அறையின் கதவு கழன்று எறியப்பட்டது. கவண் பொறி நவீன விமானங்களில் போல என்னைக் காற்றுப் பெருக்கில் கொண்டு சேர்த்தது. பாரஷுட்டுகள் திறந்து கொண்டன. நான் சுற்றுமுற்றும் பார்வை செலுத்தியவன், எனது அலுவலறையைக் கண்டேன். அந்தப் பிரதேசத்தில் சென்ற இருப்புப் பாதையின் அருகே அது தரையை நெருங்கிக் கொண்டிருந்தது.

எனக்கு வலப்புறத்தில் பெரிய ஆறும் அதன் இரு மருங்குகளிலும் இரண்டு நகரங்களும் தெரிந்தன. எல்லாம் சரி சராதவ் நகரின் பிரதேசத்தில் தரை இறக்கம் நிகழ்கிறது - எனக் கண்டு கொண்டேன்.

நான் பாரஷுட்டுகளின் உதவியால் இன்னும் காற்றில் ஊசலாடிக் கொண்டிருந்தேன், அதற்குள் கப்பல் தரை சேர்ந்து விட்டது. ஒரு மோட்டார் கார் அதன் பக்கம் சென்றதை நான் கண்டேன். சுற்றிலும் ஆட்கள் தெரிந்தார்கள். நான் தரை சேரும் இடம் தொலைவில் இருக்குமோ என்று கணக்கிடலானேன். காற்று மிகப் பலமாக வீசியதாகச் சூழ்நிலையைக் கொண்டு அனுமானிக்க முடிந்தது. கப்பல் இறங்கிய இடத்திலிருந்து நான் அப்பால் அடித்துச் செல்லப்பட்டேன். இருப்புப் பாதை மீது மாஸ்கோவை நோக்கிப் போய்க் கொண்டிருந்தது ஒரு ரயில் வண்டி. நான் பாதையின் மறுபுறம் தரை சேர வேண்டும். ரயில்களின் போக்குவரத்து நேர அட்டவணையையும் நான் தரை சேரும் நேரத்தையும் நாங்கள் ஒப்பிட்டுப் பார்த்துக் கொள்ளவில்லை, விளைந்தது என்னவென்றால் நாங்கள் ஒருவர் பாதையில் மற்றவர் அனேகமாகக் குறுக்கிட்டோம். எஞ்சின் டிரைவர்தான் என்னைப் பார்த்து விரைவை

அதிகப்படுத்தினாரா, அல்லது நான்தான் போதிய உயரத்தில் இருந்தேனோ, தெரியாது. ரயில் சற்று முன்னதாகக் கடந்து சென்றது, நான் இருப்புப் பாதைக்குச் சில பத்து மீட்டர்கள் தொலைவில், அறுவடை செய்த கோதுமை வயலில் தரை சேர்ந்தேன். இயல்பாகவே வோல்கா பிரதேச உழவர்கள் தாம் என்னை முதலில் எதிர் கொண்டார்கள். காப்பு உடையைக் கழற்ற அவர்கள் எனக்கு உதவினார்கள். கிராஸ்னி கூத் என்னும் குடியிருப்பிலிருந்து இரண்டு கார்கள் வந்தன. ‘வஸ்தோக்2’ கப்பலின் அறையருகே என்னைக் கொண்டுவிடும்படி நான் கேட்டுக் கொண்டேன். ஏனெனில் அது போதிய தொலைவில் சுமார் 5 கிலோமீட்டர் தூரத்தில் இருந்ததால் நடந்து செல்வது கடினமாய் இருந்திருக்கும்.

அரசுக் கமிஷனுக்கான அறிக்கையைத் தயாரிக்கும் பொருட்டு அலுவலறையிலிருந்து குறிப்பேட்டையும் எடுத்த பிலிம் சுருள்கள் அடங்கிய பெட்டிகளையும் வேறு சில சாதனங்களையும் எடுத்துக் கொள்ளவும் தண்ணீர் பருகவும் வேண்டி இருந்தது.

...வட்டாரக் கட்சிக் கமிட்டி அலுவலகம் சேர்ந்ததும் மாஸ்கோவுடன் எனக்கு உடனடியாகத் தொலைபேசித் தொடர்பு ஏற்படுத்தித் தரும்படி கேட்டுக் கொண்டேன். கப்பல் நலமே தரை சேர்ந்து விட்ட செய்தியை அரசுக் கமிஷனுக்குத் தெரிவிக்க வேண்டி இருந்தது. என் உணர்ச்சி விந்தையாக இருந்தது. பறப்புப் பணி முழுமையாக நிறைவேறி விட்டது. இந்தப் பறப்புக்கு ஏற்பாடு செய்து அதன், நிறைவேற்றத்தை உறுதிப்படுத்தியவர்களுக்கு அதன் விளைவுகளை அறிவிக்க எனக்கு முடிந்திருக்கிறது என்பதால் திருப்தி ஒருபுறம். வெற்றிகரமாக நிறைவேறி இருந்தது அவர்களது உழைப்புதான். விண்வெளியை வெற்றி கொள்வதில் இன்னொரு கட்டம் நிறைவேறி இருந்தது. மறு புறம் நிகழ்வது விளங்காமையால் உண்டான மலைப்பு. சுற்றிலும் மனிதர்கள், வாழ்த்தொலிகள், மலர்கள், கூட்டத்தில் இடித்துப் புகுந்து காரை அடைவதற்கு மற்றவர்களுடைய உதவி தேவைப்பட்டது. முக்கியமானது என்னவென்றால் இந்த நிலைமையில் என்ன செய்ய வேண்டும் என்பது எனக்குத் தெரியாததுதான்.

வட்டாரக் கட்சிக் கமிட்டிக் கட்டடத்தின் அருகே அதற்குள் நூற்றுக் கணக்கான மக்கள் குழுமி இருந்தார்கள். “தித்தோவ்! தித்தோவ்!” என்று முழங்கினார்கள் அவர்கள். வட்டாரத் தலைவர்களோடு நான் வெளியே வந்து கோலாகலமான வாழ்த்து ஆரவாரங்களுக்கிடையே பேச்சு மேடை மீது ஏறினேன். உளமார்ந்த வரவேற்புக்காகக் கூடியிருந்தவர்களுக்கு நெஞ்சார நன்றி தெரிவித்தேன். கட்சியும் அரசாங்கமும் ஒப்படைத்த பணியை நிறைவேற்றியதால் எனக்கு

உண்டான எல்லையற்ற மகிழ்ச்சியையும் பெருமையையும் விவரித்தேன். குழந்தைகள் பூச்செண்டுகளை எடுத்து வந்து எனக்கு அளித்தார்கள். என் விண்வெளிப் பயணி உடையை வான் நீலப் பறப்பு உடையை அவர்கள் தொட்டுப் பார்த்தார்கள்.

உரிய நேரத்தில் எல்லோரிடமும் விடை பெற்றுக்கொண்டு விமான நிலையம் சென்றேன். மாஸ்கோவிலிருந்து வந்த விமானம் அங்கே எங்களுக்காகக் காத்திருந்தது. தோழர்களையும் நண்பர்களையும் என்னை ஆயத்தப்படுத்திப் பறப்பிற்கு வழியனுப்பியவர்களையும் சந்தித்ததில் எனக்கு மகிழ்ச்சி உண்டாயிற்று. பரிவுள்ள மருத்துவர்கள் எவ்கேனி அனத்தோலியெவிச் கார்ப்பவும் அந்திரேய் வீக்தரவிச் நிக்கீத்தினும் என் விண்வெளிப் பயண உடையை கூட்டுப்பண்ணைக் குடியிருப்பையும் வட்டார மையத்தையும் சேர்ந்த சிறுவர் சிறுமியர் அரை மணி நேரத்துக்கு முன்பு ஒரே பாராட்டு ததும்பப் பார்த்து மகிழ்ந்த உடையை என் மேலிருந்து கழற்றினார்கள், என் உடம்பின் பல இடங்களில் பொருத்தப்பட்டிருந்த பதிவுக் கருவிகளை அகற்றினார்கள், நாடித் துடிப்பையும் இரத்த அழுத்தத்தையும் சோதித்துப் பார்த்தார்கள். உடல், உள நிலை பற்றி விசாரித்தார்கள்.

உடல், உள நிலை மிக நன்றாய் இருப்பதாக நான் சொன்னேன். மருத்துவர்கள் அதைச் சந்தேகித்தார்கள், இதை இன்னும் சரி பார்க்க வேண்டும் என்றார்கள்.

“இங்கே இளைப்பாறுங்கள். குறைந்தது இருபத்து நான்கு மணி நேரம். நன்றாக இளைப்பாறுவது அவசியம். அப்புறம் மாஸ்கோ செல்ல வேண்டும்” என்று கூறினார்கள்.

...வோல்கா ஆற்றின் செங்குத்துக் கரை மேல் அமைந்த எனக்கு ஏற்கெனவே பழக்கமான சிறு வீடு. மரங்களின் பசுமையில் ஆழ்ந்த வசதிகள் வாய்ந்த இல்லம். யூரி ககாரினும் அந்திரியான் நிக்கலாயெவும் பிற நண்பர்களும் அங்கே எனக்காகக் காத்திருந்தார்கள். ஆனால் விண்வெளிப் பயணிகளின் சிறு குழுவில் உளமார உரையாடுவதற்கு முன்னால் மருத்துவர்களின் உறுதி வாய்ந்த கரங்களில் நான் மாட்டிக் கொண்டேன். பூமியிலும் பறப்பின் போதும் என் உடல், உள நிலை எப்படி இருந்தது என்பது பற்றிக் கேள்விகள் ஒன்றன் பின் ஒன்றாகப் பொழியலாயின. என்னுடைய பதில்கள் மருத்துவச் சோதனை மூலம் பெறப்படும் எதார்த்த விவரங்களுடன் பின்னர் ஒப்பிடப்படும். மாலையில் நண்பர்களும் நானும் வோல்கா ஆற்றின் கரையோரமாகச் சற்று உலாவினோம். பறப்பின் விளைவுகள் குறித்த ஆரம்ப விவரங்கள் பற்றிப் பேசினோம். பறப்பின் முதல் விளைவுகள் சம்பந்தமாக அரசுக்

கமிஷனுக்கு அறிக்கை தயாரிப்பதில் மறுநாள் முனைந்தோம். யூரி ககாரின் எனக்குப் பேருதவி புரிந்தார். அவருடைய உளப்பதிவுகளும் உணர்ச்சிகளும் உற்சாகக் கிளர்ச்சியிலிருந்து ஏற்கெனவே விடுபட்டிருந்தன. ஏப்ரல் 12-ம் தேதி அவர் அனுபவித்தவற்றுடனும் கண்டவற்றுடனும் எனது அவதானிக்கைகளை இப்போது நான் ஒப்பிட்டுப் பார்த்தேன்.

"பத்திரிகைகளுக்காகவும் கொஞ்சம் வேலை செய்ய வேண்டியிருக்கும்" என்று காலையில் என்னிடம் கூறப்பட்டது. "நிருபர்கள் காத்திருக்கிறார்கள். அவர்களுடைய ஆவலைத் தணிக்க வேண்டும்."

சிறு ஹாலில் எங்கள் உரையாடல் நடந்தது. அது எனது முதலாவது நிருபர் கூட்டம். பறப்பின் விவரங்கள் பற்றியும் விண்வெளிப் பறப்பியலின் தொழில்நுட்பப் புதுமைகள் பற்றியும் எனது சொந்த வாழ்க்கைக் கண்ணோட்டங்கள் பற்றியும் நிருபர்கள் கேள்விகள் கேட்டார்கள். எனக்குப் பிடித்த எழுத்தாளரும் இசை அமைப்பாளரும் யார் என்றும் எந்தக் கலைப் படைப்பு எல்லாவற்றிலும் அதிகமாக என் உள்ளத்தைக் கவர்ந்தது என்றும் கூட அறிய அவர்கள் ஆவல் கொண்டார்கள். அவர்களுடைய கேள்விகளுக்கு விடைகள் அளித்த பின்னர், விரிவான பறப்பு வேலைத் திட்டத்தைச் செயல்படுத்தவும் பணியை நிறைவேற்றவும் சக்தியும் திறமையும் என்னிடம் போதிய அளவு இருந்தது குறித்து எனது திருப்தியை வெளியிட்டேன்.

...வனப்பு வாய்ந்த வெள்ளி விமானம் 'இல்-18' காலையில் என்னை ஏற்றிக் கொண்டு மாஸ்கோவுக்குப் பறந்தது.

அரசுக் கமிஷனுக்கு அறிக்கை சமர்ப்பித்ததுடன் 'வஸ்தோக்2ன்' பறப்பும் முடிந்து விட்டது எனலாம். எடையற்ற நிலைமைகளில் கணிசமான நீண்ட நேரம் வாழ்ந்து வேலை செய்ய மனிதனால் முடியும் என்பது இந்தப் பறப்பினால் தெரியவந்த முக்கியத் தகவல் ஆகும் பிறகு நிகழ்ச்சிகள் பல வண்ணங்காட்டிக் கருவியில் போல ஒன்றன் பின் ஒன்றாக மாறின. மாஸ்கோ, விமான நிலையத்தில் வரவேற்பு, விமானத்திலிருந்து அரசாங்க உறுப்பினர்கள் இருந்த மேடை வரை நீண்ட சிவப்புக் கம்பள நடை விரிப்பு. அதை விரைவாக நடந்து கடக்க எனக்கு விருப்பம் உண்டாயிற்று.

விண்வெளித் தொலைவிடங்களில் சூரியனைப் பார்க்கவே முடியாது, அவ்வளவு பிரகாசமாக அது ஒளி வீசும். வண்ணங்களோ கற்பனைக்கு எட்ட முடியாத அளவு ஆழ்ந்தவை, அசாதாரணமானவை. ஆயினும், விண்மீன் பரப்பை வியந்து நோக்கிய போது நான் பூமியைப்

பற்றிக் கனவு கண்டேன். பூமித் தாயகத்தைக் காட்டிலும் எழில் மிக்கது எதுவும் இல்லை.

செஞ்சதுக்கம். உற்சாகக் கிளர்ச்சியும் மகிழ்ச்சிக் கொண்டாட்டமும் அலைமோதிய மனிதர்களின் பல வண்ணக் கடல். தலைநகர்வாசிகளும் வெளியிலிருந்து வந்தவர்களும் இவர்களில் இருந்தார்கள். முடிவற்ற மனிதப் பெருக்கு, புன்னகைகள், வாழ்த்துக்கள், மலர்கள், வி. இ. லெனினது சமாதியின் கற்படிகளில் ஏறியபோது என் உள்ளத்தில் உணர்ச்சிகள் கொந்தளித்துக் கொண்டிருந்தன. அன்று நான் கூறிய சொற்கள் அப்படியே எனக்கு நினைவில்லை. ஆனால் அவற்றின் பொருள் இதுதான்: என் மீது நம்பிக்கை வைத்ததற்காக சோவியத் கம்யூனிஸ்டுக் கட்சி மத்தியக் கமிட்டிக்கும் சோவியத் அரசாங்கத்துக்கும் நன்றி. எவர்களுடைய சுடர் விடும் அறிவும் திறன் வாய்ந்த கரங்களும் விறல் மிக்க ராக்கெட்டுகளையும் துணைக் கோள்களையும் விண்வெளிக் கப்பல்களையும் நிறுவினவோ அந்த விஞ்ஞானிகளுக்கும் பொறியாளர்களுக்கும் தொழிலாளர்களுக்கும் நன்றி. விண்வெளியில் நமது புதிய வெற்றிக்கான பெருமை கம்யூனிஸ்டுக் கட்சியையும் சோவியத் மக்களையும் நமது சோஷலிஸ அமைப்பின் மாவீர விறலையும் சோஷலிஸத் தாய்நாட்டின் எல்லா உழைப்பாளிகளையுமே சாரும். அவர்களுடைய பேருழைப்பை நிறைவுபடுத்துவது தான் விண்வெளிப் பயணிகளுக்கு எஞ்சி இருந்தது. சோவியத் நாட்டின் பதிற்றுக் கணக்கான, நூற்றுக் கணக்கான யுவ யுவதியர் விண்வெளி வெற்றியாளர்களின் வரிசையில் சேர ஆயத்தமாய் இருக்கிறார்கள்.

1961, செப்டம்பர் 11-ம் தேதி எனக்கு 26 வயது நிறைந்தது. ஆனால் இப்போது இந்தப் பிறந்த நாளைப் பதினேழு நாட்கள் பின்னே கொண்டு போக வேண்டும் போலும். இருபத்து நான்கு மணி நேரத்தில் நிலவுலகின் வாழ்வைப் பதினேழு நாட்கள் முந்த மனிதர்களில் முதன் முதலாக எனக்கு வாய்த்தது. இருபத்தைந்து மணி நேரத்தில் பதினேழு விண்வெளிக் காலைகளையும் மாலைகளையும் நான் கண்டேன்.

அன்றைய தினம் என் மனைவி தமாரா வீட்டுக் காரியங்களில் ஈடுபட்டிருக்கையில், நான் காலை முதல் வேறொரு வேலையில் முனைந்திருந்தேன். தெரிந்தவர்கள், தெரியாதவர்கள், குழந்தைகள், கிழவர்கள் ஆகியவர்களிடமிருந்து வந்திருந்த கடிதங்கள், கார்டுகள், வாழ்த்துத் தந்திகள் முதலியவற்றை ஒழுங்குபடுத்திக் கொண்டிருந்தேன். வெளிநாடுகளிலிருந்து வந்த தந்திகளும் இருந்தன. சஞ்சிகைகளிலிருந்தும் நாளிதழ்களிலிருந்தும் சமூக நிறுவனங்களிலிருந்தும் பதிற்றுக்கணக்கான வினா வரிசைகள் வந்திருந்தன. ஒரு வினாத்தொகுதி என் கருத்தை

ஈர்த்தது. தமாரா காதிலும் பட வேண்டும் என்பதற்காகக் கேள்விகளை உரக்கப் படிக்கத் தொடங்கினேன்:

“மனைவியுடன் உங்கள் உறவுகள் எவ்வகையானவை?”

“இந்தக் கேள்வியை மனைவியிடம் கேட்பது மேல்” என்று சமையலறையிலிருந்து ஒலித்தது மகிழ்ச்சிக் குரல்.

“உங்களுக்கு எல்லாவற்றிலும் விருப்பமான உணவுப்பண்டம் எது?”

சுவருக்கு மறுபுறம் நிமிட நேர மௌனம்.

“பதில் எழுது: தர்பூசணிப் பழம், புளித்த முட்டைக் கோசு, சைபீரிய இறைச்சிக் கொழுக்கட்டை, மனைவி தயாரிக்கும் எல்லாப் பண்டங்களும்...”

“உலகப் புகழாளர் என்ற பாத்திரத்தில் நீங்கள் எப்படி உணர்கிறீர்கள்” என்பது அடுத்த கேள்வி. அப்போது நான் பேசாதிருந்தேன்.

“தயை செய்து திரும்பப் படி!” படித்தேன், ஆனால் தமாராவும் பேசாதிருந்தாள்.

ஆண்களாகிய நாம் தொழிற்சாலையிலும் பணிமனையிலும் விஞ்ஞானத்திலும் நம் வெற்றிகளைப் பற்றி நண்பர்கள், பழகியவர்கள் வட்டாரத்தில் பேசும் பொழுது இவை எல்லாம் நம்முடைய திறமை, ஈடுபாடு, உழைப்புப் பற்று முதலியவற்றால் உண்டானதாக அடிக்கடி சொல்லுகிறோம். நம் மனநிலையில் ஏற்படும் மிகச் சிறு மாறுதல்களைக் கூடக் குழந்தைகளும் சிறப்பாக மனைவியும் வெகு நுட்பமாகக் கண்டு கொள்வதையும் நம் வெற்றிகளால் மகிழ்வதையும் தோல்விகளால் நேரும் துயரத்தைப் பகிர்ந்து கொள்வதையும் நாம் சில வேளைகளில் கவனிப்பது கிடையாது. மாபெரும் ருஷ்ய விஞ்ஞானியான கன்ஸ்தந்தீன் எதுவார்தவிச் த்ஸியல்கோவ்ஸ்கி எவ்வளவு சிக்கலான வாழ்க்கை நிலைமைகளில் வேலை செய்ய வேண்டி இருந்தது என்பதையும் அவருடைய பேரரான அலெக்சேய் வெனியமீனவிச் கோஸ்தின் ஒரு முறை விவரித்தார். அவருடைய பெரிய குடும்பத்தையும் மனைவி வர்வாரா எவ்கிராபவ்னாவையும் பற்றிக் கூறினார்.

“வர்வாரா எவ்கிராபவ்னா இல்லாதிருந்தால் த்ஸியல்கோவ்ஸ்கி ஒரு வேளை இருந்திருக்க மாட்டார்” என்றார் அவர்.

த்ஸியல்கோவ்ஸ்கியின் மனைவி குடும்பத்தின் எல்லாத் தேவைகளையும் தாமே நிறைவேற்றி வந்தார். விண்கோள்களுக்கு

இடையே பறப்புகள் நிகழ்த்துவது குறித்த சிக்கல்களைச் சித்தாந்த ரீதியில் ஆராய்வதில் ஈடுபட த்ஸியல்கோவ்ஸ்கிக்கு இவ்வாறு அவர் வாய்ப்பு அளித்தார். இந்த ஆராய்ச்சி வேலை தமக்குச் சக்தியோ உணவோ அளிக்கவில்லை என்று விஞ்ஞானி த்ஸியல்கோவ்ஸ்கி கூறி வந்தார். ஆயினும் தமது ஆராய்ச்சி தாய் நாட்டுக்கு மலை மலையாக உணவுப்பொருட்களையும் ஆழங்காண முடியாத ஆற்றலையும் வழங்கும் என்று அவர் நம்பினார். விண்வெளிப் பறப்பியலைத் தோற்றுவித்த தஸியல்கோவ்ஸ்கியை இன்று உலகம் முழுதும் அறியும். விண்வெளியை ஆராய்வதில் சிறப்பான சாதனைகள் புரிந்தவர்களுக்கு அவரது பெயரால் பதக்கங்கள் அளிக்கப்படுகின்றன. ஆனால் ஆயுட்காலம் முழுவதும் நீடித்த அருஞ் செயல் ஆற்றிய பெண்மணியை அறிந்தவர்கள் மிகச் சிலரே, விஞ்ஞானி த்ஸியல்கோவ்ஸ்கி தம் காலத்துக்கு வெகு தூரம் முன்னே பார்வையைச் செலுத்தியவர். அவரது விஞ்ஞான சாதனையின் பகுதியாக விளங்கிய அவருடைய மனைவியாரின் அருஞ்செயலை மிகச் சிலரே அறிந்திருக்கிறார்கள்.

லெனின்கிராதுக் கவிஞர்களது கவிதைத்தொகுப்பு ஒன்றில் ‘விண்வெளிப் பயணிகளின் மனைவிமாருக்கு’ என்ற தலைப்பில் ஹெர்மன் பில்யகோவ் எழுதிய செய்யுளை நான் படித்தேன்.

தொலைக்காட்சித் திரையினிலே நடிகையர்கள்,
சூழ் புகழ் பெற்றோரிடையே அவரைக் காணீர்.
விலகி ஒதுங்கிடும் அவர்தம் மென்முகங்கள்
மிகப் பெரிதாய்த் தோன்றுவதும் அரிதே ஆகும்.
கழிவதெல்லாம் அவர்க்கிரவு கலவரத்தில்,
கலங்களிலே உணவு வகை ஆறிப் போகும்.
விழி மூடார், உளம் பதைக்கப் படுத்திருப்பார்,
விறலற்றார் கொழுநருக்கே உதவி செய்ய.
ஆனாலும் இவை பொருட்டே அல்ல கண்டீர்,
அகல் விண் ஊர் கப்பல் தரை திரும்பும் போது
வானேனும் புகழின்பம் கணவர் துய்ப்பார்,
வரும் புகழின் துன்பத்தைப் பெண்டிர் ஏற்பார்.

விண்வெளிப் பயணிகளின் மனைவிமார்பால் மட்டும் இன்றி, கணவர்களுடன் இன்ப துன்பங்களைப் பகிர்ந்து கொண்டு அதன் மூலம் ஆடவர்களை மனிதர்கள் மீது அதிகப் பரிவும் போராட்டத்திலும் சோதனைகளிலும் அதிக வலிமையும் உறுதியும் கொள்ளச் செய்யும் எல்லா மனைவிமார்பாலும் அன்பும் மென்மையும் நிறைந்தவை கவியின் இந்த எளிய வரிகள்.

'வாஸ்தோக்2' விண்வெளிக் கப்பலின் பறப்பு பல்லாயிரம் பெயர் கொண்ட உழைப்பாளர் குழுவின் கடுமையான வேலையின் விளைவு ஆகும். உலகின் முதலாவது விண்வெளிக் கப்பல்களை நிறுவுவதில் தங்கள் அறிவையும் உழைப்பையும் ஈடுபடுத்திய தொழிலாளர்கள், பொறியாளர்கள், விஞ்ஞானிகள் ஆகியோர் இந்தக் குழுவில் இருந்தார்கள். எனக்குக் கிடைத்தது பொறாமைக்குரிய பாத்திரம், ஆனால், ஏற்கெனவே பிரபலம் அடைந்தவர்களும் இன்னும் பிரபலம் அடையாதவர்களுமான உழைப்பு வீரர்கள் செய்த வேலையின் முழு அளவோடும் ஒப்பிட்டால் எனது பாத்திரம் முக்கியம் அற்றது. எனவே நான் 'நட்சத்திர' தோரணையை மேற்கொள்வது என்னுடையதைக் காட்டிலும் அளவிட முடியாதபடி உயர்ந்த தொண்டு ஆற்றியவர்களின் வெற்றிகளைத் தாழ்த்துவது, இழிவுபடுத்துவது ஆகும்.

பறப்புக்கு முன்னேற்பாடு செய்கையில் அருஞ்செயல் ஆற்றுவது பற்றி நாங்கள் எண்ணவே இல்லை. அப்படி எண்ணி இருந்தால் என்னை நம்பிப் பறப்புப் பணி ஒப்படைக்கப்பட்டிராது, இரண்டாவது விண்வெளிப் பயணி ஆவதற்குத் தார்மீக உரிமை நான் பெற்றிருக்க மாட்டேன். இவை எல்லாவற்றையும் நாங்கள் நெஞ்சால் புரிந்து கொண்டோம், வேலைக்கு எங்கள் வாழ்வின் மாற்ற முடியாத, முதன்மையான நிபந்தனைக்கு மட்டுமே எங்களை ஆயத்தம் செய்து கொண்டோம்.

எங்களுக்குக் கௌரவத்துடன் வரவேற்பு அளிக்கப்படும் என்பதை நாங்கள் கட்டாயம் அறிந்திருந்தோம். ஆனால் இவ்வளவு மகத்தான வரவேற்பு கிடைக்கும் என்று உண்மையில் நாங்கள் எண்ணக் கூட-இல்லை. ஏனென்றால், மறுபடி சொல்கிறேன், விண்வெளிக் கப்பல்களை நிறுவிய விஞ்ஞானிகளும் தொழில்நுட்ப வினைஞர்களும் செய்ததைக் காட்டிலும் எங்கள் பறப்பு உயர்ந்தது என்று நாங்கள் நினைக்கவில்லை.

சோவியத் நாட்டில் அருஞ்செயல் என்பது வாழ்க்கையேதான். இதைக் கூர்ந்து கவனியுங்கள், தேசபக்த யுத்த வரலாற்றின் ஏடுகளைத் திருப்பிப் பாருங்கள். நாள்தோறும், மணிதோறும் நிமிடந்தோறும் சோவியத் நாட்டினர் ஆற்றிய அருஞ்செயல்களின் விவரக் குறிப்பாகும் இந்த வரலாறு. பீரங்கிச் சாலகத்தைத் தன் மார்பினால் மூடி, தனது சாவினால் போர்முனையின் ஒரு சிறு பகுதிக்கு வெற்றியைக் கொணர்ந்த இளங் கம்யூனிஸ்டு அலெக்ஸாந்தர் மத்ரோஸவை நினைவு கூருங்கள். கம்யூனிஸ்டு விமானி நிக்கலாய் காஸ்டெல்லோவை நினைவுபடுத்திக் கொள்ளுங்கள். பாரஷூட்டின் உதவியால் குதித்துத் தப்புவதற்குப்

பதிலாக உடைந்த தாக்கு விமானத்தை பாசிஸ்டுகளின் டாங்கி வரிசை மீது செலுத்தினார் அவர். பிரேஸ்த்க் கோட்டையை இறுதிவரை போரிட்டுக் காத்த படையினரையும் ஹிட்லரின் இரகசியப் போலீஸ் படையான கெஸ்டாபோவின் சித்திரவதைகளுக்கு ஆளாகி மடிந்த போதிலும் தாய் நாட்டின் பொருட்டுப் போராடிய தோழர்களின் பெயர்களைக் கூற மறுத்த கெரில்லா வீரர்களையும் நினையுங்கள். தங்கள் சொந்தப் புகழுக்காகவா அவர்கள் அருஞ்செயல்கள் ஆற்றினார்கள்?

சில வேளைகளில் இவை எல்லாவற்றையும் பற்றித் தனிமையில் நான் எண்ணமிடுவதுண்டு. அப்போது என்னைக் கேட்டுக் கொள்வேன்: "இவர்கள் செய்தது போலச் செய்ய என்னால் முடிந்திருக்குமா?" என் அறிவில் இதற்கு எப்போதும் ஒரு விடைதான் கிடைக்கும்: "என் சக்திக்கு இயன்ற எல்லாவற்றையும் செய்ய முயன்றிருப்பேன்..."

'வஸ்தோக்1'ன் பறப்புக்கும் 'வஸ்தோக்2'ன் பறப்புக்கும் இடையே கழிந்த நேரத்தில் சோவியத் நாட்டில் பெரிய நிகழ்ச்சிகள் நடந்தேறி இருந்தன. கம்யூனிஸத்தைக் கட்டி அமைப்பதைக் குறிக்கோளாகக் கொண்ட சோவியத் கம்யூனிஸ்டுக் கட்சியின் புதிய செயல் திட்டத்தை மக்கள் தெரிந்து கொண்டார்கள். அவர்கள் அதை உளமார ஏற்றுக் கொண்டார்கள், என்ன நேரினும் சரியே, அதை நிறைவேற்றித் தீர்ப்பார்கள். இதுவும் அருஞ்செயலாக விளங்கும். அருஞ்செயல், ஆனால் யாருடையது? இவனோவுடையதா? பெத்ரோவுடையதா? ககாரினுடையதா?... சோவியத் மக்கள் அனைவரதும், மனிதன் மனிதனுக்கு நண்பன், தோழன், சோதரன் என்னும் மாபெரும் கம்யூனிஸச் சட்டத்திற்கு இணங்க வாழும் சோவியத் மக்களின் அருஞ் செயலாக விளங்கும் இது.

ஒரு சிறுவனைக் காக்கும் பொருட்டு ரயிலுக்கு அடியில் பாய்ந்து, நற்காலமாகச் சக்கரங்களுக்குக் கீழிருந்து சேதமில்லாமல் வெளியேறிய சோவியத் மனிதன் மோசமாய்ப் போனால் சிறுவனது பின் பக்கத்தில் அறைந்து அவனைப் பெற்றோரிடம் கொண்டு சேர்த்து விட்டுத் தன் வழியே போவான். பரிசையோ பரபரப்பையோ பற்றி நினைக்கக் கூட மாட்டான். சோவியத் குடிமகன் அவ்வாறு பயிற்றப்பட்டிருக்கிறான்.

எனது வேட்புக் கெடு, உண்மையில் சோதனைக் காலம், முடியும் முன்பே என்னைக் கம்யூனிஸ்டுக் கட்சியில் சேர்த்துக் கொள்வது பற்றி சோவியத் கம்யூனிஸ்டுக் கட்சி மத்தியக் கமிட்டியில் நிறைவேறிய தீர்மானம் என்னைப் பொறுத்தவரையில் பறப்புக்காக எனக்குக் கிடைத்த ஆகப் பெரிய பரிசாக விளங்கியது...

கட்சியும் சோவியத் மக்களும் என் மீது வைத்த நம்பிக்கை குறித்து நான் பெருமை கொள்கிறேன். இந்த நம்பிக்கையை நான் மெய்ப்பித்து விட்டதாக மக்கள் கருதினால் நான் இன்பம் அடைவேன்.

விறல் மிக்கது மனித அறிவு, ஆராயும் ஆர்வம் உள்ள, ஞானத்தினால் வலிவு பெற்ற அறிவு, கூர்ந்து நோக்கவும் பகுத்தாயவும் முடிவு செய்யவும் வல்ல அறிவு...

இதன் பொருட்டுப் புதிய கப்பல்கள் விண்வெளியில் செல்லும்.

முதலாவது ராக்கெட் விண்வெளித் தொகுதிகளின் உருவரைவாளர் செர்கேய் பாவ்லவிச் கரலியோவ் இது பற்றிப் பின்வருமாறு நன்றாகச் சொன்னார்:

“பேரண்டத்தின் கரையாக விளங்கும் நம் தாயகத்தின் புனித பூமியிலிருந்து சோவியத் கப்பல்கள் இன்னும் அறியப்படாத தொலைவுகளுக்குப் பல முறை செல்லும். அவற்றின் ஒவ்வொரு பறப்பும் சோவியத் மக்களதும் மனித குலம் அனைத்தினதும் பெரு விழாவாக அறிவினுடையவும் முன்னேற்றத்தினுடையவும் வெற்றியாகத் திகழும்.”

# வெளிநாடுகளில் சந்திப்புகள்

விண்வெளிப் பறப்புக்குப் பின் நம் புவிக்கோளத்தை மேலும் பற்பல தடவைகள் பார்வையிட எனக்கு வாய்த்தது. ஆனால் இப்போது விண்வெளியிலிருந்து அல்ல, பூமியிலிருந்தே நான் அதன் மீது பார்வை செலுத்தினேன். நட்பு நாடுகளிலிருந்து பெருந்தொகையான அழைப்புகள் வந்தன. ஜெர்மன் ஜனநாயகக் குடியரசு, ருமேனிய சோஷலிஸக் குடியரசு, மங்கோலிய மக்கள் குடியரசு, தென் கிழக்காசிய நாடுகள் ஆகியவை இவை. இந்தோனேசியா, பர்மா, வியத்நாம் ஜனநாயகக் குடியரசு ஆகியவற்றில் நாங்கள் கிட்டத்தட்ட ஒரு மாதம் இருந்தோம். விரைவில் சோவியத் விஞ்ஞான அகாதமி பிரதிநிதிக் குழுவின் உறுப்பினனாக நான் அமெரிக்க ஐக்கிய நாடு சென்றேன். விண்வெளியைச் சமாதான நோக்கங்களுக்காகப் பயன்படுத்துவது பற்றிய சர்வதேச மகாநாடு அங்கே நடந்து கொண்டிருந்தது. 1962 செப்டெம்பரில் நாங்கள் யூகோஸ்லாவியாவுக்கும் பல்கேரியாவுக்கும் போனோம்.

இந்தப் பயணங்களின் போது ஏற்பட்ட அனுபவங்கள் ஏராளமானவை. அவற்றை வைத்து ஒரு தனிப் புத்தகமே எழுதிவிடலாம். ஆனால் எல்லாப் பயணங்களையும் எனக்குக் கிளர்ச்சியூட்டி என் நினைவில் பதிந்துவிட்ட எல்லா அனுபவங்களையும் இந்த நூலில் நான் விவரிக்கப் போவதில்லை. பல நாடுகளில் எங்களுக்கு அளிக்கப்பட்ட நட்பார்ந்த வரவேற்பு எங்களுக்கு மிக நிறையச் சோதரர்களும் கருத்து ஒற்றுமை கொண்டவர்களும் உண்மை நண்பர்களும் இருப்பதை உறுதிப்படுத்துகிறது.

மேற்கு ஜெர்மனியிலிருந்து பழிவெறியாளர்கள் நடத்தி வந்த ஆத்திரமூட்டும் நடவடிக்கைகளுக்கு முற்றுப்புள்ளி வைக்க ஜெர்மன் ஜனநாயகக் குடியரசு முடிவு செய்து மேற்கு பெர்லினுக்கும் கிழக்கு பெர்லினுக்கும் இடையிலிருந்த எல்லையை மூடிவிட்ட சமயத்தில் நாங்கள் அந்தக் குடியரசுக்குப் போய்ச் சேர்ந்தோம். அந்த நாட்களில் ஜெர்மன் ஜனநாயகக் குடியரசில் எல்லோரும் தங்கள் உரிமைகளைக் காத்துக் கொள்ள உறுதி பூண்டிருந்தார்கள், சமாதான விருப்பம் ஒன்றையே வாழ்க்கை விருப்பமாகக் கொண்டிருந்தார்கள்.

எங்கள் பிரதிநிதிக் குழுவின் கார்வரிசை பெர்லின் வீதி ஒன்றின் வழியே சென்றபோது எங்கள் காரின் பின்னே நெடுநேரம் ஓடி வந்த

ஒரு முதியவரை நாங்கள் கண்டோம். அவர் ஒன்றுக்கு மேற்பட்ட போர்களைக் கண்டிருக்க வேண்டும், அவற்றின் நெருப்பில் ஒருவனுக்கு மேல் புதல்வர்களைப் பலி கொடுத்திருக்க வேண்டும். எங்கள் கார் மிக மெதுவாகவே நகர்ந்தது என்றாலும் ஓடுவது கிழவனாருக்கு எளிதாயில்லை என்பதை நாங்கள் கண்டோம். ஆனாலும் அவர் ஓடி வந்து கொண்டே கொடியை ஆட்டினார், 'சமாதானம் - நட்பு' என்று பொருள்படும் 'மீர் - த்ரூழ்பா' என்னும் இரண்டே சொற்களை முழக்கினார்.

பெர்லினிலும் பிற நகரங்களிலும் பெரியவர்களோடு கூடவே ஏராளமான குழந்தைகள் எங்களை வரவேற்றார்கள். ஜெர்மன் ஜனநாயகக் குடியரசில் குழந்தைகள் மட்டும்தாம் தித்தோவை வரவேற்கின்றன என்று மேற்கு பெர்லின் பத்திரிகை ஒன்று அந்த நாட்களில் எழுதியது. எங்களை மட்டும் இன்றி ஜெர்மன் ஜனநாயகக் குடியரசைச் சேர்ந்த ஜெர்மானிய நண்பர்களையும் புண்படுத்துவதற்காக அது இவ்வாறு எழுதியது. குழந்தைகள் வாழ்க்கையின் 'குறிகாட்டிகள்' என்பதையும் ஒரு நாட்டின் மக்களுடைய வாழ்க்கைக் குறிக்கோளைக் குழந்தைகளைப் பார்த்துத் தெரிந்து கொள்ளலாம் என்பதையும் இந்தப் பத்திரிகைக்காரர்கள் புரிந்து கொள்ளவில்லை போலும். ஜெர்மன் ஜனநாயகக் குடியரசில் குழந்தைகள் மெய்யாகவே நிறையத்தான். மக்கள் சமாதானமாக வாழ விரும்புகிறார்கள், அமைதி நிறைந்த, நேர்த்தியான வருங்காலம் பற்றிக் கனவு காண்கிறார்கள் என்பதற்கு முதல் சான்றாக விளங்கியது குழந்தைகளின் பெருக்கம். ஜெர்மன் ஜனநாயகக் குடியரசின் நகரங்களிலும் கிராமங்களிலும் புன்னகைக்கும், மகிழ்ச்சி பொங்கும் சிறுவர் சிறுமியரைக் காணப் பெரிதும் இன்பமாய் இருந்தது...

தென் கிழக்கு ஆசிய நாடுகளில் சுற்றுப்பயணம் சைபீரியாவாசியான எனக்குச் சிறப்பாகச் சுவையுள்ளதாக இருந்தது. எங்கள் சைபீரியாவில் தென்னை வகை மரங்கள் வளர்வதில்லை. வாழைப்பழங்களும் கடைகளில் எப்போதும் கிடைப்பதில்லை. இங்கேயோ தென்னை மரங்களும் வாழை மரங்களும் வீதிகளின் மருங்குகளில் வளரும் நாட்டுக்குத் திடீரென்று நாம் போய்ச் சேர்ந்து விடுவோம்....

நில நடுக்கோட்டின் மரகத மணிமாலை என்று அழைக்கப்படுகிறது இந்தோனேசியா. சிறியவையும் பெரியவையுமான மூவாயிரம் வளங்கொழிக்கும் பசிய தீவுகளில் பரந்திருக்கிறது இந்த நாடு. பூகோள வரைபடம் எதிலும் காணப்படாத அளவு சிறிய தீவுகள் இவற்றில் உள்ளன. அதே சமயம் ஒன்றுக்கு மேற்பட்ட ஐரோப்பிய நாடுகளைத் தனக்குள் அடக்கும் அளவுக்குப் பெரிய தீவுகளும் இருக்கின்றன. ஜகார்த்தா விமான நிலையத்தின் கான்கிரீட் தரையில் எங்கள் விமானம்

இறங்கியதுமே பொசுக்கும் வெயிலும் பைந்நீல மாகடல் பரப்புக்களும் வெப்ப மண்டலக் காடுகளும் உள்ள நாட்டுக்கு வந்து விட்டோம் என்று நாங்கள் புரிந்து கொண்டோம். நாட்டில் சுற்றுப்பயணம் செய்த போது இந்தோனேசியக் கிராமங்களுக்கும் கல்வி நிலையங்களுக்கும் விளையாட்டு அரங்குகளுக்கும் புகழ் பெற்ற பௌத்தக் கோயிலான போரா புதூருக்கும் போய்ப் பார்த்தோம். இந்தோனேசிய மக்களின் தொன்மை வாய்ந்த பண்பாட்டுக்கு மௌனமாகச் சான்று பகர்கிறது இந்தக் கோயில்.

வெப்பமும் ஈரிப்பும் உள்ள தட்பவெப்ப நிலை காரணமாக இந்தோனேசிய மக்கள் கட்டும் வீடுகள் ருஷ்ய இஸ்பாக்களையோ உக்ரேனிய ஹாத்தாக்களையோ சிறிதும் ஒத்திருக்கவில்லை. படிவரிசையில் அமைந்த மிகச் சிறிய நெல் வயல்கள், செழித்து மண்டிய தளதளப்பான தாவரங்களின் பசுமையில் ஆழ்ந்த கிராமங்கள்- அல்தாய் ஸ்தெப்பிகளின் எல்லையற்ற பரப்புக்கும் கிராமங்களுக்கும் இவை எவ்வளவு மாறானவை! இந்தோனேசியர்கள் இசைப்பண்பு வாய்ந்த மக்கள். நகரங்களிலும் கிராமங்களிலும் எங்களுடைய அனேகமாக ஒவ்வொரு சந்திப்பும் இசை விழாவில் கலந்து நிறைந்தது. பல வண்ண ஆடையணிகளும் முகமூடிகளும் அணிந்தவர்கள் நிகழ்த்திய ஆடல்களுடன் நாங்கள் எதிர் கொள்ளவும் வழியனுப்பவும் பட்டோம்.

ஒவ்வொரு நாட்டுக்கும் உரிய தனிச் சிறப்புகள் உண்டு, ஒவ்வொன்றும் தத்தம் வகையில் அக்கறைக்கு உரியது. நாங்கள் பர்மாவுக்கு மேலே பறந்த போது, விமானச் சாளரங்கள் வழியே பார்க்கையில் ரங்கூனில் மனிதர்கள் வசிக்கும் வீடுகள் பௌத்தக் கோயில்களான பகோடாக்களை விடக் குறைவு என்று எனக்குத் தோன்றியது. ஆயிரமாயிரம் பகோடாக்கள் உள்ள நாடு என்று பர்மா அழைக்கப்படுவது காரணத்தோடுதான்.

பர்மா யூனியன் என்று அழைக்கப்படும் இந்த இளம் அரசு உண்மையில் தொன்மை வாய்ந்தது. முன்னர் இது காலனி ஆட்சியாளர்களின் கொடுங்கோன்மைக்கு அடிமைப்பட்டிருந்தது. நாட்டின் செல்வ வளங்கள் ஈவிரக்கமின்றிச் சூறையாடப்பட்டு வந்தன. பர்மிய மக்கள் பிரிட்டிஷ் காலனி ஆட்சியாளர்களுக்கு எதிராகப் போராட்டம் நடத்தினார்கள். முழு விடுதலை பெறும் வரை அவர்கள் போராட்டத்தை நிறுத்தவில்லை. இந்த நாட்டின் வரலாறு மிகப் பண்டைக் காலத்தில் தொடங்குகிறது. ஒரு காலத்தில் பர்மா கிழக்கு ஆசியாவின் பெரு வல்லரசுகளில் ஒன்றாக இருந்தது, உயர் வளர்ச்சி பெற்ற பண்பாட்டைக் கொண்டிருந்தது.

தொன்மைக் காலப் பழக்க வழக்கங்களையும் தேசிய ஆடையணிகளையும் இசையையும் நடனத்தையும் பண்டைய மத மரபுகளையும் பர்மியர்கள் காப்பாற்றிக் கடைப்பிடித்து வருகிறார்கள். உதாரணமாக, ஆடவன் அவ்வப்போது பிட்சு நிலை (துறவு) மேற்கொள்வது நல்லியல்பை வெளியிடுவதாக பர்மாவில் கருதப்படுகிறது. துறவியின் 'தொண்டு' அங்கே கடினம் அல்ல, ஏனெனில் துறவிகள் வேலையே செய்வதில்லை. அவர்கள் காலையில் வீடு வீடாகச் சென்று பிச்சை வாங்குகிறார்கள், மதியத்தில் சாப்பிடுகிறார்கள், எஞ்சிய நேரத்தை எல்லாம் புத்தரின் வாழ்க்கை பற்றிய சிந்தனையில் கழிக்கிறார்கள். நாட்டில் இரண்டு லட்சத்துக்கு மேல் துறவிகள் எப்போதும் இருந்து வருவதாக எங்களுக்குக் கூறப்பட்டது.

ரங்கூன் நகரின் மையத்தில் இருக்கிறது உலகிலேயே யாவற்றிலும் பெரிய ஷ்வேதகான் பகோடா - தங்கப் பகோடா. இந்தப் பகோடாவைப் பார்க்க வரும் ஏராளமான குழுக்களால் துறவிகளுக்கு நிறைய வருவாய் கிடைக்கிறது.

ஆனால் இந்த வழிபாட்டாளர்களுக்கு உரிய மதிப்பைச் செலுத்த வேண்டும். நாட்டின் தேசிய விடுதலைக்காகப் போராட்டம் நடந்து கொண்டிருந்த இடர் நிறைந்த நாட்களில் சாதாரண பிட்சுக்கள் மக்களுடன் சேர்ந்து பிரிட்டிஷ் காலனி ஆட்சியாளர்களுக்கு எதிராக வீரத்துடன் போராடினார்கள். காலனி ஆட்சியாளர்களின் சிறையில் உயிர் துறந்த தேசிய வீரரான பௌத்த பிட்சு ஊ பிஸ்ஸார் என்பவரின் நினைவுச்சின்னத்தை ரங்கூனில் நண்பர்கள் எனக்குக் காட்டினார்கள்.

உழைப்புப் பற்றும் இயற்கைத் திறமையும் வாய்ந்த பர்மிய மக்கள் விருந்தோம்பும் பண்புடன், நட்பார்ந்த முறையில் எங்களை வரவேற்றார்கள். சோவியத் நாட்டையும் சோவியத் மக்களின் வாழ்க்கையையும் பற்றிய எல்லா விஷயங்களையும் தெரிந்து கொள்வதில் உற்சாகம் பொங்கும் ஆர்வம் காட்டினார்கள்.

வியத்நாம் ஜனநாயகக் குடியரசில் வேறு வகையான வாழ்க்கைப் போக்கை நாங்கள் கண்டோம். வியத்நாமிய மக்கள் இப்போதும் கடினமான வாழ்க்கை நடத்தி வந்தார்கள், பற்றாக்குறைகள் நிறைய இருந்தன என்றாலும் ஜனநாயக வியத்நாமின் மக்கள் முன்னேற்றப் பாதையில் நெடுந்தூரம் சென்று விட்டார்கள் என்று ஹோ சி மின் என்னிடம் சொன்னார். கொடிய வறுமையும் இன்மையும் பிரெஞ்சுக் காலனி ஆட்சிக் காலப் பொருளாதாரப் பின்தங்கிய நிலையும் அகற்றப்பட்டு விட்டன.

குடியரசுத் தலைவர் ஹோ சி மின் மிக இனியவர், மூதறிஞர், கவனமுள்ளவர். எங்களை ஒரு நாள் ஓய்வு கொள்ளவிட்ட பிறகு ஹாலோங் குடாவில் உள்ளம் கவரும் சுற்றுலாவுக்கு அழைத்துச் சென்றார். ஹாலோங் என்றால் உறங்கும் பறவை நாகம் என்று பொருள். இந்தப் பெயருள்ள குடாக் கடலில் வெவ்வேறு அளவுகளும் வடிவங்களும் கொண்ட மூவாயிரத்துக்கு மேற்பட்ட தீவுகள் உள்ளன:

பிரமாண்டமான பறவை நாகம் ஒன்று உண்மையாகவே நீருக்கு அடியில் உறங்கிக் கொண்டிருப்பது போலவும் அதன் கல் துடுப்புக்கள் மட்டும் கடலின் மேற்பரப்பில் மிதப்பது போலவும் தோன்றியது. குடாமீது மெல்லிய மூடுபனி திரையிட்டிருந்தது. மீனவர்களின் படகுகள் மங்கலான நீர்ப்பரப்பின் மீது இங்கும் அங்கும் வழுக்கிச் சென்றன. அவற்றின் பிரமாண்டமான கோணல் பாய்கள் களைப்பினால் கடலில் விழுந்து விட்ட பெரிய வண்ணத்துப் பூச்சிகளின் சிறகுகள் போன்று தொலைவில் தோற்றம் அளித்தன. அன்றைய தினம் குடாக் கடல் நீரின் வெப்பநிலை+16 டிகிரி சென்டிகிரேடு. இங்கே இது ஆண்டின் மிகக் குளிரான பருவம் என்று எண்ணப்பட்டது.

நண்பகலுக்குள் வெயில் மூடுபனியைக் கலைத்து விட்டது. ஹாலோங் குடா தன் மாய எழில் முழுவதும் தோன்றச் சுடர் வீசத் தொடங்கியது. வெப்பம் அதிகரித்தது. அற்புதமான ஹா லோங் குடாவில் நீந்திக் குளிக்க நான் அனுமதி கேட்டேன்.

“குளிரில் விரைத்துப் போய்விட மாட்டாயா?" என்று தந்திரப் புன்னகையுடன் கேட்டார் படகுக்காரர்.

அடுத்த வினாடியில் நாங்கள் படகில் துடுப்பு தள்ளியவாறு சிறு தீவு ஒன்றை நெருங்கினோம். பனித்துளிகளால் பளிச்சிட்ட அதன் சாம்பல் நிறப் பாறைகள் செங்குத்துச் சுவர் போல நின்றன. ஓரிடத்தில் மட்டுமே அவை தங்க நிறமான மிகச் சிறு மணல் கரைத் துண்டுக்கு இடம் கொடுத்திருந்தன.

நாங்கள் விருப்பம் போல நீந்திக் குளித்து விட்டு மீண்டும் பெட்ரோல் போட்டை அடைந்ததும், “இந்தத் தீவின் பெயர் என்ன?” என்று கமாண்டரிடம் கேட்டார் ஹோ சி மின்.

“நாற்பத்தாறு என்ற எண்ணால் குறிக்கப்படுகிறது இது” என்றார் கமாண்டர்.

“ஹெர்மன் தித்தோவால் வியத்நாமில் நம்மோடு நிரந்தரமாகத் தங்கி இருக்க முடியாது. ஆகையால் வேறு வகையில் இவரைத் தங்க

வைப்போம் என்று நினைக்கிறேன்" என்றார் ஹோ சி மின். பின்பு என் தோளைத் தழுவி, "இந்தத் தீவை உனக்குப் பரிசளிக்கிறோம்! விரும்பியபோதெல்லாம் இங்கே வா, அன்புக்குரிய விருந்தாளியாகத் தங்கியிரு!" என்று கூறினார். அப்புறம் கமாண்டரை நோக்கித் தன் கருத்தை விளக்கினார்: "வரைபடத்தில் திருத்தம் செய். இனி இந்தத் தீவு ஹெர்மன் தித்தோவ் என்று பெயர் பெறும்."

இதன் பின்னர் நான்கு தடவைகள் நான் வியத்நாம் சென்றேன். ஆயினும் இந்தத் தீவுக்குப் போக இன்று வரை எனக்கு வாய்க்கவில்லை. அமெரிக்க ஆக்கிரமிப்புக் காலத்தில் ஹைபோன் துறைமுகம் கொடிய குண்டுத் தாக்கிற்கு உள்ளாயிற்று. சிறிய மணற்கரைத் துணுக்குக் கொண்ட இந்தச் சின்னஞ்சிறு தீவும் அமெரிக்க விமானிகளின் இலக்காகிவிட்டது.

விண்வெளியை வெற்றி கொள்வதில் சோவியத் மக்களின் சாதனைகளுக்கு உயர்ந்த மதிப்பு அளிப்பதன் அடையாளமாகவும் நம் இரு நாடுகளின் மக்களுக்கும் இடையே நிலவும் சோதர நட்புறவின் வெளிப்பாடாகவும் வியத்நாம் ஜனநாயகக் குடியரசின் உழைப்பு வீரன் என்ற கௌரவப் பட்டம் வி. ஜி. குடியரசின் அரசாங்கத்தால் எனக்கு வழங்கப்பட்டது. தற்செயலாக எனது பொது வேலை பல ஆண்டுகளுக்கு வியத்நாமுடன் தொடர்புள்ளதாக இருந்தது. சோவியத் வியத்நாம் நட்புறவுக் கழகத்தின் மைய நிர்வாகக் குழுத்தலைவனாக நான் தேர்ந்தெடுக்கப்பட்டேன். விடுதலைக்காகவும் சுதந்திரத்திற்காகவும் அமெரிக்க ஆக்கிரமிப்பை எதிர்த்தும் வியத்நாமிய மக்களின் போராட்டம், இந்தப் போராட்டத்தில் வியத்நாமிய மக்களின் வெற்றிகள் ஆகியவை, எனக்கு முன்னிலும் அதிக முக்கியத்துவம் உள்ளவை ஆகிவிட்டன. வியத்நாமுக்கு எல்லா வகையிலும் ஆதரவும் உதவியும் நல்கி வரும் சோவியத் மக்கள் அனைவருக்குமே இந்தச் சோதர நாட்டின் விதி பெருத்த முக்கியத்துவம் உள்ளது தானே. பின்னும் ஒருமுறை வியத்நாம் செல்ல எனக்கு வாய்த்தது. அப்போது அமெரிக்க வெடி விமானங்கள் சாவு விளைவிக்கும் தங்கள் சுமைகளை வடக்கு வியத்நாமின் அமைதியான நகரங்கள் மீதும் கிராமங்கள் மீதும் பொழிந்து கொண்டிருந்தன. பல துன்பங்கள் உழன்ற வியத்நாமிய மக்களின் வீர உழைப்பினால் நிறுவப்பட்டவை யாவும் கொடுமையாக அழிக்கப்பட்டுக் கொண்டிருந்தன. சிறுவர் சிறுமியர் வேறு வழியின்றிக் காட்டுக்குப் போய் அங்கே தங்கள் படிப்பைத் தொடரும்படி நிர்பந்திக்கப் பட்டிருந்தார்கள். நெல் வயல்களில் உழவர்கள் துப்பாக்கியையும் மெஷின்கன்னையும் உடன் வைத்தவாறு வேலை செய்தார்கள்; முதுகுகளை அவ்வப்போது நிமிர்த்தி, கலவரம் நிறைந்த வானத்தைக் கூர்ந்து நோக்கினார்கள்.

வியத்நாமிய மக்களின் விழிகளில் நியாயமான போரில் வெற்றி பெறும் உறுதியை நாங்கள் கண்டோம். வெற்றி கிட்டும், அமைதியும் விடுதலையும் உள்ள ஒன்றித்த ஜனநாயக அரசாக வியத்நாம் விளங்கும் என்று நாங்களும் நம்பினோம்.

வியத்நாமிய நிலப்பரப்பில் நடந்த கொடிய போர் உலகின் நேர்மையாளர்கள் அனைவரது உள்ளங்களிலும் வேதனையை உண்டாக்கியது. வியத்நாமின் தற்காப்புக்காக நிறுவனங்களும் கமிட்டிகளும் சங்கங்களும் வெவ்வேறு நாடுகளில் தோன்றின. பெயர்கள் வெவ்வேறாயினும் தன்மை ஒன்றே: அமெரிக்க ஏகாதிபத்தியத்தின் கொடுங்குற்றத்தை நிறுத்த வேண்டும், தாக்குப் பிடிக்கவும் வெற்றி பெறவும் வியத்நாமிய மக்களுக்கு உதவ வேண்டும்.

சோவியத் மக்கள் வியத்நாமிய மக்களுக்குச் சொந்தச் சகோதரர்கள் போல உதவினார்கள். உணவுப் பொருள்களும் இயந்திர சாதனங்களும் குடியரசின் தற்காப்புக்கு இன்றியமையாத தேவையாய் இருந்த ஆயுதங்களும் கொடுத்து உதவி செய்தார்கள். வியத்நாமில் தொழில்துறை உற்பத்தியைச் சீர்படுத்த சோவியத் நிபுணர்கள் உதவினார்கள். சோவியத் தொழிலாளர்களோ, வியத்நாமுக்கான ஆர்டர்கள் யாவற்றையும் குறித்த கெடுவுக்கு முன்பே நிறைவேற்றினார்கள். பள்ளிச் சிறுவர் சிறுமியர் தங்கள் சமவயதினரான வியத்நாமியக் குழந்தைகளுக்குப் பொம்மைகளும் நோட்டுப் புத்தகங்களும் அனுப்பினார்கள். சோவியத் இளங் கம்யூனிஸ்டுகள் ஹனோய் நகரில் முன்னோடிச் சிறுவர் மாளிகை நிறுவத் தீர்மானித்தார்கள். சோவியத் கல்வி நிலையங்கள் பல்லாயிரம் இளம் வியத்நாமிய நிபுணர்களைப் பயிற்றி உருவாக்கின. ஏனென்றால் வியத்நாம் வருங்காலம் பற்றிச் சிந்தித்தது, சமாதானம் பற்றி எண்ணமிட்டது, வெற்றியில் நம்பிக்கை கொண்டிருந்தது.

வியத்நாமுக்கு இரண்டாவது தரம் சென்றபோது தோழர் ஹோ சி மின்னை மறுபடி சந்திக்க எனக்கு வாய்த்தது. நல்லியல்புள்ளவர், வியத்நாமிய மக்களின் இன்பத்துக்காக வளையா உறுதியுடன் போராடிய வீரர், தம் வாழ்நாள் முழுவதையும் போராட்டத்திலேயே கழித்தவரான இந்த மனிதர் என் நினைவில் என்றென்றும் நிலைத்து வாழ்வார்.

வியத்நாம் ஜனநாயகக் குடியரசின் முதலாவது ஜனாதிபதியுடைய ஈமச் சடங்கு 1969, செப்டெம்பர் 9-ம் தேதி நடைபெற்றபோது வியத்நாம் உழைப்பாளர் கட்சி மத்தியக் கமிட்டியின் பிரிவுரையில்

பின்வருமாறு கூறப்பட்டது: “குடியரசுத் தலைவர் ஹோ சி மின் தம் நாட்டு மக்களின் புரட்சிக் குறிக்கோளுக்கே தம் ஆயுள் அனைத்தையும் அர்ப்பணித்தார். அவரது புகழ் மிக்க வீர வாழ்க்கை இடர்களும் தன்னலத் தியாகமும் நிறைந்தது, அசாதாரணப் பெருந்தன்மையும் ஆன்மிக வளமும் தூய்மையும் வனப்பும் வாய்ந்தது.”

அசாதாரணப் பெருந்தன்மை வாய்ந்த வாழ்க்கை! 22 வயதில் ஹோ சி மின் துன்புறும் மக்களின் விடுதலைக்கான வழிகளைத் தேடிக் காணும் பொருட்டுத் தந்தையின் வீட்டைத் துறந்தார். அறிவியல்களையும் புரட்சிப் போராட்டத்தையும் நாடிய இந்த இளைஞரை விதி ஐரோப்பிய, அமெரிக்க நாடுகளுக்கு இட்டுச் சென்றது. ஒடுக்கப்பட்ட மக்களின் விடுதலைக்கான வழியை மார்க்ஸ் லெனின் போதனை காட்டுகிறது என்றும் மாபெரும் அக்டோபர் புரட்சிகர அடிப்படை மாற்றங்களுக்கு ஒளிவீசும் எடுத்துக்காட்டாக விளங்குகிறது என்றும் வியத்நாமியர்களில் முதன் முதலாக ஹோ சி மின் புரிந்து கொண்டார். பிற்காலத்தில் அவர் பின்வருமாறு எழுதினார்: “போராட்டத்தின் போது மார்க்சிய - லெனினியச் சித்தாந்தத்தை ஆழ்ந்து கற்றும் நடைமுறைச் செயலில் பங்கு கொண்டும் நான் ஒரு விஷயத்தைப் புரிந்து கொண்டேன். உலகு அனைத்தின் மக்களையும் உழைப்பாளிகளையும் அடிமைத் தனத்திலும் ஒடுக்கு முறையிலுமிருந்தும் விடுவிக்க வல்லது சோஷலிஸம் தான், கம்யூனிஸம் தான் என்பதே அந்த விஷயம். உண்மையான தேசபக்தியும் பாட்டாளி வர்க்க சர்வ தேசியமும் பிரிக்க முடியாதபடி ஒன்றோடொன்று இணைந்தவை என்பதை நான் புரிந்து கொண்டேன்.”

தமது மக்கள் பாலும் தாய்நாட்டின் பாலும் பாட்டாளி வர்க்க சர்வதேசியத்தின் பாலும் தமக்கு உள்ள விசுவாசத்தை அவர் தம் வாழ்க்கை அனைத்தினாலும் நிரூபித்தார். 1920-ம் ஆண்டில் பிரான்சில் இருந்த ஹோ சி மின், அப்போதுதான் அமைக்கப்பட்டிருந்த பிரெஞ்சுக் கம்யூனிஸ்டுக் கட்சியில் அதன் முதல் உறுப்பினர்களில் ஒருவராகச் சேர்ந்தார். கம்யூனிஸ்டு அகிலத்தினது ஐந்தாவது அனைத்துலக மாநாட்டின் நடவடிக்கையில் பங்கு கொள்வதற்காக ஹோ சி மின் 1924-ம் ஆண்டில் முதன் முறையாக மாஸ்கோ வந்தார். அகிலத்தின் வேலைத் திட்டத்தையும் காலனிகளிலும் ஆதீன நாடுகளிலும் புரட்சி நடத்துவது குறித்த லெனினது சித்தாந்தத்தையும் பசித்தவனுக்குக் கிடைத்த சோறு, தாகத்தால் மரித்துக் கொண்டிருப்பவனுக்குக் கிடைத்த ஒரு மடக்கு நீர் என்று அவர் வருணித்தார்.

வியத்நாம் ஜனநாயகக் குடியரசுத் தலைவர் ஆன பின், சோவியத் யூனியனில் தாம் வாழ்ந்த ஆண்டுகளைச் சிறப்பான நட்புணர்ச்சியுடன் அவர் எப்போதும் நினைவு கூர்ந்தார். ஆயுள் முழுவதும் சோவியத் மக்களுக்கு மரியாதை செலுத்தி வந்தார்.

போர்ப் புயல் வீசுவதற்கு முந்திய 1940-ம் ஆண்டில்தான் ஹோ சி மின் தாயகமான வியத்நாம் திரும்பினார். காலனியாதிக்க ஒடுக்கு முறையிலிருந்து விடுதலை பெறுவதற்காகப் போராடிக் கொண்டிருந்த தேசியச் சக்திகளை ஒற்றுமைப்படுத்துவதில் 1945 ஆகஸ்டு வரை மிகப் பெரிய தொண்டாற்றினார்.

சோவியத் சேனையில் வலுவான அடிகளைத் தாங்க மாட்டாமல் ஏகாதிபத்திய ஜப்பான் சரணடைந்து உள்நாட்டுப் பிற்போக்கு செயலற்றுப் போனதும் நாட்டின் வரலாற்று விதியை நிர்ணயிக்கும் பொறுப்பை இந்தோ சீனக் கம்யூனிஸ்டுக் கட்சி தன் கைகளில் எடுத்துக் கொண்டது.

புகழ் பெற்ற ஆகஸ்டுப் புரட்சி பதினைந்து நாட்களில் வியத்நாம் முழுவதிலும் வெற்றி அடைந்தது. இடைக்கால அரசாங்கத்தின் தலைவரான ஹோ சி மின் வரலாற்றுச் சிறப்புள்ள சுதந்திரப் பிரகடனத்தை 1945, செப்டம்பர் 2-ம் தேதி வெளியிட்டார். வியத்நாம் ஜனநாயகக் குடியரசு தென் கிழக்கு ஆசியாவில் முதலாவது சோஷலிஸ அரசு தோன்றிவிட்டதை உலகு அனைத்திற்கும் பறை சாற்றியது.

வியத்நாமிய மக்களின் மாபெரும் புதல்வர், சர்வதேசக் கம்யூனிஸ்டு, தொழிலாளர், தேசிய விடுதலை இயக்கங்களின் தலைசிறந்த தலைவர், வியத்நாமிய உழைப்பாளர் கட்சியைத் தோற்றுவித்தவர், வியத்நாம் ஜனநாயகக் குடியரசின் முதல் ஜனாதிபதி ஹோ சி மின் கட்சிக்கும் மக்களுக்கும் விட்டுச் சென்ற இறுதி விருப்ப ஆவணத்தில் பின்வருமாறு எழுதியிருந்தார்:

"என்னுடைய கடைசி விருப்பம் இத்தகையது: கட்சி அனைத்தும், மக்கள் அனைவரும் நெருக்கமாக ஒன்றிணைந்து, அமைதியுள்ள, ஒன்றித்த, சுதந்திரமான, வளங்கொழிக்கும் வியத்நாமை நிறுவும் பொருட்டுப் பாடுபட வேண்டும், உலகப் புரட்சிச் செயலில் உரிய பங்கு கொள்ள வேண்டும்."

இன்று வியத்நாம் விடுதலை பெற்று விட்டது! எந்த மாபெரும் குறிக்கோளை அடைவதற்கான முயற்சிக்கு ஹோ சி மின் தம் வாழ்நாள் முழுவதையும் அர்ப்பணித்தாரோ அது வெற்றி அடைந்து விட்டது.

சோவியத் நாட்டின் நகரங்களுடைய சதுக்கங்களுக்கு அவருடைய பெயர் இடப்பட்டிருக்கிறது. ஹோ சி மின் பெயரைத் தாங்கிய பள்ளிகளிலும் உயர்கல்வி நிலையங்களிலும் சோவியத் இளைஞர்கள் கற்கிறார்கள், வியத்நாமிய மக்களுடன் நட்பு உணர்வில் பயிற்றப்படுகிறார்கள். சோவியத் யூனியனின் இருப்புப் பாதைகளில் 'ஹோ சி மின்' மின்சார எஞ்சின் வியத்நாமுக்காகச் சரக்குகள் ஏற்றிய ரயில் பெட்டிகளை இழுத்துச் செல்கிறது. 'ஹோ சி மின்' என்னும் டீசல் கப்பல் ஹைபோன் துறைமுகத்துக்கு அடிக்கடி போய்வருகிறது. முதல் குடியரசுத் தலைவர் இப்போதும் பதவியில் இருந்து வருகிறார். சோவியத் மக்களின் உள்ளங்களில் அவருடைய நினைவு பசுமையாய் இருக்கிறது.

திருவாளர் ஊ தானும் விண்வெளிப் பரப்பை ஆராய்வதற்கான ஐக்கிய நாடுகள் சங்கக் கமிட்டியும் விடுத்த அழைப்புக்கு இணங்க 1962-ம் ஆண்டு ஏப்ரல் மாதக் காலை ஒன்றில் நாங்கள் நியூயார்க் போய்ச் சேர்ந்தோம்.

அமெரிக்காவைப் பற்றியும் உழைப்புப் பற்றும் திறமையும் வாய்ந்த அதன் மக்களைப் பற்றியும் படித்த புத்தகங்களிலிருந்தும் கட்டுரைகள், பயணக் குறிப்புகள், விவரக் கட்டுரைகள் முதலியவற்றிலிருந்தும் நாங்கள் அறிந்திருந்தோம். செய்தித் திரைப்படங்களில் அமெரிக்காவைப் பார்த்திருந்தோம். நியூயார்க் நகரம் வானளாவிய கட்டடங்களின் குவியல் என்றும் துறைமுகத்தின் வாயிலில் விடுதலைத் தேவியின் சிலை கம்பீரமாக நிற்கிறது என்றும் வீதிகளில் கார்களின் பெருக்கு அளவுக்கு மேல் நிறைந்திருப்பதால் அவை போக்குவரத்தை எளிதாக்குவதற்குப் பதில் அதற்கு முட்டுக்கட்டை போடுகின்றன என்றும் இதனால் சில வேளைகளில் பாதசாரிகள் கார்களை விட முன்னதாக விரும்பிய இடத்தை அடைந்து விடுகிறார்கள் என்றும் எங்களுக்குத் தெரிந்திருந்தது. 'இல்' விமானச் சாளரங்கள் வழியே பார்க்கையில் இந்த விவரம் சிறப்பாகக் கவனத்தில் பட்டது. பல நிற நாடாக்கள் போன்ற கான்கிரீட் சாலைகளும் பல்வேறு திசைகளிலும் வெவ்வேறு மட்டங்களிலும் அவற்றில் செல்லும் பல வண்ணக் கார்களும் இறுக்கம் நிறைந்த உழைப்பு வாழ்க்கை வாழும் பிரமாண்டமான எறும்புப் புற்றை நினைவுபடுத்தின.

ஐக்கிய நாடுகள் சங்கக் கட்டடத்தின் ஒரு ஹாலில் முதலாவது சோவியத் செயற்கைப் புவித் துணைக்கோள் வைக்கப்பட்டிருக்கிறது. இது சோவியத் நாடு அளித்த பரிசு. ஐ.நா.சங்கக் கட்டடத்தின் அருகிலுள்ள சிறு பூங்காவில் சோவியத் சிற்பி எவ்கேனி வுச்சேத்திச் வடித்த 'வாளை உருக்கித் தொழிற் கருவி செய்வோம்' என்ற சிற்பம் காட்சியளிக்கிறது.

நியூயார்க் எனக்குப் பிடிக்கவில்லை. மனிதர்கள் நகரத்தைக் கட்ட வேண்டியது, அதில் முறையாக வாழவும் வேலை செய்யவும் இளைப்பாறவும் வசதியாய் இருக்கும் பொருட்டே. மக்களிடமிருந்து வெயிலை மறைக்கும் வானளாவிய கட்டடங்களும் தரைக்கு மேல் செல்லும் ரயில் வண்டிகளின் தடதடப்பும் கார்களின் பெருத்த எண்ணிக்கையும் தொழிற்சாலைகளின் எரிநாற்றமும் புகைக் கரியும் இதற்கு இடமே தருவதில்லை. எல்லாப் பக்கங்களிலுமிருந்து ஒளி வீசுபவையும் வெட்டி வெட்டி மின்னுபவையும் வெடிப்பவையுமான ஒளி விளம்பரங்கள் உள்ளத்தைக் கவர்வதில்லை, மாறாக நெட்டித் தள்ளுகின்றன, சந்தேகம் இன்றிக் களைப்பூட்டுகின்றன.

அமெரிக்காவின் நிர்வாக மையமான வாஷிங்டன் அதிக நிசப்தமும் அமைதியும் கொண்டது. இங்கே பசிய மரஞ் செடிகள் நிறைய. தொழில் நிலையங்களும் வானளாவிய கட்டடங்களும் காணப்படவில்லை. ஏனென்றால், அமெரிக்க ஐக்கிய நாடுகளின் தலைமைச் சட்ட நிர்மாண உறுப்பான காங்கிரஸ் கூடும் காபிட்டல் என்னும் மாளிகையை விட உயரமான கட்டடங்கள் கட்டுவது தனிப்பட்ட சட்டத்தால் தடை செய்யப்பட்டிருக்கிறது.

அமெரிக்காவின் கான்சர்ட் ஹால்களுக்குப் போக எனக்கு மிகுந்த விருப்பம் உண்டாயிற்று. நியூயார்க்கிலுள்ள ஆகப் பெரிய ஹாலான ரேடியோ சிட்டிக்கு ஒருநாள் நாங்கள் சென்றோம். அன்று ஈஸ்டர் திருநாள், தேவாலயப் பாடல்களுடன் நிகழ்ச்சி தொடங்கியது. குழுப்பாட்டுக்கு இரண்டு ஆர்கன் வாத்தியங்கள் பின்னணி இசைத்தன. விரைவில் கான்சர்ட் நிகழ்ச்சிகள் தொடங்கின. கௌபாய்கள் வந்தார்கள், கத்திக் குத்துகளும் துப்பாக்கிச் சூடுகளும் நிகழ்ந்தன, மேடை மீது இயல்பாகத் தீ விபத்து காட்டப்பட்டது. சுருங்கக்கூறின் அமெரிக்க இன்பங்கள் அத்தனையும் அங்கே இருந்தன. இந்த நிகழ்ச்சியை மக்கள் எப்படி ரசிக்கிறார்கள் என்று கவனித்தேன். அந்தப் பிரமாண்டமான ஹாலில் சிறுசிறு தனிப்பகுதிகளிலேயே கரவொலிகள் எழுந்தன. ஒருவேளை ஒரு புறமும் மறுவேளை மறுபுறமும் பார்வையாளர்களின் சிறிய குழுக்கள் கைகளைத் தட்டின.

சோவியத் கலைஞர்களின் நிகழ்ச்சிகளில் நாங்கள் இருந்த போதுதான் பாராட்டு ஆரவாரம் ஹால் முழுவதையும் அதிர வைத்ததைக் கண்டோம். 'ஸப்பரோழியே கஸாக்குகள்' தங்கள் தனிப்பட்ட உடைகளில் மேடை மீது தோன்றி பல்ஸீனோக் என்னும் கேலி நடனம் ஆடியதும் ஹால் ஒட்டு மொத்தமாகப் புயல் போன்ற மகிழ்ச்சி ஆரவாரமும் கரவொலியும் செய்தது. அமெரிக்கர்கள் உண்மைக்

கலையைப் புரிந்து கொள்கிறார்கள், அதை நேசிக்கிறார்கள்! அமெரிக்கா சென்ற பல்ஷோய் தியேட்டர் பாலே நடனக்குழு, பிற கலைஞர் குழுக்கள் ஆகியவற்றின் நிகழ்ச்சிகள் அவர்களால் அமோகமாக வரவேற்றுப் பாராட்டப்பட்டது இதனால் தான்.

நியூயார்க் தேசியக் கலைக் கண்காட்சியில் உலகக் கலைமேதைகள் தீட்டிய ஓவியங்களின் அருகே அசட்டுத்தனமான ஊதா நிற இயற்கைக் காட்சிகளும் விந்தையான படங்களும் வைக்கப்பட்டிருந்ததைக் கண்டோம். நான் கலையை நுகர்பவன், சொந்தமாக எதுவும் படைப்பவன் அல்ல. எனவே ஓவிய, சிற்பக் கலையை அதன் பாங்கு உத்தி முதலியவற்றின் நிலையிலிருந்து அல்ல, தூய உணர்ச்சி வாயிலாகவே நான் அனுபவித்தேன். ஒரு படம் எனக்குப் பிடித்திருந்தால் அது நல்லது என்று எண்ணினேன். மறைபொருள் ஓவியங்கள் வழிகாட்டிக்கும் அவ்வளவாகப் பிடிக்கவில்லை என்று எனக்குத் தோன்றியது. ஆயினும் அவற்றைத் தாங்கிப் பேச அவர் முயன்றார்.

அமெரிக்க மாணவர்களையும் நான் சந்தித்தேன். உலகு அனைத்திலும் உள்ள மாணவர்களிடம் பொது அம்சங்கள் நிறைய எனக் கண்டு கொண்டேன். அவர்கள் யாவரும் இளைஞர்கள், நட்பாடவும் கற்கவும் வேலை செய்யவும் எல்லோரும் விரும்புகிறார்கள், விளையாட்டுக்களை நேசிக்கிறார்கள், உலக மாணவர்கள் எல்லோருக்குமே தேர்வுகளுக்கு ஆயத்தம் செய்ய எப்போதும் ஒரு நாள் பற்றாக் குறையாக இருக்கிறது. ஒட்டு மொத்தமாக எல்லா மாணவர்களும் போரை வெறுக்கிறார்கள்.

நான் உரையாடிய ஒரு முதலாளியும் போரை விரும்பவில்லை. நியூயார்க்கில் நடக்கவிருந்த சர்வதேசப் பொருட்காட்சியை நிறுவுவதில் அவர் தமது பணத்தை முதலீடு செய்திருந்தார். பின்னால் இதை வைத்துப் பொருள் ஈட்டலாம் என்ற நம்பிக்கையில் முதலீடு செய்திருந்தார்.

"போர் மூண்டால் என் பணம் பாழாகி விடும்" என்று ஏக்கத்துடன் மொழிந்தார்.

விண்வெளிப் பறப்புக்குப் பின் கழிந்த ஆண்டுகளில் நான் பல நாடுகளுக்குச் சென்று வந்தேன். பற்பல மனிதர்களுடன் பேசவும் வாதிடவும் கூட எனக்குச் சந்தர்ப்பம் கிடைத்தது. ஒரு சாரார் சமாதானத்துக்காகப் போராடவும் அதை இறுதிவரை காத்து நிற்கவும் உண்மையில் தயாராய் இருக்கிறார்கள். இத்தகையோர் பல்லாயிரக் கணக்கானவர்கள். மறுசாரார் சொந்த உயிருக்காகவே - அஞ்சுகிறார்கள்.

ஆனால் எல்லோரும் வாழவும் குழந்தைகளை வளர்க்கவும் வானத்தில் கதிரவனைக் காணவும் விரும்புகிறார்கள் - அணுக்கரு வெடிப்பால் ஏற்படும் குடைக்காளான் வடிவப் புகைப்படலங்களை அல்ல.

நான் அமெரிக்க ஐக்கிய நாடுகளுக்குச் சென்றபோது பத்திரிகை நிருபர்களிடம்... பெரிதும் அச்சம் கொண்டிருந்தேன் என்று ஒப்புக் கொள்கிறேன். அனேகமாகக் காட்டுமிராண்டி நாடு என்று சில பத்திரிகை நிருபர்கள் எண்ணிக் கொண்டிருந்த சோவியத் யூனியனால் அமெரிக்காவையே முந்தி விட எப்படி முடிந்தது? விண்வெளிப்பரப்பை வெற்றி கொள்வதிலும் விஞ்ஞானம், தொழில்நுட்பம் ஆகியவற்றின் வளர்ச்சியிலும் பண்பாட்டிலும் கலையிலும் அமெரிக்காவை முந்த அதற்கு எப்படி முடிந்தது? இந்த விஷயம் விளங்காததை நிருபர்களின் பல கேள்விகள் காட்டின. முதிய ருஷ்யப் பேராசிரியர்களும் அகாதமிஷியன்களும் எழுதிய கடிதத்தை நான் அவர்களுக்கு நினைவு படுத்த வேண்டியதாயிற்று. ஜார் ஆட்சியில் பயிற்றப் பெற்ற இந்த அறிஞர்கள், உலக அறிஞர்கள் அனைவருக்கும், விஞ்ஞான, தொழில் நுட்ப ஊழியர்கள் எல்லோருக்கும், சுமார் முப்பது ஆண்டுகளுக்கு முன் பகிரங்கக் கடிதம் ஒன்று எழுதினார்கள். “எங்களில் பலர் ஆன்மிக உயர் குடியினரின் சாதிக் காழ்ப்புகளைப் பகிர்ந்து கொண்டோம். பாட்டாளிகள் வருங்கால அவுணர்கள், பண்பாட்டையும் நாகரிகத்தையும் அழிப்பவர்கள் என்று எண்ணினோம். உண்மை நேர் எதிரானது என வரலாறு நிரூபித்துவிட்டது. முதலாளித்துவம் பண்பாட்டை அழித்து வருகிறது. அதைக் காத்து வளர்த்து வருகிறது பாட்டாளி வர்க்கம், நிறுவவும் ஒழுங்கமைக்கவும் திறன் பெற்ற படைப்பாளி வர்க்கம்.”

ஆனால் அமெரிக்க ஐக்கிய நாட்டினர் எல்லோரும் இந்த விஷயத்தில் தவறான கருத்து கொண்டிருக்கவில்லை. எதார்த்தமாகச் சிந்திப்பவர்களும் அவர்களில் இருக்கிறார்கள். உதாரணமாக, அமெரிக்க ஐக்கிய நாடுகளில் பிரபலமான ‘லூக்’ என்னும் கவர்ச்சியுள்ள சஞ்சிகையின் நிருபர் பின்வருமாறு எழுதினார்: “முதலாவது சோவியத் துணைக்கோள் மேற்கு நாடுகளைத் திகைப்பில் ஆழ்த்தியது. இந்தப் பிரமாண்டமான மர்ம நாடு பற்றிய பழங்கதையை அது துணுக்குகளாகச் சிதற அடித்து விட்டது.

“எடை மிக்க கப்பல்களை விண்வெளியில் செலுத்தவல்ல சமூக அமைப்பைப் பண்பற்ற அடிமை உழைப்பு அமைப்பு என்றும் வல்லாட்சியாளர்களால் நிர்வகிக்கப்படும் சிறைப்பட்டவர்கள் சமூகம் என்றும் வருணிப்பது இனி நடவாது. இல்லை, ஒழுங்கமைப்புள்ளதும் முன்னே இயங்கிக் கொண்டிருப்பதுமான சமூகம் தான் இத்தகைய

சாதனையை நிறைவேற்ற முடியும்... சோவியத் நாட்டின் பொருளாதாரம் அமெரிக்க ஐக்கிய நாடுகளின் பொருளாதாரத்தைக் காட்டிலும் இரு மடங்கு அதிக விரைவாக வளர்ந்து வருகிறது என்ற உண்மையை அசட்டையாகத் தள்ளி விட முடியுமா?"

இதை விடத் தெளிவாகச் சொல்ல முடியாது.

வழக்கமாக ஒரு கேள்வியை எல்லோரும் என்னிடம் கேட்டார்கள்:

"அமெரிக்காவில் உங்களுக்கு வியப்பு ஊட்டியது எது?"

உள்ளபடி சொல்வதானால் அதன் இருமுகத் தன்மை - பாசாங்கு.

மெய்யாகவே எனக்கு ஏற்பட்ட முதலாவது உளப்பதிவு அமெரிக்காவுக்கு இரண்டு முகங்கள் உள்ளன போலும் என்பது. ஒரு முகம் தன் வெகுளித்தனத்தால், தகவல் தெரியாமையால், சில சந்தர்ப்பங்களில் தன் அறியாமையால் கூடத் திகைப்பில் ஆழ்த்துகிறது: எல்லா வகையான விளம்பரங்களிலுமிருந்து குறைந்த பட்சத் தகவல்களை அது திரட்டுகிறது. மற்றது அறவே வெகுளித்தனம் உள்ளதல்ல. அது தனது நிலையைச் சாமர்த்தியமாகப் பயன்படுத்திப் பணம் பண்ணுகிறது. உண்மை அமெரிக்கர்கள் இதைப் புரிந்து கொள்கிறார்கள், இது அவர்களுக்குக் கூச்சம் உண்டாக்குகிறது என்று நினைக்கிறேன். 'பெரிய குழந்தைகளுக்காக' இந்தச் சொற்றொடரை நான் அமெரிக்காவில் அடிக்கடி கேட்டேன் - அவர்கள் சில வேளைகளில் நாண நேரிடுகிறது. சராசரி அமெரிக்கன் கண் மூடிப் பட்டைகள் அணிந்தவன் போல வாழ்கிறான். அவனுக்காகத் தனிப்படத் தயாரிக்கப்பட்ட தொலைக்காட்சி நிகழ்ச்சிகள், செய்தித்தாள்கள், விளம்பரங்கள், நன்றாக மெல்லப்பட்டு, பளிச்சிடும் வண்ண லேபிளுடன் அழகிய மருந்துறையில் பொதிந்து வாயில் ஊட்டப்பெறும், வாழ்க்கையின் எல்லாச் சந்தர்ப்பங்களுக்கும் பொருந்தும் முடிவுகள் ஆகியவை அவனைச் சுயமாகச் சிந்திக்க விடாமல் அடிக்கின்றன. ரொட்டிப் பணியாரம், சூயிங்கம், பெப்ஸி கோலா, டஜன் கணக்கான கொலைகள் நிகழும் திரைப்படம் ஆகியவற்றோடு இவை எல்லாவற்றையும் அவன் அவ்வப்போது 'விழுங்குகிறான்.'

இது பொதுவான உளப்பதிவு. எவர்களுடைய நலம் வாய்ந்த சிந்தனையும் உள அழகும் விருந்தோம்பும் பண்பும் உளமார்ந்த தன்மையும் சமாதானத்தின்பாலும் விஷய ஞானத்தின்பாலும் நாட்டமும் அமெரிக்காவுக்கும் அமெரிக்கர்களுக்கும் அணி செய்கின்றனவோ அவர்களுக்கு இது பொருந்துவதல்ல என்பது தானே விளங்கும். அமெரிக்க ஐக்கிய நாடுகளின் மேற்குக் கடற்கரைப் பிரதேசத்தில் உள்ள

சியேட்டல் நகரின் விமான நிலைய ஹால் ஒன்றில் ஏற்பட்ட ஒரு சந்திப்பு என் நினைவுக்கு வருகிறது. பத்திரிகை நிருபர்களாலும் போலீசாராலும் பயணிகளாலும் ஹால் செம்மச் செம்ம நிறைந்திருந்தது. விமானத்தை நிலையத்துடன் இணைத்த குடை வழியிலிருந்து நாங்கள் வெளி வந்ததும் கூட்டத்தையும் போலீஸ் பாதுகாப்பு வளையத்தையும் கடந்து எங்களை எதிர்கொண்டு வந்தாள் ஒரு மங்கை. அவள் கைகளில் பூச்செண்டு இருந்தது.

"இவை தக்கோமா நகரில் எங்கள் வீட்டுத் தோட்டத்தில் நான் வளர்த்தவை. உங்களைச் சந்திக்க முடியாமல் நேரம் தாழ்த்தி விடுவேனோ என்று பயந்தேன். இப்போது எனக்கு ஒரே மகிழ்ச்சி" என்று கிளர்ச்சி பொங்கக் கூறினாள் மார்லின் பிரைஸ் என்னும் அந்த நங்கை. பின்பு நாணத்தால் முகம் சிவக்க, "தப்ரோ பழாலவத்.." (நல்வரவு) என்று ருஷ்ய மொழியில் சொன்னாள்.

நிருபர்களின் கேள்விகளில் பின்வருவன போன்றவையும் இருந்தன: "பொது மக்களின் வாழ்க்கையை மேம்படுத்துவதற்குப் பதில் சோவியத் மக்கள் ராக்கெட்டுகளில் பெருந்தொகையான பணத்தைச் செலவிடுவது ஏன்?" ஒரு நிருபர் வன்மத்துடன் கேட்டார்:

"வெண்ணெயை விட ராக்கெட்டுகள் மேல் என்று ருஷ்யர்கள் நினைக்கிறார்களோ?"

கோதுமை ரொட்டியை வெண்ணெயுடன் உண்பது ரஷ்யர்களுக்குப் பிடிக்கும் என்றும் ஆனால் அணுகுண்டுகள் நிறைந்த அமெரிக்க விமானங்கள் வானில் சுற்றிக் கொண்டிருப்பதைக் காணும்போது எங்களைச் சுற்றிலும் இராணுவத் தளங்கள் நிறுவப்படுவதும் இராணுவக் கூட்டுகள் அமைக்கப்படுவதும் நிகழும்போது, ரொட்டித் துண்டு எங்கள் தொண்டையில் சிக்கிக் கொள்கிறது என்றும் நான் விடையிறுத்தேன். இன்று நாங்கள் சில வேளைகளில் எதையேனும் தியாகம் செய்கிறோம் என்றால் அதற்குக் காரணம் யுத்தம் என்பது என்ன என்று நாங்கள் அறிந்திருப்பதும் புவிக்கோளம் முழுவதிலும் சமாதானத்தை நிலையாக வைத்திருக்க நாங்கள் எல்லா வகையிலும் முயல்வதும்தான் என்று கூறினேன்.

விண்வெளிப் பரப்பை ஆராய்வதற்கான சர்வதேசக் கமிட்டியின் கூட்டம் நடக்க வேண்டி இருந்த வாஷிங்டனில் அமெரிக்க விண்வெளிப் பயணி ஜான் கிளென்னுக்கும் அவருடைய மனைவியாருக்கும் நான் அறிமுகம் செய்து வைக்கப்பட்டேன். அல்லன் ஷெப்பார்டு, விர்ஜில் கிரிஸ்ஸோம் இருவருக்கும் பிறகு அமெரிக்காவின் மூன்றாவது

விண்வெளிப் பயணியான கர்னல் கிளென்னை இந்தச் சந்திப்புக்கு முன்பே நிழற்படங்கள் மூலம் நான் அறிந்திருந்தேன். ஏனெனில் கோளப்பாதையில் நாலரை மணி நேரம் நீடித்த - பூமியை மும்முறை வலம் வந்து பறப்பு நிகழ்த்திய முதல் அமெரிக்க விண்வெளிப் பயணி அவரே. அவர் கச்சிதமான தோற்றமுள்ள நெடிய மனிதர். அவரது முகம் சுறுசுறுப்பைக் காட்டியது. சோதனை விமானிக்கு இயல்பான கவனமுள்ள தொழிற்பாங்கான பார்வையைக் கொண்டிருந்தார். சில சந்தர்ப்பங்களில் விருப்பத்துக்குக் கீழ்ப்படியாத விமானங்களின் சுக்கானை உறுதியுடன் பிடித்துப் பழகிய வலிய கரம் அவருடையது.

“நமது அறிமுகத்தின் தொடக்கத்தை நகரத்தில் வலம் வந்து அதன் சிறப்பான காட்சிகளைக் காண்பதுடன் இணைப்பது நன்றாயிருக்கும் என்று நினைக்கிறேன்” என்றார் கிளென்.

கிளம்பக் கூடிய சில விண்வெளிப் பிரச்சனைகளை விவாதிப்பதில் கணவர்களுக்கு மனைவியர் இடைஞ்சலாய் இருக்கக்கூடாது என்பதற்காக ஆடவர்கள் தனிக் காரில் போவது என்று கருத்துப் பரிமாற்றத்துக்குப் பின் முடிவு செய்யப்பட்டது. பகல் முழுதும் நாங்கள் சேர்ந்திருந்தோம். பெயர் தெரியாத படைவீரன் கல்லறைக்கும் ஆபிரகாம் லிங்கனின் நினைவுச் சின்னத்துக்கும் போனோம். 175 மீட்டர் உயரமுள்ள தனி வகைப் பென்சில்’ வடிவான ஜார்ஜ் வாஷிங்டன் நினைவுச் சின்னத்தின் பார்வை மேடையை அடைவதற்காக நாங்கள் லிப்டில் புகுந்ததும், “இப்போது நாம் முதலாவது சோவியத் அமெரிக்க விண்வெளிப் பயணத்தை நிறைவேற்றுவோம்” என்று ஒருவர் கிண்டல் செய்தார்.

இந்தக் கிண்டல் எல்லோருக்கும் பிடித்திருந்தது. முதல் நாள் நியூயார்க் தொலைக் காட்சியில் எனது பேட்டி நடந்தது. சோவியத் யூனியனும் அமெரிக்க ஐக்கிய நாடுகளும் விண்வெளியில் எந்தத் துறைகளில் ஒத்துழைக்க முடியும் என்று விமர்சகர் கேட்ட கேள்விக்கு விடை அளிக்கையில், அமெரிக்க, சோவியத் விண்வெளிப் பயணிகளுக்கு இடையே ஒத்துழைப்பு முற்றிலும் சாத்தியமானது, நடக்கக் கூடியது என்று நான் கூறினேன். ஜான் கிளென்னைச் சந்தித்த பின்னர் எனது இந்த நம்பிக்கை மேலும் உறுதிப்பட்டது.

பகலில் அவரும் நானும் வெள்ளை மாளிகைக்குள் போனோம். அமெரிக்க ஐக்கிய நாடுகளின் ஜனாதிபதி ஜான் கென்னடி எங்களை வரவேற்றார். விண்வெளிப் பரப்பில் சோவியத் யூனியனின் சாதனைகளைத் தாம் மகிழ்ச்சியுடன் வரவேற்பதாகவும் சோவியத் விண்வெளிப் பயணிகள் புதிய வெற்றிகள் பெற வாழ்த்துவதாகவும் ஜனாதிபதி கூறினார்.

அமெரிக்க ஐக்கிய நாடுகளில் சோவியத் அரசாங்க தூதர் தப்ரீனினது இருப்பிடத்தில் மாலையில் நடந்த வரவேற்பு விருந்தின் போது ராக்கெட், விண்வெளி இயந்திரங்களின் உருவரைவாளர் வேர்னெர் வான் பிரவுனுக்கு நான் அறிமுகப்படுத்தப்பட்டேன். நடுத்தர உயரம், நரைக்கத் தொடங்கிய முடி, கட்டுக்குட்டான மேனி. வழக்கம் போல விண்வெளிப் பறப்பின் உளப்பதிவுகள் பற்றி உரையாடல் நடந்தது.

“நான் விண்வெளியில் பறக்க முடிவு செய்தால் என்ன ஆகும்? என் உடல் விண்வெளிப் பறப்புச் சுமையைத் தாங்குமா?” என்று கேட்டார் பிரவுன்.

“கடினமாய் இருக்கும் என்று எண்ணுகிறேன். பயிற்சி பெறாதவர்கள் விண்வெளியில் பறப்பதற்குத் தரையிலிருந்து மேலே கிளம்பும் போதும் தரைக்குத் திரும்பும் போதும் சுமையைக் குறைப்பது இன்றியமையாதது.”

வரவேற்பு விருந்துக்குப் பின் ஷெப்பார்டையும் எங்களையும் கிளென் தம் வீட்டுக்கு அழைத்தார். வாஷிங்டனிலிருந்து சிறிது தூரத்தில், ஆர்லிங்டன் நகரத்தில் மாடி வைத்த சிறு பங்களாவில் அவர் வசித்து வந்தார். எங்கள் சமையல் கலைத்திறன் அனைத்தையும் ஈடுபடுத்தி நாங்கள் சேர்ந்து தயாரித்த விண்வெளி பீவ்ஸ்டேக்குகளை உண்டு ருஷ்ய வோத்கா பருகியவாறு நாங்கள் நேரத்தை இன்பமாகக் கழித்தோம்.

அமெரிக்காவுடனும் அமெரிக்க விண்வெளிப் பயணிகளுடனும் என்னால் மறக்க முடியாத இந்தச் சந்திப்பு நிகழ்ந்து பத்து ஆண்டுகளுக்கு மேல் கழிந்து விட்டன. இந்த ஆண்டுகளில் சோவியத், அமெரிக்க விண்வெளி விமானிகள் சோவியத் யூனியனிலும் அமெரிக்கப் பெருநிலப் பரப்பிலும் பல்வேறு சர்வதேச நடவடிக்கைகளில் பல தடவைகள் சந்தித்திருக்கிறார்கள். ‘அப்போலோ’வின் கமாண்டரும் சந்திரனைச் சுற்றி முதன் முதலாகப் பறந்தவர்களில் ஒருவருமான பிராங்க் போர்மனை இந்த ஆண்டுகளில் நான் அறிமுகம் செய்து கொண்டேன். 1962-ம் ஆண்டு மே மாதம் ‘மெர்க்குரி விண்வெளிக் கப்பலில் பறந்த ஸ்காட் கார்ப்பென்டரையும் முதன் முதலாகச் சந்திரன் மீது அடி வைத்த நீல் ஆர்ம்ஸ்டிராங்கையும் சந்தித்தேன்.

சந்திரனுக்கு முதலாவது பயண ஏற்பாடுகள் நடந்து கொண்டிருந்தபோது, பிராங்க் போர்மன் சோவியத் நாட்டில் இருந்தார். இந்தக் கடினமான பயணத்தை மேற்கொண்ட அமெரிக்க விண்வெளிப் பயணிகள் உயிர் துறந்த அமெரிக்க, சோவியத் விண்வெளிப் பயணிகளின்

நினைவுச் சின்னங்களை உடன் எடுத்துப் போய், சந்திரனில் வைக்க முடிவு செய்திருந்தார்கள். இதில் உதவும்படி என்னைக் கேட்டுக் கொண்டார் பிராங்க் போர்மன். யூரி ககாரினதும் விளாதீமிர் கமரோவுடையவும் நினைவுப் பதக்கங்களை நான் அவரிடம் கொடுத்தேன். தாரகைகளுக்குப் பயணம் செய்யும் வழியில் தங்கள் உயிர்களை வழங்கிய வீரர்களின் நினைவாக வர்ஜில் கிரிஸ்ஸோம், எட்வர்டு வைட், ரோஜர் சாபி ஆகியோரின் நினைவுச் சின்னங்களோடு அவை இப்போது சந்திரனில் இருக்கின்றன.

சோவியத் - அமெரிக்கக் கூட்டு விண்வெளிப் பறப்பும் இதற்கிடையே நடந்தேறி விட்டது. இது மிக முக்கியமான நிகழ்ச்சி. வெவ்வேறு நாடுகளின் இயக்கப்படக்கூடிய விண்வெளிக் கப்பல்களின் இணைப்பை, இரண்டு பெரு வல்லரசுகளான சோவியத் யூனியனும் அமெரிக்க ஐக்கிய நாடுகளும் நாகரிகத்தின் வரலாற்றில் முதல் தடவையாக வெற்றிகரமாகச் செயல்படுத்தின. அலெக்சேய் லியோனவும் வலேரிகுபாஸவும் ‘ஸயூஸ் 19’லும் தாமஸ் ஸ்டாபோர்டு, வேன்ஸ் பிராண்டு, டொனால்டு ஸ்லேட்டன் ஆகியோர் அப்போலோவிலும் சமாதானம், நல்லெண்ணம் ஆகிய கோட்பாடுகளால் வழிகாட்டப் பெற்று, கோளப்பாதையில் சந்தித்தார்கள், தங்களுக்கு இடப்பட்டிருந்த சிக்கலான பணிகளை அற்புதமான முறையில் நிறைவேற்றினார்கள்.

இந்தப் பறப்புக்கு ஏற்பாடு செய்தவர்கள் விண்வெளி ஆராய்ச்சித் துறைத் தேர்ச்சியாளர்கள் மட்டும் அல்ல. ராஜதந்திரிகள், சோவியத் யூனியன் விஞ்ஞான அகாதமியின் விஞ்ஞானிகள் ஆகியோருடைய கடும் உழைப்பு நிறைந்த பெரிய வேலையின் பயனாகும் இது. சோவியத் கம்யூனிஸ்டுக் கட்சியால் முன்வைக்கப்பட்ட சமாதான வேலைத் திட்டம் வெற்றிகரமாக நிறைவேற்றப்பட்டதன் விளைவாகும் இது. இந்தச் சோதனைக்கு முன்னேற்பாடுகள் நடந்து கொண்டிருந்த சமயத்தில் சோவியத் அமெரிக்க நிபுணர்களும் விண்வெளிப் பயணிகளும் சோவியத் யூனியனிலும் அமெரிக்க ஐக்கிய நாடுகளிலும் பல தடவைகள் சந்தித்தார்கள்.

இந்தச் சந்திப்புகள் அறைகளில் நடந்த உரையாடல்களுடன் நின்றுவிடவில்லை. நேரே சோதனைக்கூடங்களிலும் இயக்க மையங்களிலும் பயிற்சிச் சாதனங்களிலும் விண்வெளி விமான நிலையங்களிலும் நடந்தன.

செலுத்தப்படக் கூடிய விண்வெளிக் கப்பல்களை அருகே கொண்டு வருவதற்கும் இணைப்பதற்குமான சாதனங்களின் ஒத்தியல்பு குறித்த

அடிப்படைத் தொழில்நுட்ப முடிவுகள் கூட்டுப் பறப்பின் போது சரி பார்க்கப்பட்டன. எனவே கூட்டுப் பறப்பின் அடிப்படை நோக்கம் செலுத்தப்படக் கூடிய வருங்காலப் பறப்புகளுக்குப் பெருத்த முக்கியத்துவம் உள்ளது ஆகும். கூட்டுப் பறப்பில் எறிபொறி இயலாரின் எல்லாக் கணக்கீடுகளும் அற்புதமாக உறுதிப்பட்டன. அருகே கொண்டு வருவதற்கும் இணைப்பதற்குமான ஒத்தியல்புச் சாதனங்கள் கோளப் பாதையில் நடந்த சோதனையில் தேறின. 'ஸ்யூஸ்', 'அப்போலோ' விண்வெளிக் கப்பல்களின் இணைப்பு இரண்டு தடவைகள் பிசகின்றி நிகழ்ந்தது. அவற்றை நிறுவிய சோவியத், அமெரிக்க நிபுணர்களுடைய பெரும் உழைப்பு முழு வெற்றி வாகை சூடியது.

செலுத்துவதற்கும் செய்தித் தொடர்புக்குமான சிக்கல் நிறைந்த சாதனத் தொகுதியும் பழுதின்றிச் செயலாற்றியது.

பறப்பின் இரண்டு இயக்கு மையங்களின் பிரயாசைகள் ஒன்றிணைக்கப்பட்டதும் மிகமிகப் பல்வேறான தொழில்நுட்பச் சாதனங்கள் - தரை மீதிருந்த அளவு நிலையங்கள், கப்பல்கள், துணைக்கோள்கள் - ஆகியவை ஒரே தொகுப்பில் உபயோகிக்கப் பட்டதும் இத்தகைய அளவில் முதன் முறை நிகழ்ந்தது.

இவை எல்லாம் உலக விண்வெளி ஆராய்ச்சி இயலில் மிகப் பெரிய பங்களிப்பு என்பதில் சந்தேகம் இல்லை. ஆனால் 'ஸ்யூஸ்', அப்போலோ பறப்பின் பொது மனிதகுல, அரசியல் முக்கியத்துவம் இன்னும் பெரிது. அரசியல் இறுக்க நிலை தளர்ந்த சூழலில் இந்தப் பறப்பு சாத்தியம் ஆயிற்று. சோவியத், அமெரிக்க மக்களுக்கு இடையே ஒத்துழைப்பை மேற்கொண்டு வலுப்படுத்த அது உதவும் என்று அதில் பங்காற்றியவர்கள் உறுதியாக நம்பினார்கள்.

சோவியத் யூனியன் கம்யூனிஸ்டுக் கட்சி மத்தியக் கமிட்டியின் பொதுச் செயலாளர் லி. இ. பிரேழ்னிவ் பயணிக் குழுக்களுக்கு வாழ்த்துச் செய்தி அனுப்பினார். சோவியத் மக்களின் பெயராலும் சொந்தத்தில் தம் பெயராலும் இந்த நிகழ்ச்சி குறித்த விண்வெளிப் பயணிகளை அவர் வாழ்த்தினார். அவருடைய வாழ்த்துச் செய்தியில் பின்வருமாறு கூறப்பட்டிருந்தது:

"முதலாவது செயற்கைப் புவித் துணைக்கோள் செலுத்தப்பட்டதற்கும் விண்வெளிப் பரப்பில் மனிதனுடைய முதலாவது பறப்புக்கும் பின்னர் விண்வெளி சர்வதேச ஒத்துழைப்புக்கான களம் ஆகிவிட்டது. இறுக்கத்தில் தளர்வும் சோவியத் அமெரிக்க உறவுகளில் சாதகமான

முன்னேற்றமும் முதலாவது இரு நாட்டு விண்வெளிப் பறப்பை நிகழ்த்துவதற்கு வேண்டிய நிலைமைகளை உருவாக்கின. மனித குலம் அனைத்தினதும் சமாதானம், முன்னேற்றம் ஆகியவற்றின் பொருட்டு நாடுகளுக்கும் மக்களுக்கும் இடையே விஞ்ஞானத் தொடர்புகளின் விரிவான, பயனுள்ள வளர்ச்சிக்குப் புதிய வாய்ப்புகள் தோன்றியுள்ளன."

விண்வெளியை வெல்வது பெருத்த தேசியப் பொருளாதார முக்கியத்துவம் உள்ளது. துணிகரமான பல விண்வெளிச்செயல் திட்டங்களை நிறைவேற்றுவது நவீன விஞ்ஞானத்துக்கும் தொழில் நுட்பத்துக்கும் இயல்வதே அண்மைக் கோள்களுக்கு மனிதனின் பறப்பு போன்றவற்றைக் கூடத்தான். ஆனால் விண்வெளி ஆராய்ச்சிச் செயல் திட்டங்களைத் தேசியப் பொருளாதாரத் திட்டங்களிலிருந்து தனிப்படுத்திப் பரிசீலனை செய்ய நம்மால் முடியாது. சிறப்பாக விண்வெளிப் பறப்பியல் நடைமுறைப் பயன் அளித்து, சோவியத் நாட்டுப் பொருளாதாரத்தின் உள்ளார்ந்த பகுதி ஆகிவிட்ட இந்தச் சமயத்தில். ஆனால் இன்றைய நாளின் தேவைகளை மட்டும் அடிப்படையாகக் கொண்டு விண்வெளிப் பறப்பியலை வளர்வுறுத்தக்கூடாது. விண்வெளி இயந்திர சாதனங்களின் வளர்ச்சியும் விஞ்ஞான, தொழில்நுட்பப் பிரச்சனைகளின் தீர்வும் கண்டிப்பாக ஒத்தியைந்தவையாக இருக்க வேண்டும், வருங்கால வாய்ப்புகளைக் கணக்கில் எடுத்துக் கொள்ளவேண்டும்.

நீண்ட காலக் கோளப்பாதை விஞ்ஞான நிலையங்களை அமைக்கும் சோவியத் செயல்திட்டம் செலுத்தப்படக் கூடிய விண்வெளிப் பறப்பியலின் வளர்ச்சிக்குச் சரியான திசையைத் தெரிந்தெடுப்பதற்கு எடுத்துக்காட்டாகப் பயன்படக்கூடும். யூரி ககாரினுடைய பறப்பிலிருந்து தொடங்கி நாம் செய்தவை எல்லாம் இந்தச் செயல் திட்டத்துக்கு 'வழிகோலின'.

தற்போது கோளப்பாதை நிலையங்கள் பூமியின் அருகான விண்வெளியை வெற்றி கொள்வதற்கு நிர்ணயகரமான சாதனமாக விளங்குகின்றன. விண்வெளிப் பறப்பியலைத் தோற்றுவித்தவர்கள் கனவு கண்டவற்றில் பல விஷயங்கள் இந்த நிலையங்களில் உறுதியாக நிலை பெறும் மனிதனுக்கு அடையக்கூடியவை ஆகும்.

பூமியின் இயற்கை வள வாய்ப்புகள் பற்றிய ஆராய்ச்சி, விண்வெளிச் செய்தித் தொடர்பு, கப்பல் செலுத்தியல் போன்ற, விண்வெளிப் பரப்பினது வெற்றியின் 'மரபு முறையான' போக்குகள் அணித்தான ஆண்டுகளில் தீவிர வளர்ச்சி பெறும் என்று நம்புவதற்கு விண்வெளியில் நிறைவேற்றப்பட்டுள்ள ஆராய்ச்சிகள் இடம் தருகின்றன.

விண்வெளிச் செய்தித் தொடர்பு, கப்பல் செலுத்தியல் ஆகிய துறைகளில் அக்கறைக்குரிய மாறுதல்கள் இந்த நூற்றாண்டின் இறுதிக்குள் எதிர்பார்க்கப்படுகின்றன. பெருத்த அளவுகள் கொண்ட வான்கம்பிகளும் திறன்மிக்க வலு பெருக்கிச் சாதனங்களும் அமைந்த தரைமேலுள்ள பெரிய நிலையங்களால் இத்தகைய தொடர்பு தற்போது ஏற்படுத்தப்படுகிறது. சோவியத் யூனியனில் எழுபதுக்கு மேற்பட்ட 'ஆர்பீதா' ஏற்பு நிலையங்கள் இயங்குகின்றன. விண்வெளித் தொடர்பு பற்றிய புதிய திட்டத்தின்படி ஒரு புறம், பல கதிர்கள் உள்ள பெரிய வான்கம்பிகளும் திறன்மிக்க ஒலி, ஒளி பரப்பிகளும் அமைந்த துணைக்கோள்கள் நிறுவப்படும், மறு புறம், தனி நபர்களுக்கான மிக நுண்ணிய ஏற்பு பரப்புக் கருவியை இயக்கி நண்பரின் முகவரிக் குறி எண்ணைக் கூறுகிறீர்கள். கோளப்பாதை நிலையத்தில் உள்ள எலெக்ட்ரானிக் கணக்கீட்டுப் பொறி உங்கள் தேவையைப் பரிசீலனைசெய்து வரிசையில் வைக்கிறது. தேவையான தொடர்புவழி காலியானதும் உங்கள் நண்பர் அழைக்கப்படுகிறார்.

தொலைபேசிக்காரர்களுக்குப் பொதுவழித் தொண்டின் இடத்தில் தனித்தனித் தொடர்பும் கப்பல் செலுத்து முறையும் 2000-ம் ஆண்டுக்குள் அமலுக்கு வந்து விடலாம் என்று நிபுணர்கள் எண்ணுகிறார்கள். கோளப்பாதை நிலையத்தில் அமைந்துள்ள விண்வெளிச் சாதனங்கள் வரம்புக்கு உட்படாத எண்ணிக்கை கொண்ட தொலைபேசிக்காரர்களுக்குள் தொடர்பு ஏற்படுத்த வல்லவை.

நேர்முக ஒலி, ஒளி பரப்புத் திட்டம் தனி நபர்களின் வானொலி, தொலைக்காட்சிப் பெட்டிகளிலும் செயல்படக்கூடும். இதன் பொருள் என்ன என்றால் வீட்டுத் தொலைக்காட்சிப் பெட்டிகளின் பெரும்பாலான வான்கம்பிகள் நாளடைவில் தரை மேலுள்ள தொலைக்காட்சி நிலையங்களின் உயரமான கோபுரங்களை இலக்காகக் கொள்ளாமல், பூமிக்கு மேலே 36 ஆயிரம் கிலோமீட்டர் உயரத்தில் அசைவின்றித் தொங்கிக் கொண்டிருக்கும் விண்வெளி மறு ஒளிபரப்பியும் பூமியின் மேற்பரப்பில் மூன்றில் ஒரு பங்கு பிரதேசத்துக்குப் பணியாற்ற வல்லதாகும். மூன்று துணைக்கோள்கள் அடங்கிய தொகுப்பின் உதவியால் ஒரு தொலைக்காட்சி நிலையத்தின் நிகழ்ச்சிகளை உலக மக்களில் ஏறக்குறையத் தொண்ணூறு சதவிகிதத்தினர் வீட்டுத் தொலைக்காட்சிப் பெட்டிகளில் காணவும் கேட்கவும் முடியும். கல்வி, தொழில் பயிற்சி, வெகுஜனத் தகவல் அறிவிப்பு முதலிய துறைகளில் இத்தகைய தொலைக்காட்சி பெருந்தொண்டு ஆற்றக் கூடும். உறைகளிலும் அஞ்சல் அட்டைகளிலும் ஏராளமான கடிதங்களை

அனுப்பத் தேவை இராது. அவற்றின் இடத்தில் துணைக் கோள் நிலையங்கள் வழியே உருவ நேர்படிக் குறிகள் முகவரியாளர்களின் அஞ்சலகங்களுக்கு அனுப்பப்படும். அங்கே இந்தக் குறிகள் உறைகளில் இட்ட கடிதங்களாகவும் அஞ்சல் அட்டைகளாகவும் மீண்டும் வடிவு பெறும், முகவரியாளர்களுக்குப் பட்டுவாடா செய்யப்படும். பல வகையான தகவல் நிலையங்களும் அலுவலகங்களும் நூலகங்களும் துணைக்கோள் தொகுப்புகளைப் பயன்படுத்தலாம். விண்வெளிச் செய்தித் தொடர்பு, கப்பல் செலுத்தியல் தொகுப்புகளது சேர்க்கையின் விளைவாகப் பயணி, சரக்குக் கப்பல்களின் போக்குவரத்தைக் கண்காணிக்கும் பணித்துறை நிறுவப்படக் கூடும்.

இயற்கை வள வாய்ப்புக்களின் ஆராய்ச்சி, விண்வெளிச் செய்தித் தொடர்பு மற்றும் கப்பல் செலுத்தியலின் வளர்ச்சி ஆகியவற்றோடு கூடவே விண்வெளியில் தொழில்துறைப் பொருள் உற்பத்திக்கும் பூமிக்கு சப்ளை செய்வதற்காக விண்வெளி இலக்குகளில் மின்னாற்றல் பெறுவதற்கும் பெருத்த வாய்ப்புக்கள் இருப்பதாக அறிஞர்கள் கருதுகிறார்கள். வாசீன்கள், படிகங்கள், மிகைத் தூய்மையுள்ள பொருள்கள் ஆகிய பல்வேறு தனி வகைப் பொருள்களின் உற்பத்தி அண்மை ஆண்டுகளில் தொடங்கப் படலாம். ஆனால் பூமிக்கு மின்னாற்றல் வழங்குவதற்கான விண்வெளித் தொகுப்பை உருவாக்குவது இவ்வளவு விரைவில் நடக்கும் என்று சொல்ல முடியாது. அளவில் பெருத்தவையும் எடை மிக்கவையுமான இயந்திரக் கருவிகளைக் கோளப்பாதையில் சேர்ப்பதற்கு வேண்டிய சாதனங்கள் இதற்குத் தேவைப்படும். தவிர, விண்வெளியில் பெறப்படும் மின்னாற்றலைப் பூமிக்கு அனுப்புவது சம்பந்தமாக மேற்கொண்டு ஆராய்ச்சிகள் நடத்துவது அவசியமாகும். இந்தத் துறையில் சோதனைகள் கடந்த சில ஆண்டுகளாகச் செய்யப்பட்டு வருகின்றன. முதலாளித்துவ உலகில் விரிவாகப் பரவிய ஆற்றல் நெருக்கடி இந்த ஆராய்ச்சிகளைத் தூண்டி விட்டது.

புவிக் கோளத்தின் இரவுப் பகுதிக்குச் சூரிய ஒளியால் வெளிச்சம் தரும் பொருட்டுப் புவி அருகிலுள்ள கோளப்பாதையில் பிரமாண்டமான கண்ணாடிகளைப் பயன்படுத்தும் யோசனையும் அறிஞர்களின் கவனத்தை ஈர்த்து வருகிறது. பனிக்கால மாதங்களில் துருவ வட்டத்தைச் சேர்ந்த பெரிய நகரங்களுக்கும் இயற்கை விபத்துக்களுக்கு உள்ளான பிரதேசங்களுக்கும் அவை வெளிச்சம் தரக் கூடும். இத்தகைய ஒளி விவசாய விளைபொருள்களின் உற்பத்தியை அதிகரிப்பதற்கும் பயன்படலாம். இம்மாதிரித் தொகுப்பின் பயன்பாடு விண்வெளிக் கண்ணாடிகளின் பரப்பையும் கோளப்பாதையின்

தன்மையையும் நேரடியாகப் பொறுத்திருக்கும். இந்தக் கண்ணாடிகளின் பரப்பு பல பத்து, ஏன், பல நூறு சதுரக் கிலோ மீட்டர் வரை இருக்க வேண்டும் என்று கணக்கீடுகள் காட்டுகின்றன. இவை போன்ற திட்டங்கள் தற்போது எவ்வளவு தான் நம்ப முடியாதவையாகத் தோன்றினாலும், இன்னும் ஒரு இருபது, முப்பது ஆண்டுகளுக்குள் இவை நிறைவேற்றப்படுவதை நாம் காண்பது அசாத்தியம் அல்ல.

செலுத்தப்படக் கூடிய விண்வெளிப் பறப்பின் நெருங்கிய வருங்காலம், நீண்ட காலக் கோளப்பாதை நிலையங்களும் பணிக் குழுவினரை மாற்றுவதற்கும் பல்வேறு சாமான்களைக் கொண்டு சேர்ப்பதற்கும் வகை செய்யும் போக்குவரத்துக் கப்பல்களும் ஆகும். கோளப்பாதை நிலையங்களின் அளவுகளும் அவற்றின் பணிக் குழுவினருடைய எண்ணிக்கையும் அதிகரிக்கும். போக்குவரத்துக் கப்பல்கள் அதிகப் புதுமை பெறும், அதிகச் சரக்குகள் ஏற்றிச் செல்லும். பூமிக்கு அருகே உள்ள விண்வெளி அணித்தான வருங்காலத்தில் மனிதர்களின் மிகச் சுறுசுறுப்பான செயல்களின் களமாக விளங்கும்.

காலக் கெடுக்களைக் குறிப்பது கடினம், ஆயினும் விண்வெளியில் மனிதனுடைய அடுத்து வரும் அடிவைப்புகள் பின்வரும் வரிசையில் நிகழும் என்று எண்ணலாம்: பூமிக்கு அருகிலுள்ள கோளப்பாதையில் நிலையங்கள். சந்திரனில் தளம். செவ்வாயின் மேற்பரப்பில் இறக்கம். செவ்வாயில் தளம். சூரிய மண்டலத்தின் சில கோளங்களையும் சந்திரனையும் மனிதர் வாழத்தக்க விண் கோள்களாக மாற்றுவது. விண்மீன்களுக்கு மனிதனின் பறப்பு.

இது அடுத்து வரும் இருபதாண்டுக் காலத்துக்குள் அடங்காதது தான். நம் தரையுலக விவகாரங்கள் எப்படி நடக்கின்றன என்பதையே எல்லாம் பொறுத்திருக்கும். பகைமை, ஆயுத உற்பத்திப் போட்டி, புவியின் செல்வ வளங்களின் வீண் விரயம் ஆகியவை இந்தத் துறையில் முன்னேற்றத்தைக் கணிசமாகப் பாதிக்கக் கூடும், உண்மையில் மனித குலம் அனைத்தினதும் வளர்ச்சிக்கு இவை தீங்கு செய்யும்.

பற்பல விண்வெளித் திட்டங்கள் மிகப் பேரளவானவை ஆதலால் அவற்றைச் செயல்படுத்துவது ஆகப் பெரிய அரசுகளின் ஒன்றித்த முயற்சிகளால் தான் சாத்தியம் ஆகும். சர்வதேச அடிப்படையில் மட்டுமே கூட இவை நிறைவேற்றப்படலாம்.

விண்வெளியை ஆராய்வதிலும் பயன்படுத்துவதிலும் அமெரிக்க ஐக்கிய நாடுகள், பிரான்ஸ், இந்தியா உட்பட பல உலக நாடுகளுடன் சோவியத் யூனியன் மிகவும் காரியப் பாங்காக ஒத்துழைத்து வருகிறது.

'இண்டர்காஸ்மோஸ்' செயல்திட்டம் பூமிக்கு அருகே உள்ள விண்வெளிப் பரப்பை ஆராய்வதில் சோஷலிஸ நாடுகளின் முயற்சிகளை ஒன்றிணைக்கிறது. சோவியத் விண்வெளிப் பயணிகளுடன் சோஷலிஸ நாடுகளின் பிரதிநிதிகள் கூட்டுப் பறப்புகளில் பங்கு கொள்வது பற்றிய ஒப்பந்தம் நிலவுகிறது.

விண்வெளி ஆராய்ச்சிகளின் முக்கிய நோக்கம் இயற்கையை அறிவதும் உழைப்பாளிகளின் நலன்களுக்காக, உலக சமாதான நலன்களுக்காக அதை நடைமுறையில் பயன்படுத்துவதும் ஆகும். எனவேதான் விண்வெளியின் பயன்பாட்டில் விரிவான சர்வதேச ஒத்துழைப்பை சோவியத் யூனியன் எப்போதும் ஆதரித்து வருகிறது. விண்வெளி ஆராய்ச்சிகளில் ஆண்டுக்கு ஆண்டு மேலும் மேலும் புதிய நாடுகள் சேர்ந்து கொள்வது தற்செயல் அல்ல.

# விண்வெளிப் பயணி ஆவது எப்படி?

மூன்று நாட்களாக 'வீட்டிலே' படுத்துச் சிகிச்சை பெற்றுக் கொண்டிருந்தேன். ருஷ்ய மகாகவி புஷ்கினுடைய கவிதைகளைப் படித்தேன். ரஹ்மானினவின் இசைப் படைப்புக்களைக் கேட்டேன். மாபெரும் இசையமைப்பாளர் ரஹ்மானினவ் இலையுதிர் காலத்தை விரும்பினாரா என்பது எனக்குத் தெரியாது, ஆனால் அவருடைய இசையை நான் கேட்பது பெரும்பாலும் இலையுதிர் காலத்தில் நிகழ்கிறது.

அர்ஹாங்கெல்ஸ்கொயேவில் இளைப்பாறிக் கொண்டிருந்த ஒரு நண்பனைப் பார்க்கும் பொருட்டு ஒருமுறை செப்டெம்பர் மாத இறுதியில் காரில் போய் வந்தேன். ஒரே மாதிரிப் போக்கு எனக்குப் பிடிக்காது. ஆகவே வலகலாம்ஸ்க் நெடுஞ்சாலை வழியே அர்ஹாங்கெல்ஸ்கொயே போய்விட்டுத் திரும்புகாலில் ருப்ளேவ்ஸ்க் நெடுஞ்சாலை வழியே காரைச் செலுத்தினேன்.

காரிலிருந்த ரேடியோவைத் திருப்பினேன். இசை நிகழ்ச்சி கேட்டது. ஒலிபரப்பானது எந்த இசைப் படைப்பு என்று எனக்குத் தெரியவில்லை, ஏனெனில் ரஹ்மானினவின் படைப்புக்களை நான் அவ்வளவு விவரமாக அறிந்திருக்கவில்லை. ஆனாலும் இது அவருடைய இசைப் படைப்பே என்று உணர்ந்தேன். முதிர்ச்சியும் ஆண்மையும் வாழ்க்கைப் பற்றும் பெருகி என் உள்ளத்தில் நிறைந்தன. இது ரஹ்மானினவின் இசையாகத்தான் இருக்க முடியும் என்று தீர்மானித்தேன். சுற்றிலுமோ, மஞ்சள்பாரிக்கத் தொடங்கியிருந்த காட்டில் வண்ண வேறுபாடுகள் கண்ணைக் கவர்ந்தன. காற்று அசாதாரணமான தெளிவுடன் நிகழ்ந்தது. வானம் மேலே உயர்ந்து விட்டது போலக் காணப்பட்டது. இப்போது அதில் ஒரு மேகத்தைக் கூடப் பார்க்க முடியவில்லை - அது அவ்வளவு உயரே இருந்தது. நான் காரிலிருந்து இறங்கி, இலையுதிர்காலத்தின் ஒலிப்புள்ள மௌனத்தைச் செவி மடுத்தவாறும் அந்த நீலக் காற்றை விழுங்கியவாறும் மஞ்சள் பாரித்த புல் தரையில் நீண்ட நேரம் உட்கார்ந்திருந்தேன்.

ரஹ்மானினவின் பியானோ கன்சர்ட் ஒலிபரப்பானதாக வானொலியில் அறிவிக்கப்பட்டது. சூரியன் பூமியின் மறுபுறத்தில் உள்ளவர்களுக்கு இரவுக்குப் பின் வெளிச்சம் தரவும் வெப்பம்

ஊட்டவும் செல்வதற்கு மெதுவாக ஆயத்தம் செய்யலாயிற்று. ஆனாலும் நான் வாடிக் கொண்டிருந்த இயற்கையை அனுபவித்த வண்ணம் உட்கார்ந்து சிந்தனையில் ஆழ்ந்திருந்தேன்....

...அற்புதமான இலையுதிர் காலப் பகல், மீண்டும் ரஹ்மானினவ். ஆர்க்கெஸ்ட்ராவுடன் பியானோவுக்கான இரண்டாவது கன்சர்ட்டைச் செவி மடுத்தவாறு, உறக்கத்தில் ஆழ ஏற்பாடு செய்து கொண்டிருந்த இயற்கை மீது கண்ணோட்டினேன். தன் செம்பழுப்பு அணியைக் களைந்து கொண்டிருந்த காட்டை நோக்கினேன். மனமோ, தரையுலக, விண்வெளி விவகாரங்கள் பற்றிய எண்ணங்களில் ஆழ்ந்திருந்தது. இலையுதிர் காலம் முதிர்ச்சிப் பருவம், தெளிவுப் பருவம். எனவே, விண்வெளிப் பறப்பியல் பற்றி, விண்வெளிப் பயணி ஆவது எப்படி என்பது பற்றி வினவிய எல்லோருடனும் என்னுடைய எண்ணங்களைப் பகிர்ந்து கொள்ள எனக்கு விருப்பம் உண்டாகிறது.

சோவியத் யூனியனின் விமானிகள் விண்வெளிப் பயணிகளது முகவரிக்கு ஸ்வியோஸ்த்னி நகருக்கு வரும் பல கடிதங்களில் "விண்வெளிப் பயணி ஆக விரும்புகிறேன்" "விண்வெளியில் சுற்றிவிட்டு வருவது என் கனவு" என்ற சொற்கள் காணப்படுகின்றன. இவற்றை எழுதுபவர்கள் வெவ்வேறு வயதினர், வெவ்வேறு தொழிலினர். எல்லாக் கடிதங்களிலும் இந்தக் கேள்வி அடங்கியுள்ளது: "விண்வெளிப் பயணி ஆவது எப்படி?"

இதற்குப் பதில் அளிப்பது ஒன்றும் கடினம் இல்லை என்று முதல் பார்வைக்குத் தோன்றும்: ஒரே மாதிரிக் கேள்விக்கு ஒரே மாதிரி விடை அளிக்கலாமே. ஆனால் கேள்வி ஒரே மாதிரியானதே தவிர மனிதர்கள் வெவ்வேறானவர்கள்.

சில ஆண்டுகளுக்கு முன்னால் நடந்த ஒரு நிகழ்ச்சி எனக்கு நினைவு இருக்கிறது. நிக்கலாயெவ் நகரிலிருந்து ஒன்பதாம் வகுப்பு மாணவர் ஒருவர் விண்வெளிப் பயணிகளின் அணியில் தன்னைச் சேர்த்துக் கொள்ளும்படி எனக்கு வேண்டுகோள் விடுத்திருந்தார். தாம் நன்றாகப் படிப்பதாகவும் தமது உடல்நிலை மிகச் சிறப்பானது என்றும் பல வகையான விளையாட்டுகளில் தாம் உயர்ந்த வரிசைகள் பெற்றிருப்பதாகவும் அவர் எழுதியிருந்தார்.

பள்ளிப் படிப்பை அவர் முதலில் முடிக்க வேண்டும் என்றும் மேற்கொண்டு செய்வது பற்றி அப்புறம் பேசலாம் என்றும் அப்போது நான் அவருக்குப் பதிலளித்தேன். இந்தப் பதில் எழுதிய பின் - உள்ளதைச் சொன்னால் அவரை மறந்து விட்டேன். ஏராளமான கடிதங்கள் வந்தன. இது போன்ற வேண்டுகோள்களுக்கும் குறைவில்லை!

நேரம் கழிந்தது. ஒரு நாள் மாலை நான் வீட்டில் உட்கார்ந்து பயிற்சிப் பாடங்கள் தயாரித்துக் கொண்டிருந்தேன். அப்போது ஓர் இளைஞர் என்னிடம் வந்து, "வணக்கம். நான் வந்துவிட்டேன்!" என்று நான் எழுதிய கடிதத்தைக் காட்டினார். நான் அவரை அமரச் செய்தேன். நாங்கள் உரையாடினோம். தாம் பள்ளிப் படிப்பை வெற்றிகரமாக முடித்து விட்டதாகவும் இனி விண்வெளிப் பறப்பியலில் முழுமையாக ஈடுபட முடியும் என்றும் அவர் சொன்னார். இளைஞரின் ஆர்வமும் உறுதியும் அவர்பால் எனக்கு மதிப்பை ஏற்படுத்தின. பறப்பில் விண்வெளிப் பயணியின் வேலை பற்றி அவர் என்ன எண்ணம் கொண்டிருக்கிறார். விண்வெளிக் கப்பல் அறையில் இருக்கையில் என்ன செய்ய வேண்டும் என்று நினைக்கிறார் என்று நான் வினவியபோது அவரிடமிருந்து தெளிவான பதில் எதுவும் கிடைக்கவில்லை. இதைப் பற்றிச் சிந்திக்க அவருக்கு இன்னும் வாய்க்கவில்லையாம்.

விண்வெளிப் பயணி ஆக முடிவு செய்பவர் திடமான ஆரோக்கியத்தோடு கூடவே அறிவியல்களிலும் தேர்ச்சி பெற்றிருக்க வேண்டும். ஏதேனும் ஒரு துறையில் நிபுணராக இருக்க வேண்டும். விண்வெளிப் பறப்பையும் வேலையின் தன்மையையும் அளவையும் திட்டவட்டமாக அறிந்திருக்க வேண்டும் என்று காட்டுவதற்காகவே இந்த நிகழ்ச்சியை விவரித்தேன். இல்லாவிட்டால் விண்வெளிப் பறப்பு பற்றிய கனவு கனவாகவே இருந்துவிடும்.

விண்வெளியில் வெற்றிகள் எவ்வாறு பெறப்படுகின்றன, பிரபஞ்சத்தின் மர்மங்களை அறியும் திசையில் அடுத்த அடி வைப்பதற்கு முன்னால் விஞ்ஞானம், உருவரைவு, பறப்புத் தொழில்நுட்பம், உளவியல் முதலியவற்றையும் பிறவற்றையும் சேர்ந்த எம்மாதிரிச் சிக்கல்களைத் தீர்க்க வேண்டி இருக்கிறது என்பவற்றை வாசகர்களுக்கு விவரமாக விளக்குவது நம் செய்தித்தாள்கள், சஞ்சிகைகள் ஆகியவற்றின் கட்டாயக் கடமை என்று எனக்குத் தோன்றுகிறது.

நான் விமானியாகப் பணியாற்றி வந்த ஆண்டுகளிலேயே என் அன்புக்கு உரியது ஆகி இருந்த 'விமானவியலும் விண்வெளிப் பறப்பியலும்' என்ற சஞ்சிகை இந்த பெரிய செயலில் முதன்மைப் பங்கு ஆற்றக் கடமைப்பட்டது. இந்தச் சஞ்சிகையில் தான் நான் பத்திரிகைத் தொழில் பழகினேன். முறையான இதழ்களின் வெளியீட்டுக்காகச் செய்ய வேண்டி இருந்த சள்ளை பிடித்த உழைப்பை நேசித்தேன்.

இந்தச் சஞ்சிகை இதழ்களின் கோப்பைப் புரட்டிப் பார்க்கையில், வளிமண்டலத்தை வசப்படுத்துவதில் சோவியத் மக்கள் நடத்திய

போராட்டத்தின் நெடும்பாதை அதன் பக்கங்களில் பிரதிபலிக்கக் காண்கிறோம். எங்கள் சஞ்சிகை (அதன் முந்திய பெயர் ‘விமானப் படைச் செய்தியாளன்’ என்பது) முதலாவது சோவியத் படைத்துறை வெளியீடுகளில் ஒன்றாயிற்றே.

சோவியத் விமானவியலும் விண்வெளிப் பறப்பியலும் அண்மை ஆண்டுகளில் அடைந்துள்ள பெரு வெற்றிகள் விமானவியலையும் விண்வெளியையும் குறித்த விவரங்களை வாசகர்களுக்கு முன்னிலும் அதிகக் கவர்ச்சி உள்ளவை ஆக்கியுள்ளன. முன்பெல்லாம் இந்தச் சஞ்சிகையை விமானிகள் மட்டுமே படித்து வந்தார்கள். இப்போதோ, பல்லாயிரம் சாதாரணக் குடிமக்களும், முதன்மையாக இளைஞர்களும் கூட இதன் வாசகர்கள் ஆகி இருக்கிறார்கள். வாசகர்கள் மிக மிகப் பல வகையான கேள்விகள் கேட்கிறார்கள். இவற்றில் பல கேள்விகள் அடிக்கடி திரும்பக் கேட்கப்படுகின்றன. இதன் காரணம் நான் ஏற்கெனவே கூறியதுதான். விண்வெளிப் பயணியின் வேலை, அவனது பயிற்சி, விண்வெளிப் பறப்பின் நிலைமைகள் ஆகியவற்றைப் பற்றிய பெரிதும் ஒரு தரப்பான எண்ணமே இதற்குக் காரணம்.

வாசக நாயகரே, விண்வெளி விமான நிலையத்தில் நமக்காகக் ‘காத்திருக்கும்’ விண்வெளிக் கப்பலில் ஏறிக்கொள்ள உங்களை அழைக்கிறேன். நம் ஆவலுக்குரிய பிரச்னைகளைத் தெளிவுபடுத்திக் கொள்ளப் பறப்பு நடக்கையில் இருவரும் சேர்ந்து முயல்வோம்.

...கோபுரங்களும் பணித் தூலங்களும் சூழ்ந்த ராக்கெட்டின் பிரமாண்டமான வெள்ளி நிற உடல் மெல்லிய ஆவிப் படலங்களால் மூடப்பட்டிருக்கிறது. பறப்பு தொடங்குவதற்குச் சுமார் இரண்டு மணி நேரம் பாக்கி இருக்கிறது. நாம் லிப்டில் மேல் மேடைக்குப் போய் புகு கதவு வழியே கப்பலின் மேல் பிரிவை அடைகிறோம். அங்கே நிறுவப்பட்டுள்ள இயந்திர சாதனங்களைப் பார்வையிட்ட பின் இடைக் கதவு வழியாக அடுத்த பிரிவில் இறங்குகிறோம். இரண்டு கதவுகளையும் காற்றுப் புகா வண்ணம் அடைக்கிறோம்.

நாற்காலிகளில் வசதியாக அமர்ந்து கொள்கிறோம். நடு நாற்காலியில் கப்பல் கமாண்டர் உட்கார்கிறார். அவருக்கு வலப்புறம் கப்பல் பொறியாளரும் இடப்புறம் சோதனைப் பொறியாளரும் உட்கார்ந்து கொள்கிறார்கள்.

புறப்படுவதற்கு முன் எஞ்சியுள்ள நேரத்தில் விண்வெளிப் பயணிகள் கப்பல் இயந்திர சாதனங்களையும் பொறித் தொகுப்புகளினதும் செய்தித் தொடர்புச் சாதனங்களுடையவும் தொடக்க நிலையையும் வழக்கமாகச்

சரி பார்க்கிறார்கள். நாம் விண்வெளிக் கப்பலை அறிமுகம் செய்து கொள்வதில் இந்த நேரத்தைச் செலவிடுவோம்.

நம்முடைய கப்பலின் பெயர் 'ஸயூஸ்'. இது விண்வெளிக் கோளப் பாதைக் கப்பல் வஸ்தோக், 'வஸ்ஹோத்." வகை முதல் விண்வெளிக் கப்பல்களின் இடத்தில் வந்தது இது. அவற்றோடு ஒப்பிடும்போது பணிக் குழுவினர் வேலை செய்வதற்கும் இளைப்பாறுவதற்கும் 'ஸயூஸி'ல் அதிக இடம் உள்ளது. மற்றக் கப்பல்களோடு இணைந்து கொள்ளவும் கோளப்பாதையிலும் இறக்கத்தின் போதும் விரிவான இயக்கங்கள் நிகழ்த்தவும் அதனால் முடியும் அதில் உள்ள பொறிகளும் கருவிகளும் அதிகச் செப்பமானவை.

விண்வெளிப் பயணிகளின் அறை, கோளப்பாதைப் பிரிவு கருவிகள், இயந்திரத் தொகுதிகளின் பிரிவு என மூன்று முக்கியப் பிரிவுகள் கொண்டது 'ஸயூஸ்'.

விண்வெளிப் பயணிகளின் அறை இறங்கு பகுதி என்றும் அழைக்கப்படும். கப்பல் கோளப்பாதையில் புகும் போதும் பறப்பில் அனேகச் செயல்களை நிறைவேற்றும் போதும் பணிக்குழுவினர் அதில் இருக்கிறார்கள். அதிலேயே அவர்கள் தரைக்கும் திரும்புகிறார்கள். கப்பலின் தலைமை இடம் இதில் உள்ளது. அறை காற்றுப் புகா அமைப்பு கொண்டது. தரையில் இறங்கும்போது ஏற்படும் கடுமையான காற்றியக்கச் சூட்டிலிருந்து காப்பதற்காக அறை வெளிப்புறத்தில் வெப்பக் காப்பு உறையால் மூடப்பட்டுள்ளது. தரை இறங்கும்போது பகுதியைச் சாய்வுக்கு ஏற்பத் திருப்புவதற்கான ஜெட் எஞ்சின்களும் மென்மையான இறக்கத்துக்கு வகை செய்யும் வெடி மருந்துப் பொறிகளும் அறையில் பொருத்தப்பட்டுள்ளன. மென்மையான இறக்கத்துக்கு வகை செய்யும் பொறிகள் நமக்கு நேர் அடியில் இருக்கின்றன. வெளியில் அவை வெப்பக் காப்புத் திரையால் மூடப்பட்டுள்ளன. கப்பலைச் செலுத்துவதற்கும் செய்தித் தொடர்புக்கும் உயிரியக்கத்துக்கு வகை செய்வதற்குமான பல வகைக் கருவிகளும் இயந்திரங்களும் இருக்கின்றன. முதன்மை, துணைப் பாரசூட் தொகுப்புக்கள் தனிப்பட்ட கொள்கலங்களில் உள்ளன. கமாண்டரின் இருக்கைக்கு முன்னே கப்பலின் இயக்கு விசைக் குமிழ்ப் பலகை அமைந்துள்ளது. கப்பலின் பொறி அமைப்புகள், இயந்திரத் தொகுதிகள் ஆகியவற்றின் வேலையைக் கண்காணிப்பதற்கான கருவிகளும் செலுத்து சாதனங்களும் தொலைக்காட்சித் திரையும் கப்பலில் உள்ள பொறி அமைப்புகளை இயக்குவதற்கான விசைக் குமிழ்களும் அதன் மேல் பொருந்தியிருக்கின்றன. மையப் பலகைக்கு இடப்புறமும் வலப்புறமும்

பக்கத் துணைப் பலகைகள் அமைந்துள்ளன. தனிச் சாளரத்தின் பார்வை திசை திருப்பிப் பொருத்தப் பட்டிருக்கிறது.

கமாண்டரது நாற்காலியின் இரு புறங்களிலும் கப்பலை இயக்குவதற்கான இரண்டு கைப்பிடிகள் இருக்கின்றன. வலப்புறக் கைப்பிடி பொருண்மை மையத்தைச் சுற்றிக் கப்பலின் திசைத் திருப்பத்தை இயக்குவதற்காக, இடப்புறப் பிடி இயக்கங்கள் நிகழ்கையில் கப்பலின் வேகத்தை மாற்றுவதற்காக, கண் பார்வையால் அவதானிப்பதற்காகவும் திரைப்படம் - நிழற்படம் எடுப்பதற்காகவும் இரண்டு சாளரங்கள் அறையில் அமைக்கப்பட்டுள்ளன.

இன்றியமையாத நிலைமைகளில் பூமியில் உள்ள தலைமைத் தொகுதி பங்கு கொள்ளாமல் கப்பலை முழுவதும் சுயமாகச் செலுத்துவதற்குக் கப்பலின் இயந்திர சாதனங்கள் இடம் தரும்.

வெப்பச் சீரமைப்பு, இழப்பு மீட்புச் சாதனத் தொகுதிகளின் உதவியால் கப்பலின் அறையில் பூமியின் வாழ்க்கை நிலைமைகளை ஒத்த முறையான அழுத்தமும் ஆவிகளின் கலவை விகிதமும் வெப்பமும் ஈரமும் நிலையாக வைக்கப்படுகின்றன. பணிக் குழுவினர் பறப்பின் போது காப்புடைகள் இன்றிச் சாதாரண உடைகளை அணிந்திருக்கலாம். உணவு, நீர்ச் சேமிப்புகள் அடங்கிய கொள்கலங்கள் அறையில் அமைந்துள்ளன.

விண்வெளிப் பயணிகளின் அறையிலிருந்து காற்றுப் புகாக் கதவைத் திறந்து கொண்டு கோளப்பாதைப் பிரிவுக்குப் போகலாம் (இதன் வழியாகவே நாம் அறையை அடைந்தோம்.) விஞ்ஞான அவதானிப்புகளுக்கும் ஆராய்ச்சிகளுக்கும் திறந்த விண்வெளிப் பரப்பில் செல்வதற்கும் விண்வெளிப் பயணிகள் இளைப்பாறுவதற்கும் பயன்படுகிறது கோளப்பாதைப் பிரிவு. அது உருண்டை வடிவமானது. அளவில் மிகக் கணிசமானது. விண்வெளிப் பயணிகள் வேலை செய்யவும் இளைப்பாறவும் உறங்கவும் இடங்கள் இங்கே அமைக்கப் பட்டுள்ளன.

தனிப்பட்ட செய்தித் தொடர்புச் சாதனங்கள் தவிர, பூமியிலுள்ள வானொலி நிலையங்களின் ஒலிபரப்புகளைக் கேட்பதற்கான எல்லா அலைவரிசைகளும் கொண்ட வானொலிப் பெட்டிகளும் கோளப் பாதைப் பிரிவில் இருக்கின்றன. உயிரியக்கத்துக்கு வகை செய்யும் சாதனத் தொகுதிகளும் விஞ்ஞானக் கருவிகளும் மருந்து வகைகளும் சுகாதாரப் பொருள்களும் அலமாரியில் வைக்கப்பட்டுள்ளன.

கோளப்பாதைப் பிரிவு திறந்த விண்வெளியில் செல்வதற்கான இடை அறையாக உபயோகிக்கப்படுகையில் தள மாற்ற அமைப்பு அதில் ஏற்படுத்தப்படுகிறது. பிரிவிலுள்ள காற்றை அதன் மீவிசைக் காற்றடைப்புக் குழாயில் செலுத்தி விடுகிறது இது. தானியங்கி முறையிலும் கைகளாலும் திறக்கப்படக் கூடிய கதவு வழியே விண்வெளிப் பயணிகள் வெளியே போகிறார்கள்.

மற்ற விண்வெளி இயந்திரங்களுடன் இணையும் பொருட்டு 'ஸயூஸ்' விண்வெளிக் கப்பலில் இணைப்புப் பொறிகள் அமைக்கப் படலாம். இவை கோளப்பாதைப் பிரிவின் முன் பகுதியில் அமைக்கப் படுகின்றன. இவற்றின் உதவியால் இயந்திரங்கள் கெட்டியாகப் பொருத்தப்படுகின்றன. அவற்றின் மின்சார, நீரழுத்தக் குழாய்த் தொடர்புகள் இணைக்கப்படுகின்றன. அண்மைக் காலத்தில் இணைப்புக் கூடல்களில் காற்றுப் புகா மூடிகள் கொண்ட கதவுகள் வைக்கப் படுகின்றன. இணைப்புக்குப் பின் இந்தக் கதவுகளைத் திறந்துகொண்டு ஒரு விண்வெளி இயந்திரத்திலிருந்து மற்றதற்குள் போக முடியும்.

கருவிகள், இயந்திரத் தொகுதிகளின் பிரிவு மறுபுறமிருந்து விண்வெளிப் பயணிகளின் அறையோடு பொருந்தி இருக்கிறது (இப்போது அது நமக்கு அடியில் உள்ளது). கப்பலின் முக்கியமான கருவித் தொகுதியும் செலுத்துப் பொறிகளும் இதில் அமைந்துள்ளன. கோளப்பாதைப் பறப்பின்போது இவை செயல்படுகின்றன. காற்றுப் புகா அமைப்புள்ள இந்தப் பிரிவில் வெப்பச் சீரமைப்பு இயந்திரத் தொகுதிகளும் மின்னாற்றல் வழங்கும் தொகுதிகளும் வானொலிச் செய்தித் தொடர்புக்கும் வானொலித் தொலை அளவுக்குமான கருவித் தொகுதியும் திசை திருப்ப இயந்திரங்களும் கணக்கீட்டுப் பொறி அமைப்புள்ள இயக்கக் கட்டுப்பாட்டு இயந்திரங்களும் இருக்கின்றன.

கருவிகள், இயந்திரத் தொகுதிகளின் பிரிவில் நீர்ம ராக்கெட் இயந்திரம் நிறுவப்பட்டுள்ளது. கோளப்பாதையில் கப்பலை விரும்பியபடி திருப்பவும் அதைத் தரையில் இறக்கவும் இந்த இயந்திரம் பயன்படுத்தப்படுகிறது. ஒவ்வொன்றும் 400 கிலோகிராம் இழு விசை கொண்ட இரண்டு செலுத்துப் பொறிகள் சேர்ந்தது இது. இயக்கங்கள் நிகழ்த்துகையில் திசை திருப்பவும் கப்பலை இடம் பெயரச் செய்யவும் குறைந்த இழுவிசை கொண்ட செலுத்துப் பொறித் தொகுதி உள்ளது.

...புறப்படுவதற்கு அரை மணி நேரத்தில் ஆயத்தமாவதற்கான அறிவிப்பு ஒலிபெருக்கி மூலம் செய்யப்படுகிறது. செலுத்து தளத்தில் அப்போது என்ன நடக்கிறது?

அந்த நேரத்தில் நடைபெறும் செயல்களைப் புரிந்து கொள்வதற்கு நாம் சற்றுப் பின் செல்ல வேண்டி இருக்கும்.

விண்வெளி விமான நிலையத்தில் பறப்புத் தொடங்குவதற்கு முதல் நாள், பொருத்திச் சோதிப்பதற்கான மிகப்பெரிய தளத்தில், கொண்டு செல்லும் ராக்கெட்டின் பகுதிகளைப் பொருத்தும் வேலை நிறைவேற்றப்பட்டது. அதன் இயந்திரத் தொகுதிகள் ஒவ்வொன்றாகச் சரி பார்க்கப்பட்டன. விண்வெளிக் கப்பலின் பகுதிகள் சேர்க்கப்பட்டன. கொண்டு செல்லும் ராக்கெட்டின் கடைசிக் கட்டத்துடன் அது இணைக்கப்பட்டது. பொருத்தும் வேலை முடிந்து கப்பலின் கம்பிவடத் தொடர்கள் ஒன்று சேர்க்கப்பட்ட பிறகு ராக்கெட்டு விண்வெளித் தொகுப்பு அனைத்தும் நுணுக்கமாகச் சரி பார்க்கப்பட்டது. பின்னர் முட்டுக்களின் தாங்கலில் ராக்கெட்டு செலுத்து தளத்துக்குக் கொண்டு வரப்பட்டு, செலுத்து மேடை மீது நிறுத்தப்பட்டது. அப்புறம் பணித் தூலங்களும் எரி பொருளும் மின்சாரமும் ஏற்றுக் கம்பிவடக் கம்பங்களும் ராக்கெட்டின் பக்கத்தில் கொண்டு வரப்பட்டன. இந்தக் கட்டுமானங்களில் அமைந்த குழாய்களின் வழியே எரிபொருள் ஆக்கக் கூறுகளும் இறுகிய ஆவிகளும் செலுத்தப்பட்டன. மின்கம்பி வடங்களும் இவற்றில் அமைந்திருந்தன. ராக்கெட்டு புறப்படும் வரையில் அதன் உள்ளிருக்கும் கருவித் தொகுதிக்கும் கண்காணிக்கவும் அளக்கவுமான கருவிகளதும் தொலை அளவிக் கருவியினதும் கம்பிவடத் தொடர்களுக்கும் இவற்றின் மூலம் மின்சாரம் வழங்கப்பட்டது.

செலுத்து மேடை மேல் ராக்கெட்டை நிறுத்துகையில் அது துல்லியமாகச் செங்குத்து நிலையில் வைக்கப்பட்டது. வழங்குவதற்கும் வடிப்பதற்குமான சாதனங்களின் குழாய்களும் தரை மேலும் ராக்கெட் சாதனத்திலும் இருந்த கம்பி வடத் தொடர்களின் இணைப்புத் தக்கைகளும் பொருத்தப்பட்டன.

பறப்புத் தொடங்குவதற்குச் சிறிது நேரம் முன்னர் எரிபொருள் ஆக்கக் கூறுகளும் இறுகிய ஆவிகளும் எரிபொருள் கலங்களில் நிறைக்கப்படுவது ஆரம்பித்தது. இந்தச் செயல் முற்றிலும் தானியங்கிகளால் நடத்தப்பட்டது. குழாய்களிலும் கலங்களிலும் உயிரக இணைவிப்பியை நீர்ம உயிரகத்தைச் செலுத்துவதற்கு முன்னால் பனிக்கட்டிப் படிமங்கள் உருவாவதைத் தவிர்ப்பதற்காக அவற்றிலிருந்து ஈரத்தையும் காற்றையும் அகற்றும் நோக்கத்துடன் வெடியகம் செலுத்தப்பட்டது.

ராக்கெட்டின் எரிபொருள் கலங்கள் நிறைக்கப்படுவதோடு கூடவே பறப்புக்கு முந்திய கடைசிச் சரிபார்த்தல் நடத்தப்பட்டது.

பொறித் தொகுப்புகள், கருவிகள், இயந்திரத் தொகுதிகள் ஆகியவற்றின் வேலை நடித்துக் காட்டப் பட்டது, முடிந்த எல்லா அமைப்புகளும் இசைவிக்கப்பட்டன.

கப்பலின் செலுத்து பொறித் தொகுதியின் நினைவு அமைப்பில் விவரங்கள் (இவை கட்டளைகள் எனப்படுகின்றன) இந்த நேரத்தில் புகுத்தப்பட்டன. கப்பலைக் கோளப்பாதையில் செலுத்துவதற்காக வகுக்கப்பட்ட திட்டத்தை நிறைவேற்றுவதற்குத் தக்கபடி செலுத்து பொறித் தொகுதி இதன் விளைவாக இசைவிக்கப்பட்டது.

எரி பொருள் நிறைப்பதும் பறப்புக்கு முந்திய செயல்களும் கொண்டு செல்லும் ராக்கெட்டின் ஆயத்த நிலைகளை ஒரு மணி, அரை மணி, கால் மணி முதலியவற்றைக் - குறிக்கின்றன. எல்லா ஆயத்த நிலைகளும் தொலை அளவிக் குழுத் தலைவரால் பறப்பின் இயங்கு விசைக் குமிழ்ப் பலகையிலிருந்து தளத்தில் வேலை செய்யும் எல்லா நிபுணர்களும் அறிவிப்பைக் கேட்கிறார்கள்.

ராக்கெட்டின் கலங்களில் எரிபொருள் ஆக்கக் கூறுகள் ஆவியாவதால் அவற்றை இட்டு நிரப்புவதும் ஆவிப் பொருள்களை வெளியேற்றுவதும் இடையறாது நிகழ்ந்து கொண்டிருக்கின்றன. அதனால் தான் பறப்பு மேடையில் ராக்கெட்டு ஆவிப் படலங்களால் போர்த்தப்பட்டது போல் தோற்றம் அளிக்கிறது. நீர்ம உயிரகத்தின் ஆவிகள் சுற்றியுள்ள பரப்பில் எறியப்படுவதே இந்தக் காட்சியைத் தோற்றுவிக்கிறது.

பறப்புக்கு முந்திய எல்லா வேலைகளும் முடிந்ததும் பறப்பு மேடைக் குழுவின் கடைசி நிபுணர்கள் தளத்திலிருந்து வெளியேறி காப்பிடத்துக்குச் சென்று விடுகிறார்கள். ஐந்து நிமிட ஆயத்த நிலை அறிவிக்கப்படுகிறது.

இடவெளியை வசப்படுத்துகையில் மனிதன் நிலத்திலும் நீரிலும் காற்றிலும் இயங்குவதற்கான பல்வேறு சாதனங்களை அமைத்தான். ஆயினும் இயங்கும் எல்லா இயந்திரங்களிலுமிருந்து கணிசமாக வேறுபடுகிறது விண்வெளிக் கப்பல்.

விண்வெளியில் பறப்பதற்கு முன்னால் மனிதன் தனக்குப் பழக்கமான உலகத்தில் எப்போதும் இருந்து வந்தான். இயக்க விரைவில் அவன் வரம்புக்கு உட்பட்டிருக்கவில்லை. அதாவது தனக்கு இயன்ற எந்த வேகத்திலும் அவன் இயங்கினான். தவிரவும் பின்பற்றுவதற்குரிய உதாரணங்களை உயிர் இயற்கையில் அவன் எப்போதும் கண்டு வந்தான்.

ஆனால், விண்வெளியில் மனிதனுடைய உயிர் வாழ்க்கைக்கு உதவக்கூடியது ஒன்றுமே இல்லை. உணவோ, நீரோ, உயிரகமோ அங்கே இல்லை. புதிய சூழ்நிலை உயிருள்ளது எதற்கும் வேற்றாக, பகையாக இருந்தது. இங்கே இயங்குவதற்கு எந்த விதமான வேகமும் அல்ல, முற்றிலும் வரையறை செய்யப்பட்ட வேகம் மட்டுமே தேவைப்பட்டது. புவியின் செயற்கைத் துணைக்கோளுக்கு உரிய கோளப்பாதையில் செல்லும் பொருட்டு விண்வெளிக் கப்பல் மணிக்கு 28 ஆயிரம் கிலோமீட்டருக்கு நிகரான வேகத்தில் இயங்க வேண்டி இருந்தது. சந்திரனுக்கோ கோள்களுக்கோ செல்வதற்கு அதன் வேகம் இன்னும் அதிகமாய் இருப்பது அவசியமாய் இருந்தது.

கப்பலுக்கு இத்தகைய வேகத்தை அளிக்கவல்லவை விறல் மிக்க செலுத்து பொறிகள் மட்டுமே. அதிலும் எல்லா வகையானவையும் அல்ல. ஆவித் தாரைகள் வெளியே பெருகுவதன் விளைவாக இழுவிசை ஏற்படுத்துபவையான, பீச்சுதல் (ஜெட்) கோட்பாட்டின்படிச் செயல்படும் செலுத்து பொறிகள் தாம்.

விஷயம் என்ன என்றால், விண்வெளியில் இயங்கும் இயந்திரம் சூழ்நிலையுடன் பரஸ்பரப் பாதிப்பு நிகழ்த்துவதில்லை. எனவே, நிலத்திலும் நீரிலும் காற்றிலும் பயன்படும் செலுத்து பொறிகளும் உந்து விசைகளும் இயக்க உறுப்புகளும் இங்கே பயன்பட மாட்டா. இயக்கங்கள் நிகழ்த்துவதற்கு வேகத்தைக் குறைப்பதற்கு அல்லது கூட்டுவதற்கு இடவெளியில் விண்வெளிக் கப்பலில் உடன் கொண்டு போயிருந்த ஏதேனும் பொருளை வெளியே எறிய வேண்டும். தோணியில் இருந்து கொண்டு ஏதேனும் கனத்த பொருளை வெளியே எறிய முயன்று பாருங்கள். தோணி அக்கணமே எதிர்த்திசையில் நகரும். இதுதான் இயக்கத்தின் பீச்சுதல் கோட்பாடு என்பது. ராக்கெட்டில் ஆற்றல் மூலமாக விளங்குவது எரிபொருள். எரிபொருளின் இரசாயன ஆற்றல் ராக்கெட்டின் செலுத்துபொறியில் தூம்பு வாய் வழியே பெருகும் ஆவிப் பெருக்கின் இயங்காற்றலாக மாறுகிறது.

ராக்கெட்டு பறப்பின் தேவையான வேகத்தை அடைவதற்கு எவ்வளவு ஆற்றல் செலவிடப்பட வேண்டும்? இந்தக் கேள்வி அடிக்கடி கேட்கப்படுகிறது.

ராக்கெட்டு இயக்கச் சித்தாந்தம் இந்தக் கேள்விக்கு விடை அளிக்கிறது.

ஒவ்வொரு கிலோகிராம் எரிபொருளிலும் எவ்வளவு அதிகமான ஆற்றல் சேமிப்பு உள்ளதோ, செலுத்து பொறி எந்த அளவுக்குச்

செப்பமானதோ, அந்த அளவுக்கு வெளியே பெருகும் அதிக விரைவை எரியும் பொருள்கள் பெறுகின்றன.

ராக்கெட்டு அடையக் கூடிய வேகத்துக்கும் அதில் நிறைக்கப்பட்ட எரி பொருளின் அளவுக்கும் அதன் எரிதலால் விளையும் பொருள்களின் வெளியே பெருகு வேகத்துக்கும் உள்ள சார்பை த்ஸியல்கோவ்ஸ்கி கணக்கிட்டுத் தீர்மானித்துள்ளார்.

ராக்கெட்டில் எரிபொருள் எவ்வளவு அதிகமாக இருக்குமோ, ராக்கெட்டு அடையக்கூடிய வேகம் அவ்வளவு அதிகமாக இருக்கும். இங்கே குறிக்கப்படுவது எரிபொருளின் மொத்தச் சேமிப்பு அளவு அல்ல, ராக்கெட்டில் ஏற்றியுள்ள சாமான்கள், அதன் கட்டுமானம் ஆகியவற்றின் நிறைக்கும் எரிபொருளின் நிறைக்கும் உள்ள சார்பு நிலை ஆகும். ராக்கெட்டு இயன்ற அளவு அதிகமான எடையுள்ள சாமான்களைக் கோளப்பாதையில் கொண்டு சேர்க்க முடிவதற்காக அதன் கட்டுமானத்தை இலேசிலும் இலேசாகச் செய்யப் பொறியாளர்கள் முயல்கிறார்கள். இதனால் ராக்கெட்டின் தொடக்க நிறையினது ஆகப் பெரும் பங்கு எரிபொருளையும் ஆகக் குறைந்த பங்கு கட்டுமானத்தையும், அதாவது எரிபொருள் கலங்கள், உடல், செலுத்து பொறி, இயக்கு கருவித் தொகுதி ஆகியவற்றையும் பிற இயந்திரத் தொகுப்புகளையும் சேரும்.

விண்வெளி இயந்திரத்தின் வழி அது பூமியைச் சுற்றி வரும்போது கோளப்பாதை, அது கோள்களுக்குப் பறக்கும்போது எறிபாதை. இரு சந்தர்ப்பங்களிலும் கொண்டு செல்லும் ராக்கெட்டின் செலுத்து பொறிகள் வேலை செய்யும் சில நிமிடங்களில் அதற்கு இயக்கத் திசை அளிக்கப்படுகிறது. எறிபாதையின் செயற் பகுதியில் இந்த வெகுசில நிமிடங்களில் இயந்திரம் உயரத்தையும் தேவையான வேகத்தையும் எட்டுகிறது. அடுத்து வரும் பல நாட்கள் நீடிக்கும் பறப்பு செலுத்து பொறிகள் அணைக்கப்பட்ட நிலையில் விண்ணக இயக்க இயல் விதிகளுக்கு இணங்க நிகழ்கிறது. சூரியனதும் கோள்களுடையவும் ஈர்ப்பாற்றல்களின் பாதிப்புக்கு மட்டுமே அந்தக் காலப் பகுதியில் இயந்திரம் உட்படுகிறது. அடிக்கடி விண்வெளி இயந்திரம் கொண்டு செல்லும் ராக்கெட்டின் கடைசிக் கட்டத்திலிருந்து பிரிக்கப்பட்டுச் சுதந்திரமாகக் கூடப் பறப்பை நிறைவுபடுத்துகிறது. அண்ட வெளியில் நிலைப்பாட்டுக்கும் திசைத் திருப்பத்துக்கும் எறிபாதையைத் திருத்துவதற்கும் தரையில் இறங்க வேண்டி இருந்தால் இறக்கத்தின் போது தடைப்படுத்துவதற்கும் உதவும் சிறு செலுத்துப் பொறிகள் மட்டுமே அப்போது அதில் இருக்கின்றன.

செயற்கைப் புவித் துணைக்கோளின் கோளப்பாதையில் இயந்திரத்தைச் செலுத்தவும் சந்திரனுக்கோ செவ்வாய்க்கோ அதை அனுப்பவும் கொண்டு செல்லும் ராக்கெட்டின் இயக்கப்பாதையைத் துல்லியமாகக் கணக்கிடுவதும் கண்டிப்பாகக் கணக்கிடப்பட்ட வேகத்தை அது அடைவதற்கு வகை செய்வதும் அவசியம். எனவே பறப்பு அனைத்தினதும் வெற்றி செயற் பகுதியின் சரியான கணக்கீடும் தொடக்க விவரங்களுக்கு இணங்கப் பறப்பின் நிறைவேற்றமும் முதன்மையாக, நிர்ணயகரமாக விளங்குகின்றன.

துணைக்கோள், துணைக் கோள் ஆவதற்கும் விண்வெளிக் கப்பல் சந்திரனையோ திங்களையோ அடைவதற்கும் கொண்டு செல்லும் ராக்கெட்டுகளின் செலுத்து பொறிகள் வேலையை நிறுத்தும் கணத்துக்குள் அவை பூமியின் மேற்பரப்புக்கு உயரே அண்ட வெளியின் கண்டிப்பாக வரையறுக்கப்பட்ட இடங்களில் செலுத்தப்படுவதும் அளவிலும் திசையிலும் துல்லியமாகக் கணக்கிடப்பட்ட வேகம் அவற்றுக்கு அளிக்கப்படுவதும் அவசியம் ஆகும். இந்த நிபந்தனைகள் நிறைவேற்றப்படாவிடில் பறப்பு கட்டாயம் தோல்வி அடையும்.

எரிபொருள் அனைத்தையும் செலவிட்டு ராக்கெட்டு பெறக்கூடிய வேகத்தைத் தீர்மானிப்பதற்கு த்ஸியல்கோவ்ஸ்கி வாய்ப்பாடு பயன்படுகிறது. ஆனால் இந்த வாய்ப்பாடு வளி மண்டல எல்லைகளுக்கு அப்பாலும் ஈர்ப்புப் புலத்துக்கு வெளியிலும் ராக்கெட்டின் இயக்கம் குறித்த சமன்பாடு, அதாவது, செலுத்து பொறியின் இழு விசை தவிர வேறு எவ்வித ஆற்றல்களும், காற்றின் எதிர்ப்பு ஆற்றலோ, சூரியன், பூமி, பிற கோள்கள் ஆகியவற்றின் ஈர்ப்பு ஆற்றலோ ராக்கெட்டின் மீது பாதிப்பு நிகழ்த்தாத கட்டற்ற அண்ட வெளியில் ராக்கெட்டின் செயற் பகுதியோ, பூமிக்கு அருகே செல்கிறது. தவிர அதன் பெரும் பாகம் வளி மண்டலத்தின் ஊடாகப் போகிறது. எனவே, இயல்பாகவே புவியின் ஈர்ப்பு ஆற்றலும் வளி மண்டலத்தின் எதிர்ப்பும் ராக்கெட்டின் வேகத்தைக் குறைக்கின்றன. ராக்கெட்டின் வேகத்தைக் கணக்கிடுவதற்கு அதன் நிறை, அளவுகள், வடிவம் ஆகியவற்றையும் ராக்கெட்டு வேகம் பெறும் நோக்கத்தையும் அறிவது இன்றியமையாதது.

இந்தக் கேள்வியின் சிக்கல் கண் கூடானது. ஏனெனில், இதற்கு விடை காண்பதற்கு இடையறாது மாறிக்கொண்டிருக்கும் பரிமாணங்களைக் கணக்கிட்டாக வேண்டும். எரிபொருள் செலவாகும் அளவுக்கு ஏற்ப ராக்கெட்டின் நிறை மாறிக் கொண்டு போகிறது. வேலை தீர்ந்த கட்டங்கள் கழல்வது நிகழ்ந்து கொண்டிருக்கிறது.

வேகம் மேலும் மேலும் அதிகமாகிறது. உயரே செல்லச் செல்ல வளி மண்டலத்தின் அடர்த்தி மாறிக் கொண்டு போகிறது முதலியன.

மாறிக் கொண்டிருக்கும் நிறையுள்ள பிண்டங்களினது இயக்கவியலின் அடிப்படைகளை ஆராய்ந்த ருஷ்ய விஞ்ஞானி இவான் விசேவலொதவிச் மெஷேர்ஸ்கி மாறிக் கொண்டிருக்கும் நிறையுள்ள பிண்டங்களின் இயக்கத்தை விவரிக்கும் சமன்பாட்டை உருவாக்கியுள்ளார். ராக்கெட்டினது பறப்பின் செயற்பகுதி குறித்த கணக்கீடு இந்தச் சமன்பாட்டின்படியே செய்யப்படுகிறது. இந்தக் கணக்கீட்டின் சாராம்சம் என்ன என்றால், நேரத்தின் ஒவ்வொரு வினாடிக்கும் ராக்கெட்டின் மீது செயல்படும் சக்திகள் கணக்கிடப் படுகின்றன. எல்லாச் சக்திகளதும் விளைவைக் கொண்டு வேக மிகுதியும், வேக மிகுதியைக் கொண்டு நேரத்தின் குறித்த பாகத்தில் ஏற்படும் வேக அதிகரிப்பும் கணக்கிடப்படுகின்றன.

இவ்வாறு செய்கையில் எந்த எந்தச் சக்திகளைக் கணக்கிட வேண்டி வருகிறது? முதலாவது, காற்றின் எதிர்ப்பு ஆற்றலை, முடிவில், ராக்கெட்டின் எடையை, உருவகமாகச் சொன்னால், இந்தச் சக்திகளுக்குள் போராட்டம் நடக்கிறது; செலுத்து பொறியின் இழுவிசை ராக்கெட்டை முன்னே ஈர்க்கிறது. காற்றின் எதிர்ப்பு அதன் இயக்கத்தைத் தடை செய்கிறது. ராக்கெட்டின் எடையோ, கீழே இழுக்கிறது. இந்தச் சக்திகளின் அளவுகள் பறப்பில் மாறிக்கொண்டே போகின்றன. அவற்றினது செயல்பாட்டின் திசையும் மாறிக்கொண்டே போகிறது.

எல்லாவிதமான விண்கோள்களதும் இயக்கம் போலவே விண்வெளிப் பரப்பில் ராக்கெட்டின் கட்டற்ற பறப்பு விண்ணக இயக்க இயல் விதிகளுக்கு ஏற்ப நிகழ்கிறது. ராக்கெட்டின் எறிபாதையைக் கணக்கிடுவது அளவு கடந்த சிக்கலானது. கடும் உழைப்பு தேவைப்படுவது. பறப்பின் (ஆற்றலியல், செலுத்தப்படும் நேரம், விஞ்ஞான நோக்கு முதலிய பல்வேறு நோக்குகளில்) ஆகச் சாதகமான வேறுபாடு வழக்கமாகத் தெரிந்தெடுக்கப்படுகிறது. எனவே பல எறிபாதைகளைக் கணக்கிடுவது அவசியம் ஆகிறது. வழக்கமான முறையில் இந்தக் கணக்கீட்டுக்கு மிக நிறைய நேரம் தேவைப்படும். ஆனால், விஞ்ஞானிகளுக்கு உதவ வந்துள்ளன எலெக்ட்ரானிக் கணக்கீட்டுப் பொறிகள். இவை விரைவாகவும் சரியாகவும் இந்த வேலையைச் செய்து முடிக்கின்றன.

... புறப்படுவதற்குச் சில நிமிடங்களே எஞ்சியிருக்கின்றன. தொலையளவிக் குழுத் தலைவர் 'சாவி புறப்பாட்டுக்கு' என்ற, பறப்பு

தொடங்குவதற்கான முதல் ஆணை நிறைவேற்றப்பட்டதை அறிவிக்கிறார். இதன் பொருள், செலுத்து பொறிகள் அனைத்தையும் மைய விசைப் பலகையிலிருந்து ஒரே நேரத்தில் முடுக்குவதற்கும் முடுக்குவதைத் தானியங்கி மூலம் இயக்குவதற்கும் வகை செய்யும் எல்லாத் தொடர்களும் ஸ்விட்சில் பொருத்தப்பட்டு விட்டன என்பதாகும். பறப்பு தொடங்கும் நேரம் கணக்கிடப்பட்ட நேரத்துக்கு வினாடியில் பல நூறுகளில் ஒரு பங்கு வரை துல்லியமாகப் பொருத்துவதற்காக இவ்வாறு செய்யப்படுகிறது.

பறப்பு தொடங்க இருக்கையில் பணித் தூலங்கள் அகற்றப் படுகின்றன. 'பூமி ராக்கெட்டு' என்ற ஆணை பிறந்ததும், கொண்டு செல்லும் ராக்கெட்டைத் தரைத் தொடர்பு வழிகளுடன் சேர்க்கும் கம்பி வடங்களில் மின் இணைப்புத் தக்கைகள் பிரிக்கப்படுகின்றன (கொண்டு செல்லும் ராக்கெட்டு சொந்தமாக இயங்குவதற்கும் மின் ஆற்றல் பெறுவதற்கும் வாய்ப்பாக மாறுகிறது), எரிபொருள் மின்சாரம் ஏற்றும் கம்பம் அகற்றப்படுகிறது. எரிபொருள் குழாய்களில் வெடியகம் செலுத்துவது நிறுத்தப்படுகிறது.

தொடக்கக் கட்டத்தின் பிரதான எரிபொருள் வால்வும் பிறகு உயிரக இணைவிப்பியின் வால்வும் திறக்கப்படுகின்றன.

...நாம் தலை மேல் அணிந்திருக்கும் தலைக்காப்பு ஒலிபரப்பிகளில் 'வெப்பூட்டுக!' என்ற ஆணையைக் கேட்கிறோம். எரிபொருளும் உயிரக இணைவிப்பும் எரிவறை சேர்ந்துவிட்டன என்பது இதன் பொருள். எரியூட்டும் சாதனம் இப்போது செயல்படும். அறைகளில் தீவிர்த்தித் தழல்களின் எரிவை அது ஏற்படுத்தும்.

ராக்கெட்டுக்கு அடியிலிருந்து கண்களைக் குருடாக்கும் தழல்கள் வெடித்துப் பாய்கின்றன. காது செவிடுபடும் தடதடப்பு அதிர்ந்தொலிக்கிறது. ஆனாலும் ராக்கெட்டு இன்னும் அசையவில்லை. தழல்களின் கண் கூசும் ஒளியோ, முடுக்கப்பட்ட செலுத்து பொறிகளின் தடதடப்போ நம் அறைக்குள் புகவில்லை. சிறு இரைச்சலை மட்டுமே நாம் கேட்கிறோம். அதிர்வை உணர்கிறோம்.

ராக்கெட்டின் செலுத்துப் பொறிகள் முதலில் இடைநேரத் திட்ட முறைப்படியும் பின்பு கணக்கிட்ட திட்ட முறைப்படியும் இழுவை நடத்துகின்றன. இதோ அவை முழுத்திறன் பெற்றுவிட்டன. எரிவறைகளில் அழுத்தம் வேலை அளவை எட்டிவிட்டது. செலுத்து பொறிகளின் இழுவிசை கொண்டு செல்லும் ராக்கெட்டின் எடையை விஞ்சி விட்டது. ராக்கெட்டு ஆதாரத் தூலங்களின் பிடியிலிருந்து

விடுபட்டுச் செலுத்து மேடைக்கு மேலே மெதுவாக எழும்புகிறது. விண்வெளியில் விரைந்த பாய்ச்சல் தொடங்குகிறது ராக்கெட்டு.

தாமே இயங்குபவையும் செலுத்தப்படக் கூடியவையுமான இயந்திரங்கள் விண்வெளி ராக்கெட்டுகளின் துணையால் செயற்கைப் புவித் துணைக் கோள்களின் கோளப் பாதையிலும் பிற விண் கோள்களுக்கும் செலுத்தப்படுகின்றன. இவை கொண்டு செல்லும் ராக்கெட்டுகள் எனப்படுகின்றன. சோவியத் யூனியனில் இத்தகைய ராக்கெட்டுகளின் பல மாதிரிகள் நிறுவப்பட்டுள்ளன. இவற்றில் ஒன்றான கொண்டு செல்லும் ராக்கெட்டு 'கஸ்மோஸ்' துணைக் கோள்களைப் புவியருகுக் கோளப் பாதையில் செலுத்துகிறது. 'வஸ்தோக்' ராக்கெட்டின் உதவியால் விண்வெளியில் மனிதனின் பறப்பு சாத்தியமாயிற்று. புரோட்டோன்' ராக்கெட்டு கனத்த துணைக் கோள்களைச் செலுத்த வகை செய்கிறது. இன்னும் திறன் மிக்கவையும் அதிகச் செப்பமுள்ளவையுமான விண்வெளி ராக்கெட்டுகள் உருவாக்கப்பட்டு வருகின்றன.

ராக்கெட்டுகள் பல கட்டங்கள் கொண்டவையாக ஏன் அமைக்கப் படுகின்றன என்பது பள்ளி மாணவர்களுடனான சந்திப்புகளின்போது வழக்கமாகக் கேட்கப்படும் கேள்வி.

எல்லாவற்றிலும் சிறந்ததும் யாவற்றிலும் சிறந்த செலுத்து பொறி வாய்ந்ததும் சிறந்த எரிபொருள் நிறைக்கப் பெற்றதுமான ஒரு கட்ட ராக்கெட்டு சிறு புவித் துணைக்கோளைக் கூடக் கோளப் பாதையில் செலுத்தவல்லதல்ல. புவி ஈர்ப்புக்கு உட்பட்ட பறப்பில் காற்றின் எதிர்ப்பைக் கணக்கில் எடுத்துக் கொள்ளாவிட்டால் அதிகத்திலும் அதிகமாக அது பெறக்கூடிய வேகம் வினாடிக்கு சுமார் 4,570 மீட்டர்கள் ஆகும். என்ன செய்வது? ஒன்றன் பின் ஒன்றாக இரண்டு அல்லது சில ராக்கெட்டுகளை இணைத்து, அதாவது, பல ராக்கெட்டை உருவாக்கி வேகத்தை அதிகமாக்க முடியும்!

பல கட்ட ராக்கெட்டின் அமைப்பில் ஒவ்வொரு கட்டமும் தனக்கே உரிய செலுத்து பொறியும் எரிபொருள் கலங்களும் கொண்ட சுதந்திரப் பகுதியாக விளங்குகிறது. கட்டத்தின் எரிபொருள் முழுவதும் எரிந்து தீர்ந்ததும் அது எஞ்சிய ராக்கெட்டிலிருந்து பிரிந்து விடுகிறது. இவ்வாறு அடுத்தக் கட்டத்தின் செலுத்து பொறி விரைவு மிகுதி அளிக்க வேண்டியிருக்கும் நிறை கணிசமாகக் குறைந்து விடுகிறது.

ஆனால், ராக்கெட்டின் கட்டங்களை வரம்பின்றி அதிகமாக்கலாம் என்று எண்ணக் கூடாது. பல கட்ட ராக்கெட்டின் உதவியால் அடையக்

கூடிய அதிகபட்ச வேகம் கூட்டல் வரிசையில் முன்னேறுகிறது என்றால், ராக்கெட்டின் முழு நிறை பெருக்கல் வரிசையில் முன்னேறுகிறது என்று கணக்கீடுகள் காட்டுகின்றன. ராக்கெட்டின் வேகத்தை மேலும் மேலும் அதிகமாக்கும் முயற்சியில், இதற்காக மட்டுமீறி அதிக விலை செலுத்த வேண்டி இருக்கிறது என்பதை நாம் கண்டு கொள்வோம்.

...எனினும் நமது பறப்புக்குத் திரும்புவோம். இது யாவற்றிலும் பொறுப்பு மிக்க கணம், கப்பல் கோளப்பாதையில் செலுத்தப்படும் நேரம். பூமியில் இருப்பவர்கள் இயல்பாகவே கவலைப்படுவார்கள். நம் காரியங்கள் எப்படி நடக்கின்றன என்று அவர்களுக்கு அறிவிக்க வேண்டும்.

உடல் கனப்பதையும் நாற்காலியில் முன்னிலும் நெருக்கமாய் அழுத்துவதையும் உணர்கிறீர்களா? கையைத் தூக்க முயன்று பாருங்கள்! அது சில மடங்கு அதிகக் கனம் ஆகிவிட்டது. எத்தனை மடங்கு? எடை மிகுதியைக் காட்டும் கருவி இதோ இருக்கிறது. அதன் குறித் தட்டில் '25' என்ற எண் காணப்படுகிறது. நம் உடல் கனம் இரண்டரை மடங்கு அதிகமாகி விட்டது என்று இதன் பொருள்.

உடல் நலம் உள்ள, பயிற்சி பெற்ற மனிதன் தன் எடையின் 67 மடங்கு அதிகரிப்பை ஐந்து நிமிடங்களும் அதற்கு மேலும் 10 மடங்கு அதிகரிப்பை இரண்டு நிமிட நேரமும் 12 மடங்கு அதிகரிப்பைச் சில பத்து வினாடிகளும் திருப்திகரமாகத் தாங்கிக் கொள்கிறான் என்று ஆராய்ச்சிகளாலும் சோதனைகளாலும் நிலை நாட்டப்பட்டிருக்கிறது. ஆனால் இது உடலின் எந்த நிலையிலும் அல்ல, எடை மிகுதி 'மார்பு முதுகு' என்ற திசையில் செயல்படும்போது மட்டுமே. இப்போது நாம் அந்த நிலையில் இருக்கிறோம். விண்வெளிக் கப்பலில் இருக்கைகள் இவ்வாறு அமைக்கப்படுகின்றன.

எடை மிகுதிகள் நாம் மேலே குறித்தவற்றை விஞ்சினால் என்ன ஆகும்? அந்தச் சந்தர்ப்பத்தில் மனிதன் உணர்வு இழக்கக்கூடும். பயிற்சி பெறாதவன் எடை மிகுதி ஐந்து மடங்கு ஆனதுமே உணர்வு இழந்து விடலாம்.

நாம் நாற்காலியுடன் தொடர்ந்து மேலும் மேலும் வலுவாக நசுக்கப்படுகிறோம். எடை மிகுதி அதிகரித்துக் கொண்டே போகிறது. ஆனால் இதோ உச்ச மட்டத்தை எட்டிய பின் அது தளர்கிறது. இரைச்சலும் அதிர்வும் குறைகின்றன. முதல் கட்டம் பிரிந்து விட்டது என்றும் விளைவாக இழு விசை தணிந்துவிட்டது என்றும் இதற்குப் பொருள். சில வினாடிகள் சென்றதும் எடை மிகுதி மீண்டும் வளர்ந்து

கொண்டு போகிறது. இரண்டாவது கட்டம் பிரிந்த பிறகும் எடை மிகுதி குறைவதும் கூடுவதும் நிகழ்கின்றன. ஒரு கட்டத்தின் செலுத்துப் பொறிகள் அணைக்கப்படுவதும் மறு கட்டத்தின் இழு விசை கணக்கிட்ட திட்ட முறைக்கு வருவதும் நிகழும் நேரம் இது. முடிவில் முழு நிசப்தம் தொடங்குகிறது. கொண்டு செல்லும் ராக்கெட்டின் மூன்றாவது கட்டம் பிரிகிறது. வெயிலொளியில் பளிச்சிட்டவாறு பின்தங்கி விடுகிறது.

நாம் கோளப்பாதையில் இருக்கிறோம்!

சூரிய மின்கலங்களின் தகடுகளும் கப்பலின் வானொலி இயந்திர சாதனங்களின் வான்கம்பிகளும் நேரக்கணக்கு செயல் திட்டக் கருவியின் ஆணைப்படி திறந்து கொள்கின்றன.

ஆனால், நம் கப்பல் மெதுவாகச் சுழல்கிறதே, இது என்ன? பூமியும் சூரியனும் சாளரங்கள் வழியே மாறி மாறித் தோற்றம் அளிக்கின்றன. இதில் அசாதாரணமானது ஒன்றும் இல்லை. கடைசிக் கட்டத்திலிருந்து பிரிந்தபோது நேர்ந்த தடுமாற்றத்தால் இது நிகழ்ந்திருக்கிறது. கப்பலின் ஒரு பிரதானக் கட்டுப்படுத்துவதற்குமான கருவித் தொகுதி இதோ செயல்படத் தொடங்கும். சுழற்சி நின்று விடும்.

எடை மிகுதி நிலையிலிருந்து நாம் நிதானத்துக்கு வருவதற்குள் வேறு ஒன்றில் - எடையின்மை நிலையில் - அகப்பட்டுக் கொண்டோம். கப்பல் கோளப்பாதை வேகத்தை அடைந்து, கொண்டு செல்லும் ராக்கெட்டின் கடைசிக் கட்டத்தினது செலுத்து பொறி வேலையை நிறுத்திய உடனேயே எடையின்மை நிலை தொடங்கிவிடுகிறது.

எடையின்மை விண்வெளிப் பறப்பின் யாவற்றிலும் தனிச் சிறப்பான தன்மை ஆகும். மற்ற தன்மைகளை இரைச்சல், அதிர்வு, வாழ்விடத்தின் வரம்புக்குட்பட்ட அளவு, செயற்கை வளி மண்டலம் ஆகியவற்றை தரையுலகச் செயல்களில், உதாரணமாக நீர்மூழ்கிக் கப்பல்களில் பயணம் செய்கையிலும் விமானங்களில் பறக்கையிலும், மனிதன் ஏதேனும் ஓர் அளவில் எதிர்ப்படுகிறான். எடையின்மையோ, விண்வெளிப் பறப்புக்கு மட்டுமே இயல்பானது.

நம் கப்பல் முதலாவது விண்வெளி வேகத்தை அடைந்ததும் பூமியின் ஈர்ப்பு ஆற்றல் எதிர்த்திசையில் செயல்படும் மைய விலக்க ஆற்றலால் சமனாக்கப்பட்டு விட்டது. இதன் விளைவாக எடை இழப்பு ஏற்பட்டது. இயக்க வகை எடையின்மை எனப்படுவது தோன்றியது.

பூமியிலிருந்து தொலைவில் உள்ள கோள்களுக்குப் பறக்கையில் நிலைத்த வகை எடையின்மை என்னும் வேறு மாதிரி எடையின்மை ஏற்படக் கூடும். அந்தச் சந்தர்ப்பத்தில் ஈர்ப்பு ஆற்றலின் பாதிப்பை உடல் எதார்த்தத்தில் உணராது. அல்லது பூமியின் ஈர்ப்புக்கும் மற்ற விண் கோள்களின் ஈர்ப்புக்கும் ஒரே அளவில் உட்படும்.

எடையின்மை வியப்பூட்டும் அளவுக்கு இனிய நிலை, போதை தரும் இலேசு உணர்ச்சி என்று அண்மையில் கூட விஞ்ஞானக் கற்பனை எழுத்தாளர்கள் எழுதி வந்தார்கள். நடப்பிலோ, இது அதிகச் சிக்கலான விஷயம்.

மனித உடல் புவி ஈர்ப்பானது பாதிப்பில் பத்து லட்சக் கணக்கான ஆண்டுகளாக உருவாகி வந்திருக்கிறது. பிறப்புக்குப் பின் மனிதன் புவிஈர்ப்பின் பாதிப்பிலேயே இயக்கங்களின் ஒருங்கிசைவை ஏற்படுத்திக் கொள்கிறான். மனித உடலின் உறுப்புக்களுடைய வேலையும் புவி ஈர்ப்பு ஆற்றலின் செயல்பாட்டுடன் தொடர்பு உள்ளது. ஆகையால் விண்வெளி செல்லத் துணிபவன் ஒவ்வொருவனும் எடையின்மையின் சோதனைக்குத் தன்னை உட்படுத்திக் கொள்கிறான்.

ஆனால் எடையின்மை வெவ்வேறு மனிதர்களை வெவ்வேறு விதமாகப் பாதிக்கிறது. எடையின்மை நிலைமைகளில் தங்கள் நடத்தையில் ஒருவருக்கு ஒருவர் கடுமையாக வேறுபடும் மனிதர்களின் குறைந்தது மூன்று வகைகளை விண்வெளி மருத்துவ இயல் நிபுணர்கள் கண்டறிந்திருக்கிறார்கள்.

முதல் வகையினர் எடையின்மையைத் தாங்குவதே இல்லை. இந்த வகை மனிதர்கள் விழுவது போன்ற இடையறாத உணர்ச்சியை அனுபவிக்கிறார்கள். கிலி பிடித்த மனிதனின் நடத்தை போன்றது இவர்களுடைய நடத்தை. இத்தகைய மனிதனின் உணர்வுப்பூர்வமான செயல்கள் பற்றிய பேச்சுக்கே இடமில்லை. இத்தகையவர்கள் விண்வெளி செல்வது தடை செய்யப்பட்டிருக்கிறது.

இரண்டாவது வகையினர் சாத்தியமான எல்லா அசௌகரியங் களையும் அனுபவிக்கிறார்கள். உதாரணமாக, தாங்கள் குப்புறக் கவிழ்ந்த நிலையில் இருப்பதாகவோ அல்லது மல்லாக்க விழுவதாகவோ அவர்களுக்குத் தோன்றுகிறது. எடையின்மை அவர்களுடைய கவனத்தை வேறுபுறம் திருப்புகிறது. வேலைத் திறனைக் குறைக்கிறது. வேலைத் திறன் குறைவதன் அளவு பெரிதாய் இல்லாவிட்டால் இம்மாதிரி ஆட்கள் விண்வெளிப் பயணிகள் ஆக முடியும்.

எடையின்மையால் குறிக்கத் தக்க அசௌகரியங்களுக்கு ஆளாகாதவர்கள் மூன்றாவது வகையினர். இந்த நிலையை அடைந்ததும் அவர்கள் விரைவாகத் தங்களை அதற்கு இசைவித்துக் கொள்கிறார்கள், மகிழ்ச்சியும் கிளர்ச்சியும் உற்சாகப் பெருக்கையும் கூட அனுபவிக்கிறார்கள். ஜெட் விமானங்களில் நிறையப் பறந்த சண்டை விமானமோட்டிகள் இவர்கள். எடையின்மை உணர்ச்சி இவர்களுக்கு ஓரளவு பழக்கமானது.

எடையின்மையில் உடலின் நிலையுறுதியை அதிகமாக்குவது சாத்தியமா? சாத்தியம். இந்த நோக்கத்திற்காக உருவாக்கப்பட்டுள்ளன தனிப்பட்ட பயிற்சிச் சாதனங்கள். விண்வெளிப் பயணிகளாக ஏற்கெனவே தெரிந்தெடுக்கப்பட்டவர்கள் எங்கள் பயிற்சி மையத்தில் இத்தகைய பயிற்சிகளைப் பெறுகிறார்கள். இவர்கள் இரண்டாவது, மூன்றாவது வகைகளைச் சேர்ந்தவர்கள் என்பது தானே விளங்கும்.

இனி, கப்பலில் என்ன நடக்கிறது என்று சற்று கவனிப்போம். நம்முடைய உணர்ச்சிகளைப் பகுத்தாராய்வோம்.

இறுக்கி நிலைப்படுத்தப்படாதவை எல்லாம் திடீரென்று அறையில் மிதக்கத் தொடங்குகின்றன. பூமியில் கணிசமாகக் கனக்கும் குறிப்பேடு காற்றில் தொங்குகிறது. அதை விரலால் லேசாகத் தள்ளினால் போதும். அது ஒருபுறம் மிதந்து போய் விடுகிறது. கட்டியுள்ள வார்களிலிருந்து விடுபட்டதுமே நாம் விட்டத்துக்கு அருகே போய் விடுகிறோம். நம் அங்க அசைவுகளை அளவுக்குள் வைத்துக் கொள்ள வேண்டி இருக்கிறது. செயலின் ஆற்றல் எதிர்ச்செயலின் ஆற்றலுக்குச் சமம் என்பதை நினைவு வைத்துக் கொள்ளுங்கள்! பூமியின் நிலைமைகளில் எதிர்ச்செயல் அவ்வளவு கவனத்தில் படுவதில்லை. இங்கேயோ, நாற்காலியிலிருந்து எவ்வளவு விசையாக மேலே துள்ளுகிறோமோ, அறைச் சுவற்றால் அவ்வளவே விசையாக எதிர்த்துத் தள்ளப்படுகிறோம்.

கோளப்பாதைப் பிரிவில் அழுத்தம் அறையில் உள்ளது போலவே இருக்கிறதா என்பதை முதலில் நிச்சயப்படுத்திக் கொண்டு அதற்குச் செல்வதற்கான கதவைத் திறக்கிறோம். தலைக்கு மேல் ஏற்படும் திறப்பில் ஆழ்கிறோம். அங்கே, சுவர்களை ஒட்டிய அலமாரிகளில் பொத்தான்கள் போட்ட பைகளில் வைக்கப்பட்டுள்ளன விஞ்ஞானச் சாதனங்களும் கருவிகளும். இவற்றை எடுத்து வேலை இடங்களில் பொருத்துவதிலேயே முதல் சுற்றின் போது ஆராய்ச்சி வல்லுநரான பொறியாளர் வழக்கமாக ஈடுபடுகிறார். இந்த வேலையைச் செய்வது கடினம் அல்ல. பூமியில் கனமான இந்தச் சாதனங்கள் இங்கே தூவியை விட லேசாக இருக்கும்.

பறப்புக்கு ஆயத்தம் செய்கையில் ஸவியோஸ்த்னி குடியிருப்பில் இலக்குகளைத் தேடித் திரைப்படக் காமிராவும் கைகளுமாக நாங்கள் வளைய வந்தபோது கைகள் மிக விரைவில் களைத்துப் போனது எனக்கு நினைவு இருக்கிறது. என்ன இருந்தாலும் அதன் எடை மூன்று கிலோகிராம்களுக்கும் மேல் ஆயிற்றே. இங்கேயே அதை என்ன வேண்டுமானாலும் செய்ய முடிந்தது.

நடமாடுவதற்கு வாய்ப்பாகப் பிரிவின் தரையில் கால் விரல்களை நுழைத்துக் கொள்ள வளையங்களும் சுவர்கள் நெடுகிலும் கைகளால் பற்றிக் கொள்ளக் கைப்பிடிகளும் அமைக்கப்பட்டிருக்கின்றன.

எடையின்மையில் உடலை நிலைப்படுத்துவது உண்மையான பிரச்சனையாக மாறிவிட்டது. உதாரணமாக, உங்களுக்குப் பூமியின் தொடுவானத்தைச் சாளரத்தின் வழியே படம் பிடிக்க வேண்டும். காமிரா தனிப்பட்ட தண்டயக் கட்டில் பொருத்தப்பட்டிருக்கிறது. தொடுவானம் படத்தில் விழுவதற்குக் காட்சி எல்லை காட்டியில் பார்வை செலுத்த வேண்டும். உடம்பை நிலைப்படுத்திக் கொள்ளாமல் இவ்வாறு செய்ய முயலுங்கள். பார்க்கலாம்! பிரிவு நெடுகிலும் மிதந்து சென்றவாறு உறங்குவதும் நிரம்பச் சௌகரியமாய் இராது.

பறப்புக்கு முன் கப்பலில் அறுவை மருத்துவ அறை போன்ற துப்புரவு கடைப்பிடிக்கப்படுகிறது. வாக்கும் கிளீனரால் ஒரு தூசி துரும்பு இல்லாமல் அது சுத்தம் செய்யப்படுகிறது. இல்லாவிட்டால் குப்பைக் கூளங்கள் எல்லாம் அறையில் பறக்கும்.

உணவுப் பண்டங்கள் துண்டுகளாகாத விதத்தில் தயாரிக்கப் படுகின்றன. உட்கொள்ள வசதியாய் இருக்கும் பொருட்டு, பல்வேறு அளவுகள் உள்ள குழாய்களில் அவை நிறைக்கப்படுகின்றன.

தண்ணீர் பெருத்த தொல்லை தருகிறது. மூடி வைத்த குழல் வழியே அதைப் பருக வேண்டி இருக்கிறது. கொட்டிய நீர் வெவ்வேறு அளவுகள் உள்ள உருண்டைகளாக வடிவம் பெற்று, சோப்பு நுரைக் குமிழ்கள் போலப் பிரிவில் பறக்கிறது. பின்பு அவற்றைத் திரட்ட முயன்று பாருங்கள்!

அங்க அசைவுகளின் பழக்கமான ஒருங்கிசைவு எடையின்மையில் குலைந்து விடுகிறது. தரையில் போலவே பொருள்களை வைத்துக் கொள்ளவும் எடுக்கவும் பழகுவதற்கு ஒரு குறித்த நேரம் தேவைப்படுகிறது. உதாரணமாக, செலுத்துக் குமிழ்ப் பலகையில் உள்ள ஒரு பொத்தானை அழுத்துவதற்காக நீங்கள் கையை நீட்டுகிறீர்கள். விரலோ, பொத்தானுக்கு மேலே படுகிறது. கையின் எடை மறைந்துவிட்டது. ஆனால், அங்க

அசைவுகளின் ஒருங்கிசைவு தரையில் உள்ளது போன்றே இருக்கிறது. தரை நிலைமைகளில் நாம் தன்னியல்பாகச் செய்யும் எல்லா அங்க அசைவுகளையும் இங்கே ஆரம்ப நேரத்தில் பார்வையால் கவனமாகக் கட்டுப்படுத்த வேண்டி இருக்கிறது. உதாரணமாக, கை எங்கே எட்டும் என்று பார்த்து, அதன் இயக்கத்தைத் திருத்த வேண்டி இருக்கிறது.

எடையின்மையில் அங்க அசைவுகளின் புதிய ஒருங்கிசைவு விரைவில் - சில மணி நேரங்களில் - பழகி விடுகிறது. ஆனால் எடையின்மையின் பாதிப்பு இத்துடன் முடிந்துவிடுவதில்லை. பழக்கமான இழந்து விட்ட தசைகளும் எலும்புச் சட்டகமும் உடலின் எல்லா உறுப்புகளும் நீண்ட பறப்புகளின்போது மாறுதல்களுக்கு உள்ளாகின்றன. இந்த மாறுதல்கள் எவ்வளவு தூரம் போக முடியும் என்று நமக்கு இன்னும் தெரியாது என்பது உண்மையே. ஆனாலும் எடையின்மையில் நீண்ட காலம் இருப்பது மனிதனுடைய உடலில் ஆழ்ந்த கேடுகள் விளைக்காதிருக்கும் பொருட்டு, பறப்பின்போது அவனுக்கு உடற் பயிற்சிகளால் சுமை ஏற்றப்படுகிறது. மார்பை அகலமாக்கும் கருவிகள், பயிற்சிக்கான சுமையேற்றும் உடை ஓட்டப் பாதை முதலிய சாதனங்கள் இந்த நோக்கத்திற்காகவே சிறப்பாக ஏற்படுத்தப்பட்டன. இவை எல்லாம் இருந்தாலும் கூட, பறப்பிலிருந்து திரும்பிய பின் புவி ஈர்ப்புக்கு மறுபடி பழகுவது விண்வெளிப் பயணிகளுக்குக் கடினமாகவே இருக்கிறது. ஆரம்ப நாட்களில் எடை மிகுதியை அனுபவிப்பது போல அவர்களுக்குத் தோன்றுகிறது. அவர்களுக்கு நடப்பது கடினமாய் இருக்கிறது, படுக்கை கரடு முரடாகத் தோன்றுகிறது. அவர்கள் விரைவில் களைத்துப் போகிறார்கள்.

தொலை தூர விண்வெளிக்குச் செல்லும் விண்வெளிக் கப்பல்களிலும் நீண்ட காலக் கோளப்பாதை நிலையங்களிலும் குறைந்தது புவி ஈர்ப்புக் குப்பத்தில் மூன்று பங்கு சமமான செயற்கை ஈர்ப்பு ஆற்றலை ஏற்படுத்துவது இந்தப் பிரச்சனைக்குத் தீர்வாக இருக்கலாம் என்று அறிஞர்கள் எண்ணுகிறார்கள். ஆனால் இது மட்டுமீறிச் சிக்கலான வேலை. எனவேதான் நீடித்த எடையின்மையில் மனித உடலின் நிலையுறுதியை மேம்படுத்துவதற்கான வேறு வழிகளை விண்வெளி மருத்துவ நிபுணர்கள் விடாப்பிடியாகத் தேடிக் கொண்டிருக்கிறார்கள்.

எடையின்மை விண்வெளிக் கப்பலில் அசௌகரியங்கள் உண்டாக்கத்தான் செய்கிறது. ஆனால் விண்வெளிப் பயணிகள் கப்பலை விட்டுத் திறந்த விண்வெளியில் செல்லும்போது இவை இன்னும் அதிகம் ஆகின்றன. அவர்கள் வெளியேறுவது எதற்கு? பழுதுபட்ட

வான் கம்பிகளையும் பதிவுக் கருவிகளையும் மாற்றுவதற்கும், கப்பலின் மேல் தகடு, வெளிப்புறம் நாட்டப்பட்டிருக்கும் கருவித் தொகுதிகள் ஆகியவற்றின் நிலையைச் சரி பார்ப்பதற்கும், தானியங்கி இயந்திரங்கள் பழுதடையாதவாறு முன்கூட்டிச் சோதிப்பதற்கும், பெரிய அளவுகள் கொண்ட சாதனங்களின் பகுதிகளை இணைத்துச் சேர்ப்பதற்கும். தங்கள் கப்பல்களிலும் கோளப்பாதை நிலையங்களிலிருந்து விண்வெளிப் பயணிகள் வெளியேறுவதற்கு எத்தனையோ காரணங்களால் தேவை ஏற்படலாமே. மாலுமிக்கு நீந்தத் தெரிவது எப்படியோ அப்படித்தான் விண்வெளிப் பயணிக்கு இது.

முதன் முதலில் திறந்த விண்வெளியில் இறங்கிய அலெக்சேய் அர்கீப்பவிச் லியோனவ் சொல்வதைக் கேட்போம் :

“விண்வெளியில் இறங்குவதற்கான இடை அறை, புதிய காப்பு உடை, உயிரியக்கத்துக்கு வகை செய்யும் கருவித் தொகுதி ஆகியவற்றைச் சோதிப்பதும் திறந்த விண்வெளிப் பரப்பில் வாழவும் வேலை செய்யவும் மனிதனுக்கு உள்ள திறனைத் தீர்மானிப்பதும் வஸ்ஹோத்-2ன் பயணிக் குழுவுக்கு அவசியமாய் இருந்தன. நான் கப்பலிலிருந்து வெளியேறவும் பல செயல்களை நிறைவேற்றவும் திரைப்படக் காமிராக்களை நாட்டவும் பின்பு பிரிக்கவும், பிற்பாடு கப்பலுக்குள் புகவும் வேண்டி இருந்தது.

“பற்பல பயிற்சிகளின் பயனாக எல்லாச் செயல்களையும் தேவையான வேகத்தில் நினைவின் உதவியால் நிறைவேற்ற நான் வல்லவனாய் இருந்தேன். அதோடு எந்தக் கணத்தில் பூமியின் மேற்பரப்பில் எந்தப் பிரதேசம் எனக்கு அடியில் இருக்கும் என்பதையும் அறிந்திருந்தேன்.

“எதிர்பாராதது எதுவும் நிகழ முடியாது என்று தோன்றியது. இருந்தபோதிலும் கப்பலிலிருந்து வெளியேறி, இடையறையின் வெட்டுப் பகுதியில் அமைக்கப்பட்டிருந்த கைப்பிடியைப் பற்றியதும் கப்பல் மெதுவாகத் திரும்பத் தொடங்கியதை உணர்ந்தேன், நீந்துபவன் படகில் ஏற முயலும்போது அவனுடைய கனத்தால் அது சாய்வதை இதற்கு ஒப்பிடலாம். நான் வெளியேறுவதற்கு முன்பு ‘வஸ்ஹோத்2’ முன்கூட்டி ஏற்பாடு செய்திருந்தபடியே கீழே பூமி, மேலே சூரியன் என்ற போக்கில் திரும்பியிருந்தது. எனது வெளியேற்றத்தின் திரைப்படம் பூமியின் பின்னணியில் எடுக்கப்பட வேண்டி இருந்தது. வெயில் எனக்கு ஒளியூட்ட வேண்டியிருந்ததே தவிர, காமிரா லென்ஸில் படக்கூடாது. சுருங்கக் கூறின், எல்லா விவரங்களும் மோஸ்பிலிம் ஸ்டுடியோ அரங்கில் போல முன்கூட்டித் தீர்மானிக்கப்பட்டிருந்தன. ஆனால் விண்வெளி

தனது நிபந்தனைகளை விதிக்கத் தொடங்கியது. எங்கள் திரைக்கதை அமைப்பில் திருத்தங்களை விரைவாகப் புகுத்த வேண்டியதாயிற்று.

“கப்பலுக்கு வெளியே நடக்கும் இயக்கம் அதன் திசைத் திருப்பத்தை ஓரளவு பாதிக்கும் என்று பறப்புக்கு முன்பு நாங்கள் அனுமானித்திருந்தோம். ஆனால் இவ்வளவு பாதிக்கும் என்று நாங்கள் நினைக்கவில்லை. மனிதனுக்கும் கப்பலுக்கும் எடையில் வித்தியாசம் பிரமாண்டமானது என்று தோன்றியது (காப்புடையில் நான் சுமார் 100 கிலோகிராம் இருந்தேன். கப்பலின் எடையோ, 6 டன்). திடீர் இயக்கங்களும் மோதல்களும் நடத்தாவிட்டால் எல்லாம் முறையாய் இருக்கும் என்று தோன்றியது. ஆனாலும்...

“நான் கருங்கடலுக்கு மேலே திறந்த விண்வெளிக்கு வந்தேன். உயரம் 450 கிலோமீட்டருக்குச் சமமாய் இருந்தது. ஆகவே, ஒதெஸ்ஸாவிலிருந்து பத்தூமி வரையிலும் யால்தாவிலிருந்து ஸினோப் வரையிலும் முழுவதும் கடலே என் பார்வைப் புலத்தில் இருந்தது. கிரிமியத் தீபகற்பம் முழுதும் காக்கேஷியாவின் ஒரு பகுதியும் தெரிந்தன. பிள்ளைப் பருவம் முதல் பழக்கமான பெரிய புவி வரைபடத்துக்கு உயரே நான் பறந்து கொண்டிருப்பது போன்ற உணர்ச்சி ஏற்பட்டது.

“ஈட்டிகள் வடிவான வான் கம்பிகளைச் சிலுப்பிக் கொண்டிருந்த கப்பல் பெருமிதத் தோற்றம் அளித்தது. அது வெயிலில் பளிச்சிட்டு மினுமினுத்தது. கண்களைக் குருடாக்கும்படியான கதிர் அம்புகளை எல்லாப் புறங்களிலும் பொழிந்தது. கருநீல விண்ணில் ஓசையின்றிச் சஞ்சரித்தது.”

இந்தச் சமயத்தில் கப்பல் கமாண்டரான பாவெல் இவானவிச் பிலியாயெவ் விண்வெளியில் இறங்குவதற்காக அமைந்த கருவித் தொகுதியை இயக்கினார். லியோனவைப் பார்வையிட்டார். அவருடைய நிலையைக் கண்காணித்தார். அவருடன் இடையறாத தகவல் தொடர்பு வைத்துக் கொண்டார். சோதனையின் பாதுகாப்புக்கு வகை செய்தார்.

திறந்த விண்வெளியில் இறங்குவதற்கு யாவற்றிலும் தகுந்த முறை எது என்ற பிரச்சனை நிபுணர்களால் கவனமாக ஆராயப்பட்டது. முடிவான தீர்மானம் செய்வதற்கு முன் எல்லாச் சாதக பாதகங்களையும் அவர்கள் சீர்தூக்கிப் பார்த்தார்கள். மனிதன் திறந்த விண்வெளியில் இறங்குவதற்கு இரண்டு வழிகள் நடப்பில் சாத்தியம் ஆனவை. ஒன்று தள மாற்ற வழி, மற்றது கப்பல் அறைக் கதவுகளைத் திறந்து விடுவது,

தள மாற்றம் அதிகச் சிக்கலான வழி, ஆனால் அபாயம் குறைந்தது. கதவுகள் திறக்கப்பட்ட அறையிலிருந்து வெளியேறுவது சிக்கல் குறைவானது. ஆனால் அதில் பணிக் குழுவினர் எல்லோரும் எல்லா இயந்திரச் சாதனங்களும் காற்றிலா வெறுமையில் இருக்க நேரும். முதல் வழியே பரவலாகக் கையாளப்படும் என்பது அப்போதே தெளிவாயிருந்தது. 'வஸ்ஹோத்' வகைக் கப்பலில் இடை அறை அமைப்பது சில இடர்கள் உள்ளதாய் இருந்தது என்றாலும் நிபுணர்கள் அதற்கு இசைந்தார்கள்.

'ஸயூஸ்' கப்பல்கள் நிறுவப்பட்டதும் இடை அறையின் பணியைத் தக்க சாதனங்கள் கொண்ட கோளப்பாதைப் பிரிவு நிறைவேற்றலுற்றது. சோவியத் விண்வெளிப் பயணிகளான அலெக்சேய் ஸ்தஸ்லாவலிச் எலிசேயெவும் எவ்கேனி வசீலியெலிச் ஸ்ருனோவும் 1969, ஜனவரியில் திறந்த விண்வெளிப் பரப்பு வழியே ஒரு கப்பலிலிருந்து மறு கப்பலுக்கு மாறினார்கள். வழியில் அநேக விஞ்ஞானச் சோதனைகளை நிறைவேற்றினார்கள்.

திறந்த விண்வெளியில் மனிதன் இறங்குவது பெருத்த முக்கியத்துவம் உள்ளது. விண்வெளி இயந்திர சாதனங்களைத் தயாரிப்பதிலும் விண்வெளி ஆராய்ச்சிகளிலும் பெரிய திருப்பத்துக்கு அது வழி திறந்துவிட்டது.

கப்பலுக்கு வெளியே விண்ணகப் பரப்பில் வேலை செய்வது சிக்கல் அற்றது. எளிது என்று எண்ணக்கூடாது. திறந்த விண்வெளியில் மனிதன் இறங்கியதுமே பல பிரச்சனைகள் எழுகின்றன: எப்படி, எதன் உதவியால் இயங்குவது? எப்படி, எதன் உதவியால் உடம்பை வேலைக்குத் தேவையான பாங்கில் நிலைப்படுத்திக் கொள்வது? இங்கே வேண்டியவை சட வேகம் இல்லாத தனி வகைக் கருவிகள் சாவிகள், திறப்புளி முதலியன. பகுதிகளைப் பொருத்திச் சேர்ப்பது, பழுது பார்ப்பது முதலிய வேலைகளுக்குத் தனிப்பட்ட தொழில் நுணுக்க உத்திகளும் விண்வெளிப் பயணிகள் இயங்குவதற்கு ஏற்ற சாதனங்களின் தொகுதியும் தேவை.

விண்வெளிப் பயணி வெளியேறுவதற்கும் கப்பலுக்குத் திரும்புவதற்கும் வகை செய்யும் மிகச் சாதாரணமான சாதனம், விண்வெளிப் பயணியைக் கப்பலுடன் தாராளமாக இணைக்கும் வடக் கயிற்று முறை ஆகும். ஆனால் வடக்கயிறு கப்பலிலிருந்து ஒப்பு நோக்கில் சிறிது தூரமே ஒரு பத்து மீட்டர் மட்டுமே - விலகிப் போக விண்வெளிப் பயணியை அனுமதிக்கும் என்று ஆராய்ச்சிகள்

காட்டுகின்றன, தூரம் மேற்கொண்டு அதிகரிக்கப்பட்டால் கப்பல் தன் நிறை மையத்துக்குச் சார்பாகச் சுழலும் விரும்பத்தகாத நிகழ்ச்சி ஏற்படக் கூடும். விளைவாக, கயிறு கப்பல் மேல் சுற்றிக் கொள்ளும். அதனால் விண்வெளிப் பயணி கப்பலை நெருங்கும் வேகம் அதிகரிக்கும். கயிறு அளவு கடந்து விரைப்பாகும்.

கப்பலின் இடநிலையைச் செயல்பூர்வமாக இயக்குவது, கயிற்றின் இரண்டு முனைகளிலும் எதிர் இழுவிசை ஏற்படுத்துவது, அதிகப்படியான, 'நங்கூர நிறையைப் பயன்படுத்துவது ஆகியவற்றாலும் பிற வழிகளாலும் கயிறு சுற்றிக்கொள்வதைத் தவிர்க்க முடியும்தான். எனினும் இந்த முறை கப்பலிலிருந்து கணிசமான தூரம் விலகி வேலை செய்ய விண்வெளிப் பயணிக்கு இடமளிக்காது என்பது கண்கூடு.

திறந்த விண்வெளியில் வேலை செய்வதற்கு விண்வெளிப் பயணி ஒரு விண்வெளிச் சாதனத்திலிருந்து மற்றதற்குப் போய்வரும் தேவை ஏற்படும் போது, அவனிடம் தனி வகைக் கருவி இருக்க வேண்டும்.

இம்மாதிரியான வெவ்வேறு கருவிகள் தற்காலம் வரை இந்த நோக்கத்துக்காக உருவாக்கப்பட்டுள்ளன அல்லது ஆக்கப்பட்டு வருகின்றன. கை, கால், பை வகைக் கருவிகள் ஏற்கெனவே இருக்கின்றன. விசேஷச் சாதனங்கள் அமைந்த மேடைகளின் திட்டங்கள் தயாராகியுள்ளன.

கைக் கருவி தன் மிக எளிய வடிவத்தில் கைப்பிடியில் இணைக்கப்பட்ட ஜெட் விசைத் தூம்பு வாய் அல்லது தூம்பு வாய்கள் கொண்ட தொகுப்பு. சிறு இழு விசை உள்ள இது, கப்பலுக்கு நேர் அருகாமையில் இடம்பெயர்வதற்கு விண்வெளிப் பயணிக்கு வாய்ப்பளிக்கிறது. செலுத்துக் கலவை (உதாரணமாக ஹைடிரோஜீனியமும் நீரும்) நிறைந்த கலம் கைப்பிடியோடு இணைக்கவோ அல்லது விண்வெளிப் பயணியின் முதுகு மேல் உள்ள வார்ப் பையில் வைக்கவோ பட்டிருக்கிறது

என்னதான் சிக்கல் இல்லாதது என்றாலும் இந்த மாதிரிக் கருவியில் பெருத்த குறைபாடுகள் உள்ளன; செலுத்துக் கலவைச் சேமிப்பு கொஞ்சம், எனவே அளவறுத்த செயல்வட்டம். விண்வெளிப் பயணியின் கைகள் விட்டாற்றியாக இல்லை. உடலின் நிலைப்பாட்டுக்கு வகை செய்யப்படவில்லை.

விண்வெளியில் இடம் பெயர்வதற்கான கால் கருவியின் ஜெட் தூம்பு வாய்கள் விண்வெளிப் பயணியுடைய காலணிகளில், பாதப்

பகுதிகளின் மட்டத்துக்குச் சற்றுச் சாய்வாக அமைந்துள்ளன என்பதுதான் கைக்கருவியிலிருந்து இதை வேறுபடுத்தும் தன்மை விண்வெளிப் பயணியின் கைகள் விடுபடுகின்றன. ஆயினும், 'ஸ்கைலாப்' கோளப் பாதை நிலையத்தில் நடத்தப்பட்ட சோதனைகள் காட்டியவை என்ன என்றால், உடம்பின் இட நிலையை இயக்குவதில் உள்ள இடர்கள் காரணமாக இந்தக் கருவியைப் பயன்படுத்துவது நடப்பில் சாத்தியமல்ல என்பதாகும்.

வார்ப்பை, கொள்கலம் மாதிரியான கருவிகள் விண்வெளிக் கப்பலிலிருந்து விண்வெளிப் பயணி கணிசமாக அதிக தூரம் சென்று வருவதற்காக அமைக்கப்பட்டுள்ளன. வார்ப்பைக் கருவி நிறை பெருத்ததாகவும் (நூறு கிலோகிராமுக்கும் மேல்) மார்புப் பை, தோள் பை ஆகியவை கொண்டதாகவும் இருக்க முடியும் இதை விண்வெளிப் பயணி தானேயும் இயக்கலாம். கப்பலில் இருக்கும் பிற பணிக்குழுவினரும் இயக்கலாம்.

திறந்த விண்வெளியில் விண்வெளிப் பயணிகள் இடம் பெயர்வதற்கான கருவிகள் தொலைவிலிருந்து இயக்கப்படுவது பற்றி நாம் குறிப்பிட்டு விட்டதால் செலுத்துவோர் அற்ற இம்மாதிரி இயந்திரங்கள் குறித்துச் சில வார்த்தைகள் சொல்லுவது அவசியம். செலுத்துவோர் அற்ற கருவிகள் (பூமியிலோ கோளப்பாதை நிலையத்திலோ இருந்து இயக்கு நிபுணரால் செலுத்தப்படும் தொலைதூர நுட்ப வேலைக்கருவி இவற்றில் ஒன்று), விண்வெளிப் பயணிகளின் பாதுகாப்புக்கு உறுதி அளிக்காத நுட்ப வேலைகளை நிறைவேற்றுவதற்கு முதன்மையாகப் பயன்படுத்தப்படும் என்று நிபுணர்கள் எண்ணுகிறார்கள். அணுக்கரு மின் இயந்திரங்களையும் செலுத்து பொறிகளையும் இணைத்து அமைப்பதற்கும் மேற்பார்ப்பதற்குமான நுட்ப வேலைகள் இவை. மனிதனுக்கு ஆபத்தான நுட்ப வேலைகளை நிறைவேற்றுவதில் இவை சந்தர்ப்பத்துக்கு ஏற்ற திறமையை உறுதிப்படுத்தும். முழுமையான தானியங்கி அமைப்புகளுக்கு இந்தத் திறமை இருக்க முடியாது.

திறந்த விண்வெளியில் மிக முக்கியமான நுட்பச் செயல்களில் ஒன்று காப்பாற்றும் வேலைகளை நடத்துவது ஆகும். விண்வெளிச் சாதனத்திலிருந்து, உதாரணமாகத் தொலைக்காட்சி அல்லது வானொலி மூலம் இடநிலை அறியும் அமைப்பின் உதவியால் இயக்கப்படக் கூடிய இயந்திரம் இங்கு தேவைப்படலாம்.

திறந்த விண்வெளியில் இறங்கியவன் இடம் பெயர்வதற்கான கருவியை இயக்கும் திறனை இழந்துவிட்டதாக வைத்துக் கொள்வோம்.

அப்போது கப்பலில் இருப்பவர்கள் தொலைவிலிருந்து இயக்கும் பொறுப்பை மேற்கொண்டு, கருவியையும் விண்வெளிப் பயணியையும் கப்பலுக்குத் திருப்பிக் கொண்டு வருவார்கள்.

திறந்த விண்வெளியில் வேலை செய்கையில் இயந்திரக் கோளாறு ஏதேனும் ஏற்பட்டால், தளக் கப்பலில் இருக்கும் பணிக் குழுவினர் செப்பனிடுவதற்கான கருவிகள் அல்லது மாற்றுப் பகுதிகளுடன் இயந்திரத்தைத் தங்கள் தோழனுக்கு அனுப்பி வைக்கலாம்.

கோளப்பாதையில் பல்வேறு நுட்ப வேலைகளுக்கான அதிகச் சிக்கலுள்ள கருவிகளாக விசேஷ சாதனங்கள் பொருத்திய தள மேடைகள் விளங்கக் கூடும்.

இத்தகைய கருவிகளை விண்வெளி 'டாக்சிகள்' என்று செர்கேய் பாவ்லவிச் கரலியோவ் அழைத்து வந்தார். ஒரு கப்பலிலிருந்து மறு கப்பலுக்கு மனிதர்களை ஏற்றிச் செல்லுவதற்கு இவை பயன்படலாம் என்று அவர் சொல்வார். தளக் கப்பலிலிருந்து விண்வெளிப் பயணிகளைப் பல நூறு கிலோமீட்டர் தூரம் இடம் பெயரச் செய்வதற்கு இத்தகைய தள மேடை உதவும். அதில் காற்று புகா அடைப்புள்ள அறை இருக்கலாம். இதற்கு இரண்டு கதவுகள் அமைப்பது நோக்கப் பொருத்தமாய் இருக்கும் என்று எண்ணப்படுகிறது; ஒரு கதவு திறந்த விண்வெளியில் இயங்குவதற்கும் மற்றது தள மேடை இணைக்கப்படும் கப்பலுக்குள் போவதற்கும் இத்தகைய கருவிகள் தொலைவிலிருந்து இயக்கப்படும் வாய்ப்பும் பெற்றிருக்கலாம். பணியாற்றப் பெறும் சாதனத்துக்குத் தேவையான நிலையில் அவற்றை நிலைப்படுத்துவது இதனால் சாத்தியமாகும்.

விண்வெளிப் பயணிகள் திறந்த விண் பரப்பில் செல்வதற்கும் அவர்களுடைய செயல்களுக்கு வகை செய்வதற்கும் தேவையான இயந்திரங்களை திட்டமிடுகையில் நிபுணர்கள் பல சிறப்புத் தன்மைகளைக் கணக்கில் எடுத்துக் கொள்ள வேண்டி இருக்கிறது. உதாரணமாக, கப்பலிலிருந்து பிரிந்த பின் அதனுடன் ஒப்பு நோக்கில் விண்வெளிப் பயணியுடைய இயக்கம் பற்றிய விதிகளையும் கப்பலுக்குத் திரும்புவதற்கான நிபந்தனைகளையும் எடுத்துக் கொள்வோம். கப்பலுக்கு வெளியே வந்ததும் அவன் தானே புவியின் செயற்கைத் துணைக்கோள் ஆகிவிடுகிறான். விண்ணக இயக்க இயல் விதிகளின் செயல்பாட்டுக்கு உள்ளாகிறான்.

இடம்பெயர்வதற்கான இயந்திரத்தை வைத்துள்ள விண்வெளி விமானி கோட்பாட்டு நோக்கில் கப்பலிலிருந்து எந்தத் திசையில் வேண்டுமானாலும் போகலாம்.

கப்பலிலிருந்து அதன் பறப்புத் திசையில் அவன் சென்றால் முதலில் கப்பலை முந்துவான். அதே சமயம் அதற்கு உயரே எழுவான். இது ஏன் நேர்கிறது? ஏனெனில் கோளப்பாதை வேகத்தின் அதிகரிப்பு. அது மிக அற்பமாயிருந்தாலும், கோளப் பாதையின் உயரத்தை அதிகமாக்கும். பின்பு விண்வெளிப் பயணி கப்பலிலிருந்து பின் தங்கத் தொடங்குவான். எப்போதும் அதற்கு உயரே இருப்பான். இங்கே பெருத்த கோள்வட்டக் காலம் செயல்படும். மேற்கொண்டு இயக்கத்தின் தன்மை திரும்ப நிகழும், விண்வெளிப் பயணி கப்பலுக்கு வர வர அதிகமாகப் பின் தங்குவான்.

விண்வெளிப் பயணி கப்பலிலிருந்து பறப்புக்கு எதிர்த்திசையில் வெளிச் சென்றால் அவன் கப்பலை முந்தியவாறு அதற்குக் கீழே பறப்பான்.

வேறு திசைகளில் இயங்குகையில் விளையும் எறிபாதை அதிகச் சிக்கலுள்ளதாக இருக்கும். இந்தச் சிறப்புத் தன்மைகளை விண்வெளிப் பயணி கட்டாயமாகக் கணக்கில் எடுத்துக் கொள்ள வேண்டும். இல்லாவிட்டால் எவையேனும் அதிகப்படியான சாதனங்களைப் பயன்படுத்தாமல் சொந்தக் கப்பலுக்குத் திரும்புவதோ வேறு கப்பலை அடைவதோ அவனுக்குக் கடினமாய் இருக்கும்.

இவ்வாறாக, திறந்த விண்வெளியில் மனிதன் இடம் பெயர்வதற்கான சாதனங்களை உருவாக்குவதில் தீர்வு காணப்படாத பிரச்சனைகள் பல இன்னும் உள்ளன. இந்தச் சாதனங்களுடைய பயன்பாட்டின் சாத்தியக் கூறுகளும் அவை நிறைவேற்ற வேண்டிய தேவைகளும் முடிவு வரை இன்னும் ஆராயப்படவில்லை. எனினும், அடிப்படைத் தேவையைப் போதிய துல்லியத்துடன் வரையறுக்க முடியும். அதிகபட்ச நம்பகம் என்பதே அது. இத்தகைய சாதனங்களைக் கையாள வேண்டி இருக்கும் விண்வெளி விமானிகளுக்கு வேலை நிலைமையிலும் சரி, நெருக்கடி நிலைமையிலும் சரி, இவை ஏமாற்றிவிட மாட்டா என்ற உறுதி ஏற்பட வேண்டும்.

... நம் கப்பலுடன் இடையறாத வானொலித் தொடர்பு கடைப்பிடிக்கப்படுகிறது. கப்பலில் உள்ள கருவித் தொகுதிகளதும் இயந்திரங்களுடையவும் நிலை பற்றிய தொலையளவித் தகவல்கள் பூமியிலுள்ள அளவு நிலையங்களுக்குத் தொடர்ச்சியாகக் கிடைத்த வண்ணமாய் இருக்கின்றன.

சாளரத்தின் வழியே பாய்கிறது கண்களைக் குருடாக்கும்படி ஒளிவீசும் வெயில், வெயிலொளி மின்சாரப் பற்றாசின் ஒளியை

நிகர்த்திருக்கிறது. வெறுங் கண்களால் சூரியனைப் பார்க்கக்கூடாது பார்வையை இழக்க நேரிடலாம். அதனால்தான் சாளரங்களில் தனிவகை ஒளி வடிகட்டிகள் பொருத்தப்பட்டிருக்கின்றன.

அறையில் விளக்குகளை அணைத்து விட்டுப் புவியை நோக்குவோம்.

கீழே வெண் மேகக் கூட்டங்கள் மிதந்து கொண்டிருக்கின்றன. அவற்றின் இடைவெளியினூடாகக் கடற்கரைப் பிரதேசங்களின் வடிவ வரைகள் தென்படுகின்றன. புவிக் கோளத்தின் மேற்பரப்பில் ஏறத்தாழ 70 சதவிகிதம் ஓயாமல் மேகங்களால் மூடப்பட்டிருக்கிறது. எனவே, விண்வெளியிலிருந்து பார்ப்பதற்கு அது பெரிய முத்துச்சிப்பி உருண்டை போலத் தோற்றம் அளிக்கிறது.

அறையில் இருள் விரைவாகப் பரவுகிறது - கப்பல் பூமியின் நிழலில் புகுகிறது. கப்பலுக்கு வெளியே, அடியற்ற வானகத்தில், விண்மீன்கள் சுடரத் தொடங்கி விட்டன. கறுப்பு வெல்வெட்டில் பதித்த ரவை மணிகள் போல, மினுமினுக்காமல் ஒரே சீராக ஒளி வீசுகின்றன தொலைதூர விண்கோள்கள்! -

கப்பல் சோவியத் யூனியனின் நிலப்பரப்பிலிருந்து ‘வெளியேறிய’ பின்னரும் பசிபிக் மாகடலில் உள்ள விஞ்ஞான அகாதமியின் விஞ்ஞான ஆராய்ச்சிக் கப்பல்களின் வாயிலாக அதனுடன் இன்னும் சிறிது நேரம் தகவல் தொடர்பு வைத்துக் கொள்ளப்படுகிறது. ஆனால் கோளப் பாதை நம்மை மேலே கொண்டு போகிறது. பூமியின் நிழலிலிருந்து கப்பல் வெளியேறுவதற்கான நேரம் நெருங்குவதைக் கடிகார முட்கள் காட்டுகின்றன. சுமார் அரை மணி கழிந்து விட்டது. நாம் மீண்டும் பொழுது புலர்வதைக் காண்கிறோம். விண்ணகம் புவி விளிம்புடன் சேரும் இடத்தில், பூமிக்கு மேலே வானவில் நிறங்கள் தகத்தகாயமாக ஒளிர்கின்றன. புதிய காலையின் முன் அறிகுறி போன்று சாளரத்தின் வழியே காட்சி தருகிறது வானவில்.

நமது புவிக்கோளம் பெரியது. ஆனால் அதன் ஆயிரம் மைல் பரந்த பெருநிலப் பகுதிகள் விண்வெளிக் கப்பலின் சாளரங்கள் வழியே பார்க்கையில் விரைவாக நீந்திச் சென்று விடுகின்றன. இப்போதுதான் நாம் ஆப்பிரிக்காவுக்கு மேலே இருந்தோம். இப்பொழுதோ சோவியத் யூனியனின் விரிந்த பரப்புகள் அதற்குள் காட்சி தரத் தொடங்கிவிட்டன. பிரமாண்டமான நீள் சதுர வயல்களும் தைகாப் பெருங்காடுகளும் அகன்ற ஆறுகளும் கருமை படிந்த மலைத் தொடர்களும் அவற்றை ஊடறுக்கும் ஆழ்ந்த கணவாய்களும் தென்படுகின்றன. இன்னும்

அறுவடையாகாத கோதுமைப் பயிரையும் பனிக்கால விதைப்புக்காக ஏற்கெனவே உழப்பட்டுள்ள வயல்களையும் வண்ணங்களைக் கொண்டு வேறு பிரித்துக் காண முடிகிறது. சோவியத் நாட்டில் இலையுதிர் காலம், பயிர் அறுவடை ஆகிக் கொண்டிருக்கிறது. ஆனால் அரை மணிநேரம் சென்றதும் தென் அமெரிக்காவில் வசந்தத்தை நாம் காண்கிறோம்.

பறப்புகளின் போது விண்வெளிப் பயணிகள் கீழே புலனாகும் காட்சிகளை வெறுமே ரசிப்பதுடன் நின்று விடுவதில்லை. கோளப்பாதையிலிருந்து பார்வையால் அவதானிப்பது விண்வெளிக் கப்பலின் எந்தப் பறட்பினதும் முக்கியப் பணியாக அமைகிறது. எல்லா விண்வெளிக் கப்பல்களுடையவும் 'ஸயூஸ்' கோளப்பாதை நிலையத்தினுடையவும் பணிக் குழுவினர் புயல்களையும் சூறாவளிகளையும் புவிக் கோளத்தின் வெவ்வேறு பகுதிகளைப் போர்த்தியிருந்த முகிற்போர்வையையும் வெண்பனிப் போர்வையையும் அவதானித்து நிழற்படம் பிடித்தார்கள். புவியின் தொடுவானத்தைப் பகலிலும் அந்தி மங்கலிலும் இரவிலும் பார்வையால் அவதானித்தார்கள்.

வரப்போகும் சுழற்காற்றுகள், புழுதிப் புயல்கள், ஸ்தெப்பி நெருப்புகள், காட்டுத்தீ ஆகியவை பற்றிப் பூமியில் உள்ள பணிமனைகளுக்கு விண்வெளிப் பயணிகள் முன்னறிவித்தார்கள்.

விண்வெளிக் கப்பல் பறப்பை நிறைவேற்ற முடிவதற்குக் கண்டிப்பாகத் திட்டமிடப்பட்ட வேகம் அளிக்கப்படுவது நாம் ஏற்கெனவே கூறியது போல அவசியமானது.

புவியின் செயற்கைத் துணைக்கோள் என்ன வேகம் பெற்றிருக்க வேண்டும்? விண்வெளிக் கப்பல் சந்திரனுக்குப் போவதானால்? வெள்ளி போய்ச் சேர்வதற்குத் தானியங்கி நிலையத்தை எந்த வேகத்தில் அனுப்ப வேண்டும்? இந்தக் கேள்விகளுக்கு விடை தருகிறது விண் விசை இயக்க இயல். விண்ணக இயக்க இயலுக்கும் வேறு பல விஞ்ஞானக் கிளைகளுக்கும் பொறி இயல் பின்னிணைப்பாக விளங்குவது இந்த விஞ்ஞானம்.

மூன்று விண்வெளி வேகங்கள் பற்றிப் பலர் கேள்விப் பட்டிருப்பார்கள். இவை பின்வருமாறு வரையறுக்கப்படுகின்றன: 'முதலாவது விண்வெளி வேகம் என்பது புவியின் செயற்கைத் துணைக் கோளைச் செலுத்துவதற்குத் தேவைப்படும் வேகம். இரண்டாவது, கோள்களுக்குச் செல்வதற்கான வேகம், மூன்றாவது, சூரிய மண்டலத்துக்கு வெளியே போவதற்கு வேண்டிய வேகம்' 'முதலாவது, இரண்டாவது விண்வெளி வேகங்கள் எதற்குச் சமமானவை? என்ற

கேள்விக்கு மிகப் பெரும்பாலானவர்கள் தரும் விடை 'வினாடிக்கு முறையே 7.9 கிலோமீட்டருக்கும் 11.2 கிலோமீட்டரும்' என்பதாய் இருக்கும். ஆனால், இது சரி ஆகாது. ஏன்? ஏனெனில், செயற்கைத் துணைக் கோள்களும் விண்வெளிக் கப்பல்களும் குறைந்த வேகங்களில் பறக்கின்றன.

விஷயம் என்ன? வினாடிக்கு 79 அல்லது 11.2 (இன்னும் சரியாக 11.19) கிலோமீட்டர் பூமியின் மேற்பரப்பிற்குக் கணக்கிடப்பட்ட விண்வெளி வேகங்கள் ஆகும். விண்வெளி இயந்திரங்களோ பூமியின் மேற்பரப்பிலிருந்து எவ்வளவு தொலைவில் செல்லுகிறதோ, விண்வெளி இயந்திரம் அவ்வளவு குறைந்த வேகத்தில் பறக்கிறது. கோளத்தின் செயற்கைத் துணைக்கோள் ஆகும் பொருட்டும் கோளப்பாதையில் அதைச் சுற்றி இயங்கும் பொருட்டும் இயந்திரம் முதல் விண்வெளி வேகத்தைப் பெற வேண்டும். ஆனால், இத்தகைய கோளப்பாதையை உருவாக்குவதில் கோளின் ஈர்ப்பாற்றல் நிர்ணயகரமான பாதிப்பை விளைவிக்கிறது. ஆகையால், வெவ்வேறு கோளங்களுக்குச் சம உயரத்தில் சுற்றி வருவதற்கான வேகம் வேறு வேறாக இருக்கும் என்பது தெளிவு. ஏனென்றால் கோள்கள் வெவ்வேறு நிறை உள்ளவை. விளைவாக அவற்றின் ஈர்ப்பாற்றலும் வெவ்வேறானவை. உதாரணமாக, 200 கிலோமீட்டர் உயரத்தில் புவியின் செயற்கைத் துணைக்கோளின் வட்ட வேகம் வினாடிக்கு 7.791 கிலோமீட்டர். அதே உயரத்தில் வெள்ளியின் செயற்கைத் துணைக்கோளின் வட்ட வேகம் வினாடிக்கு 7.201 கிலோமீட்டராக இருக்கும். சந்திரனுடைய செயற்கைத் துணைக்கோளின் வேகமோ, வினாடிக்கு 1.590 கிலோமீட்டராக மட்டுமே இருக்கும்.

புவி ஈர்ப்பைக் கடந்து விண்வெளிப் பரப்பில் செல்வதற்காக இயந்திரத்துக்கு அளிக்கப்பட வேண்டிய வேகம் இரண்டாவது விண்வெளி வேகம் எனப்படுகிறது. இவ்வாறு நிகழ்ந்தால் அது பூமியைச் சுற்றி முடிந்த வட்டத்தில் இயங்காமல் பூமியிலிருந்து ஒரேயடியாக விலகி, பரவளைவு எறிபாதையில் விரையும். எனவே தான் இந்த வேகம் அடிக்கடி பரவளைவு வேகம் எனப்படுகிறது. அதன் அளவு வட்ட வேகத்தைவிடக் கிட்டத்தட்ட 40 சதவிகிதம் அதிகம். இந்த ஒப்புநிலை பூமிக்கு மட்டும் இன்றி மற்ற எல்லாக் கோளங்களுக்கும் பொருந்துவதாகும்.

சூரியனுடைய ஈர்ப்பைக் கடந்து மற்ற விண்மீன் உலகுகளுக்குப் பறப்பதற்கு இயந்திரம் வினாடிக்கு 16.7 கிலோமீட்டர் வேகம் அளிக்கப்பட வேண்டும். இது மூன்றாவது விண்வெளி வேகம். இந்த

வேகத்தில் இயந்திரம் அதிபரவளைவுப் பாதையில் பூமியிலிருந்து தொலைவில் செல்லும்.

விண்வெளி வேகங்கள் பற்றிய வருணனையின் முடிவில் பின்வரும் கேள்விக்கு விடை அளிப்போம்: "விண்வெளி இயந்திரங்களின் வேகங்கள் மாறுகின்றனவா? ஆம் என்றால் எப்படி?"

புவியின் செயற்கைத் துணைக்கோள்களும் விண்வெளிக் கப்பல்களும் செலுத்தப்படுவது பற்றிய தாஸ் செய்தி அறிக்கைகளில் 'சேய்மைத் தொலைவு', 'அண்மைத் தொலைவு' என்று பொருள்படும் சொற்கள் காணப்படுகின்றன. விண்வெளி இயந்திரத்துக்கு வட்ட வேகத்திலிருந்து வேறான வேகம் அளிக்கப்படும் போது தோன்றும் நீள்வட்டப் பாதையின் மிக இயல்பான இரண்டு புள்ளிகளை இந்தச் சொற்கள் குறிக்கின்றன. 'சேய்மைத் தொலைவு' என்பது கோளப் பாதையில் புவி மையத்திலிருந்து ஆக அதிகத் தொலைவில் உள்ள புள்ளி. 'அண்மைத் தொலைவு' ஆகக் குறைந்த தொலைவில் உள்ள புள்ளி.

நீள் வட்டப் பாதையில் பறக்கும்போது இயந்திரத்தின் வேகம் இடையறாது மாறிக் கொண்டிருக்கும். அண்மைத் தொலைவில் அதன் வேகம் யாவற்றிலும் அதிகமாயிருக்கும். இங்கே ஆகக் குறைந்த உயரத்தில் இயந்திரம் ஆகக் குறைந்த உள்நிலை ஆற்றல் கொண்டிருக்கும். ஆனால் அதன் விரைவினால் குறிக்கப்படும் இயங்காற்றலின் அளவு ஆக அதிகமாக இருக்கும். அண்மைத் தொலைவைக் கடந்து நீள்வட்டப் பாதையில் இயங்கும் இயந்திரம் உயரே செல்லும். அதன் இயங்காற்றல் குறையும், அதற்கேற்ப அதன் உள்நிலை ஆற்றல் அதிகமாகிக் கொண்டு போகும். அதனால்தான் உயரம் அதிகமாகும் அளவுக்கு ஏற்ப இயந்திரத்தின் வேகம் குறைகிறது.

செயற்கைத் துணைக் கோள்களுடைய கோளப்பாதைகளின் அம்சங்கள் பற்றி நாம் பேச்சு எடுத்து விட்டபடியால் சுற்றி வரும் நேரத்தையும் கோளப்பாதைச் சாய்வையும் பற்றிக் கூறுவதும் அவசியம். சுற்றி வரும் நேரம் என்பது, பூமி, சந்திரன், செவ்வாய் முதலிய விண்கோள்களைத் துணைக்கோள் ஒரு தடவை முழுதாகச் சுற்றி வருவதற்கு ஆகும் நேரம். புவியின் செயற்கைத் துணைக் கோளுடைய கோளப்பாதைச் சாய்வு என்பது, மானசீகமான பூமத்திய ரேகையின் தளத்துக்கும் துணைக்கோள் செல்லும் தளத்துக்கும் இடையில் உள்ள கோணம். கோளப்பாதையின் இந்த அளவுக் குறியில் சிறந்த பண்பு உள்ளது. இது ஒன்றன் முக்கியத்துவம்தான் துணைக்கோள் நிலவும் காலம்

முழுவதிலும் எதார்த்தத்தில் நிலையாக இருக்கிறது. மற்ற அளவுக்குறிகள் ஓரளவு மாறுதல்களுக்கு உள்ளாகலாம்.

கோளப்பாதையின் தளத்தை மாற்றுவது (சில டிகிரிகளும் அதிகமும்) கோட்பாட்டு அளவில் சாத்தியம். ஆனால் இதற்கு விண்வெளி இயந்திரத்தின் செயலற்ற பறப்பில் குறுக்கிடுவது இன்றியமையாதது. உதாரணமாக, இயந்திரத்தின் குறித்த திசைத் திருப்பத்தில் ஜெட் செலுத்துப் பொறிகள் இயக்கப்பட்டால் இது சாத்தியமாகும். ஆனால் கோளப் பாதையின் தளத்தைச் சில டிகிரிகள் கூட மாற்றுவதற்குப் பெருத்த ஆற்றல் தேவைப்படும். இயந்திரத்தைக் கோளப்பாதையில் செலுத்துவதற்குச் செலவிடப்பட்ட ஆற்றலை இது சில சந்தர்ப்பங்களில் நிகர்த்திருக்கும். விண்வெளி இயந்திரம் சந்திரனின் எல்லைப் பிரதேசத்தில் பறந்தாலும் கோளப்பாதையின் தளத்தில் மாறுதல் ஏற்படக்கூடும். அப்போது தடுமாற்றம் விளைக்கும் ஆற்றல்களின் பாதிப்பினால் கோளப்பாதைச் சாய்வு மாறலாம். எனினும் புதிய நிலையை மேற்கொண்ட பின்னர் அது கணிசமான எந்த மாறுதல்களுக்கும் உள்ளாவதில்லை.

கோள்களுக்கிடையே பறப்பதற்கு மிகுந்த முக்கியத்துவம் உள்ள இன்னொரு விண்வெளி வேகம் இருக்கிறது. இயந்திரம் கோளின் ஈர்ப்பு ஆற்றலைக் கடந்து அதிலிருந்து தூர விலகி எல்லையற்றப் பேரண்ட வெளியில் செல்வதற்கான வேகத்தைக் குறிப்பிடுகிறேன். தூர விலகும் வேகம் என்று இது அழைக்கப்படுகிறது.

நாம் ஏற்கெனவே கூறியது போல இரண்டாவது விண்வெளி வேகம் வினாடிக்கு 11.2 கிலோமீட்டருக்குச் சமமானது. கோள்களுக் கிடையே செல்லும் இயந்திரத்துக்கு இந்த வேகம் அளிக்கப்பட்டால் அது புவியின் ஈர்ப்பு ஆற்றலைக் கடந்து விடும். பூமியின் மேற்பரப்பின் மீது விழாது. அதேசமயம், பூமியின் கோளப்பாதையிலிருந்தும் தூர விலகாது. புவியினுடைய அதே கோளப்பாதையிலோ அதற்கு அருகிலுள்ளதிலோ அது சூரியனைச் சுற்றி வட்டமிடத் தொடங்கும்.

கப்பலையோ தானியங்கி நிலையத்தையோ கோள்களுக்குச் செலுத்துவதற்கு அவை புவியின் ஈர்ப்பாற்றலைக் கடப்பதோடு புவி ஈர்ப்பு மண்டலத்தின் எல்லைகளுக்கு அப்பால் தேவையான விரைவை மேற்கொள்ளவும் இயலும் அளவுக்கு ஆற்றல் பறப்புத் தொடக்கத்தில் அவற்றுக்கு அளிக்கப்பட வேண்டும்.

உதாரணமாக, வெள்ளியின் கோளப்பாதையை அடைவதற்கு இயந்திரம் குறைந்தபட்சம் வினாடிக்கு 2.494 கிலோ மீட்டர் வேகத்தில்

பூமியிலிருந்து விலகிச் செல்ல வேண்டும். இவ்வாறு செய்வதற்கு அது தரையிலிருந்து கிளம்பும் வேகம் வினாடிக்கு 11.462 கிலோமீட்டராக இருக்க வேண்டும். செவ்வாயின் கோளப்பாதையை அடைவதற்கு விலகிச் செல்லும் வேகம் வினாடிக்கு 2.943 கிலோமீட்டராகவும் தரையிலிருந்து கிளம்பும் வேகம் வினாடிக்கு 11.570 கிலோ மீட்டராகவும் இருப்பது அவசியம்.

எனக்கு உரையாற்ற வாய்த்த எல்லாக் கூட்டங்களிலும் ஒரு பிரச்சனையில் ஒரே மாதிரி ஆர்வம் காட்டப்பட்டது. விண்வெளிக் கப்பல் இயக்கப்படுவது எப்படி என்பது அந்தப் பிரச்சனை.

பறப்பில் மிக அடிக்கடி நிறைவேற்றப்படும் நுட்ப வேலை, கப்பலை இடப்பரப்பில் திருப்புவது ஆகும். பறப்பின் பெரும்பாலான நேரத்தில் அது தன் அச்சுக்களைச் சுற்றிச் சுழன்று கொண்டிருக்கும். அந்த நிலைமையில் அதன் சூரிய மின்கலங்கள் மீது அவ்வப்போது விட்டுவிட்டுத்தான் ஒளி படும், அவை வேண்டிய அளவு மின் ஆற்றல் தரமாட்டா. கப்பல் சூரியனை நோக்கி ஒரே அச்சில் திரும்பி இருப்பது இங்கே அவசியம். சந்திரனுக்கும் பிற கோள்களுக்கும் பறப்புகள் நடக்கையில் பூமியுடன் செய்தித் தொடர்புக்குக் கப்பலின் வான் கம்பிகள் தரையை நோக்கித் திரும்பி இருக்க வேண்டும். கோளப் பாதையைத் திருந்துவதற்கும் பிற கப்பல்களுடனும் கோளப்பாதை நிலையங்களுடனும் இணைப்புகள் நிகழ்த்துவதற்கும் பற்பல விஞ்ஞான, தொழில்நுட்பச் சோதனைகள் நடத்துவதற்கும் கோளப் பாதையிலிருந்து இறங்குவதற்கும் விண்வெளிக் கப்பலை இடநிலைக்கேற்பத் திருப்புவது இன்றியமையாதது.

கப்பலை இட நிலைக்கேற்பத் திருப்புவது வெவ்வேறு கருவித் தொகுதிகளால் நிகழ்த்தப்படலாம். சட வேக, அயான், வெளிச்சிவப்பு, வானொலித் தொழில்நுட்ப, பார்வைக் கருவிகளும் பிற கருவிகளும் இவற்றில் அடங்கும். ஆயினும் யாவற்றிலும் அதிகத் துல்லியமானவை வானவியல் கருவித் தொகுதிகளே ஆகும்.

சூரியன், சந்திரன், கோள்கள், விண்மீன்கள் ஆகியவற்றின் பரஸ்பரச் சார்பு நிலை ஒவ்வொரு கணத்திலும் என்ன என்பது துல்லியமாகத் தெரிந்திருக்கிறது. தேவையான கோணங்களில் கப்பலின் அச்சுக்களை விண்கோள்களின் திசையில் திருப்பினோமானால் கப்பலுக்கு இடவெளியில் தேவையான நிலையை அளிப்போம்.

உதாரணமாக, சூரியனுக்கும் விண்மீனுக்கும் இணங்கக் கப்பலை வானவியல் முறையில் திருப்புவது இவ்வாறு செய்யப்படுகிறது.

முதலில் பூமியிலிருந்து பிறக்கும் ஆணைப்படி செயல்திட்ட நேரக் கணக்குக் கருவியில் நமக்குத் தேவையான கோணங்களின் பொருள்கள் அடங்கிய இன்றியமையாத விவரங்கள் புகுத்தப்படுகின்றன. பார்வைப் பதிவுக் கருவிகளில் ஒன்று, இந்தக் கருவியின் அச்சுக்கும் சூரியப் பதிவு கருவியின் அச்சுக்கும் இடையே உள்ள கோணம் சூரியனும் விண்மீனும் அந்த நேரத்தில் இருக்கும் பரஸ்பர நிலைக்குப் பொருந்துமாறு வைக்கப்படுகிறது.

திசை திரும்பச் செயல் முறை சூரியனைத் தேடுவதிலிருந்து தொடங்குகிறது. சூரியப் பதிவுக் கருவியின் பார்வைப் புலத்தில் சூரியன் வரும் வரையில் கப்பலை நீள் அச்சில் திருப்புகின்றன. குறைந்த இழுவிசை கொண்ட செலுத்துப் பொறிகள். இந்த நிலையில் நாம் கப்பலை நிலைப்படுத்தினால் அது ஒரு தளத்தில் மட்டுமே திருப்பப்பட்டிருக்கும்; உதாரணமாக, நமக்குக் கீழே பூமி தெரியும். ஆனால் கோளப்பாதையில் கப்பல் முன் பின்னாகவும் விலாப்புறத்திலும் இயங்கக்கூடும். இவ்வாறு நேராதிருக்கும் பொருட்டு, குறைந்த இழுவிசை கொண்ட வேறு செலுத்து பொறிகள், விண்மீன் பதிவுக் கருவி தேவையான விண்மீனைப் பிடிக்கும் வரையில் சூரியனை நோக்கித் திரும்பியுள்ள அச்சைச் சுற்றிக் கப்பலைத் திருப்புகின்றன. இந்த நிலையில் கப்பல் நிலைப்பட்டு, சுழல் சக்கரக் கருவிகளின் ஆணைப்படி திசை திருப்பச் செலுத்து பொறிகளால் மேற்கொண்டு உறுதியாக்கப்படுகிறது. சுழல் சக்கரக் கருவியின் திருகுகள் நிலைப்பாட்டின்போது மாற்றிச் சுழல்கின்றன.

விண்மீன்கள் மிக நிறைய இருக்கும் போது விண்மீன் பதிவுக் கருவி அவற்றைக் குழப்பிக் கொள்ளாதது ஏன்? மெய்யாகவே ஒவ்வொரு கணமும் சூரியனிலிருந்து ஒரே கோணத்தில் நாற்புறமும் பதிற்றுக் கணக்கான விண்மீன்கள் தோன்றக் கூடும். ஆனாலும் பதிவுக்கருவி தேவையான விண்மீனை மாத்திரமே பிடிக்கிறது. அது தவறு செய்யாததற்குக் காரணம், திசைத் திருப்பத்துக்கு யாவற்றிலும் ஒளி மிக்க விண்மீன்கள் மட்டுமே தெரிந்தெடுக்கப்படுவதுதான்.

விண்வெளிக் கப்பல்களின் கோளப்பாதைகள் மிக அடிக்கடி செல்லும் பகுதி பூமியின் மேற்பரப்பிலிருந்து சுமார் 200 கிலோமீட்டர் உயரத்தில் இருக்கிறது. அங்கே வளி மண்டலத்தின் அடர்த்தி ஒப்பு நோக்கில் அதிகம் அல்ல. ஆனால் கணிசமாகக் குறைவானது என்றாலும் 'ஸயூஸ்' போன்ற அளவுகள் கொண்ட கப்பல் மீது தடைப்படுத்தும் பாதிப்பை அது ஓரளவு விளைவிக்கிறது. பறப்பு வெகு காலம், உதாரணமாகச் சில வாரங்கள், நீடித்தால் கோளப்பாதையின் உயரம்

வர வரக் குறையும், வளி மண்டலத்தின் தடைப்படுத்தும் பாதிப்பு அதிகரிக்கும். தக்க நடவடிக்கைகள் எடுக்காவிட்டால் கப்பல் வளி மண்டலத்தின் அடர்த்தியான படிவுகளில் புகுந்து கோளப்பாதையில் சுற்றி வரும் வேகத்தை இழந்து 'நிர்ப்பந்தம் காரணமாகத்' தரையில் இறங்கிவிடும்.

பறப்பை நீடிக்கச் செய்யும் பொருட்டு, கப்பல் பறக்கும் உயரம் திருத்தத்தின் மூலம் அதிகமாக்கப்படுகிறது.

ஆனால் கோளப்பாதைத் திருத்தம் வேறு நோக்கங்களுக்காகவும் செய்யப்படுகிறது. உதாரணமாக, குறித்த பிரதேசத்தைக் குறித்த நேரத்தில் கப்பல் கடந்து செல்ல வகை செய்யும் பொருட்டு இவ்வாறு செய்யப்படுகிறது. பறப்பின் உயரத்தை நாம் அதிகப்படுத்தினால் கப்பல் பூமியைச் சுற்றி வரும் நேரம் அதிகமாகும். தக்க திருத்தங்கள் செய்வதன் மூலம் மற்றொரு கப்பலின் புறப்படுமிடத்துக்கு மேலே நமது கப்பல் பறந்து செல்லவும் அந்தக் கப்பல் கோளப்பாதையில் செலுத்தப்படுவதை அவதானிக்கவும் வகை செய்யலாம்.

கோளப்பாதைத் திருத்தம் விண்மீன் திசைத் திருப்பத்தைப் பயன்படுத்திக் கைகளாலோ தானியங்கி முறையிலோ செய்யப்படலாம்.

திருத்தத்துக்கான இன்றியமையாத விவரங்கள் வழக்கமாக பூமியிலிருந்து வந்து கப்பலில் உள்ள நினைவுக் கருவியில் பதிவு செய்யப்படுகின்றன. ஆயினும், விரைவுபடுத்தும் அல்லது தடைப் படுத்தும் உந்துதலின் அளவையும் செலுத்து பொறியை முடுக்குவதற்கான நேரத்தையும் கணக்கிட்டு நினைவுக் கருவியில் புகுத்துவது கப்பல் பணிக் குழுவாலும் முடியும். இதற்காகத் தனியான விசைக் குமிழ்ப் பலகை உள்ளது. ஆனால், கப்பலுடைய கோளப்பாதையின் அளவுக்குறிகள் தரை மேலுள்ள கருவித் தொகுதியால் அதிகத் துல்லியமாக வரையறுக்கப்படுகின்றன. எனவே, ஒருங்கிசைவிப்புக் கணக்கீட்டு மையத்தின் நிபுணர்களுக்கும் எல்லாம் தெளிவாகி விடுகிறது.

திருத்தத்துக்கான விவரங்கள் கணக்கிடவும் நினைவுக் கருவியில் புகுத்தவும் பட்டுவிட்டன என்று வைத்துக் கொள்வோம். இப்போது விசையைப் போடுவோம். 'கைத்திசைத் திருப்பச் சாதனத்தால் இயக்கம், 'திசைத் திருப்பத்திற்கான காட்சி எல்லை காட்டி' என்ற சொற்கள் சுடர்கின்றன. இயக்குவதற்கான பிடியைப் பற்றுகிறோம். நம் கவனம் காட்சி எல்லை காட்டித் திரை மேல் இருக்கிறது. திரையில் பூமி மெதுவாக நகர்கிறது. இயக்கு பிடிகளை நகர்த்தி நுண்செலுத்துப்

பொறிகளை முடுக்கி, திரையின் மையப்பகுதி பூமியின் மையத் திசையுடன் பொருந்தும் வரை கப்பலைத் திருப்புகிறோம். இதோ மையத்திலுள்ள சிலுவைக்குறி இந்தத் திசையோடு பொருந்தி விட்டது. கப்பல் சரியாகத் திசை திரும்பிவிட்டது. இன்னொரு பொத்தானை அழுத்துகிறோம் 'திசைத் திருப்பம் சுழல் சக்கரக் கருவிகள் மீது' என்ற சொற்கள் ஒளிர்கின்றன. சுழல் சக்கரக் கருவியின் திருகுகள் விரைந்து சுழற்சியைத் தொடங்கிவிட்டன. கப்பலின் இடநிலையை நினைவு படுத்திக் கொண்டுவிட்டன என்பது இதன் பொருள். இனி எந்த விதமான பிறழ்வுகள் நேர்ந்தாலும் செலுத்துப் பொறிகளுக்கு ஆணைகள் தானியங்கி முறையில் பிறப்பிக்கப்படும். அவை கப்பலைத் தொடக்க நிலைக்குத் திருப்பும்.

ஆனால் தற்போதைக்குக் கப்பலின் ஓர் அச்சுத் திருப்பம் மட்டுமே நிகழ்ந்திருக்கிறது. பிரதானச் செலுத்து பொறி இயக்கத்தில் முன்னோக்கி இருக்கும் விதத்தில் கப்பலைத் திருப்புவது இப்போது அவசியம். அடுத்து வரும் நுட்ப வேலைகள் யாவும் தானியங்கி முறையில் நிறைவேற்றப்படுகின்றன. கப்பலைக் கிடைத் தளத்தில் திருப்பும்படி நினைவுக் கருவியிலிருந்து குறிகள் வருகின்றன. கப்பல் இடவெளியில் தேவையான நிலையை மேற்கொள்கிறது. செலுத்து பொறியை முடுக்கும்படித் தானியங்கி முறையில் ஆணை பிறக்கிறது.

பயன்படுத்தப்பட்ட வேக உந்தலின் அளவைக் காட்டும் எண்கள் குறிகாட்டியில் விரைகின்றன. இதோ அவற்றின் ஓட்டம் நின்று விட்டது, செலுத்துப் பொறி நிறுத்தப்பட்டு விட்டது. திருத்தம் முறையாக நடந்தேறியது, கப்பல் சரியாகத் திருப்பப்பட்டது. செலுத்து பொறி கணக்கிட்ட நேரத்தில் முடுக்கப்பட்டது என்று பறப்பு இயக்க நிலையத்துக்கு நாம் இப்போது அறிவிக்க வேண்டும்.

இப்போது ஒருங்கிசைவிப்பு - கணக்கீட்டு மையம் எறிபாதையின் மாறுதல்கள் குறித்த விவரங்களின்படி நமது புதிய கோளப்பாதையை வரையறுத்து அதன் அளவுக் குறிகளை நமக்குத் தெரிவிக்கும். நாமேயும் இந்தக் காரியத்தைச் செய்யலாம்.

ஆனால் கப்பலைத் திருத்துவதிலும் கோளப்பாதையைத் திருப்புவதிலும் நாம் ஈடுபட்டிருக்கையில் நம் மின்னாற்றல் ஊற்றுக்கள் கொஞ்சம் குறைந்துவிட்டன. அவற்றை இட்டு நிரப்ப வேண்டும். கப்பலில் உள்ள கருவித் தொகுதியும் இயந்திரங்களும் சேமக் கலங்களிலிருந்து மின்னாற்றல் பெறுகின்றன. சேமக் கலங்களுக்கோ, சூரிய பாட்டரிகள் மூலம் மின் ஏற்றப்படுகிறது.

இது இவ்வாறு செய்யப்படுகிறது.

‘சுற்று கருவி என்ற சொற்கள் பொறித்த விசைக்குமிழைப் பலகை மேல் காண்கிறோம். குமிழை அழுத்தியதுமே குறைந்த இழு விசை உள்ள செலுத்து பொறிகள் முடுக்கப்படுகின்றன. அச்சுக்களில் ஒன்றைச் சுற்றிக் கப்பலைச் சுழல வைக்கின்றன இவை. பூமி, சந்திரன், விண்மீன்கள் ஆகியவற்றின் உருவங்கள் ஒன்றன் பின் ஒன்றாகத் திரையில் தோன்றி மறைகின்றன. சூரியனின் பிம்பம் தென்பட்டதுமே வலப்புறச் செலுத்து பிடியை நான் சிறிது அசைக்கிறேன். காட்சி எல்லை காட்டியின் பார்வைப் புலத்தில் சூரியன் வட்டமாகக் காட்சி தரத் தொடங்குகிறது. இன்னும் அசைப்புக்குப் பின் காட்சி எல்லைக் காட்டியின் சிலுவைக் குறி சூரிய பிம்பத்துக்குப் பொருந்துகிறது. இந்த நிலையில் கப்பல் - சூரிய அச்சு சூரிய பாட்டரிகளின் தகடுகளுடைய மேற்பரப்புக்குச் செங்குத்தாக இருக்கும்படி கப்பல் திருப்பப் பட்டிருக்கிறது. இந்தத் தகடுகள் மேல் அதிகத்திலும் அதிகமான வெயிலொளி இப்போது பெருகி, ஆக அதிக அளவில் மின்சாரம் உற்பத்தியாக வகை செய்கிறது என்று இது பொருள்படும். சூரிய பாட்டரிகளின் மேற்பரப்பிலிருந்து திரட்டப்படும் மின்னாற்றல் கப்பலின் சேமக் கலங்களில் மின் ஏற்றுகிறது.

ஆனால் கப்பலை இந்த நிலையில் நீண்ட நேரம் வைத்திருப்பதற்குத் திசைத் திருப்ப அமைப்பின் செலுத்துப் பொறிகளில் எரிபொருளை ஓயாமல் செலவிட வேண்டும். சூரியன் காட்சி எல்லைக் காட்டியின் மையத்தில் இருக்கும்படி விண்வெளிப் பயணி பார்த்துக்கொள்ள வேண்டும். ஆனால் வினாடிக்குச் சில டிகிரிகள் வேகத்தில் கப்பல் சூரிய அச்சைச் சுற்றிச் சுழற்சியைக் கப்பலுக்கு ஏற்படுத்தினால் இதைத் தவிர்க்கலாம். சுழல் சக்கரக் கருவிச் செயல்பாட்டின் விளைவாகச் சூரிய பாட்டரிகள் சூரியனின் பக்கம் நிலையாகத் திரும்பி இருக்கும்.

...விண்வெளிக் கப்பல்களின் பறப்பில் நிறைவேற்றப்படும் மிகச் சிக்கலான நுட்ப வேலைகளில் ஒன்று தங்களுக்குள்ளும் செலுத்துவோர் இல்லாத இயந்திரங்களுடனும் அவற்றின் இணைப்பு ஆகும். இது தானியங்கி முறையிலும் பணிக் குழுவினர் பங்காற்றும் முறையிலும் நிகழ்த்தப்படுகிறது. பெரிய கோளப்பாதை நிலையங்களையும் கோள்களுக்கிடையே செல்லும் கப்பல்களையும் தரையருகே கோளப்பாதையில் தொடர்ச்சியாகச் செலுத்தப்படும் தனித் தனிப் பகுதிகளைப் பொருத்திக் கட்டுவதற்கு இணைப்பு தேவைப்படலாம். விபத்துக்கு உள்ளான கப்பலின் பணிக்குழுவினருக்கு உதவி அளிக்கவும்,

அல்லது அவர்களைக் காப்பாற்றவும் இணைப்பு இன்றியமையாதது ஆகும். இதற்கு யோசனை சொன்னவர் க.எத்ஸியல்கோவ்ஸ்கி.

இந்தச் சிக்கலான விஞ்ஞான - தொழில்நுட்ப வேலை சோவியத் விஞ்ஞானிகளாலும் உருவரைவாளர்களாலும் விண்வெளிப் பயணிகளாலும் முதன் முதலில் வெற்றிகரமாக நிறைவேற்றப்பட்டது. தொடக்கத்தில் நம் நாட்டில் தானியங்கி இயந்திரங்களின் இணைப்பு இரு தடவைகள் செய்யப்பட்டது. பின்னர் "ஸயூஸ்-5" கப்பலுடன் அடுத்த நாள் இணைப்பு நிகழ்த்தி, அலெக்சேய் எலி சேயெவ், எவ்கேனி ஹ்ருனோவ் என்னும் இரண்டு விண்வெளிப் பயணிகளை தம் கப்பலில் அவர் ஏற்றிக் கொள்ள வேண்டி இருந்தது.

பறப்பின் இரண்டாம் நாள், பைக்கனூர் பிரதேசத்தில் பறந்தபோது, 'ஸயூஸ்-5 கப்பல் செலுத்தப்பட்டதைத் தலைகீழ்த் தடத்தைக் கொண்டு அவதானித்தேன்.

"அது கோளப்பாதையில் வெற்றிகரமாகச் செலுத்தப்பட்ட பிறகு கப்பல்கள் ஒன்றையொன்று நெருங்குவது இணைவதுமான கட்டம் தொடங்கியது. 'ஸயூஸ்-4' 'ஸயூஸ்-5' கைவிசைகளால் அனேக இயக்கங்களை நிகழ்த்தின. 1,000 கிலோமீட்டருக்கும் அதிகமான தொலைவிலிருந்து அவற்றை மேலும் அருகே கொண்டு வர இந்த இயக்கங்கள் வகை செய்தன. கப்பல்கள் சில கிலோமீட்டர் தூரத்தில் இருந்தபோது அருகே கொண்டுவரும் தானியங்கி இயந்திரத் தொகுதி செயல்படலாயிற்று. இந்தத் தொகுதியின் ஆணைப்படி, அருகே கொண்டு வருவதற்கும் திருத்துவதற்குமான செலுத்துப் பொறி 'ஸயூஸ்- 4 கப்பலில் பல முறை முடுக்கப்பட்டது. தொலைவுக்கு ஏற்றபடி மாறும் வேகத்துடன் கப்பல்கள் படிப்படியாக ஒன்றை ஒன்று நெருங்குவதற்கு வகை செய்யப்பட்டது. தானியங்கி முறையில் கப்பல்கள் நெருங்கியதைக் கருவிகளின் துணையாலும் காட்சி எல்லை காட்டி மூலமும் தொலைக்காட்சித் திரையிலும் நேரில் பார்த்தும் நான் கண்காணித்தேன். நெருங்கி வருகையில் 'ஸயூஸ்-5' விண்வெளிக் கப்பல் 'ஸயூஸ்-4' கப்பலின் திசையில் இணைப்புக் கூடல் இருக்கும்படி திரும்பியது.

"100 மீட்டர் தொலைவில் பரீஸ் வலீனவும் நானும் கப்பல்களைக் கைவிசைகளால் செலுத்தத் தொடங்கினோம்.

"செலுத்துகையில் கப்பல்கள் ஒன்றை ஒன்று நோக்கித் தேவையான பாங்கில் திரும்பி இருக்குமாறு நாங்கள் பார்த்துக்கொண்டோம். கப்பல்களுக்கு இடையில் இருந்த தூரத்துக்கு ஏற்ப அவை நெருங்கும் வேகத்தை நான் மாற்றினேன்.

ஆப்பிரிக்கக் கடற்கரைகளின் அருகாமையில், சோவியத் யூனியனின் எல்லைகளிலிருந்து ஏழு, எட்டு ஆயிரம் கிலோமீட்டர்கள் தூரத்தில் நாங்கள் ஒருவருக்கு ஒருவர் சுமார் 40 மீட்டர் தூரத்துக்கு வந்து சார்பு நிலையை நிறைவேற்றினோம். பரீஸ் வலீனவும் நானும் இந்தத் தொலைவில் சில இயக்கங்களை நிகழ்த்திக் கப்பல்களின் பரஸ்பர நிலையை மாற்றினோம். ஒருவர் கப்பலை மற்றவர் நிழற்படம் பிடித்துக் கொண்டோம். மேற்கொண்டு நெருங்குவதைத் தொடர்புப் பிரதேசத்தில் இணைப்பை நிறைவுப்படுத்தினோம். இந்தச் செயல்முறையைத் தொலைக்காட்சித் திரைகளில் பார்க்க முடிந்தது.

கப்பல்கள் ஒன்றன் மேல் மற்றது முரட்டுத்தனமாக மோதிக் கொள்வதைத் தவிர்ப்பதற்காகத் தொடு கணத்துக்குள் ஒப்பு நோக்கு வேகம் வினாடிக்கு ஒருசில சென்டிமீட்டர்களாகக் குறுக்கப்பட்டது.

'ஸயூஸ்-4' கப்பலும் 'ஸயூஸ்-5' கப்பலும் ஒன்றோடொன்று இணைந்தது இந்த வேகத்திலேயே நிகழ்ந்தது. இணைவின்போது 'ஸயூஸ்-4' கப்பலுடைய இணைப்புப் பொறி அமைப்பின் தண்டு 'ஸயூஸ்-5' கப்பலுடைய ஏற்புக் கூம்பின் கூட்டில் புகுந்தது. ஒன்றையொன்று இயந்திர ரீதியாகப் பற்றுவது நிகழ்ந்தது. கப்பல்களை வலுவாக இறுக்குவதும் அவற்றின் மின் இணைப்புத் தக்கைகளைச் சேர்ப்பதும் இதை அடுத்துச் செயல்படுத்தப்பட்டன."

அந்தச் சமயத்தில் கப்பல்கள் பூமிக்கு உயரே முதல் விண்வெளி வேகத்தில் பறந்தவாறு 90 நிமிடங்களில் ஒரு முறை வீதம் புவிக் கோளத்தைச் சுற்றி வந்து கொண்டிருந்தன என்பதை நினைவு படுத்துவோம். கப்பல்களை அருகே கொண்டு வருவதோ, வினாடிக்கு 30 சென்டி மீட்டர்களுக்கு மேற்படாத வேகத்தில் செய்ய வேண்டி இருந்தது.

...நம்முடைய விண்வெளிப் பறப்பு முடிவை நெருங்குகிறது. கடைசிக் கட்டம் தரை இறங்குவதுதான் பாக்கி. விமானத்தைத் தரையில் இறக்குவது சிக்கலான வேலை என்றால், விண்வெளிக் கப்பல் கோளப்பாதையிலிருந்து வெளியேறுவதும் வளி மண்டலத்தில் அதன் இறக்கமும் மெய்யாகவே பேரளவான சிக்கல் நிறைந்த வேலை ஆகும்.

பூமியின் மேற்பரப்புக்கு 200 கிலோமீட்டருக்கும் அதிகமான உயரத்தில், வினாடிக்கு சுமார் 8 கிலோமீட்டர் வேகத்தில், கோளப் பாதையில் பறக்கும் பல டன்கள் எடையுள்ள கப்பல் அபரிமிதமான இயங்காற்றலும் உள் நிலை ஆற்றலும் கொண்டிருக்கிறது.

நம்முடைய கப்பலைக் கோளப்பாதையில் செலுத்துவதற்கு எத்தகைய ஆற்றல் தேவைப்பட்டது என்பது உங்களுக்கு நினைவு இருக்கிறதா? பிரமாண்டமான மூன்று கட்டக் கொண்டு செல்லும் ராக்கெட்டு அதற்கு இந்த ஆற்றலை அளித்தது. கோளப்பாதையிலிருந்து கப்பலை வெளியேற்றுவதற்கும் அவ்வளவே திறன்மிக்க செலுத்து பொறிகள் தேவைப்படும் என்று தோன்றும். அவ்வாறானால் நம் கப்பலுடைய எடை எத்தகையதாய் இருக்கும் என்று எண்ணிப் பாருங்கள். ஆனால் தடைப் பொறிகளின் உதவியால் கோளப்பாதை வேகத்தை அறவே நிறுத்தாதிருக்க முடியும் என்று தெரிகிறது. ஒப்பு நோக்கில் சிறு தடை உந்தலைக் கப்பலுக்கு அளித்தாலே போதும், அது வளி மண்டலத்தின் அடர்த்தியான படிவுகளில் புகுந்துவிடும். காற்றின் எதிர்ப்பு காரணமாக முக்கியத் தடை அங்குதான் ஏற்படும்.

கப்பல் பூமிக்குத் திரும்புவதை இரண்டு கட்டங்களாகப் பிரிக்கலாம்: முதலாவது கப்பல் கோளப்பாதையிலிருந்து வெளியேறி வளிமண்டலத்தின் அடர்ந்த படிவுகளில் புகும் வரையுள்ள பறப்பு, இரண்டாவது - வளி மண்டலத்தின் அடர்ந்த படிவுகளில் பறப்பும் தரையில் இறங்குவதும்.

இறங்குவதற்கு முந்திய கோளப்பாதைச் சுற்றின்போது கப்பலின் செயல்திட்ட-நேரக் கணக்குக் கருவிக்கு பூமியிலிருந்து ஆணைகள் வருகின்றன. செலுத்து பொறிகளை முடுக்குவதற்கான நேரத்தையும் தடை உந்தலின் அளவையும் பற்றிய தகவல்கள் இவற்றில் அடங்கியுள்ளன. கப்பலின் பணிக் குழுவினரும் இந்த விவரங்களைக் கணக்கிடுவது கோட்பாட்டளவில் சாத்தியமே.

இறங்கு சுற்றின்போது தடைப்பொறி பறப்பின் திசையில் முன்னே நோக்கி இருக்கும்படி கப்பலை இடவெளியில் திருப்புவது அவசியம்.

தடைப் பொறியின் தூம்பு வாய் கப்பலின் இயக்கத்துக்கு ஏற்ப முன்னே நோக்கும்படி திருப்பப்பட்ட பின்னர், திசைத் திருப்பத்துக்கும் இயக்கக் கட்டுப்பாட்டுக்குமான கருவித் தொகுதி கப்பலை இந்த நிலையில் வைத்திருக்கிறது. செயல் திட்ட நேரக்கணக்குக் கருவியிலிருந்து வரும் ஆணைப்படி, குறித்த நேரத்தில் செலுத்துப் பொறி முடுக்கப்படுகிறது. வேக அளவுமானியிலிருந்து வரும் இரண்டாவது ஆணைப்படி, அடுத்த இறக்கம் கணக்கிடப்பட்ட எரிபாதையில் நிகழும் பொருட்டுச் செலுத்து பொறிக்கு எரிபொருள் வழங்குவது நிறுத்தப்படுகிறது.

தடை உந்தல் செலுத்தப்பட்ட பிறகு கப்பலின் வேகம் குறைந்து கொண்டு போகிறது, பிரிவுகள் கழன்று விடுகின்றன, இறங்கு பகுதி பூமிக்கு விரைகிறது.

இறங்கு பகுதியின் அடுத்தப் பறப்பு இயக்கப்படக் கூடியதான (காற்றியக்கப் பண்பைப் பயன்படுத்துவதன் மூலம்) இருக்கலாம், அல்லது இயக்கப்படக் கூடாததாக (எறிவிசை முறையில்) இருக்கலாம்.

'வஸ்தோக்' 'வஸ்ஹோத்' கப்பல்களின் இறங்கு பகுதி காற்றியக்கப் பண்பு கொண்டிருக்கவில்லை. ஆதலால் அவற்றின் இறக்கம் எறிவிசை முறையான பாதையில் நிகழ்ந்தது. இயக்கப்படாத இறக்கம் ஒப்பு நோக்கில் எளிதாக நிறைவேற்றப்படுகிறது. வளிமண்டலத்தின் அடர்ந்த படிவுகளில் இயந்திரத்திற்குக் காற்றியக்கத் தடை ஏற்படுகிறது. அதன் வேகம் வினாடிக்குச் சுமார் 200 மீட்டர்களாகக் குறைகிறது. பின்னர் பாரஷுட் தொகுதி செயல்படுகிறது. இது வேகத்தைத் தரை இறங்குவதற்குத் தேவையான அளவுக்குக் குறைக்கிறது.

இறங்கு பகுதி எறிவிசை முறையில் தடைப்படுத்தப் படுகையில் வளி மண்டலத்தின் அடர்ந்த படிவுகளில் எடை மிகுதி மிக விரைவில் அதிகரித்துக் கொண்டு போய், கணிசமான அளவை 6-8 அலகுகளை எட்டி விடுகிறது. மனிதனுடைய உடல் தாங்கக் கூடிய அதிகபட்ச அளவுக்கு இது அனேகமாகச் சமம்.

இயக்கப்படாத, அல்லது எறிவிசை முறையான இறக்கத்தின் போது எடை மிகுதியின் நிலை இதுவாகும். இத்தகைய இறக்கத்தின் போது குறித்த பிரதேசத்தில் மிகுந்த துல்லியத்துடன் இறங்குவது சாத்தியப்படாது, ஏனெனில் இறக்க எறிபாதையின் உருவாக்கத்தைப் பாதிக்கும் எல்லாத் துணைக் கூறுகளையும் கணக்கில் எடுத்துக் கொள்வது நடவாது.

கப்பலின் இயக்கப்படும் இறக்கத்தின்போது, அதன் காற்றியக்கப் பண்பு பயன்படுத்தப்படுவதால் விண்வெளி விமானிகளுக்கு இறக்கத்துக்கான சிறந்த நிலைமைகள் வாய்க்கின்றன, தரையிறங்குவது மிகத் துல்லியமாக நிறைவேற்றப்படுகிறது. ஆயினும், கோளப் பாதையிலிருந்து இறங்குவதற்கான இந்த முறைக்கு எத்தனையோ தொழில் நுட்ப இடர்களைக் கடப்பது தேவைப்பட்டது. இறங்கு பகுதியின் ஆக அதிக ஏற்புடைய வடிவத்தைத் தேடிக் காண்பதும் பறப்பின் வளி மண்டலப் பிரதேசத்தில் இறங்கு பகுதியை இயக்க வகை செய்யும் கருவித் தொகுதியை அமைப்பதும் அவசியமாய் இருந்தன.

'ஸயூஸ்' கப்பலில் அமைக்கப்பட்டுள்ள கருவித் தொகுதி வளி மண்டலத்துக்குப் புறம்பான இறக்கப் பிரதேசத்தில் இறங்கு பகுதியை நிலைப்படுத்துகிறது. இறங்கு பகுதி வளி மண்டலத்தில் குறித்த திசையை நோக்கிப் புகுவதற்கு வாகாகச் செயல் திட்டப்படி அதன் திருப்பத்தைச் செயல்படுத்துகிறது. சாய்வில் இறங்கு பகுதியின் காற்றியக்க ஏற்றச் சக்தியுடைய போக்கை மாற்றுவதன் மூலம் இறக்கத்தின் தூரத்தைக் கட்டுப்படுத்துகிறது.

சிறு இழுவிசை உள்ள ஜெட் செலுத்து பொறிகள் இறங்கு பகுதியின் உடலில் அமைக்கப்பட்டுள்ளன. அதன் இயக்கத்துக்கான துணை உறுப்புக்களாக இவை விளங்குகின்றன. நுண் உணர்வுக் கூறுகளாகப் பயன்படுகின்றன சுழல் சக்கரக் கருவிகள். இயக்கப்படும் இறக்கத்தில் எடை மிகுதிகள் 3-4 அலகுகள் குறைகின்றன, அதிகத் துல்லியமான விளைவுகள் சாத்தியமாகின்றன.

இறங்கு பகுதி குறித்த பிரதேசத்தை அடைந்ததும் சுமார் 10 கிலோமீட்டர் உயரத்தில் பாரஷூட் தொகுதி செயல்படுத்தப்படுகிறது. தரை சேர்வதற்கு முன் மென்மையான இறக்கத்திற்கு வகை செய்யும் பொறிகள் முடுக்கப்படுகின்றன.

பறப்பு நிறைவுற்றது. நாம் மீண்டும் பூமியில் இருக்கிறோம் - விண்வெளியின் முன்னோடிகளுடைய நிலத்தில், கம்யூனிஸ சமூகத்தைக் கட்டி அமைப்பவர்களுடைய நிலத்தில்.

# கனவுகள் நனவாகின்றன

ஒரு பயணி உள்ள கப்பல்களின் பறப்புகள் மனிதனால் விண்வெளி ஆராயப்படுவதன் முதல் கட்டம் மட்டுமே என்று முதல் விண்வெளிப் பயணிகளான நாங்கள் 1961-ம் ஆண்டிலேயே மிக நன்றாக அறிந்திருந்தோம். ஒரு பயணி உள்ள கப்பலில் எங்களில் ஒவ்வொருவரும் கப்பல் கமாண்டராகவும் சோதனையாளராகவும் மருத்துவராகவும் ஒலிப்பதிவாளராகவும் இன்னும் பற்பலராகவும் இருந்தோம்... எத்தனையோ துறைகளைச் சேர்ந்தவர்கள் தங்களால் விண்வெளி செல்ல முடியாமையால் ஏதேனும் 'சிறிய' பணியை விண்வெளிப் பயணிகளிடம் ஒப்படைத்தார்கள்.

சோவியத் 'வஸ்தோக்' கப்பல்களின் ஆராய்ச்சி வேலைத் திட்டங்கள் மிகப் பெரியவையாக இருந்தன. சோதனைகளின் அளவு பறப்புக்குப் பறப்பு கணிசமாகப் பெரிதாகிக் கொண்டு போயிற்று. வேலையின் அளவு கணிசமாக அதிகரிப்பதன் விளைவாக விண்வெளிப் பணிக்குழுவின் உறுப்பினர்களுக்கு இடையே பொறுப்புக்கள் பகிர்ந்து கொள்ளப்படுவது தவிர்க்க முடியாதது ஆகும் என்று முதல் பறப்புக்களுக்குப் பின்பே எல்லோருக்கும் தெளிவாகி விட்டது. அதாவது, ஒரு பயணி உள்ள கப்பலின் இடத்தில் பல பயணிகள் செல்லக்கூடிய கப்பல்கள் வந்து தீர வேண்டும் - வானொலிப் பெருக்கிகள் மட்டும் அமைந்த முதல் செயற்கைத் துணைக்கோளின் இடத்தில் மேலும் மேலும் அதிகப் பல்வகை அமைப்புக்கள் கொண்ட செலுத்துவோர் அற்ற விண்வெளி இயந்திரங்கள் வந்தது போல.

இந்த முடிவு எவ்வளவு சரியானது என்பதை இரண்டு ஆண்டுகள் கழிவதற்குள் வாழ்க்கை நிரூபித்து விட்டது. பைக்கனூர் விண்வெளி விமான நிலையத்திலிருந்து புறப்பட்டது புதிய சோவியத் விண்வெளிக் கப்பல் துணைக் கோள் 'வஸ்ஹோத்' . அதிலேறி விண்வெளிக்குப் பயணமாயிற்று பணியினர் குழு. கப்பலின் கமாண்டரான விமானி பொறியாளர், விஞ்ஞானி விண்வெளிப் பயணி, மருத்துவர் விண்வெளிப் பயணி ஆகியோர் இவர்கள். விண்வெளிப் பரப்பில் 'தனித்துறை ஆராய்ச்சிகள்' நடத்துவதற்கான வேளை வந்து விட்டது. பணிக்குழுவினரின் செயல்களை வழிகாட்டி நடத்துவது, பூமியுடன் தகவல் தொடர்பு கொள்வது, பறப்பின் முக்கியக் கட்டங்களில் கப்பலை

இயக்குவது, திசைத் திருப்பங்கள் செய்வது ஆகியவை 'வஸ்ஹோத்' கமாண்டரான பொறியாளர் கர்னல் விளதீமிர் கமரோவின் பொறுப்புக்கள் ஆயின. வெவ்வேறு துறைகளைச் சேர்ந்த விஞ்ஞானப் பணியினர் விண்வெளியில் ஒன்றாக ஆராய்ச்சிகள் நடத்தும் வாய்ப்பு பெற்றார்கள். விண்வெளிக் கப்பல்களின் பணிக் குழுவினருடைய அடுத்து வந்த பறப்புகளுக்குப் பெருத்த முக்கியத்துவம் கொண்டிருந்தன இவை. காப்பு உடைகள் இல்லாமலே விண்வெளிப் பயணிகளின் உயிரியக்கத்துக்கு வகை செய்யும் கருவித் தொகுதி தயாரிக்கப்பட்டது. அனேகமாக வேகமே இல்லாத நிலையில் தரை சேர வகை செய்யும் இறக்கக் கருவித் தொகுதி சரி பார்க்கப்பட்டது. முக்கியத்தில் இவற்றுக்குக் குறையாத வேறுபல வேலைகள் செய்யப்பட்டன.

பல நாட்கள் தொடர்ந்த பறப்புக்களின் போது விண்வெளிப் பயணிகள் விண்வெளிப் பரப்பில் பல விதமான அவதானிப்புகளும் சோதனைகளும் நடத்தினார்கள். கப்பலில் அமைந்த இயந்திர சாதனங்களின் வேலையை வெவ்வேறு திட்ட முறைகளில் மதிப்பிட்டார்கள். தகவல் தொடர்பு, இயக்கு சாதனங்களைச் சரி பார்த்தார்கள். இது விஞ்ஞானத்துக்கு வளம் கூட்டியது. தொழில் நுட்பத்தின் அடுத்த வளர்ச்சிக்கான வழிகளைக் குறிக்க வாய்ப்பு அளித்தது. கப்பலில் இருந்தபடியும் கப்பலுக்கு வெளியேயும் விண்வெளிப் பயணிகள் தரை இறங்குவதற்கான கருவித் தொகுதிகளைப் பயன்படுத்தும் அனுபவம் திரட்டப்பட்டது.

ஒவ்வொரு புதிய பறப்பும் விண்வெளிப் பறப்பியலின் வளர்ச்சியில் புதிய பங்களிப்பு ஆகும்.

1965-ம் ஆண்டு மார்ச்சு மாதம், பெறப்பட்ட அறிவியல் விவரங்களை ஆதாரமாகக் கொண்டு விண்வெளிக் கப்பலின் அறையிலிருந்து வெளியேறி விண்வெளியில் நடமாட முடிவு செய்தான் சோவியத் மனிதன். "உள்ளக் கிளர்ச்சி இல்லாமல் இந்த நிகழ்ச்சியைப் பற்றி எழுதுவது எனக்குக் கடினம்" என்று யூரி ககாரின் எழுதினார். "நாம் ஓர் ஆண்டுக்கு மேல் எதற்கு ஆயத்தம் செய்து வந்தோமோ அது அன்று நிறைவேறியது என்பதால் மட்டும் அல்ல. திறந்த விண்வெளியில் உலகிலேயே முதல்வராகச் சென்றார் என் பெரிய நண்பர் அலெக்சேய் லியோனவ். மிகச் சிக்கலான இந்தச் சோதனை கப்பல் - துணைக்கோள் 'வஸ்ஹோத்-2'ன் கமாண்டர் கர்னல் பாவெல் பிலியாயெவின் தலைமையில் நடந்தேறியது. விண்வெளிக் கப்பலைக் கைவிசையால் இறக்கவும் அவருக்கு முதன் முதலில் வாய்ப்புக் கிடைத்தது..."

இயக்கப்படும் விண்வெளிப் பறப்போடு கூடவே தானியங்கிச் சாதனங்களின் உதவியால் விண்வெளியை ஆராயும் செயல் ஒரே நேரத்தில் வெற்றிகரமாக நடந்து வந்தது.

"கோள்களுக்கிடையே செல்லும் 'ஸோந்த்', 'எலெக்டிரோன்', 'பலியோத்', 'புரோட்டோன்கள்', 'சந்திரன்', 'வெள்ளி', 'செவ்வாய்' முதலிய தானியங்கி நிலையங்கள் தயாரிக்கப்பட்டதால் புவியின் பருத்த வளி மண்டலப் படிவுகளின் ஊடாக அண்டவெளியை ஆராயும் அவதானிப்பு முறைகளிலிருந்து மாறி, நேரே விண்வெளியில் வெவ்வேறு அளவுக்குறிகளை அளந்து பார்ப்பதற்கான வாய்ப்பு நம் விஞ்ஞானிகளுக்குக் கிடைத்தது" என்று 1966-ம் ஆண்டில் எழுதினார் யூரி ககாரின். "விஞ்ஞான, தொழில்நுட்ப வளர்ச்சியில் தன்மை நோக்கில் புதிய கட்டமாக இது விளங்கியது. ஆனால், தானியங்கிகளின் உதவியால் மட்டும் விண்வெளியை ஆராய்வதன் மூலம் இன்றியமையாத எல்லாத் தகவல்களும் கிடைத்து விடுமா?"

யூரி ககாரினுடைய கட்டுரையிலிருந்து இதை நான் மேற்கோள் காட்டியதற்குக் காரணம், நாங்கள் இந்தப் பிரச்சனையை அடிக்கடி விவாதித்து, விண்வெளிப் பறப்பில் தானியங்கிகள் என்ன செய்ய வேண்டும், மனிதன்? விண்வெளிக் கப்பலின் பணிக்குழுவினர், என்ன செய்ய வேண்டும் என்று புரிந்து கொள்ள முயன்று வந்ததாகும்.

ஒரு முறை காணப்பட்ட முடிவு இந்தச் சந்தர்ப்பத்தில் பயன்பட முடியாது என்ற கருத்தில் நாங்கள் யாவரும், யூரி ககாரின் உட்பட ஒற்றுமையாய் இருந்தோம். விண்வெளியின் வேவுக்காரர்கள் என்ற முறையில் தானியங்கிக் கருவிகளின் அளப்பரிய தொண்டு குறித்து ஏற்கெனவே நிறைய எழுதப்பட்டிருக்கிறது. விண்வெளியின் பயன்பாட்டில், சிறப்பாக, நாளுக்கு நாள் அதிகச் செப்பமும் சிக்கலும் உள்ள இயந்திரங்கள் பொருத்தப்பட்டு வரும் விண்வெளிக் கப்பல்களை இயக்குவதில், மனிதனின் பங்கு பற்றிய பிரச்சனையை அதிக விவரமாக ஆராயவே நான் முயல்கிறேன்.

எனது விண்வெளிப் பறப்பின் முதல் ஆண்டு நிறைவில் என் படைத் தோழனிடமிருந்து எனக்கு ஒரு கடிதம் கிடைத்தது. அதன் ஒரு பகுதியை இங்கே மேற்கோள் காட்டுகிறேன். "சென்ற ஆண்டு ஆகஸ்டு மாதத்தில் உன்னுடைய பறப்பு பற்றிய செய்தியை வானொலியில் கேட்டபோது என் உள்ளம் பெருமகிழ்ச்சியால் நிறைந்து பொங்கியது. வரலாற்றுச் சிறப்புள்ள அந்த நாட்களில் நாங்கள் எவ்வளவு கிளர்ச்சி கொண்டிருந்தோம். உனக்காகக் கவலைப்பட்டோம்

என்று நீ பார்த்திருந்தாயானால் தெரியும்! என்னையும் சீனியர் லெப்டினென்ட் துவோர்னிக்கவையும் தோழர்கள் கேள்வி மேல் கேள்வி கேட்டுத் துளைத்து விட்டார்கள்.''

''தித்தோவ் எப்படி, தாக்குப் பிடிப்பானா? உரமுள்ளவன்தானா?"

''எல்லோரும் பதில் சொல்ல வேண்டியதாயிற்று. ஸ்டாலின்கிராட் கல்லூரியிலும் படைப் பிரிவிலும் நமது வாழ்க்கையை விவரிக்க வேண்டியதாயிற்று.

''அந்த ஆகஸ்டு நாள் களிப்பு நிறைந்ததாக இருந்தது. ஆனால், ஹெர்மன், நான் மறைக்காமல் சொல்லி விடுகிறேன். அப்போது எனக்கு ஓரளவு வருத்தமும் உண்டாயிற்று. 'நான் ஏன் உன் பக்கத்தில் இல்லை' என்ற எண்ணம் மனத்தைக் குடைந்தது. சேர்ந்து இருந்தால் எவ்வளவு நன்றாய் இருக்கும்! அந்தக் கணத்தில் ஓர் இலையுதிர் கால நாள் எனக்கு நினைவு வந்தது. பல ஆண்டுகளுக்கு முந்திய சேதி. விடுமுறை நாளை லெனின்கிராதில் கழித்துவிட்டு நாம் நமது படைப்பிரிவுக்குத் திரும்பிக் கொண்டிருந்தோம். ரயிலிலிருந்து இறங்கி, பழக்கமான பாதையில் நடந்தபோது வானத்தில் விரைந்து சென்ற ஒளி வீசும் விண்மீனைக் கண்டோம். அதுதான் விண்வெளியின் முதல் வேவுகாரன், முதலாவது சோவியத் செயற்கைத் துணைக் கோள்.

''என்ன, யூன் (என்னை நீ இப்படிக் கேலியாக அழைத்தாய்), இந்த இயந்திரத்தில் ஏறிக்கொண்டால் எவ்வளவு நன்றாயிருக்கும்... ஊம்?'' என்று நீ சிந்தனையுடன் சொன்னாய்.

''நானும் இதையே எண்ணிக் கொண்டிருந்தேன். அப்போது இது கனவாய் இருந்தது. இன்றோ, நம் கனவு நனவு ஆகிவிட்டது. நீ இன்னும் சிக்கலான இயந்திரத்தில் - விண்வெளிக் கப்பலில் - ஏறிக்கொண்டு விட்டாய். ஹெர்மன், உன் எண்ணம் பலித்து விட்டது. புவி ஈர்ப்பைக் கடந்த முதல்வர்களில் ஒருவனாக முன்பு மர்மமும் விளங்காமையும் நிறைந்ததாயிருந்த விண்வெளியில் அநேக நாட்களைக் கழித்துவிட்டு வந்திருக்கிறாய்''

இந்தக் கடிதத்தில் எனக்குச் சிறப்பாக உவப்பானது என்ன? நான் விண்வெளியில் 'தாக்குப் பிடிப்பேன்' என்று நிரூபிப்பதற்காக என் நண்பன் என்னுடைய விமானி வாழ்க்கையைச் சான்று காட்டியதும் விண்வெளிக் கப்பலை விமானத்துடன் ஒப்பு நோக்கில் வெறுமே ''அதிகச் சிக்கலான இயந்திரம்'' என்று குறிப்பிட்டதும் தான்.

தொழில் முறையில் நான் விமானி என்பதால் ஒரு விமானியின் இந்தக் கருத்தை நான் மேற்கோள் காட்டவில்லை. எதை 'மனிதனும்

இயந்திரமும்' என்று பொறியாளர் உளவியல் வரையறுத்துள்ளதோ அந்தப் பிரச்சனையை விமானிகளும் விண்வெளிப் பயணிகளும் எப்படிப் பார்க்கிறார்கள் என்பதை இந்தக் கருத்து தெளிவாகப் பிரதிபலிக்கிறது என்று எண்ணுகிறேன்.

இயக்கத்தின் துல்லியத்தில் தானியங்கிக் கருவித் தொகுதிகளுடன் போட்டியிடுவது விண்வெளிப் பயணிக்கு இயலாது. ஏனென்றால், அவனுடைய புலன்கள் குறைந்த ஏற்புத்திறன் உள்ளவை என்ற கருத்து நிலவுகிறது. நிபுணர்களுடன் நடந்த உரையாடல் எனக்கு நினைவு இருக்கிறது. திசைத் திருப்பத்துக்கான தானியங்கித் தொகுதி கைவிசையைக் காட்டிலும் அதிகத் துல்லியத்துக்கு வகை செய்கிறது என்று எனது பறப்புக்குப் பிறகு அவர்கள் சொன்னார்கள். ஆனால் தானியங்கித் தொகுதியிடம் தன் வேலையில் விண்வெளிப் பயணியிடம் இருந்ததற்கு முற்றிலும் வேறான தகவல்கள் இருந்தன. 'வஸ்தோக்' விண்வெளிக் கப்பலில் கைவிசையால் திசைத் திருப்பம் செய்வதற்கு அவனிடம் இருந்தது. கூம்பு வடிவ நிலைக் கண்ணாடிதான். அதன் மேல் டிகிரி வரைகள் கூட இல்லை. பிறழ்வுக் கோணத்தின் அளவை இந்தக் கண்ணாடியைப் பார்த்து விண்வெளிப் பயணி வரையறுக்க வேண்டி இருந்தது. அதேசமயம் திசைத் திருப்பத்துக்கான தானியங்கிக் கருவித் தொகுதிக்கோ, கோணத்தின் அளவும் இயக்கத்தின் கோண வேகமும் கோண விரைவேற்றமும் போதிய அளவு துல்லியமாகத் தெரிவிக்கப்பட்டன. எனவே, நுட்ப வேலைகள் செய்வதற்குத் தன்மையில் வெவ்வேறான தகவல்கள் தரப்பட்ட நிலையில் துல்லியங்களைப் பற்றிப் பேசுவது முறை ஆகாது. விண்வெளி விமானிக்கு அவையே போன்ற தகவல்களைத் தந்து, பின்னர் துல்லியத்தையும் தொகுதிகளின் மதிப்பையும் நம்பகத்தையும் ஒப்பிட முயல்வது மோசமாய் இராது. அக்கறைக்குரிய விளைவுகள் ஏற்பட்டிருக்கும் என்று எண்ணுகிறேன்.

'மனிதனா - இயந்திரமா?' என்ற பிரச்சனையின் முக்கியமும் உடனடித் தன்மையும் அண்மை ஆண்டுகளில் சிறப்பாகக் கவனத்தை ஈர்ப்பவை ஆகிவிட்டன. மனிதனுடைய வாழ்க்கையில் மிகப்பெரிய வேகங்கள் வந்துவிட்டன. சிக்கலான இயந்திரங்களைச் செலுத்தவும் தகவல்களின் பிரமாண்டமான திரளை முறையாக வகுக்கவும் அவன் தொடங்கி விட்டான். மட்டு மீறிய விரைவுடன் நிகழும் செயல் முறைகளை அவன் எதிர்ப்பட்டிருக்கிறான்.

ஒலியின் வேகத்தை விட மும்மடங்கு அதிக வேகத்துடன் பறக்கும் ஜெட் விமானத்தைக் கற்பனை செய்து கொள்ளுங்கள். இத்தகைய விமானத்தைச் செலுத்தும் விமானிக்குக் கண்டு புரிந்து

கொள்ள நேரம் பற்றாத 'கண்ணுக்குத் தெரியாத' பெருவெளி எதிர்ப்படுகிறது. தான் காணும் பொருள்கள் விமானத்துக்கு முன்னே இருப்பதாக விமானிக்குத் தோன்றுகிறது. உண்மையிலோ அவை ஏற்கெனவே பின் சென்றுவிட்டன. கிடைத்த தகவல்களைப் புரிந்து கொண்டு 'முறையாக வகுக்க' அவனுக்கு நேரம் போதவில்லை. பெரிய வேகங்களையும் விரைவாக நிகழும் செயல்முறைகளையும் முன்னர் மனிதன் சமாளிக்க வேண்டி இருக்கவில்லை. எனவே, பறக்கும் இயந்திரங்களைச் செலுத்துவதில் எவ்வித இடர்ப்பாட்டையும் அவன் அனுபவிக்கவில்லை. நரம்பு - உளச் செயல்முறைகளின் வேகம் போதாமையால் அவனுக்குத் தொல்லைகள் ஏற்படவில்லை. தற்போது நிலைமை மாறிவிட்டது.

'மனிதனா அல்லது இயந்திரமா?' என்ற பிரச்சனை ஒரு பத்து ஆண்டுகளுக்கு முன் ஆழ்ந்த முறையில் விவாதிக்கப்பட்டது. யார் யாரை வெல்வார்கள் என்ற பொருள் இதில் தொனித்தது. தானியங்கி இயந்திரங்களால் எல்லாம் செய்ய முடியும் என்றும் மனிதனுடைய இடத்தை முழுமையாக எடுத்துக்கொள்ள அவை வல்லவை என்றும் இயந்திரங்களின் தரப்பாளர்கள் அழுத்திக் கூறினார்கள். புலன்கள் உள்ள மனிதன் நம்பிக்கைக்கு இடமற்ற வகையில் பழைமை அடைந்து விட்டான் என்றும் விரைந்த எதிர்வினையைக் கோரும் இயந்திரங்களைச் செலுத்த அவன் வல்லவன் அல்ல என்றும் கருத்துக்கள் தெரிவிக்கப் பட்டன.

தானியங்கிகளின் தரப்பாளர்களுடைய வாதங்கள் மறுத்துரைக்க முடியாதவையாகத் தோன்றின. மனிதனுடைய 'செப்பமின்மை' பற்றிய விவரங்களை மருத்துவர்களும் உளவியலாரும் மேற்கோள் காட்டினார்கள். தானியங்கி இயந்திரத் தொகுதிகள் மின் நிலையங்களையும் ஆவிக் குழாய்ப் பாதைகளையும் இயக்கின. விமானங்களைச் செலுத்தின. 'சிந்திக்கும் இயந்திரங்கள் இசை அமைத்தன. நூல்களை மொழிபெயர்த்தன. நோயாளிகளின் நோய்களை நிர்ணயித்தன. தானியங்கிகள் தாமே தம்மைப் பயிற்றி ஒழுங்கமைத்துக் கொண்டு மனிதனைக் காட்டிலும் அதிக அறிவும் வலிமையும் பெற்று அவனோடு போரிட்டு முடிவில் அவனைத் தங்களுக்கு அடிமைப் படுத்துவதாக விஞ்ஞானக் கற்பனை நூலாசிரியர்கள் வருங்காலம் பற்றிச் சித்திரம் தீட்டினார்கள். அமெரிக்க எழுத்தாளர் ஆர்தர் கிளார்க்கின் திரைக் கதைப்படி எடுக்கப்பட்ட '2000-ம் ஆண்டு. துணிகர விண்வெளிப் பயணம்' என்னும் திரைப்படத்தில் இத்தகைய போர் ஒன்று காட்டப்பட்டிருக்கிறது. விண்வெளிப் பயணிகளுடன் வியாழனுக்குப்

பறப்பு நிகழ்த்திய ஒரு ரொபாட்டின் கலகக் கிளர்ச்சியை இது சித்திரிக்கிறது.

தானியங்கி இயந்திரங்கள் பற்றிய இந்த நோக்கு உண்மையிலேயே கற்பனையைப் பிரமிக்கச் செய்யும் இயந்திரங்கள் முன் ஏற்பட்ட திகைப்பின் அடியாகப் பிறந்தது என்று நான் நினைக்கிறேன். ஆனால் மனிதன் இடைவிடாமல் வளர்ந்து கொண்டும் செப்பமாகிக் கொண்டும் போகிறான். அவனுடைய கைகளும் அறிவும் படைக்கும் கருவிகளும் அவனோடு கூடவே செப்பம் அடைந்து கொண்டு போகின்றன. மனிதன் மெதுவாகவும் துல்லியம் இன்றியும் கணக்கிடுகிறான். குறித்த நேரத்தில் அவன் முறையாக வகுக்கக் கூடிய தகவல்களின் அளவு பெரிதல்ல, அவனுடைய வேலைத்திறன் வரம்புக்கு உட்பட்டது (இளைப்பாறுவது தன் உடல், அறிவு ஆற்றல்களை மீட்டமைத்துக் கொள்வது அவனுக்குத் தேவை). ஆனாலும் மிக மிகச் செவ்வைப்பாடுள்ள இயந்திரத்தால்கூட முடியாததை மனிதனால் செய்ய முடியும். அவனுடைய சொந்தச் சித்தமும் அறிவும் அவனது சொந்தத் தவறுகளைத் திருத்த அவனுக்கு உதவுகின்றன. இயந்திரமோ, தனக்கு இடப்பட்ட பணித் திட்ட வரம்புக்குக் கட்டுப்பட்டது.

இயந்திர மூளையின் முறையான தர்க்கம் அறிவார்ந்த சிந்தனைக்கு முரண்பட்டால் மனிதன் அதைப் பின்பற்ற மாட்டான். இயந்திரத்துக்கோ, இது மிக அடிக்கடி நேர்கிறது. ஆனால், மனிதனை இயந்திரத்திலிருந்து வேறுபடுத்தும் எல்லாவற்றிலும் முக்கியமானது, எதிர்பாராத திட்டத்தில் குறிக்கப்படாத சந்தர்ப்பங்களில் அறிவுடனும் படைப்புத்தன்மையுடனும் செயலாற்ற அவனுக்கு உள்ள திறமைதான். அடிமனத்தின் வேலையை, உள்ளுணர்வை ஓரளவு சார்ந்தது இந்தத் திறமை.

அகாதமிஷியன் அ.ந. கொல்மகோரவ் இதைப் பற்றிப் பின்வருமாறு கூறினார்: "மனிதனுடைய உணர்வில் முறையான சிந்தனைக் கருவி மைய நிலையை வகிக்கவில்லை". மனிதனுடைய யாவற்றிலும் எளிய மறிவினைகளுக்கும் முறையான தர்க்கத்துக்கும் இடையே (இயந்திரமோ, முறையான தர்க்கத்தின் அடிப்படையில்தான் செயல்புரிய முடியும்), மிகப் பெரிய, இன்னும் ஆராயப்படாத அடிமனப் பிரதேசம் பரந்து கிடக்கிறது.

சாதக பாதகங்கள் எல்லாவற்றையும் சீர்தூக்கிப் பார்த்து, இயக்கும் தொகுதியிலிருந்து மனிதனை விலக்குவது நடவாது என்று கண்டு கொண்ட பின், மனிதனா இயந்திரமா? என்ற பிரச்சனையை 'மனிதனும்

இயந்திரமும்' என்று குறிப்பது சாலச் சிறந்தது என முடிவு செய்யப் பட்டது. முன்பு எதிரிகளாய் இருந்தவர்கள் ஒன்று சேர்ந்து, "மனிதனும் இயந்திரமும்" என்ற கோவையில் மனிதனுடைய பயன்பாட்டை உயர்த்துவதற்கான வழிகளைத் தேடுவதில் முனைந்தார்கள். மனிதனுக்கும் இயந்திரத்துக்கும் இடையே செயல்களை அறிவார்ந்த முறையில் பங்கிடுவதில் அவர்கள் கவனம் செலுத்தினார்கள். தானியங்கிகளுக்கும் மனிதனுக்கும் பொறுப்புக்களை அதிக விவேகபூர்வமாகப் பகிர்ந்தளிக்கவும் அவற்றை இசைவாகப் பொருத்துவதற்கான சிறந்த விதத்தைக் கண்டு அறியவும் அவர்கள் முயன்றார்கள்.

விண்வெளிப் பரப்பை ஆராய்வதில் தானியங்கி இயந்திரங்களின் சாத்தியக்கூறுகள் பிரமாண்டமான 'வெள்ளி' என்ற, கோள்களுக்கிடையே செல்லும் சோவியத் தானியங்கி நிலையங்கள் இதை விளக்கமாகக் காட்டின. தொலைவிலுள்ள கோளான வெள்ளியின் வளி மண்டலத்தில் இவை சீராக இறங்கி நிகரற்ற விஞ்ஞான ஆராய்ச்சிகளின் பெரிய தொகுப்பை நிறைவேற்றின. குறைவாக ஆராயப்பட்டுள்ள நிலைமைகளை ஆராய்வதற்குத் தானியங்கி இயந்திரங்கள் இன்றியமையாதவை என்பதை இந்தச் சோதனைகள் பின்னும் ஒருமுறை உறுதிப்படுத்தின. மனிதனுடைய ஒரு பறப்பிற்கு முன் தானியங்கி இயந்திரங்களின் பதிற்றுக் கணக்கான பறப்புக்கள் நிகழ்வது காரணத்துடன் தான்.

ஆயினும், செயற்கைத் துணைக்கோள்களுடையவும் தானியங்கி நிலையங்களுடையவும் வாய்ப்புக்கள் எவ்வளவுதான் பெரியவையாக இருந்தாலும் மனிதனுடைய படைப்புத் தன்மையுள்ள வாய்ப்புக்களுக்கு அவை ஈடாக மாட்டா. எது கோட்பாட்டு நோக்கில் அறியப் படவில்லையோ அதை ஆராயத் தானியங்கி வல்லதல்ல. ஆராய்ச்சியின் போது பெறப்பட்ட முடிவுகளைப் பகுத்தாராயவும் எதிர்பாராத சூழ்நிலைகளில் சரியான முடிவுகள் எடுக்கவும் நம்மைச் சுற்றியுள்ள உலகை ஆராய்வதற்குக் கிடைக்கும் வாய்ப்புக்களை முழு அளவில் பயன்படுத்தவும் வல்லவன் மனிதன் மட்டுமே. அதே சமயம், விண்வெளியில் மனிதனுடைய பறப்பின் ஆபத்தின்மை முழுமையாக உறுதிப்படும் வரையில் தானியங்கிகள் விண்வெளி ஆராய்ச்சிகளின் முக்கியச் சாதனங்களாக விளங்கி வரும் என்பது அறவே சந்தேகத்துக்கு இடமற்றது.

விண்வெளிக் கப்பலில் மனிதனோடு கூடவே பெருத்த எண்ணிக்கை கொண்ட தானியங்கி இயந்திரங்களும் தொகுதிகளும் பொறி அமைப்புக்களும் உள்ளன. ஆனால் விண்வெளிப் பறப்பில் தானியங்கிகள்

என்ன வேலை செய்ய வேண்டும், மனிதன் அதாவது பணிக் குழு, என்ன வேலை செய்ய வேண்டும்?

இந்தப் பிரச்சனைக்கு எல்லாச் சந்தர்ப்பங்களிலும் பொருந்தும் தீர்வு இருக்க முடியாது. கப்பல் கோளப்பாதையில் செல்வதா, அல்லது கோள்களுக்கு இடையே செல்வதா என்பதைப் பொறுத்து, வேலைப் பொறுப்புக்களின் பங்கீடு வெவ்வேறாக இருக்கும். பறப்பின் செயல் திட்டம், விஞ்ஞான ஆராய்ச்சிகளின் தன்மையும் அளவும், முடிவில் பணிக் குழுவின் அமைவு ஆகியவையும் பெருத்த பாதிப்பு நிகழ்த்தும்.

இயக்கத் தொகுதியில் மனிதனுடைய பங்கையும் இடத்தையும் தனிச் சிறப்புள்ள சில உதாரணங்கள் மூலம் காட்ட முயல்வோம்.

கப்பலில் உள்ள இயந்திரங்கள், பல்வேறு கருவித் தொகுதிகள் ஆகியவற்றின் நிலைமையைக் கண்காணிப்பதும் பகுத்தாராய்வதும் இயக்குவதன் பொறுப்புக்களில் ஒன்று. "கப்பலின் எல்லாத் தொகுதிகளும் முறையாக வேலை செய்கின்றன" என்று விண்வெளியிலிருந்து அறிவிக்கப்பட்டது நினைவு இருக்கிறதா? கப்பலின் கருவித் தொகுதிகளைக் கண்காணிக்கும் வேலை பணிக் குழுவினரிடம் ஒப்படைக்கப்பட்டால் இந்தத் தகவல்களைப் புரிந்து கொள்வதில் அவர்கள் ஏராளமான நேரத்தையும் சக்தியையும் செலவிடுவார்கள். இந்த வேலைப் பகுதியைத் தானியங்கிச் சாதனங்களின் பொறுப்பில் விடுவது சிறந்தது. ஏதாவது கோளாறு ஏற்படும் போது அது எங்கே நேர்ந்தது. அதைப் போக்குவது எப்படி என்று இந்தச் சாதனங்கள் விண்வெளிப் பயணிகளுக்குத் தெரிவிக்கும். இவ்வாறு, தானியங்கிச் சாதனங்களின் வேலையில் கோளாறுகள் ஏற்படும்போது மட்டும் மனிதன் அவற்றின் வேலையில் குறுக்கிடுவான். இத்தகைய கடும் தேவை பறப்பில் ஏற்படாமலேயும் போகவில்லை.

இன்னொரு உதாரணம்.

கப்பலில் திசைத் திருப்பத்தை இயக்குவதில் விண்வெளிப் பயணியோடு பல கருவிகள் பங்கு கொள்கின்றன. கப்பலின் இட நிலையையும் திட்டமிட்ட நிலையிலிருந்து அதன் பிறழ்வையும் வரையறுக்கும் கருவிகள், அளவீடுகளின் விளைவுகளை விண்வெளிப் பயணிக்குக் காட்டும் குறிகாட்டிகள், மாற்றுக் கருவிகள், வலுவூட்டும் கருவிகள், செயலுறுப்புக்கள் ஆகியவை இவை. இந்த நிலையில் மனிதனுடைய பங்கு ஒப்புநோக்கில் சிக்கலானது அல்ல. கிடைத்த தகவல்களின் அடிப்படையில், கணக்கிட்டு முடிவு செய்யும் கருவித் தொகுதிக்கு உரிய வேலையை வரையறுப்பதுதான் அவனது பொறுப்பு.

ஆயினும், தேவை ஏற்பட்டால் இயங்கும் வேலையைத் தன் கைகளில் எடுத்துக் கொள்ள, அதாவது, கணக்கிட்டு முடிவு செய்யும் கருவிகளையும் மாற்றுக் கருவிகளையும் விட்டுவிட்டுச் செயலுறுப்புக்களை நேராக முடுக்க அவன் வாய்ப்பு பெற்றிருக்க வேண்டும்.

இதற்குத் தேவை பின்வரும் நிலைமைகளில் ஏற்படலாம்! முதலாவது, பறப்பு வேலையை அதிக விரைவாக முடிக்கும் பொருட்டு. ஏனெனில் தானியங்கிச் சாதனங்கள் கண்டிப்பாக வரையறுக்கப்பட்ட திட்ட முறைகளிலேயே வேலை செய்யும். மனிதனோ, உருவாகியுள்ள சூழ்நிலைமைகளில் நோக்கத்தின் நிறைவேற்றத்துக்கு அதிக வாய்ப்பான திட்ட முறைகளில் அதே வேலையைச் செய்ய வல்லவன். இரண்டாவது, கருவித் தொகுதிகளின் நம்பகத்தை அதிகரிப்பதற்கு இது தேவைப்படும் (உதாரணமாக, தானாக இயங்கும் திசைத் திருப்பக் கருவித் தொகுதி பழுதடைந்தால் கப்பலைக் கோளப்பாதையிலிருந்து இறக்குவது அசாத்தியம் ஆகிவிடும்).

இன்றியமையாத தேவை ஏற்படும்போதுதான் தானியங்கிக் கருவிகளின் வேலையில் மனிதன் தலையிடுகிறான். 'வஸ்ஹோத்-2'ன் பறப்பை நினைவு கூர்வோம். ஒப்படைக்கப்பட்ட வேலைத்திட்டம் சிறந்த முறையில் நிறைவேற்றப்பட்டு அலெக்சேய் லியோனவ் திறந்த விண்வெளியில் இறங்கி விட்டுத் திரும்பிய பின் பறப்பின் கடைசிப் பகுதியை - கோளப்பாதையிலிருந்து வெளியேறுவதையும் தரையில் இறங்குவதையும் - நிறைவேற்றும் சமயத்தில் திசைத் திருப்பக் கருவித் தொகுதியில் ஒரு பதிவுக் கருவி பழுதாகி விடவே இயக்குக் கருவிகளின் தானியங்கித் தொகுதியால் தடை உந்தல் அளிக்க முடியவில்லை. 'இயக்கக் கோவையின் மனிதப் பகுதி' அப்போது செயலில் இறங்கியது. 'வஸ்ஹோத்-2'ன் கமாண்டர் பாவேல் பிலியாயெவ் கைவிசையால் இறங்குவதற்கான கருவித் தொகுதியை முடுக்கினார். பறப்பு நலமே நிறைவுற்றது.

காற்றியக்கப் பண்பு கொண்ட விண்வெளி விமானங்களில் செலுத்தப்படக் கூடிய இறக்கக் கருவித் தொகுதிகள் பொருத்தப் படுகின்றன. இதனால் எடை மிகுதியைக் கணிசமாகக் குறைக்கவும் தரை இறங்குவதன் துல்லியத்தை அதிகமாக்கவும் வாய்க்கிறது. இறக்கம் பறப்பின் யாவற்றிலும் பொறுப்பு மிக்க கூறு ஆதலால் அதைத் தானியங்கிகளிடம் மட்டுமே ஒப்படைப்பது ஆபத்தாகும். விண்வெளிப் பயணி இறக்கத்தின் போது தானியங்கியின் வேலையைத் தானும் செய்ய வேண்டும். அவற்றின் வேலையில் ஏதேனும் கோளாறு நேர்ந்தால் கப்பலை இயக்க ஆயத்தமாய் இருக்கவேண்டும். விண்வெளிக்

கப்பல்களின் இணைப்பின் போதும் கிட்டத்தட்ட இதே போன்ற நிலைமை உருவாகிறது. தேடுவதும் கப்பல்களைத் தொலைவிலிருந்து அருகே கொண்டு வருவதும் தானியங்கிகளின் பொறுப்பில் விடப்படலாம். ஆனால் அருகாமையில் நெருங்குவதும் பொருத்துவதும் தனிப்பட்ட கவனத்தைக் கோருகின்றன. தானியங்கிக் கருவித் தொகுதி எந்தக் காரணத்தினாலாவது திருப்தி அளிக்காத வகையில் வேலை செய்தால் விரைவாகக் கைவிசை இயக்கத்துக்கு மாறுவதற்கான வாய்ப்பு விண்வெளி விமானிக்கு இருக்க வேண்டும்.

இவ்வாறு, பொது இயக்கத் தொகுதியில் துடியாகச் செயலாற்றும் பகுதியாக விளங்கும் மனிதன் பறப்பில் விண்வெளிக் கப்பலின் கருவித் தொகுதிகளுடைய வேலையின் நம்பகத்தைக் கணிசமாக உயர்த்துவான்.

ஆனால், தாமே சரிப்படுத்திக் கொள்பவையும் தாமே பயின்று கொள்பவையுமான கருவித் தொகுதிகளை உருவாக்க முடிந்தால் மனிதன் இல்லாமலேயும் சமாளிக்க இயலும் என்று தானியங்கிகளின் தரப்பாளர்கள் மறுத்துரைக்கக் கூடும். இதை யாரும் எதிர்க்கப் போவதில்லை. ஆனால் இத்தகைய கருவித் தொகுதிகள் இன்னும் உருவாகாமையால் மனிதன் பங்கு ஏற்காமல் பறப்பின் முழுப் பாதுகாப்புக்கு உறுதி அளிக்கக்கூடிய நம்பகத்தைப் பெறுவதும் பெரிதும் கடினம் ஆகும்.

இந்த நிலைமையில் மனிதனுக்கும் தானியங்கிக்கும் இடையே காரியங்களைப் பங்கிடுவதற்கான அறிவார்ந்த அணுகுமுறை எதுவாய் இருக்க வேண்டும்? தானியங்கிகள் கருவித்தொகுதிகளின் விசை இயக்கச் செயல் முறைகளையும் வேலையையும் அளவிடும், கட்டுப்படுத்தும், அவற்றின் நிலையைக் கண்காணிக்கும், கருவித் தொகுதிகளின் நிலைமை பற்றிய தயாரான மதிப்பீடு அடங்கிய முறையாக வகுக்கப்பட்ட தகவல்களைப் பணிக் குழுவினருக்குத் தரும், யோசனைகளையும் முன்னறிவிப்புகளையும் தயாரிக்கும், பணிக் குழுவினரோ இந்த விவரங்களைப் பயன்படுத்தி, மொத்தத்தில் விண்வெளிக் கப்பலின் நிலைமையைப் பகுத்தாராய்ந்து பறப்பில் வேலையையும் ஆராய்ச்சிகளையும் நடத்துவது பற்றி முடிவுகள் எடுப்பார்கள்.

கோள்களுக்கு இடையே செல்லும் விண்வெளிக் கப்பல்களில் செலுத்துவதற்கான தானியங்கிக் கருவித் தொகுதிகள் பொருத்தப் பட்டிருக்கும் அவற்றில் மனிதனுடைய பங்கு அசாதாரணமாகப் பெரிதாய்

இருக்கும். கோளப்பாதையின் அளவுக் குறிகளையும் திருத்துவதற்கான உந்தல்களின் பரிமாணத்தையும் செலுத்துப் பொறிகளை முடுக்குவதற் கேற்ற நேரத்தையும் விண்வெளிப்பயணிகள் வரையறுக்க வேண்டி இருக்கும். பறப்பின் வெற்றியோடு நேர்முகமாகத் தொடர்பு கொண்ட பல்வேறு பிரச்சனைகளின் தீர்வில் அவர்கள் ஈடுபட வேண்டி வரும்.

மனிதனுடைய வாய்ப்புகளை அதிகத்திலும் அதிகமாகப் பயன்படுத்துவது அவசியம். பூமியில் வேலை செய்வது போலவே விண்வெளியில், எடையற்ற நிலையில் வேலை செய்ய மனிதன் வல்லவன் என்பதை முழு ஆதாரத்துடன் வலியுறுத்துவதற்குத் தேவையான சோதனை விவரங்கள் போதிய அளவு ஏற்கெனவே திரட்டப்பட்டுள்ளன. விமானங்களில் பறப்பைத் தானியங்கி முறையில் அமைக்கும் துறையில் பெறப்பட்டுள்ளவை எல்லாம் இயல்பாகவே அதிகத்திலும் அதிகமாகக் கையாளப்படும். இயந்திர விமானி, ராடார், முறைப்படுத்தவும் கட்டுப்படுத்தவுமான கருவித் தொகுதிகள் முதலியன நவீன விமானங்களில் பயன்படுத்தப் படுகின்றன. இந்த விமானங்களுடைய பறப்பு வேகமும் உயரமும் இடைவிடாமல் அதிகரித்துக் கொண்டு போய் விண்வெளி உயரங்களை மேலும் மேலும் கிட்டே நெருங்குகின்றன.

ஆனால், மனிதனுக்கும் இயந்திரத்துக்கும் இடையே கடமைகளைப் பகிர்ந்தளிப்பது மட்டும் நோக்கங்களின் வெற்றிகரமான நிறை வேற்றத்துக்குப் போதாது என்பது தெளிவு, பொருத்தமான இயந்திரத்தை உருவாக்குவது மட்டுமல்ல, அதை இயக்கும் மனிதனைப் பயிற்றுவதும் இன்றியமையாதது. விமானத்தையும் விண்வெளிக் கப்பலையும் இயக்குவதற்கான நிலைமைகளும் பொறுப்புகளும் ஒரே மாதிரியானவை அல்ல என்றாலும் பறப்பின்போது விமானி எப்படி வேலை செய்கிறான் என்று பார்ப்போம்.

பல ஆண்டுப் பயிற்சியின் விளைவாக விமானி தனக்குச் செய்தித் தொடர்பு மூலமும் குறிகாட்டிகளிலும் கருவிகளிலுமிருந்தும் கிடைக்கும் தகவல்களைப் புரிந்து கொள்ளவும் அவற்றை உரிய வகையில் முறையாக வகுத்து முக்கியமானவற்றை எடுத்துக் கொள்ளவும் இரண்டாந்தரமானவற்றைக் களைந்து விடவும் அல்லது கணக்கில் எடுத்துக் கொள்ளவும் வல்லவன் ஆகிறான். இந்தத் தகவல்கள் எல்லாவற்றையும் செரித்து முடிவு எடுத்த பின்னரே விமானி செயல்பட நெம்புகோல்களை நகர்த்தவும் பொத்தான்களை அழுத்தவும் தொடங்குகிறான். பறப்புப் பயிற்சியின்போது அவன் பெற்ற இயக்கப் பழக்கங்கள் இதன் பின்பே நடப்புக்கு வருகின்றன. நன்றாகப் பயிற்சி

பெற்ற விமானியின் இயக்கப் பழக்கங்கள் போதிய விரைவில் செப்பம் அடைகின்றன என்பதை இந்தச் சந்தர்ப்பத்தில் கூறி விட வேண்டும். நெம்புகோல்களின் நகர்வுக்கும் விமானத்தின் எதிர்வினைக்கும் இடையே உள்ள தலைகீழ்த் தொடர்பை அவன் நன்றாக உணர்கிறான். ஆகையினால்தான், கருவிகளும் குறிகாட்டிகளும் தரும் விவரங்களைப் பயன்படுத்தி, கிடைத்த தகவல்களை முறையாக வகுத்து, பூமியின் பார்வைப் புலத்துக்கு வெளியேயும், மேகங்களின் ஊடாகவும் இரவிலும் பறக்கையிலும் சிறப்பாக விமானத்தை இயக்கவும் இராணுவப் பணிகளை நிறைவேற்றவும் முதல் தர விமானியால் முடிகிறது. மூன்றாந்தர விமானிகளால் சாதாரண நிலைமைகளில், அதாவது, பூமியின், தொடுவானம் பார்வைக்குப் புலனாகும் போதும் மேற்கொண்டு முறையாக வகுக்கத் தேவை இல்லாத தகவல்கள் இருக்கும்போதும் மட்டுமே இத்தகைய பணிகளை நிறைவேற்ற முடியும். தகவல்களைப் புரிந்து கொள்ளவும் முறையாக வகுக்கவும் நிலைமைக்கு ஏற்ப முடிவு எடுக்கவும் உள்ள திறமை விமானியுடையவும் விலை மிக்க பண்பாக விளங்குகிறது.

நவீன விமானங்களில் பறப்பது எங்களுக்கு மகிழ்ச்சி தருவது மட்டும் அல்ல. நாங்கள் பறப்பது முதன்மையாக மேலே குறிக்கப்பட்ட பழக்கங்களைச் செவ்வைப்படுத்திக் கொள்வதற்காகவும் விமான, விண்வெளி இயந்திரங்களை முன்னிலும், நன்றாகப் புரிந்து கொள்வதற்காகவும் உணர்வதற்காகவுமே. அறுவை மருத்துவன் போன்றே விண்வெளிப் பயணியும் போதிய சித்தாந்த அறிவும் போதிய நடைமுறை அனுபவமும் (அறுவைகளும் சாதனங்களில் பயிற்சியும்) பெற்றிருக்கிறான். ஆனால் அறுவை மருத்துவமனைக்கும் சரி, விண்வெளிப் பயணிக்கும் சரி, விரைந்த செயல் முறையிலிருந்து (பறப்பிலும் அறுவையிலும் இருந்து) சாத்தியமான அளவு அதிக அறிதலையும் அறுவையினதும் பறப்பினதும் வெற்றிகரமான முடிவையும் பெற அவர்கள் விரும்பினால் இது போதாது.

இவை யாவும் விண்வெளிக் கப்பலின் கமாண்டருக்கு பறப்பை இயக்குவதுடன் தொடர்புள்ள மனிதருக்கு முதன்மையாகப் பொருந்தும். ஆனால் பணிக்குழுவின் மற்ற உறுப்பினர்கள் - விஞ்ஞான ஊழியர்கள், மருத்துவர்கள், பத்திரிகையாளர்கள் முதலியோர் விஷயம் என்ன? இவர்கள் கப்பலை இயக்குவதோடு சம்பந்தம் இல்லாத நுட்பச் செயல்களில் இயல்பாக ஈடுபட்டிருப்பார்கள். விமானிக்கு உரிய பழக்கங்கள் அவர்களுக்குத் தேவைதானா? விமானப் பறப்புப் பயிற்சி அவர்களுக்கு வேண்டுமா?

இந்தக் கேள்விகள் பெரிதும் சிக்கலானவை. விண்வெளிப் பறப்பியலின் தற்போதைய வளர்ச்சிக் கட்டத்தில் இவற்றுக்கு விடை அளிப்பது எனக்குக் கடினம். ஆனால், ஒன்று மட்டும் சந்தேகத்துக்கு இடமற்றது. ஒருவன் வெறுமே தன் ஆவலைத் தணித்துக் கொள்ளவோ அழகு உணர்ச்சியைத் திருப்திப்படுத்திக் கொள்ளவோ மட்டும் இல்லாமல் நமது புவிமீது தான் காண்பவற்றை மதிப்பிடுவதற்காக விண்வெளிக்குச் சென்றான் என்றால், தனது அக்கறைக்கு உரிய பொருள்களும் இலக்குகளும் நவீனச் சண்டை விமானப் பறப்பின் உயரத்திலிருந்தாவது எப்படித் தோற்றம் அளிக்கின்றன என்பதை அவன் அறிந்திருக்க வேண்டும். மொத்தம் 500 மீட்டர் உயரத்துக்கு விமானத்தில் இட்டுச் செல்லப்படும் மனிதன், தான் புறப்பட்ட விமான நிலையத்தைக் கூட அங்கிருந்து அடையாளம் தெரிந்து கொள்வதில்லை என்பது யாவரும் அறிந்த விஷயம். நகரங்களையும் கிராமங்களையும் ஆறுகளையும் ஏரிகளையும் புல் தரைகளையும் பயிர் நிலங்களையும் இருப்புப் பாதைகளையும் அடையாளம் காண அவன் கற்பதற்கு தனது அக்கறைக்கு உரிய இலக்குகளையும் பொருள்களையும் பார்த்துத் தெரிந்துகொள்ள அவன் கற்பதற்கு, நிறைய நேரமும் முயற்சியும் இயல்பாகவே தனிப்பட்ட பயிற்சியும் தேவைப்படும்.

இவ்வகைப் பயிற்சியைப் புறக்கணித்துவிட்டு மனிதனைப் பூமிக்கு 300 கிலோமீட்டர் உயரே திடீரென்று இட்டுப் போனால், தனக்கும் தரையில் இருப்பவர்களுக்கும் அக்கறைக்கு உரிய விவரங்களைச் சேகரிப்பது அவனுக்கு இயல்வது சந்தேகந்தான். விண்வெளியில் பறப்பதற்கு முன்னால் ஒவ்வொரு மனிதனும் நமது பூமியை வளி மண்டலத்தின் மேல் படிவுகளிலிருந்து கட்டாயம் பார்க்க வேண்டும் என்று நினைக்கிறேன்.

வாசக நேயர்களே, யூரி ககாரினும் அந்திரியான் நிக்கலாயெவும் அலெக்சேய் லியோனவும் நானும் சேர்ந்து 1967-ல் எழுதிய கட்டுரையை உங்களுக்கு அறிமுகப்படுத்தவும், நீங்கள் ஏற்கெனவே படித்திருந்தால் நினைவுபடுத்தவும் விரும்புகிறேன். விண்வெளிக் கப்பல்களையும் விண்வெளிப் பயணிகளையும் ஆயத்தப்படுத்துவதில் உள்ள சிக்கல்களைப் பற்றி விவரிக்கவும் இந்த ஆண்டுகளில் தாங்கள் திரட்டி இருந்த அனுபவத்தை எல்லோருக்கும் ஓரளவு எடுத்துரைக்கவும் விளதீமிர் கமரோவ் விபத்தில் மடிந்தபின் நாங்கள் விரும்பினோம். நாங்கள் எழுதியது வருமாறு:

"நம்முடைய விஞ்ஞானிகளில் ஒருவர் இயற்கையை அறியும் நிகழ்முறையைப் பல மாடிகள் கொண்ட கட்டடத்தைக்

கைப்பற்றுவதற்கான இராணுவத் தாக்குதலுக்கு ஒப்பிட்டார். இம்மாதிரித் தாக்கில் அடுத்த மாடிக்குத் திடீர் பாய்ச்சல் பெரிதும் முக்கியமானது என்றார் அவர். அத்தகைய பாய்ச்சல் நடந்ததும் ஏற்படும் பிளவில் புதிய புதிய துருப்புகள் முன்னேறும். அவை மாடி எங்கும் பரவி அதன் வெவ்வேறு பகுதிகளில் போர்கள் தொடங்கும்.

இவ்வாறே நாம் விண்வெளிக் கட்டடத்தில் தாக்கிப் புகுந்து, முக்கியமான இடங்களைக் கைப்பற்றி இருக்கிறோம். மறு அணி வகுப்புக்குப் பின்னர் அடுத்த மாடியைத் தாக்கிக் கைப்பற்றும் முயற்சி தொடங்கும். அதிகச் சிக்கலான விண்வெளிக் கப்பல்களில் அதிகச் சிக்கலான பறப்புக்கள் துவங்கும்.

விண்வெளிப் பறப்புக்களில் புதிய கட்டத்துக்கு மாறுவது பெருத்த இடர்கள் நிறைந்தது. ஒப்பிட முடியாத அளவு செப்பமான புதிய கப்பல்கள் கட்டப்பட வேண்டும். பறப்புக்களுக்கு விரிவான முன்னேற்பாடுகள் செய்யவேண்டும். இருக்கும் அனுபவத்தைப் பொதுமைப்படுத்த வேண்டும். அதிகத்திலும் அதிகமான நன்மையை அதிலிருந்து பெற வேண்டும். முதல் பார்வைக்குத் தோன்றுவது போல இது அவ்வளவு எளிது அல்ல. அற்பத் தற்செயல் நிகழ்ச்சி பெருவிபத்தில் முடியக் கூடும்.

பறப்பின் தொழில்நுட்ப முன்னேற்பாட்டில் உள்ள சிக்கலைப் பின்வரும் விவரம் எடுத்துக் காட்டும். ககாரினுடைய பறப்புக்கு முன்னால் வஸ்தோக் கப்பலின் பல்வேறு கருவித் தொகுதிகளையும் இயந்திரங்களையும் சரி பார்க்கச் சுமார் 1,000 சோதனைகள் நடத்த வேண்டியதாயிற்று. 'வஸ்ஹோத்-2'ன் எந்தப் பறப்பின்போது லியோனவ் திறந்த விண்வெளியில் இறங்கினாரோ, அது தொடங்குவதற்கு முன் இத்தகைய சோதனைகளின் எண்ணிக்கை 4,000 வரை வளர்ந்துவிட்டது. தற்போதோ, சோதனைகளின் எண்ணிக்கை இன்னும் அதிகம் ஆகிவிட்டது.

சம அளவில் இது விமானிகள் விண்வெளிப் பயணிகளுக்கும் பொருந்தும். எங்கள் முன்னேற்பாடு இரண்டு கட்டங்களாகப் பிரிகிறது. முதல் கட்டத்தில் நாங்கள் சித்தாந்தப் பிரச்சனைகளையும் விண்வெளிக் கப்பலையும் ஆராய்ந்து கற்கிறோம். இரண்டாம் கட்டத்தில் நியமிக்கப் பெற்ற பணிக்குழுவினர் பறப்புக்கு ஆயத்தமாகிறார்கள். அதன் செயல் திட்டத்தைப் பயின்று தேர்கிறார்கள்.

இரண்டாவது கட்டம் ககாரினுக்கு 2-3 மாதங்கள் நீடித்தது. லியோனவும் பிலியாயெவும் ககாரினுடைய பறப்புக்கு

முன்னேற்பாடுகளில் பங்கு கொண்டார்கள். ஓரளவு அனுபவம் பெற்றிருந்தார்கள் என்றாலும் பறப்புக்கு ஓர் ஆண்டுக்காலம் ஆயத்தம் செய்தார்கள். அவர்கள் புதிய காப்பு உடைகளைச் சோதித்துப் பார்த்தார்கள். கப்பலின் புதிய கருவித் தொகுதிகளைப் பராமரிப்பதற்கான தொழில் நுட்பத்தைப் பயின்று தேர்ந்தார்கள். அவற்றைச் செலுத்தக் கற்றார்கள்.

தொடக்கக் காலத்தில் உருவரைவாளர்கள் விண்வெளிக் கப்பல்களின் எல்லாக் கருவித் தொகுதிகளையும் தானியங்கிகள் ஆக்கினார்கள். பறப்பின் போது வேலைச் சுமையிலிருந்து விண்வெளிப் பயணியை இயன்றவரை தப்புவிக்க முயன்றார்கள். இதற்கு உரிய காரணம் இருந்தது; விண்வெளிப் பறப்பில் மனிதன் என்ன செய்ய வல்லவன் என்று திட்டமாகச் சொல்ல யாராலும் முடியவில்லை. தவிரவும், கோளப்பாதையில் இயக்கங்கள் அல்லது இணைப்பு நிகழ்வது போன்ற பணிகள் பற்றிய பேச்சே அப்போது இன்னும் எழவில்லை. இப்போது நிலைமை மாறிவிட்டது. கருவித் தொகுதிகளின் வேலையைக் கண்காணிப்பதுடன் நின்று கொள்வதும் தீராத தேவை ஏற்படும் சந்தர்ப்பங்களில் மட்டும் கப்பலை இயக்கும் பொறுப்பை மேற் கொள்வதும் இனி விமானி-விண்வெளிப் பயணிக்கு முடியாது. கப்பலைச் செலுத்தும் பணிகள் பலவற்றை இப்போது அவன் செய்ய வேண்டி இருக்கிறது.

விண்வெளிக் கப்பல்கள் ஒன்றை ஒன்று நெருங்குவதும் அவற்றின் இணைப்பும் விரைவில் சர்வ சாதாரணமான நிகழ்ச்சிகள் ஆகிவிடும். பெரிய கப்பல்களையும் கோளப்பாதை நிலையங்களையும் கட்டவும் நீண்ட பறப்புக்களுக்குப் புறப்படும் கப்பல்களுக்கு எரிபொருள் வழங்கவும் அவற்றைச் செப்பனிடவும் விபத்து நேர்ந்தால் பணிக் குழுவினருக்கு உதவி அளிக்கவும் இவ்வாறு செய்ய வேண்டி வரும். இவை எல்லாம் இல்லாமல் விண்வெளிப் பறப்பியல் மேற்கொண்டு வளர்ச்சி அடைவது சாத்தியமே ஆகாது. எங்கள் கருத்துப் படி, இந்தப் பணிகளைச் சிறந்த முறையில் நிறைவேற்ற வல்லவன் மனிதன்தான்.

இந்த நுட்ப வேலைகளின் நிறைவேற்றத்தில் தானியங்கிகளுக்கு முன் மனிதன் ஏன் மேம்பாடு பெற்றிருப்பான்? ஏனென்றால், இங்கே இயக்குவதற்கு வேண்டியிருக்கும் தேவைகளை நிறைவேற்றத் தானியங்கிப் பொறி அமைப்பினால் முடியாது.

எவையேனும் கணக்கீடுகளை மனிதனைக் காட்டிலும் விரைவாகச் செய்யவும் புகுத்தப்படும் குறிகளுக்கு ஏற்ப அக்கணமே

செயல்படவும், ஒரே வகையான செயல்களைக் கணக்கற்ற தடவைகள் திரும்பச் செய்யவும் பெருந்தொகையான வினைகளை ஒரே நேரத்தில் ஆற்றவும் இயந்திரத்தால் முடியும். ஆனால், முன்கூட்டித் தயாரிக்கப்படாத முடிவை எடுப்பதும், செயல் திட்டத்தைப் பறப்பின் நிலைமைகளுக்குப் பொருந்தும்படி மாற்றுவதும் தேவைப்படும் போது மனிதனுக்கு எதுவும் ஈடாக முடியாது. தானியங்கிக் கருவித் தொகுதிகளின் முடிவுகளை மனிதனை விடச் சிறப்பாகக் கண்காணிக்கவும் ரத்து செய்யவும் உறுதிப்படுத்தவும் சூழ்நிலைக்கு யாவற்றிலும் முழுமையாக இசையும் முடிவுகளைத் தெரிந்தெடுக்கவும் எதனாலும் முடியாது.

விமானி விண்வெளிப் பயணியின் வாய்ப்புகளும் செலுத்துக் கருவித் தொகுதிகளின் சிறப்புப் பண்புகளும் அதிகத்திலும் அதிகமாக ஒருங்கிசைக்கப்படுகையில் விண்வெளிக் கப்பலின் கருவித் தொகுதிகளுடைய நம்பகம் கணிசமாக அதிகரிக்கிறது. சோவியத் யூனியன் விஞ்ஞான அகாதமியால் வெளியிடப்பட்ட 'விண்வெளி உயிரியலும் மருத்துவ இயலும்' என்ற நூலில் இதைக் குறித்து மிக அக்கறைக்கு உரிய விவரங்கள் தரப்பட்டுள்ளன. அமெரிக்க நிபுணர்களுடைய கணக்கீட்டின்படி சந்திரனைச் சுற்றிப் பறந்துவிட்டுத் தரை திரும்புவதற்கான, முழுதும் தானியங்கி அமைப்புள்ள கப்பலின் நம்பகம் 22 சதவிகிதம் மட்டுமே. கப்பலைச் செலுத்துவதில் மனிதன் பங்கு கொண்டால் அது 70 சதவிகிதத்துக்கு உயர்கிறது. செலுத்து கருவித் தொகுதியில் ஏற்படும் கோளாறுகளை அகற்றவும், அவை நேராமல் தடுப்பதற்கும் நேர ஒழுங்கைச் சீர்படுத்துவதற்குமான சில வேலைகளைச் செய்யவும் விண்வெளிப் பயணிக்கு வாய்ப்பு இருந்தாலோ, நம்பகம் 93 சதவிகிதத்தை எட்டக் கூடும்.

வருங்கால விண்வெளிப் பறப்புக்களில் மனிதனுடைய பங்கு அதிகரிப்பது பற்றிச் சொல்லும்போது, அதற்கான ஒரு முக்கிய காரணத்தை - இந்தப் பறப்புக்களின் சுயேச்சைத் தன்மை அதிகரித்து வருவதை குறிப்பிடாமல் இருக்க முடியாது. இதற்கு முன் விண்வெளி விமானங்கள் பூமியுடன் மிக நெருங்கிய தொடர்பு கொண்டிருந்தன. கப்பலின் கருவித் தொகுதிகளும் விண்வெளிப் பயணியின் நிலைமையும் பூமியிலிருந்து தொலையளவி வாயிலாகக் கண்காணிக்கப்பட்டன. தானியங்கி இயந்திரங்களுக்கு ஆணைகள் பூமியிலிருந்து அனுப்பப் பட்டன.

இயக்கங்களும் இணைப்புகளும் நிகழும் பறப்புக்களிலும் கப்பலுக்கும் பூமிக்கும் இடையே பல கோடி கிலோமீட்டர் தொலைவு

இருக்கும் பறப்புக்களிலும் தரை மீதுள்ள நிலையங்களிலிருந்து பறப்பின் எல்லா விவரங்களையும் கண்காணிப்பது இயலாதது ஆகிவிடும். அந்த நிலைமைகளில் விண்வெளிப் பயணி கருவிகள் காட்டும் குறிகளைப் புரிந்துகொண்டும் பல வகையான கணக்கீட்டுப் பொறிகளையும் பிற கருவிகளையும் உதவிக்கு வைத்துக் கொண்டும் சுதந்திரமாகச் செயலாற்ற வேண்டி இருக்கும்.

....விண்வெளிப் பறப்புக்களில் மனிதன் பங்கு கொள்வதால் அதிகச் சிக்கலும் செப்பமும் வாய்ந்த விஞ்ஞானச் சாதனங்களைப் பயன்படுத்துவதும் வானியல் அவதானிக்கைகளுக்காக ஆய்வுக் கூடங்களும் நம்பத்தக்க விரிவான பருவநிலைப் பணித்துறையும் கப்பலோட்டுவதற்கும் செய்தித் தொடர்புக்குமான அமைப்பையும் நிறுவுவதும் சாத்தியமாகும். எனவேதான் விண்வெளிப் பரப்பைப் பயன்பாட்டுக்குக் கொண்டு வருவதில் மேலும் மேலும் அதிக முக்கியப் பங்கை மனிதன் வகிக்கப் போகிறான்.

ஆனால், கப்பலைச் செலுத்தப் போகிறவன் அருவ மனிதன் அல்ல, திட்டவட்டமான அறிவியல்களில் தேர்ச்சியும் பழக்கங்களும் திறமைகளும் பெற்ற பருவடிவுள்ள மனிதன். ஆகவே, இந்தத் தேவைகளை முழுமையாக நிறைவேற்ற வல்லவர்கள் நிலவுலகின் எந்தத் தொழில் துறைகளைச் சேர்ந்தவர்கள் என்ற கேள்வி பொருளற்றதே அல்ல.

முதல் விண்வெளிப் பயணிகளாகத் தெரிந்தெடுக்கப்பட்டவர்கள் விமானிகள், அதிலும் சண்டை விமானமோட்டிகள் என்பது தெரிந்ததே. அவர்கள் தேர்வு செய்யப்பட்டதன் காரணங்கள் பின்வருவன. விண்வெளிக் கப்பலில் பறப்பது விமானப் பறப்பிலிருந்து. வேறானது என்றாலும் அதுவும் பறப்புதான். எனவே விமானி அதற்கு மற்றவர்களை விடத் தகுந்தவன். பறப்புடன் தொடர்புள்ளவை எல்லாம் மிகுதிகளும் இரைச்சல்களும் அதிர்வுகளும் - அவனுக்குப் பழக்கமானவை. விண்வெளிப் பறப்பில் அவை எதிர்ப்படும்போது அவன் கிலி கொள்ள மாட்டான். சிந்தனை செய்யும் திறனை இழக்கமாட்டான். அவனுடைய உடல் பண்புகளோ? அவற்றை விடச் சிறப்பானவையாக இருக்க முடியாது. விமானிகள் உடலுறுதியும் நலமும் வாய்ந்தவர்கள் என்பதை அறியாதவர்கள் யார்? விமானங்களிலும் விண்வெளிக் கப்பல்களிலும் உள்ள சில கருவிகளின் பொது அல்லது ஒத்த பண்புகளையும் இவற்றோடு சேர்த்துக் கொள்ள வேண்டும்; வானொலிக் கருவிகள், கவண்பொறிகள், காப்பு உடைகள் முதலியன இவை.

முதல் விண்வெளிப் பறப்புக்களைப் பகுத்தாராய்கையில் நம் கவனத்தை ஈர்ப்பது இந்த விஷயமே: விரைவு மிக்க விமானங்களைச் செலுத்துவதில் பெற்ற தொழில்முறைப் பழக்கங்கள் விமானிகளிடம் அவற்றில் அவ்வளவு கோரப்படவில்லை. பறப்பில் உடன் நிகழும் கூறுகளைத் தாங்கிக் கொள்ளும் பழக்கமும் திறமையுமே அதிகமாகக் கோரப்பட்டன.

இப்போதோ, இவை அறவே போதமாட்டா. விமானி - விண்வெளிப் பயணிக்கு விமானம் செலுத்தும் பழக்கங்கள் தடவைக்குத் தடவை அதிகமாகத் தேவைப்படும். கப்பலைச் செலுத்தும் பொறுப்பை அவன் அடிக்கடி தானே ஏற்க வேண்டி இருக்கும். தன் மேலும் கருவிகள் காட்டும் குறிகள் சரியானவை என்பதிலும் மனிதனுக்குள்ள நம்பிக்கை இதற்கு மிகப் பெருத்த முக்கியத்துவம் உள்ளது. இந்த நம்பிக்கையை வகுப்பில் போதிக்க முடியாது. அனுபவத்திலிருந்து வருவது இது.

கருவிகள் காட்டுவது ஒன்றாகவும் தான் உணர்வது வேறாகவும் இருக்கும் நிலைமையில் மாட்டிக்கொள்ளாத விமானி யாரேனும் உண்டா? சொந்த உணர்ச்சிகளுக்கு ஆளாகி விடாமல் உறுதியைக் கடைப்பிடிப்பது எவ்வளவு கடினமாய் இருக்கும்! விமானி - விண்வெளிப் பயணி இன்னும் அதிகச் சிக்கலான நிலைமையை எதிர்ப்படுவான். அனுபவம் இன்மைக்கு எவ்வித அறிவியல் தேர்ச்சியாலும் எவ்விதச் சித்தாந்தப் பயிற்சியாலும் ஈடு செய்ய முடியாது.

ஆகவே, விமானி விண்வெளிப் பயணி பறக்க வல்லவனாய் இருந்தால் போதாது. அவன் சிறப்பாகப் பறக்க வேண்டும்.

விமானியின் வேலைக்கும் விமானி விண்வெளிப் பயணியின் வேலைக்கும் உள்ள மரபுத் தொடர்பு குறித்த சில பிரச்சனைகளை மட்டுமே நாங்கள் ஆராய்ந்துள்ளோம். நடப்பில் இவை இன்னும் மிக நிறைய. இயந்திரங்களை ஆய்ந்து தேர்வதும் இவ்வளவே முக்கியமானது; விண்வெளிக் கப்பலையும் அதன் கருவித் தொகுதிகளையும் விமானி ஆராய்வது ஒரு வகை, பறப்புத் தொடர்பு அற்ற தொழிலினன் ஆராய்வது முற்றிலும் வேறு வகை அல்லவா?"

விமானிகள் விண்வெளிப் பயணிகளின் கூட்டுக் கட்டுரையின் முடிவில் பின்வருமாறு கூறப்பட்டிருந்தது:

"விண்வெளிப் பறப்புக்களின் வருங்கால வாய்ப்புக்கள் பற்றி எண்ணும்போது 40-க்களில் விமானிகள் பாடிய பாட்டு தானாகவே நினைவுக்கு வருகிறது:

"பிறந்தோம் கதையை நடப்பாக்க,
பறந்தோம் இட விரிவைக் கடக்க..."

ஓர் அர்த்தத்தில் இந்தச் சொற்கள் மனித குலத்தின் புது வரலாற்றைப் படைப்பவர்களான சோவியத் மக்கள் அனைவருக்கும் பொருந்தும். எங்கள் எண்ணங்களையும் விருப்பங்களையும் கூட அவை ஒலிக்கின்றன..." விண்வெளிப் பயணிகளான நாங்கள், பறந்தவர்களும் சரி, இன்னும் பறக்காதவர்களும் சரி, வருங்கால விண்வெளிப் பறப்புக்களின் நினைவிலேயே வாழ்கிறோம்...

விண்வெளிப் பறப்பியலின் வருங்காலத்தில் பார்வை செலுத்திய ககாரின், விண்வெளியை ஆராய்வதில் தானியங்கி இயந்திரங்களதும் செலுத்தப்படும் இயந்திரங்களதும் பாத்திரம் பற்றிப் பின்வருமாறு கூறினார்: "செலுத்தப்படும் இயந்திரங்கள் இல்லாத விண்வெளிப் பறப்பியலின் வருங்காலத்தைக் கற்பனை செய்வது கடினம். சந்திரனுக்கும் கோள்களுக்கும் செல்லும் தானியங்கி நிலையங்களை மட்டும் கொண்டு விண்வெளியைப் பயன்பாட்டுக்குக் கொண்டு வருவது, வசப்படுத்துவது நடக்காது. விண்வெளி மீது தாக்கு நடத்துவதில் இவை முதல் வரிசை மட்டுமே என்பது எனது கருத்து. வெற்றியை உறுதிப்படுத்துவது, வசமானதை நிலைப்படுத்துவது மனிதனால்தான் முடியும்."

இந்தக் கருத்தை விரிவுபடுத்தி, இன்னொரு கட்டுரையில் அவர் உறுதியுடன் அழுத்திக் கூறினார்: "விமானிகள் - விண்வெளிப் பயணிகள் இல்லாமல் விண்வெளியை வெற்றி கொள்வது நடக்காது. இது முக்கியமான விண்வெளித் தொழில், விமானங்களில் முதலில் விமானிகள் மட்டுமே பறந்தார்கள். தரைக்கு உயரே பறந்தவர் எவரும் விமானி என்று அழைக்கப்பட்டார். பல இருக்கைகள் கொண்ட விமானங்கள் தோன்றியதும் மீகாமர்கள், வானொலி அஞ்சலர்கள், விமானப் பொறியாளர்கள் முதலியோர் தோன்றினார்கள். விண்வெளிப் பறப்பியலிலும் இவ்வாறே நடக்கும். பல இருக்கைகள் கொண்ட முதலாவது சோவியத் விண்வெளிக் கப்பல் 'வஸ்ஹோத்' , விமானி, விண்வெளிப் பயணி விளதீமிர் கமரோவால் செலுத்தப்பட்டது. அதன் பணியினர் குழுவில் விண்வெளிப் பயணி - விஞ்ஞானியும் விண்வெளிப் பயணி மருத்துவரும் இருந்தார்கள். விண்வெளிப் பயணி பொறியாளர்களும், விண்வெளிப் பயணி பௌதிகவியலாரும் விண்வெளிப் பயணி - கட்டுமானப் பயணியரும், பற்றாசு வைப்பவர்களும் வானவியலாரும் நாளடைவில் தோன்றுவார்கள்.

"தரையுலகின் மிக வெவ்வேறான தொழில் துறைகளைச் சேர்ந்த மனிதர்களின் உழைப்பும் திறமையும் பயன்படும் இடமாகும் விண்வெளி, அவர்களிடையே, ஆபத்தானவற்றிலெல்லாம் ஆபத்தான தொழிலை - விண்வெளிக் கப்பல் சோதனையாளர் தொழிலைச் - சேர்ந்தவரும் கட்டாயம் இருப்பார்."

## நண்பனின் அறிவுரை

விண்வெளி விமானிகளிடையே நேர்ந்த துன்பந் தரும் இழப்புகள் பற்றி 1967-ம் ஆண்டின் தொடக்கத்தில் நாங்கள் முதன் முதலாக அறிந்தோம். 'அப்போலோ' கப்பலின் அறையில் தீ விபத்தின் விளைவாக அமெரிக்க விண்வெளிப் பயணிகள் மூவர் ஜனவரி 27-ம் தேதி மடிந்த துயரச்செய்தி அப்போது ஒலிபரப்பப்பட்டது. விண்வெளிப் பயணிகள் உயிர் இழந்த செய்தி சோகம் நிறைந்ததாயும் பழக்கம் அற்றதாயும் இருந்தது. முதல் பறப்புக்களும், அதுவரை நிகழ்ந்த எல்லாப் பறப்புக்களுமே, வெற்றிகரமாக நிறைவேறியதால் விண்வெளிக் கப்பல்கள் நம்பகமானவை, விண்வெளித் தொழில் ஆபத்து அற்றது என்ற எண்ணம் பலருக்கு ஏற்பட்டிருந்தது. நேரக் கூடிய கோளாறு களையும் முன்னேற்பாடுகளின் போதும் பறப்பின் போதும் நடக்கக் கூடிய எதிர்பாரா நிகழ்ச்சிகளையும் பற்றி மிகக் குறைவாகவே பேசப் பட்டது. இப்போது வீழ்ந்தது முதலாவது இடி. கிரிஸ்ஸோம், வைட், சாபி மூவரும் பறப்புக்கு ஆயத்தம் செய்கையில் கொல்லப் பட்டார்கள்.

அமெரிக்காவில் இரண்டாமவராக விண்வெளியில் பறந்த கிரிஸ்ஸோம் அந்த எண்ணிக்கையில் என்னை ஒத்தவர். 1962-ல் நான் அமெரிக்க ஐக்கிய நாடுகளுக்குச் சென்ற போது அவர் பறப்புக்கு ஆயத்தம் செய்து கொண்டிருந்தபடியால் அவரைச் சந்திக்க எனக்கு வாய்க்கவில்லை. பிற்காலத்தில் 'ராடார்' சஞ்சிகையின் உள்ளிணைப்பு எனக்கு அனுப்பப் பட்டது. அதன் அட்டையிலும் முதல் பக்கத்திலும் 'அப்போலோ' கப்பல் பணிக் குழுவினரின் நிழற்படம் வெளியாகி இருந்தது. கிரிஸ்ஸோமை நான் நிழற்படத்தில் தான் பார்த்தேன். இரண்டு வாரங்கள் சென்றதும் துக்கச் செய்தியைக் கேட்டேன். வர்ஜில் கிரிஸ்ஸோம் பொதுவாகவே துரதிர்ஷ்டசாலி. 'ஜெமினி-3' கப்பலில் அவருடைய பறப்பு எப்படி நடந்தது என்று இப்போது எனக்கு நினைவில்லை. ஆனால், நேரே விண்வெளிப் பரப்பிலிருந்து பொதியுறையோடு கடலின் அடித்தளம் போய்ச் சேராமல் அவர் மயிரிழையில் தப்பினார் என்பது நன்றாக நினைவு இருக்கிறது. ஷெப்பார்டுக்குப் பின்னே அவர் எறிபாதையில் பறப்பு நிகழ்த்திய 'மெர்க்குரி' கப்பல் இப்போதும் மாகடலின் அடித்தளத்தில் கிடக்கிறது. விண்வெளிப் பறப்பை வெற்றி கொள்வதற்கு உயிரை ஆபத்துக்கு உள்ளாக்குவது தகும் என கிரிஸ்ஸோம் ஒருமுறை

கூறினார். அவர் கொடு விபத்தில் மடிந்து விட்டாலும் விண்வெளியை வெற்றி கொள்வதற்குப் பெருந்தொண்டு ஆற்ற அவருக்கு வாய்த்தது.

விபத்து நிகழ்ந்து விட்ட போதிலும் உயிரியக்கத்துக்கு வகை செய்யும் தற்போதைய கருவித் தொகுதியைக் கைவிடுவதற்குத் தங்களிடம் ஆதாரம் இல்லை என்று நிபுணர்கள் கூறினார்கள். விண்வெளிப் பறப்பியல் தன் வளர்ச்சியைத் தொடர்ந்தது. இழப்புக்களும் தொடர்ந்தன. அமெரிக்க விண்வெளிப் பயணிகளின் குழுவில் நால்வர் விமான விபத்துக்களிலும் ஒருவர் மோட்டார் விபத்திலும் உயிரிழந்தார்கள்.

...துன்பம் எங்களையும் விட்டு விடவில்லை. விளதீமிர் கமரோவால் செலுத்தப்பட்ட 'ஸயூஸ்-1' கப்பல் 1967-ம் ஆண்டு ஏப்ரல் மாதம் 23ந் தேதியன்று கோளப்பாதையை அடைந்தது. புது மாதிரி விண்வெளிக் கப்பலின் முதலாவது, சோதனைப் பறப்பான அது, இருபத்து நான்கு மணிக்கு மேல் நீடித்தது. விளதீமிர் இந்த நேரத்துக்குள் புதிய கப்பலின் கருவித் தொகுதிகளைச் சோதித்துப் பார்க்கும் வேலைத் திட்டத்தை முழுமையாக நிறைவேற்றியதோடு விஞ்ஞானச் சோதனைகளும் நடத்தினார். சோதனைப் பறப்பை முடிக்கையில் விளதீமிர் கமரோவ் விபத்துக்குள்ளாகி மடிந்தார். இறங்குவதற்கான பாரஷூட்டின் கயிறுகள் முறுக்கிக் கொண்டதால் கப்பல் அதிகரித்த வேகத்துடன் தரை சேர்ந்ததே அவரது மரணத்துக்குக் காரணம் ஆயிற்று.

விளதீமிர் கமரோவ் மாஸ்கோ தொழிலாளர் குடும்பம் ஒன்றில் 1927-ம் ஆண்டு மார்ச் மாதம் 16-ந் தேதி பிறந்தார். 1949 முதல் சண்டை விமானமோட்டி. பின்பு நி.யெ. ழுக்கோவ்ஸ்கி அகாதமியில் பயின்றார். விண்வெளிப் பயணிகள் குழுவில் சேர்ந்தார், உலகின் முதலாவது பல இருக்கை விண்வெளிக் கப்பல் 'வஸ்ஹோதில்' பறந்தார்.

வாழ்க்கைப் பாதையில் சோர்வையே அறியாத, தன்னம்பிக்கையை ஒருபோதும் இழக்காத மனிதர்களில் ஒருவர் விளதீமிர். நெஞ்சிலே தாக்கும் கடுமையான எதிர்க் காற்று இத்தகையவர்களுக்கு இடர்களைக் கடக்க உதவும் புதிய ஊக்கத்தை அளிக்கிறது. விளதீமிர் போன்றவர்கள் பெறும் வெற்றி தற்செயலானதாகவோ குறுகிய நேரமே நிலைப்பதாகவோ ஒருக்காலும் இருப்பதில்லை.

விண்வெளிப் பயணிகளின் முதல் குழுவில் விளதீமிர் எங்களுக்கு மூத்தவராய் இருந்தார். தம்முடைய அறிவியல் தேர்ச்சி, ஆழ்ந்த போக்கு மதிப்பு ஆகியவை காரணமாகக் குழுவின் மனச்சான்று ஆகிவிட்டார். "வாழ்க்கையில் நம்மைச் சேணத்திலிருந்து வீழ்த்த எதனாலும்

முடியாது!" என்ற அவருக்குப் பிடித்தமான வாக்கியத்தை நாங்கள் நினைவு வைத்திருக்கிறோம். எங்கள் நண்பரும் பணித் தோழருமான விளதீமிர் கமரோவின் மரணத்தால் துயரப்படுகிறோம். அவர் தன் உயிரை வீணாக வழங்கவில்லை என்பதுதான் ஆறுதல் அளிக்கிறது. எங்களுடைய வெற்றிகரமான புதிய விண்வெளிப் பறப்புக்களில் அவருடைய எல்லையற்ற துணிவுக்கும் நாங்கள் எல்லோரும் கடமைப் பட்டிருப்போம் என்பது எங்களுக்கு நன்றாகப் புரிகிறது.

விளதீமிர் கமரோவ் நாற்பது வயதில் உயிர் துறந்தார். இப்போது யூரி ககாரினுடைய துன்பக் கதையை நான் எழுத வேண்டும்.

அகாலத்தில், மிக மிக அகாலத்தில் நம்மை விட்டுச் சென்றுவிட்டார் யூரி. தெளிந்த மதியும் பெரு மதிப்பும் பெற்றிருந்த இந்த மனிதர் விண்வெளிப் பறப்பியலுக்கு (நான் குறிப்பிடுவது விண்வெளி விமானிகளின் பயிற்சியை முடியாதபடி அதிகமாகச் செய்திருக்க முடியும்.) பல ஆண்டுகள் சமூக அரசியல் நடவடிக்கைகளில் ஈடுபட்டிருந்த பிறகு தம் தொழில் முறை வேலையின் நெடுஞ்சாலையில் அவர் அப்போது தான் அடி எடுத்து வைத்திருந்தார். உலகம் தன் வீரரை இழந்து விட்டது, திடீரெனப் பறிகொடுத்துவிட்டது எனவே நமது துயரம், உலக மக்களின் அனைவரதும் துயரம் எல்லையற்ற அளவு அதிகமாகி விட்டது. உலகின் பல்வேறு பகுதிகளில் மனிதர்கள் அழுதார்கள், மாதரும் மதலையரும் அரற்றினார்கள், இளைஞர்களும் நடுத்தர வயதினரும் முதியவர்களுமான ஆடவர்கள் கண்ணீர் பெருக்கினார்கள். தமது அருஞ்செயலால் உலகினருடைய கனவை நனவாக்கியவர், உலகின் நாகரிக வரலாறு அனைத்திற்கும் முன் மனித குலத்தின் சார்பில் பொறுப்பேற்றவர், மனித சமுதாயம் தனது வளர்ச்சியில் சாதித்தது என்ன என்று காட்டியவர், பண்டைக் காலம் முதல் இந்நாள் வரையுள்ள உலக அறிஞர் கவின் எண்ணங்களும் செயல்களும் எதார்த்த வடிவம் பெற்றுவிட்டன என்று உறுதிப்படுத்தியவர் யூரி ககாரின். தங்கள் மனித உணர்ச்சிகளுக்காக நாணாமல், அந்தப் பிரபஞ்ச மனிதருக்கு உரிய அன்பையும் மரியாதையையும் கண்ணீரால் செலுத்தினார்கள் உலக மக்கள்.

இயல்பாகவே, பின்வரும் கேள்விகள் கேட்கப்படுகின்றன: ககாரின் ஏன் பாதுகாக்கப்படவில்லை? அவர் பறக்க ஏன் அனுமதிக்கப் பட்டார்? நம் எல்லோருக்கும் துன்பகரமாய் முடிந்த அவரது இந்தக் கடைசிப் பறப்புக்கு அனுமதி ஏன் கொடுக்கப்பட்டது? இவை நியாயமான கேள்விகள் அதாவது, உலக வீரர்பால் உள்ள அன்பிலிருந்தும் மரியாதையிலிருந்தும் மட்டும் எழுந்தால்.

யூரி ககாரின் விண்வெளிப் பறப்பியலுக்கு வந்தது நட்சத்திரச் சின்னங்களும் பட்டம் பதவிகளும் பெறுவதற்காக அல்ல. பறப்புக்கு முன்னேற்பாடுகள் செய்கையில் எங்களில் யாரும் இவற்றைப் பற்றி நினைக்கவில்லை. ககாரின் பறப்பை விரும்பினார், பறக்க வல்லவராய் இருந்தார். கல்லூரிப் பயிற்சி முடிந்த பின் தம்மை வட புலத்துக்கு அனுப்பும்படி கேட்டுக் கொண்டார். விமானம் செலுத்துவதில் தனித்தேர்ச்சி அங்கே இன்றியமையாதது, வேலை நிலைமைகள் கடுமையானவை ஆதலால் விமானி நிலையான அறிவு நிதானமும் துணிவும் தன்னடக்கமும் பெற்றிருப்பது தேவைப்பட்டது. விண்வெளிப் பயணிகளின் குழுவில் அவர் சேர்க்கப்பட்டார். யூரி ககாரினுடைய பயிற்சியினதும் வேலையினதும் மொத்தப் பயனாக விளங்கியது. ஏப்ரல் 12-ந் தேதி நடந்தேறிய வரலாற்றுச் சிறப்புள்ள பறப்பு உலகம் முழுவதிலும் உள்ள மக்களால் விண்வெளி யுகத்தின் காலை அழைக்கப்பட்டது. ஆனால் காலைக்குப் பின்னர் உலகில் பெரிய உழைப்பு நாள் வருகிறது. யூரியின் வாழ்க்கையிலும் புதிய உழைப்பு நாட்கள் தொடங்கின.

ஓர் உண்மை தொன்று தொட்டு அறியப்பட்டுள்ளது. அதாவது நம் காலத்தின் புயல் வேக வாழ்க்கையிலிருந்து பின்தங்கி விடாமல் இருப்பதற்கு ஒருவன் இடையறாது கற்க வேண்டும். மற்றவர்களுக்குக் கற்பிப்பதற்கும் வழிகாட்டுவதற்குமோ, ஒருவன் அதிகமாக அறிந்திருக்கவும் திறமை பெற்றிருக்கவும் வேண்டும். யூரி ககாரின் விண்வெளிப் பயணிகளின் பறப்புப் பயிற்சியை வழிகாட்டி நடத்தினார். வருங்கால விண்வெளிப் பறப்புகளுக்குத் தாமும் ஆயத்தமானார். நவீன விமானங்களில் பறந்தார்.

விபத்து திடீரென நேர்ந்தது. நான் அப்போது இத்தாலியில் இருந்தேன். துயர் ததும்பிய இறுதிச்சடங்கில் கலந்து கொள்ளவே அங்கிருந்து திரும்பினேன்.

செய்தித்தாளில் வெளியான தகவலின் உள்ளடக்கம் எனக்கு மொழிபெயர்த்துச் சொல்லப்பட்ட போது ஏற்பட்ட உணர்ச்சியை இப்போது வார்த்தைகளில் வெளியிட என்னால் முடியாது. கலவரமும் ஊழ்வினை பற்றிய, நிகழ்ந்ததை மாற்ற முடியாது என்ற எண்ணமும், உள்ளத்தில் வெறுமையும் ஏலாமையினால், நம்மால் எதையும் திருத்த முடியாது. எதனாலும் உதவ முடியா என்ற புரிதலினால் பொங்கிய சீற்றமும். செய்தித்தாள்கள் எதையேனும் குழப்பிக் கொண்டிருக்கலாம் என்ற எண்ணத்தில் சுடர் விட்ட நம்பிக்கையுடன் தொலைக்காட்சி நிகழ்ச்சியை நாங்கள் எதிர்பார்த்தோம். பின்னர் நள்ளிரவில் ரோம்

நகர் சென்றோம். கட்டாயமாக உடனே மாஸ்கோ திரும்ப வேண்டும். யூரியிடம் விரைய வேண்டும் என்று முடிவு செய்தோம். யாருக்கும் அறிவுறுத்த வேண்டி இருக்கவில்லை, நான் அங்கே இருக்க வேண்டும் என்பதை எல்லோரும் புரிந்து கொண்டார்கள். உணர்ந்தார்கள்.

அந்த நாட்கள் ஏதோ பனி மூட்டத்தில் போலக் கழிந்தன. துன்ப உணர்வை எதனாலும் தணிக்க முடியவில்லை. உள்ளம் வெறுமையாய் இருந்தது. தலை கனத்து விண் விண்ணென்று தெறித்தது. அலெக்சாந்திரா பாஹ்முத்தவா இசையமைத்த "களைத்த நீர் மூழ்கி கடலாழத்திலிருந்து வீடு திரும்புங்கால்..." என்ற பாட்டின் மெட்டு காதுகளில் ஒலித்துக் கொண்டிருந்தது. யூரி ககாரினுக்கு மிகவும் பிடித்த பாட்டு இது.

இறுதிச் சடங்கிற்குப் பிறகு ககாரினும் செரேகினும் விபத்தில் மடிந்த இடத்துக்குப் போனேன். 'இங்கே நினைவுச் சின்னம் எழுப்பப்படும்...' என்ற வாசகம் பொறித்த கல் அங்கே நாட்டப் பட்டிருந்தது. விமானம் விழுந்த இடத்தில் கிடங்கு ஏற்பட்டுத் தூய நீரால் நிறைந்திருந்தது. அதன் ஓரமாகப் பைன் மரக் கன்றுகளை யாரோ பரிவுடன் நட்டிருந்தார்கள்.

முடிகள் அற்ற பிர்ச் மரங்களிலிருந்து பார்வையை அகற்ற என்னால் முடியவில்லை. தங்கள் இறுதிக் கணத்தில் இந்தப் பசுங்காட்டை ஒருக்கால் கண்ணுற்ற வீரர்களுடைய வாழ்க்கையின் கடைசிக் கணங்கள் பற்றி இந்த முறிந்த மரங்களைக் கொண்டு ஏதேனும் தெரிந்து கொள்ள எனக்கு விருப்பம் உண்டாயிற்று.

யூரி விபத்தில் மடிந்த இடத்துக்கு மனைவி தமாராவுடனும் குழந்தைகளுடனும் ஓர் ஆண்டுக்குப் பின் சென்றேன். "யூரி சிற்றப்பா இங்கேதான் கொல்லப்பட்டாரா?" என்று மூத்த மகள் தத்தியானா ஓயாமல் கேட்டுக் கொண்டிருந்தாள். இளையவள் காலியாவுக்கு இன்னும் இதெல்லாம் புரியவில்லை. நீர் நிறைந்த கிடங்கை வருத்தம் ததும்ப நோக்கிக் கொண்டிருந்த தமாரா என்ன எண்ணமிட்டுக் கொண்டிருந்தாள்? அந்த ஆண்டில் நான் மேற்கொண்ட பெருத்த எண்ணிக்கையுள்ள விமானப் பறப்புகளைப் பற்றிச் சிந்தித்துக் கொண்டிருந்தாள் போலும். வரிசை முறையில் தயாரிக்கப்பட்ட அனேகமாக எல்லாச் சண்டை விமானங்களிலும், சண்டை வெடி விமானங்களிலும், பறக்கையில் இறக்கையின் வடிவத்தை மாற்றக் கூடிய விமானத்திலும் நான் பறக்கத் தொடங்கி, சோதனை விமானி என்ற பட்டம் பெற்றிருந்தேன். இப்போது பிர்ச் மரங்களின் முறிந்த முடிகள் மீது மீண்டும் பார்வையைச் செலுத்தி விமானப் பணிக்

குழுவினருக்கு என்ன நேர்ந்திருக்க முடியும் என்று புரிந்து கொள்ள முயன்றேன். ஆழ்ந்த நிசப்தமும், முடிகளை இழந்து கூம்பியிருந்த பிர்ச், தேவதாரு மரங்களும் எச்சரிக்கையும் அதிருப்தியும் கலந்த உணர்ச்சியை ஏற்படுத்தின.

இங்கே உயிரிழந்தவர்கள் எனக்கு எவ்வளவு அன்புக்கு உரியவர்கள்! விமானவியலுக்கும் விண்வெளி ஆராய்ச்சிக்கும் - தங்கள் கருத்துக்கு கனவுக்கு வாழ்க்கையை அர்ப்பணித்ததால் எனக்கு இனியவர்கள் இவர்கள்!

அந்தத் துன்ப நாளில் எத்தனை பிர்ச் மர முடிகள் சீவப்பட்டனவோ, நினைவில்லை. விமானச் சிதர்களின் தடங்களும் மண்ணெண்ணெய் நாற்றமும் எத்தனை மரங்கள் மீது எஞ்சியுள்ளனவோ, அறியேன். விமானப் பகுதிகளின் மிச்சங்கள் எத்தனை பிர்ச் மரங்களிலிருந்து எடுக்கப்பட்டன என்பதும் எனக்குத் தெரியாது. ஒன்றை மட்டுமே கற்பனையில் காண்கிறேன். இந்தக் கன்னிக் காட்டின் தூய நிசப்தத்தைக் கணப்போது கிழித்துப் புகுந்தது கீச்சொலி. அதன்பின் பிர்ச் மரங்கள் முறியும் சடசடப்பும் பெருமூச்சு போன்று மந்தமாகக் காட்டின் உட்புறம் எதிரொலித்த வெடியோசையும் கேட்டன. அப்புறம், மௌனம். இடநிலை அறியும் வானொலிக் கருவியின் குறி காட்டியில் விமானத்தின் தடத்தைத் தொடர்ந்து கவனித்துக் கொண்டிருந்த இயக்குநர், சரியாக்க முடியாதது நிகழ்ந்து விட்டது, பயங்கரம் நடந்துவிட்டது. கொடிய விபத்து நேர்ந்துவிட்டது என்று புரிந்து கொண்ட போதிலும் சட வேகம் காரணமாகப் பணிக்குழுவின் குறிப்பெயரை வானொலி மூலம் மீண்டும் மீண்டும் கூறி அழைத்தார். விபத்து நடந்ததை நம்ப அவர் விரும்பவில்லை. குறிப்பெயரை ஒலிபரப்பிக் கொண்டே இருந்தார்....

சோவியத் விண்வெளிப் பறப்பியலின் வளர்ச்சிக்கான வழிகள் பற்றி யூரி ககாரின் கூறியவற்றை நாங்கள் நினைவு கூர்கிறோம்.

"...விண்வெளிப் பறப்புக்கள் தாமே குறிக்கோள்கள் அல்ல, மேற்கு நாடுகளில் நிறைய எழுதப்படுவது போல விண்வெளியை வசப் படுத்துவதற்கான போட்டி அல்ல. த்ஸியல்கோவ்ஸ்கி எவ்வளவு மூதறிவுடன் கூறியிருக்கிறார்: விண்வெளியைப் பயன்படுத்துவதால் மனித குலத்துக்கு மலை மலையாகத் தானியமும் அளவற்ற ஆற்றலும் கிடைக்கும்!"

"மனித சமுதாயத்தின் பெருந்தொண்டில் துணை புரிய - புதிய உலகங்களை அதன் பொருட்டுக் கண்டுபிடிக்கவும் பருவ நிலை மீது அதன் ஆதிக்கத்தை நிலைநாட்டவும் பெருநிலப் பரப்புக்களுக்கு

இடையே அதிக விரைவான தொடர்பை ஏற்படுத்தவும் - விண்வெளிப் பறப்பியல் வல்லது, கடமைப்பட்டது. இந்தப் பணியில் அது ஏற்கெனவே முனைந்துவிட்டது!"

விண்வெளியைப் பயன்பாட்டுக்குக் கொண்டு வருவதன் நோக்கங்களையும் அவற்றை நிறைவேற்றும் வழியில் எதிர்ப்படும் பல்வேறு பிரச்சனைகளையும் யூரி ககாரின் பல உரைகளில் விவரித்தார்.

"தாங்கள் எப்படி உணர்கிறார்கள். இருதயம் எப்படி அடித்துக் கொள்கிறது. நாடித்துடிப்பு எப்படி இருக்கிறது என்று தெரிந்து கொள்ளவும் மூளையின் உயிர் முன்னோட்டத்தையும் எடையற்ற நிலையில் வேலை செய்வதற்கான வாய்ப்பையும் மற்ற மருத்துவ விவரங்களையும் சரி பார்க்கவும் விண்வெளிப் பயணிகள் பறப்புக்கள் நிகழ்த்திய காலம் கடந்து விட்டது. இப்போது நம் நிகழ்ச்சி நிரலில் உள்ளவை அதிக முக்கியமான, அதிக ஆழ்ந்த நோக்கங்கள் சூரிய மண்டலத்தின் பிற கோள்களுக்குப் பறப்பது, விண்வெளிப் பரப்பில் நீடித்த காலம் செயலாற்றும் பெரிய நிலையங்கள் அமைப்பது ஆகியவற்றுடன் தொடர்பு கொண்டவை இவை..."

சோவியத் விண்வெளி விமானிகள் எல்லோரையும் போலவே யூரி ககாரின் விண்வெளியில் புதிய பறப்புக்கள் நிகழ்த்துவது பற்றிக் கனவு கண்டார். அவை முந்தியவற்றைக் காட்டிலும் ஒப்பிட இயலாத அளவு அதிகச் சிக்கலானவையாகவும் கடினமாகவும் இருக்கும் என்பதை நன்றாக அறிந்திருந்தார். ஆகையால்தான் அவர் விடாப் பிடியாக நிறைய உழைத்து வந்தார்.

"இவ்வளவு இறுக்கம் நிறைந்த வேலை எதற்காக வேண்டும்? மொத்தத்தில் ஏய்த்துப் போகும்படி உழைக்கிறோம் என்று தெரிந்து கொண்டு எதற்காக இப்படி உழைக்கிறோம்? என்று சில வேளைகளில் நம்மிடம் கேட்கப்படுகிறது. ஆனால் முக்கியமான நோக்கம், பெரிய குறிக்கோள், எவர்கள் முன் வைக்கப்பட்டிருக்கிறதோ அவர்கள் தங்களைப் பற்றியும், தங்கள் உடல் நிலை எவ்வளவு கெடுகிறது. உடல் நிலை கெடாதிருக்க வேண்டுமானால் பலத்தையும் ஆற்றலையும் முயற்சியையும் எந்த அளவு ஈடுபடுத்தலாம் என்பதைப் பற்றியும் எண்ணுவார்களா? உண்மை மனிதன், உண்மைத் தேசபக்தன், காம்ஸமோல் உறுப்பினன், கம்யூனிஸ்டு இதைப்பற்றி ஒருபோதும் சிந்திக்க மாட்டான். முதன்மையானது பொறுப்பை நிறைவேற்றுவதுதான்."

ககாரினுடைய நன்மை நம்பிக்கை எங்களிடம் இருக்கிறது. யூரி ககாரின் பெருத்த நன்மை நம்பிக்கையாளராகத் திகழ்ந்தார்.

விண்வெளிப் பறப்பியலின் பெரிய வருங்காலத்திலும் சோவியத் மக்களின் குறையாத ஆற்றலிலும் அவர் நம்பிக்கை வைத்திருந்தார்.

யூரி ககாரினுக்கு 34 வயது...

எங்கள் விமானப்படைத் தலைவர் பாவேல் இவானவிச் பிலியாயெவ் திடீரென்று பெருவிபத்துக்கு உள்ளானார். விரல் விட்டு எண்ணக்கூடிய சில நாட்களுக்குள் பாவெல் பிலியாயெவின் நிலைமை நெருக்கடி நிறைந்தது ஆகிவிட்டது எங்களை எப்படித் திகைக்க வைத்தது என்பது எனக்கு நினைவு இருக்கிறது. ஆம், விஷயம் பிரமிப்பூட்டும் விரைவுடன் நடந்துவிட்டது. கடைசி வேட்டைகள் நிழற்படங்கள் என்னிடம் இருக்கின்றன. உணவு மேசையைச் சுற்றி அமர்ந்த நிலையிலும் வேட்டையின் போதும் கதைகள் கேட்கும் போதும் எடுத்த படங்கள். எல்லோரும் மகிழ்வுடன் இருக்கிறோம். இளைப்பாறுகிறோம், களி கொண்டாடுகிறோம். வேலை நிமித்தம் பீபின்ஸ்க் நகர் சென்றுவிட்டுத் திரும்பிய பின்னர் பாவெல் பிலியாயெவ் வீட்டில் தங்கினார். பேச்சு வழக்கில் சொல்வது போல அவருக்கு உடம்புக்கு வந்தது. இந்தச் செய்தியை நாங்கள் அமைதியாகக் கேட்டோம். ஏனென்றால், பயணம் களைப்பூட்டுவதாக இருந்தது. ஆட்களுடன் சந்திப்புகளும் பொதுக்கூட்டங்களும் நிறைய சக்தியைப் பறித்துக் கொண்டன. மனத்துக்குப் பெரிய சுமை ஏற்றுவதாக இருந்தது இந்தப் பயணம்.

விபத்துக்கு முன் அறிகுறி எதுவும் இல்லை என்று தோன்றியது. ஆனால் திடீரென்று அவர் கடுமையாக நோயுற்ற நிலைமையில் மருத்துவமனைக்கு எடுத்துச் செல்லப்பட்டார். உடனே அறுவை நடந்தது அதிர்ச்சி தரும் செய்தி. விரைவான இந்த நிகழ்ச்சிகளில் எனக்கு ஏதோ தீய குறி தென்பட்டது. எனக்கு நினைவு இருக்கிறது. அறுவை பற்றிய தகவலுக்குப் பிறகு நான் வீடு திரும்பியவன், வாயிலில் புகுந்ததும் நெஞ்சு படபடப்பதை உணர்ந்தேன். நான் நின்று கூட விட்டேன். பாவெல் பிலயாயெவின் நிலைமை மோசம் என்ற அனுமானம் கணப்போது மனத்தில் எழுந்தது. சுற்றுமுற்றும் கண்ணோட்டியவன், புத்தாண்டு விழாவுக்காக பிர்ச் மரம் முன்னறையில் நாட்டப்பட்டிருந்ததைக் கண்டேன்.

எனக்கும் தங்கள் பல நண்பர்களை இறுதி யாத்திரையில் வழியனுப்ப நேர்ந்த என் தோழர்களுக்கும் ஊசியிலைகளின் மணம் - போதையூட்டும் காட்டமான இந்த மணம் புத்தாண்டு விழா உணர்ச்சிகளை அறவே தூண்டுவதில்லை என்ற எண்ணத்தால் என்னைத் துயர் சூழ்ந்தது.

வாழ்க்கை பிலியாயெவைச் சீராட்டவில்லை. முட்கள் அடர்ந்த பாதை வழியே முன்னேறித் தாரகைகளை அணுகினார் அவர். அவருடைய மனோரதம் ஈடேறிவிட்டது. அதுவும் எப்படி! 'வஸ்ஹோத்-2' கப்பலைக் கைவிசையால் தரையில் இறக்கினார் அவர். விண்வெளிப் பயணியின் தொழில் நிலவொளியில் இன்பமாகச் சுற்றுலா வருவதல்ல, இறுக்கம் நிறைந்த பொறுப்பு மிக்க, சிறப்புத் தகுதி தேவைப்படுகிற, ஆபத்தான வேலை என்று மிக மிகக் கடினமான நிலைமைகளில் நிறைவேற்றப்பட்ட தன் வகையில் தனியான இந்தச் செயல் நிரூபித்தது.

அவருடைய குழுத் தோழர்களான நாங்கள் எல்லோரும் அப்போது எப்படிக் கவலைப்பட்டோம்! நாங்கள் விரும்பிய குறி ஒலிகளைத் தந்தி மூலம் கேட்கும் நம்பிக்கையில் செவிகளை வானொலியின் மீது நாட்டி இருந்தோம். கருங்கடலிலிருந்து கம்சாத்காத் கரைகள் வரையில் சோவியத் நாட்டு மக்கள் அனைவரும் கேட்டுக் கொண்டிருந்தார்கள். 'அல்மாஸின்' அதாவது பிலியாயெவின்- குரல் கேட்டு விடுமோ என்று எல்லோரும் பயந்தார்கள். பெரிதும் அஞ்சினார்கள். நாங்கள் எதிர்பார்த்தவை தந்திக் குறியொலிகள். எங்கள் தோழர்கள் தரை சேர்ந்து விட்டார்கள் என்று அறிவித்து அவை எங்களைத் தேற்றி இருக்கும்.

1969 டிசம்பரிலோ, மருத்துவர்களின் அறிக்கையைப் பெருத்த கலவரத்துடனும் நம்பிக்கையுடனும் நாங்கள் எதிர்பார்த்துக் கொண்டிருந்தோம். 'நாங்கள் நம்புகிறோம், எதிர்பார்க்கிறோம். இன்னொரு தரம் அவருக்கு அருள் செய், அதிர்ஷ்டமே, எங்களை மகிழ்வி! என்று நாங்கள் எல்லோரும் எண்ணமிட்டோம். ஆனால் நோய் மருத்துவர்களின் தாக்குதல்களுக்கு மசியவில்லை. பாவெல் பிலியாயெவ் தாம் திட்டமிட்டவற்றில் பாதியைக் கூட நிறைவேற்றாமல் நம்மை விட்டுப் போய்விட்டார்.

1971, ஜூன் 6. கியோர்கி தப்ரவோல்ஸ்கி, விளதீமிர் வோல்கல், வீக்தர் பத்ஸாயெவ் மூவரதும் துணிவு மிக்க விண்வெளிப் பறப்பு பற்றிய செய்தியை உலகம் கேட்டது.

'ஸயூஸ்-11' விண்வெளிக் கப்பலில் புறப்பட்ட அவர்கள் 'ஸல்யுத்' என்னும் கோளப்பாதை விஞ்ஞான நிலையத்துடன் இணைப்பு நிகழ்த்தி அதற்குள் சென்றார்கள். செலுத்துவோர் கொண்ட கோளப்பாதை விஞ்ஞான நிலையம் உலகில் முதல் தடவை வெற்றிகரமாகச் செயலாற்றத் தொடங்கியது. விண்வெளி ஆராய்ச்சிகளின் வளர்ச்சியில் பெரிய கட்டத்தை இந்த நிகழ்ச்சி குறித்தது.

தப்ரவோல்ஸ்கி, வோல்கவ், பத்ஸாயெவ் மூவரதும் விண்வெளிப் பறப்பு சுமார் இருபத்து நான்கு நாட்கள் தொடர்ந்தது. கோளப்பாதை நிலையம் 'ஸல்யூத்' பயணிக் கப்பல் 'ஸயூஸ்-II' இரண்டும் சேர்ந்த புதிய விண்வெளித் தொகுப்பைச் சோதிப்பதில் இந்தப் பறப்பின் போது அவர்கள் தன்னலம் இன்றி உழைத்தார்கள். தவிரவும் பேரளவான விஞ்ஞான ஆராய்ச்சிகளும் சோதனைகளும் நடத்தினார்கள். பறப்புச் செயல்திட்டம் முழுமையாக நிறைவேற்றப்பட்டது. ஜூன் 24ந் தேதி 21 மணி 28 நிமிடத்தில் 'ஸல்யூத்', 'ஸயூஸ்-11' இரண்டும் இணைப்பைக் கழற்றிக் கொண்டன. தரைக்குத் திருப்பும் போது ஜூன் 30-ம் தேதி 'ஸயூஸ்-1'ன் பணிக்குழுவினர் விபத்தில் மடிந்தார்கள்.

விண்வெளிப் பறப்புக்குச் சில நாட்களுக்கு முன்னால் கியோர்கி தப்ரவோல்ஸ்கிக்கு நாற்பத்து மூன்று வயது நிறைந்திருந்தது. இவற்றில் இருபத்தைந்து ஆண்டுகளை அவர் விமானவியலுக்கும் விண்வெளிப் பறப்பியலுக்கும் அர்ப்பணித்திருந்தார். கியோர்கி தப்ரவோல்ஸ் 'யாக்' 'லாவச்கின்' சண்டை விமானங்களில் பறந்தார். 'மிக்' ஜெட் விமானங்களின் பல மாதிரிகளை ஓட்டுவதில் தேர்ச்சி பெற்றார். நிறைய பாரஷூட் குதிப்புகள் நிகழ்த்தினார். விண்வெளி விமானிகள் குழுவில் சேர்க்கப்பட்ட போது விமானப்படை ரெஜிமெண்டின் அரசியல் பிரிவுத் தலைவராக இருந்தார்.

முன்வைத்த குறிக்கோளை நிறைவேற்றுவதற்கு விடாப்பிடியான முயற்சியும் ஒப்படைக்கப்பட்ட வேலை விஷயத்தில் மிக உயர்ந்த பொறுப்பு உணர்ச்சியும் கியோர்கி தப்ரவோல்ஸ்கியின் சிறப்புப் பண்புகளாக விளங்கின. இப்போது யூரி ககாரினது பெயரைத் தாங்கியுள்ள விமானப் படை அகாதமியின் பயிற்சியை அவர் அஞ்சல் வாயிலாக நிறைவேற்றினார், பறப்புக்களையும் கட்சி அரசியல் வேலையையும் திறமையுடன் ஒருங்கிசைத்தார். விண்வெளியை வெற்றி கொள்வது பற்றிய எல்லா விவரங்களையும் தமக்குள் ஆர்வத்துடன் நிறைத்துக் கொண்டார்.

"சிறந்த விமானி. தொழில் நுட்பத்தில் தேர்ந்தவர். அடக்கம் உள்ளவர். விடாமுயற்சி வாய்ந்தவர், நல்லியல்பு கொண்டவர். புதிய இயந்திரங்களில் நல்ல தேர்ச்சி பெற்றவர். இவர் மீது எனக்கு நம்பிக்கை உண்டு" - இவ்வாறு அவரை மதிப்பிட்டார் விளதீமிர் ஷத்தாலவ்.

"பறப்பதில் எனக்கு மிகுந்த விருப்பம்" என்றார் தப்ரவோல்ஸ்கி. "பொதுவாகவே பறப்பதில், பல வகையான விமானங்களில் நான் பறந்திருக்கிறேன். பறப்பு உணர்ச்சி எனக்கு எப்போதும் மகிழ்ச்சி அளித்தது.

கியோர்கி தப்ரவோல்ஸ்கி அசாதாரணமான பொறுப்புடன் மிக நவீன விண்வெளி இயந்திர இயலைக் கற்றுத் தேர்ந்தார். விமானம் ஓட்டுதல், பாரஷுட் குதிப்புகள் நிகழ்த்தல், தனி வகைப் பயிற்சிகள் ஆகியவற்றின் செயல் திட்டத்தைக் கணக்காக நிறைவேற்றினார். விண்வெளிக் கப்பல் 'ஸயூஸ்-11'ன் பணிக்குழுக் கமாண்டர் ஆகும் உரிமையை இது அவருக்கு அளித்தது.

"கியோர்கி தப்ரவோல்ஸ்கி இரத்தினச் சிற்பியின் துல்லியத்துடன், அற்புதக் கலைத்திறமையுடன் 'ஸல்யூத்' நிலையத்தோடு இணைப்பை நிகழ்த்தினார்" என்று கூறினார் ஒரு பிரபல விஞ்ஞானி.

'ஸயூஸ்' கப்பலை நீண்ட காலக் கோளப்பாதை நிலையமான 'ஸல்யூத்'துடன் இணைப்பது, பயணிக் கப்பல் பணிக் குழுவினரைச் செயற்கைப் புவித் துணைக்கோளான விஞ்ஞான நிலையத்தில் சேர்ப்பது என்ற பொறி இயல்-தொழில்நுட்பப் பணி இவ்வாறு முதல் தடவை நிறைவேற்றப்பட்டது.

ஆராய்ச்சிகளும் சோதனைகளும் அடங்கிய விரிவான செயல்திட்டம். கியோர்கி தப்ரவோல்ஸ்கியின் தலைமையில் நிறைவேற்றப்பட்டது. சிக்கலான விண்வெளி இயந்திரங்களைச் சோதிக்கும் துறையில் தமது தன்னலமற்ற உழைப்பினால், செலுத்துவோர் கொண்ட கோளப்பாதைப் பறப்புக்களின் வளர்ச்சிக்குப் பெருந்தொண்டு ஆற்றினார் கியோர்கி தப்ரவோல்ஸ்கி.

புத்தாண்டு விழாக் கொண்டாட்டங்களையும் கலைநிகழ்ச்சிகளையும் ஒழுங்கமைத்து நடத்துவதில் இணையற்றவர். ஈரடிக் கேலிச் செய்யுள்கள் இயற்றும் பாவாணர், நல்லியல்பும் மென்மையும் பரிவும் வாய்த்தவர் ஆன கியோர்கி தப்ரவோல்ஸ்கி இல்லாமல் முதல் புத்தாண்டை 1972-வது ஆண்டை - எதிர்கொண்டது ஸ்வியோஸ்த்னி நகர்.

"யூரி ககாரினும் பின்னர் அவருடைய தோழர்களும் தொடங்கி வைத்த செயலைத் தொடர்ந்து நடத்தப் போகிற நம் இளைஞர்களுக்கு உதாரணமாக விளங்கக் கூடியவர்கள். துணிவையும் கட்சியின்பாலும் மக்கள்பாலும் விசுவாசத்தையும் அவர்களுக்கு ஊட்டக் கூடியவர்கள் இருக்கிறார்கள்." இந்தச் சொற்கள் விளாதிஸ்வலாவ் வோல்கவால் அவரது கடைசிப் பறப்புக்குச் சற்று முன்பு எழுதப்பட்டன. துணிவு நிறைந்த ஒளி வீசிய வாழ்க்கையை அவர் தாமும் வாழ்ந்தார்.

அசாதாரணமாக உழைப்புப் பற்று, தாம் எதையும் அப்பழுக்கின்றிக் கச்சிதமாகச் செய்ய வேண்டும் என்ற கண்டிப்பு, எஃகு போன்ற சித்த

உறுதி, குறிக்கோளை அடையும் முனைப்பு ஆகிய பண்புகளின் சேர்க்கை எந்தத் தடையையும் கடக்க வோல்கவுக்கு உதவியது. பள்ளிப் படிப்பையும் விளையாட்டு - உடற்பயிற்சிகளையும் ஒருங்கிணைப்பது எளிதாக இல்லை. அவருடன் சேர்ந்து பயின்றவர்களில் எல்லோராலும் இந்தச் சுமையைத் தாங்க முடியவில்லை. விளாதிவாவ் வோல்கவ் தாக்குப் பிடித்தார்.

வானத்தையும் பறப்புகளையும் பற்றி அவர் கனவு கண்டார். ஆனால், நவீன விமானங்களில் பறப்பதற்கு அடிப்படை அறிவியல்களில் தேர்ச்சி தேவை என்பதைப் புரிந்து கொண்டார். எனவே மாஸ்கோ விமானவியல் கல்லூரியில் சேர்ந்து படிக்கவும் அதே சமயம் விமானக் கழகத்தில் பயிற்சி பெறவும் தொடங்கினார். கல்லூரிப் படிப்பு முடிந்ததும் உருவரைவாளர் அலுவலகத்தில் பணியாற்றினார். விண்வெளிப் பறப்புக்கு முன்னேற்பாடுகள் செய்வதில் முனைந்தார்.

அவர் நேரத்தை உழைப்பால் நிறைந்தார். பயனுள்ள, தேவையான செயல்களை முடிந்தவரை அதிகமாகச் செய்ய அவர் விரைந்தார். நேரத்தைப் போற்றினார். விண்வெளிப் பறப்புகளுக்கு முன் பயிற்சிகளில் கடுமையாக உழைத்தார்.

1969, அக்டோபரில் "ஸயூஸ்-7" விண்வெளிக் கப்பலின் பொறியாளராக அவர் பறப்பு நிகழ்த்தினார். அவரும் அவருடைய தோழர்களும் நடத்திய சோதனைகள் விண்வெளி பற்றிய விஞ்ஞானத்துக்கு வளம் கூட்டின. அவரோ விண்ணக மாகடலில் மீண்டும் பயணங்கள் செய்ய விழைந்தார்: "என் குறிக்கோள் விண்வெளியில் பறந்து திரும்புவது அல்ல, விண்வெளியில் பறந்து கொண்டிருப்பது ஆகும்…." அடுத்து வரும் விண்வெளிப் பறப்புக்களின் உட்கருத்து என்ன என்பதைப் பின்வருமாறு விளக்கினார்: "கிளர்ச்சியூட்டப் போகிறவை பறப்புக்கள் அல்ல. இந்தப் பறப்புக்களால் மனித குலத்துக்குக் கிடைக்கும் நன்மைகள்தாம்".

உலகத்தின் முதலாவது செலுத்துவோர் கொண்ட கோளப்பாதை விஞ்ஞான நிலையமான "ஸல்யூத்"தில் இருந்தபோது, அந்தப் பறப்பினால் ஏற்படும் நன்மை அதிகத்திலும் அதிகமாக இருக்க வேண்டும் என்ற நோக்கத்துடன் தம்மால் முடிந்த எல்லாவற்றையும் அவர் செய்தார். நிலையத்தைச் சோதிப்பது, அதில் இருந்த கருவித் தொகுதிகளைச் சரிபார்ப்பது ஆகியவற்றில் மிகமுக்கியமான விஞ்ஞான-தொழில் நுட்பச் சோதனைகளை விண்வெளியின் கடினமான நிலைமைகளில் அவர் நடத்தினார். வானவியல், கப்பல் செலுத்தியல் ஆராய்ச்சிகள் செய்தார்.

விண்வெளிப் பறப்பு அருஞ்செயல். மனிதனுடைய உள, உடல் ஆற்றல்கள் எல்லாவற்றையும் மிகத் தீவிரமாக ஈடுபடுத்துவது அதற்குத் தேவைப்படுகிறது. இந்த அருஞ்செயலை இருமுறை நிறைவேற்றினார் வோல்கவ்.

அவருக்கு 36 வயது ஆகி இருந்தது. அவர் குறைந்த காலம் வாழ்ந்தார். ஆனால் மக்களுக்கு நிறையத் தொண்டாற்றினார்.

சோதனைப் பொறியாளர் வீக்தர் இவானவிச் பத்ஸாயெவ் விண்வெளிப் பறப்பின்போது தமது பிறந்த நாளைக் கொண்டாடினார். அன்று ஜூன் 19ந் தேதி. நண்பர்கள் அவரை உற்சாகமாக வாழ்த்தினார்கள். சாளரத்தின் வழியாகத் தோன்றி மறைந்தன. பாரிஸும் மடகாஸ்கரும் தோக்கியோவும் மாகடலும் மேகங்களும், பின்னும் மேகங்களும்... பத்ஸாயெவின் நினைவுத் திரையிலோ, சொந்தப் பிரதேசத்தின் ஸ்தெப்பிப் பரப்புகள் காட்சி அளித்தன.

பத்ஸாயெவின் தாயகம் கஸாக்ஸ்தான். அக்தியூபின் ஸ்க் நகரம். விண்வெளிப் பறப்பியலுக்கு அவரை இட்டு வந்த பாதை அங்கே தொடங்கியது. பேன்ஸா நகரத் தொழில்துறைக் கல்லூரியில் பயின்று தேர்ந்த பின் அவர் உருவரைவாளர் அலுவலகத்தில் பணி புரிந்தார்.

விண்வெளி இயந்திரங்களை உருவாக்குவதில் பெற்ற அனுபவத்தைக் கோளப்பாதைச் சோதனையின் அனுபவத்தால் வளப்படுத்திக் கொள்ள அவர் ஆர்வத்துடன் விழைந்தார்.

“ஸயூஸ்” கப்பலுடன் இணைக்கப்பட்ட “ஸல்யூத்” நிலையத்துக்குப் பறந்த போது கப்பலைத் திசை திருப்பவும் இணைப்பை நிகழ்த்தவும் கமாண்டருக்கு அவர் உதவினார். துல்லிய இயக்கவியலும் கப்பலைச் செலுத்தும் கருவிகளும் பதிவுக் கருவிகளும் பத்ஸாயெவின் சிறப்புத் துறையைச் சேர்ந்தவை.

“ஸயூஸ்” கப்பலுடன் இணைக்கப்பட்ட “ஸல்யூத்” நிலையத்தின் வேலைப் பிரிவுக்கு முதலில் சென்ற பத்ஸாயெவ் சோதனைகள் நிகழ்த்துவதில் உடனே முனைந்தார். விண்வெளித் தொழில் நுணுக்கத்தின் வளர்ச்சிக்கும் தேசியப் பொருளாதாரத்தின் தேவைகளுக்கு முக்கியமானவை இவை.

சோதனைப் பொறியாளர், கம்யூனிஸ்டு வீக்தர் பத்ஸாயெவ் சித்த உறுதியும் திட சுபாவமும் கொண்டிருந்தார். எந்த விண்வெளிப் பறப்பும் கடினமான சோதனை என்றும் ஒவ்வொரு புதிய செயலிலும் உள்ளது போலவே இதிலும் ஓரளவு ஆபத்து இல்லாமல் போகாது

என்றும் அவர் அறிந்திருந்தார். சொற்செட்டுள்ள விஞ்ஞானியாகவும் பகுத்தாராய்வாளராகவும் அவர் விளங்கினார். தமது கடமையை அவர் இறுதிவரை நிறைவேற்றினார். மாஸ்கோவைத் தற்காத்துப் போரிட்டவாறு உயிர் துறந்த தம் தந்தை போன்றே பணிப் பொறுப்புக்களை நிறைவேற்றியவாறு உயிர்துறந்தார் பத்ஸாயெவ்.

சோவியத் ஆட்சியின் பொன் விழாவுக்கு முன், 'விமானவியலும் விண்வெளிப் பறப்பியலும்' என்ற சஞ்சிகையின் வேண்டுகோளுக்கு இணங்க அதன் வாசகர்களுக்கும் விமானி நண்பர்களுக்கும் யூரி ககாரின் ஒரு வாழ்த்துச் செய்தி தயாரித்தது எனக்கு நினைவு வருகிறது. அனேகமாகத் தயாரான செய்தியை அவர் உரக்கப் படித்துப் பார்த்தார்: "இந்த அரை நூற்றாண்டுக் காலம்தான் நமக்கு விண்வெளி செல்லும் வழியைத் திறந்து விட்டது. இந்தப் பாதையை முதலில் சமைத்தவர்கள் சோவியத் மக்கள். உயரங்களையும் கோளப் பாதைகளையும் வசப்படுத்துவதில் புதிய வெற்றிகளை வருங்காலம் நமக்கு வழங்கும் என்று நம்புகிறேன். நம்மில் ஒவ்வொருவரும் இதன் பொருட்டு இயன்றதை எல்லாம் செய்வோமாக" இவ்வாறு படித்த ககாரின் சற்றுத் தயங்கி, சிந்தனை செய்தபின், "சில வேளைகளில் இயலாததாகத் தோன்றுவதைக் கூட" என்ற சொற்களைச் சேர்த்தார். வீச்செழுத்துக்களில் "ககாரின்" என்று கையெழுத்திட்டு, அதன் முடிவில் நெளிகோடும் தமக்கே உரிய சிறு நேர்கோடும் இழுத்தார்.

உலகின் முதல் விண்வெளிப் பயணியான நண்பரின் இந்த அறிவுரையை எல்லா சோவியத் விமானிகளும் விண்வெளிப் பயணிகளும் நினைவு வைத்திருக்கிறார்கள். இதை நினைவு கூர்ந்து புதிய உயரங்களையும் கோளப்பாதைகளையும் பற்றிக் கனவு காண்கிறார்கள், அவற்றை வசப்படுத்துவதற்கு எல்லா வகை முயற்சிகளும் செய்கிறார்கள்.

\*\*\*\*

உயர்நிலைப் பள்ளிப் படிப்பை அப்போதுதான் முடித்த சிறுவர்கள் ரயில் வண்டிச் சக்கரங்களின் சீரான தடதடப்பை உற்றுக் கேட்டவாறு வருங்கால விமானி வாழ்க்கை பற்றி உற்சாகமாக உரையாடிய அந்த நாளுக்குப் பின் இருபது ஆண்டுகளுக்கும் மேல் கழிந்து விட்டன. வெவ்வேறு வழிகளில் சென்றார்கள் அவர்கள். ஜெட் விமானங்களைச் செலுத்த எல்லோருக்கும் வாய்க்கவில்லை. சிலருடைய வாழ்க்கைப் பாதைகள் விமான இயலிலிருந்து விலகிப் போய்விட்டன. ஆயினும் இதனால் அவை சுவை குறைந்தவை ஆகி

விடவில்லை. ஈடுபாட்டுடனும் மகிழ்ச்சியுடனும் பலர் இன்று அவற்றில் நடை போடுகிறார்கள்.

சற்று முன்புதான் உயர்நிலைப் பள்ளிப் படிப்பை முடித்த சிறுவர்களை ரயில் வண்டிகள் இன்றும் பெரிய வாழ்க்கைக்கு ஏற்றிச் செல்கின்றன. கிளை நிலையங்களிலும் பெரிய, சிறிய நிலையங்களிலும் அவை நின்று, விரும்புபவர்கள் இறங்கிப் போக வாய்ப்பு அளிக்கின்றன. சிறுவர் சிறுமியர் தங்கள் தங்கள் பாதைகளில் செல்கிறார்கள். தங்கள் ஆற்றல்களில் பெரு நம்பிக்கையுடன், மனித குலத்தை ஒரு சிறிதாவது முன்னேற்ற வேண்டும் என்ற பெருத்த விழைவுடன் நடை போடுகிறார்கள். மனிதனுடைய எண்ணங்களுக்கு எப்படி முடிவு இல்லையோ, மனிதனுடைய அறிதலுக்கு எப்படி எல்லை இல்லையோ, எப்படி பிரபஞ்சத்துக்கு வரம்பு இல்லையோ, அப்படியே இந்தப் பாதைகளுக்கும் எண்ணிக்கை இல்லை. இவற்றில் பல பாதைகள் ஸ்வியோஸ்த்னி நகருக்கு, விண்வெளி விமான நிலையத்துக்கு, உருவரைவாளர் அலுவலகத்துக்கு இட்டுச் செல்லும்.

மனித குலம் 'பூமித் தொட்டிலில்' இருந்து வெளியேறிவிட்டது. அது முதல் அடிகள் எடுத்து வைத்து விட்டது, இப்போது நடக்கக் கற்கிறது. விண்வெளிப் பயணிகளான நாம் இன்று இன்னும் குழந்தைகள். முன்னே இருக்கின்றன பெரிய, அக்கறைக்குரிய, கடினமான, கவர்ச்சியுள்ள வாழ்க்கையும் வேலையும்.